Photocatalytic Membranes and Photocatalytic Membrane Reactors

光催化膜与光催化膜反应器

现状和发展趋势

（意）安杰洛 · 巴西莱（Angelo Basile）
（波）西尔维亚 · 莫齐纳（Sylwia Mozia） 主编
（意）拉法埃莱 · 莫利纳里（Raffaele Molinari）

安兴才 等 译

化学工业出版社
· 北京 ·

内容简介

本书全面介绍了光催化膜及光催化膜反应器的研究进展。具体包括多相光催化基本原理，膜与膜分离过程基础，光催化膜材料与设计，利用压力驱动膜分离技术和非压力驱动膜分离技术的光催化膜反应器，以及PM反应器的性能，光催化膜反应器在水和有机污染物废水、光催化合成有机物中的应用，并介绍了光催化膜反应器的数学建模和经济性。

本书将光催化膜和光催化膜反应器基本原理和工程案例相结合，具有科学性和实用性，可供从事光催化研究的科研人员参考，也可供高等院校环境科学与工程、材料科学及相关专业师生参考使用。

Photocatalytic Membranes and Photocatalytic Membrane Reactors, first edition
Angelo Basile, Sylwia Mozia, Raffaele Molinari
ISBN: 9780128135495

《光催化膜与光催化膜反应器：现状和发展趋势》（第1版）（安兴才 等译）
ISBN: 9787122419316

注意

本书涉及领域的知识和实践标准在不断变化。新的研究和经验拓展我们的理解，因此须对研究方法、专业实践或医疗方法作出调整。从业者和研究人员必须始终依靠自身经验和知识来评估和使用本书中提到的所有信息、方法、化合物或本书中描述的实验。在使用这些信息或方法时，他们应注意自身和他人的安全，包括注意他们负有专业责任的当事人的安全。在法律允许的最大范围内，爱思唯尔、译文的原文作者、原文编辑及原文内容提供者均不对因产品责任、疏忽或其他人身或财产伤害及/或损失承担责任，亦不对由于使用或操作文中提到的方法、产品、说明或思想而导致的人身或财产伤害及/或损失承担责任。

图书在版编目（CIP）数据

光催化膜与光催化膜反应器：现状和发展趋势 /（意）安杰洛·巴西莱（Angelo Basile），（波）西尔维亚·莫齐纳（Sylwia Mozia），（意）拉法埃莱·莫利纳里（Raffaele Molinari）主编；安兴才等译. —北京：化学工业出版社，2022.10

书名原文：Photocatalytic Membranes and Photocatalytic Membrane Reactors
ISBN 978-7-122-41931-6

Ⅰ.①光… Ⅱ.①安… ②西… ③拉… ④安… Ⅲ.①光催化-膜-分离-化工过程②光催化-膜-催化反应器 Ⅳ.①TQ028.8②TQ052

中国版本图书馆CIP数据核字（2022）第139390号

责任编辑：韩霄翠　丁　瑞　　文字编辑：刘　璐
责任校对：王　静　　装帧设计：王晓宇

出版发行：化学工业出版社（北京市东城区青年湖南街13号　邮政编码100011）
印　　装：河北鑫兆源印刷有限公司
787mm×1092mm　1/16　印张16½　字数350千字　2023年1月北京第1版第1次印刷

购书咨询：010-64518888　　售后服务：010-64518899
网　　址：http://www.cip.com.cn
凡购买本书，如有缺损质量问题，本社销售中心负责调换。

定　　价：138.00元　

翻译人员名单

翻译　安兴才　陈作雁　韩立娟

　　　刘　刚　贾玲萍　张国艳

　　　胡英瑛

校稿　丁　勇　孟翔宇

编写人员

Norfazliana Abdullah Universiti Teknologi Malaysia, Skudai, Johor, Malaysia

Pietro Argurio University of Calabria, Rende (CS), Italy

Marianna Bellardita University of Palermo, Palermo, Italy

Giovanni Camera-Roda University of Bologna, Bologna, Italy

Xiaofang Chen Monash University, Clayton, VIC, Australia; CSIRO Manufacturing, Clayton, VIC, Australia

Kwang-Ho Choo Kyungpook National University, Daegu, Republic of Korea

Mohd Hafiz Dzarfan Othman Advanced Membrane Technology Research Center (AMTEC), Universiti Teknologi Malaysia, Johor Bahru, Malaysia; Faculty of Chemical & Energy Engineering (FCEE), Universiti Teknologi Malaysia, Johor Bahru, Malaysia

Yaoxin Hu Monash University, Clayton, VIC, Australia; CSIRO Manufacturing, Clayton, VIC, Australia

Siti K. Hubadillah Advanced Membrane Technology Research Center (AMTEC), Universiti Teknologi Malaysia, Johor Bahru, Malaysia; Faculty of Chemical & Energy Engineering (FCEE), Universiti Teknologi Malaysia, Johor Bahru, Malaysia

Ahmad F. Ismail Advanced Membrane Technology Research Center (AMTEC), Universiti Teknologi Malaysia, Johor Bahru, Malaysia; Faculty of Chemical & Energy Engineering (FCEE), Universiti Teknologi Malaysia, Johor Bahru, Malaysia

Juhana Jaafar Universiti Teknologi Malaysia, Skudai, Johor, Malaysia

Anastasios J. Karabelas Centre for Research and Technology-Hellas (CERTH), Thessaloniki, Greece

Vittorio Loddo University of Palermo, Palermo, Italy

Leila Mahmoodi Shiraz University, Shiraz, Iran

Takeshi Matsuura Faculty of Chemical & Energy Engineering (FCEE), Universiti Teknologi Malaysia, Johor Bahru, Malaysia; University of Toronto, Toronto, ON, Canada

Raffaele Molinari University of Calabria, Rende (CS), Italy

Ali Moslehyani Advanced Membrane Technology Research Center (AMTEC), Universiti Teknologi Malaysia, Johor Bahru, Malaysia; University of Ottawa, Ottawa, ON, Canada; University of Toronto, Toronto, ON, Canada

Sylwia Mozia West Pomeranian University of Technology, Szczecin, Poland

Minh Tan Nguyen Hanoi University of Science and Technology, Hanoi, Vietnam

Leonardo Palmisano University of Palermo, Palermo, Italy

Francesco Parrino University of Palermo, Palermo, Italy

Konstantinos V. Plakas Centre for Research and Technology-Hellas (CERTH), Thessaloniki, Greece

Mohammad R. Rahimpour Shiraz University, Shiraz, Iran

Mukhlis A. Rahman Universiti Teknologi Malaysia, Skudai, Johor, Malaysia

Wolfgang M. Samhaber Johannes Kepler University Linz, Linz, Austria

Vasileios C. Sarasidis Centre for Research and Technology-Hellas (CERTH), Thessaloniki, Greece

Huanting Wang Monash University, Clayton, VIC, Australia; CSIRO Manufacturing, Clayton, VIC, Australia

Zongli Xie Monash University, Clayton, VIC, Australia; CSIRO Manufacturing, Clayton, VIC, Australia

译者前言

随着社会经济的迅猛发展，能源和生态环境问题日益突出，绿色低碳的可持续发展已经成为经济社会发展的必然趋势。光催化技术基于可再生能源，利用太阳能发生氧化还原反应，为我们提供了一种理想的能源利用和环境污染治理方法。然而，反应选择性差、光催化剂回收成本高是限制光催化技术推广应用中面临的难题之一，将光催化技术与膜分离技术相结合是解决这类问题的有效途径，通过光催化和膜分离过程协同耦和形成的光催化膜以及光催化膜反应器孕育而生。目前，国内外科研人员已经开展了大量光催化过程和膜分离相结合的技术研究，并开展了光催化膜反应器在环境污染治理、光催化还原 CO_2 制取能源物质、光催化有机合成等方面的探索性应用研究，光催化膜和光催化膜反应器成为多学科交叉领域的研究热点。

令人遗憾的是国内关于光催化膜和光催化膜反应器的专业书籍很少，为了促进国内光催化膜技术和光催化膜反应器的长足发展，填补参考书籍空白，我们翻译了 *Photocatalytic Membranes and Photocatalytic Membrane Reactors* 一书。

本书原著由 Elsevier 于 2018 年出版，对光催化和膜分离技术原理、光催化膜设计和制备、光催化反应器的设计及应用研究进展等多个方面进行了全面深入的介绍；重点讲解了光催化膜的设计和制备、光催化膜反应器的构型种类和性能、光催化膜反应器在水和废水处理方面、有机物合成等方面的应用研究成果；最后，介绍了适应不同类型的光催化膜反应器的反应动力学模型。通过光催化膜反应器存在的技术性问题、经济性评价等方面的分析，试图回答光催化膜反应器何时能够工业化这一问题。本书将光催化膜和光催化膜反应器基本原理和工程案例相结合，具有科学性和实用性，适用于从事光催化膜技术研发的人员参考使用。

全书共有 11 章，翻译工作由甘肃自然能源研究所完成。其中胡英瑛完成了第 1 章、第 5 章的翻译，安兴才完成了第 2 章的翻译，刘刚完成了第 3 章的翻译，陈作雁完成了第 4 章、第 6 章、第 8 章、第 9 章的翻译，张国艳完成了第 7 章的翻译，韩立娟完成了第 10 章的翻译，贾玲萍完成了第 11 章的翻译。兰州大学丁勇、孟祥宇校阅了全稿，并提出了宝贵的修改意见。安兴才审定最终稿件。限于译者的专业和翻译水平，书中难免存在不足，敬请读者批评指正。

译者
2022 年 8 月

前言

自1972年Fujishima和Honda在TiO_2电极上发现水的光催化分解以来，许多先进的氧化过程得到了广泛研究，例如使用光和半导体（光催化剂）来产生氧化/还原反应的过程（多相光催化过程）。随后研究者在环境修复有关的领域，如将有机和无机污染物完全降解为无害物质，去除有毒金属和合成有机化合物等方面，进行了大量研究。

光催化与传统催化的主要区别在于，光催化利用催化剂的光子活化取代了传统催化的热活化。所以，从长远来看，太阳光作为能量来源，可以进行各种各样的反应。

光催化是绿色化学的范畴，其重要特征如下：

① 操作条件温和（环境温度和压力，很少需要辅助添加剂，反应时间短）；

② 能够降低难降解、不可生物降解和剧毒分子的含量；

③ 使用的光催化剂（主要是 TiO_2）更安全，避免使用对环境和健康有害的重金属催化剂；

④ 避免使用强氧化剂/还原剂；

⑤ 能使污染物真正降解，形成无害副产物；

⑥ 适用于水相、固相和气相的各种底物；

⑦ 适用于低浓度溶液；

⑧ 可替代高能耗的常规处理方法；

⑨ 使用可再生太阳能；

⑩ 可与其他物理和化学技术（例如膜分离）结合使用。

光催化膜反应器（PMR）是将光催化与膜集成起来的一种有效途径。PMR可定义为存在于不同配置中的一种设备，它将光催化剂和膜结合起来产生化学变化。PMR拓展了传统光催化反应器（PR）和膜分离技术（分子水平分离）的应用潜力，使这两种技术产生协同作用，从而对环境和生态的影响降至最低。

近来，基于光催化膜（PM）或悬浮态光催化剂的光催化膜反应器特别受关注，其首次报道是在20世纪90年代。随后人们对该领域的兴趣不断增长，尤其是在最近四年中，PMR在环境保护（废水处理）、生活水平提高（无污染的水生产）和化学工业（有价值化合物的合成）方面具有大规模应用的前景。

为了提高混合光催化膜的性能，还需要进行更深入的研究。

本书由从事该领域前沿科学研究的一些科学家编写而成，全书对PM和PMR的最新技术进行了全面综述，包括光催化和膜分离的基础概述，PM和PMR的基本知识，PM和PMR的应用、建模和经济方面评价。另外，本书还强调了与PMR设计相关的主要问题，并试图回答以下问题：PMR 在工业中的实际应用还有多远?

本书共 11 章。第 1 章介绍了多相光催化过程的基本原理，通过不同模型和方程来说明一些参数（pH、温度等）对光催化反应速率的影响。第 2 章介绍了膜（材料、形状与形态等）和膜工艺（微滤、超滤、纳滤、反渗透、正向渗透、气体分离和膜蒸馏）的实际进展，并讨论了膜应用中的主要问题。第 3 章介绍了 PM 在水净化、消毒、能量转换中的最新进展，还详细讨论了 PM 的各种制备方法（浸涂、旋涂等）。第 4 章概述了利用压力驱动膜分离技术（微滤、超滤和纳滤）的 PMR，并详细讨论了缓解 PMR 中膜污染的可能措施，包括反冲洗、鼓风、间歇渗透、控制水力条件等，还考虑了影响渗透物质量的各种因素。此外，介绍了光催化反应器的各种结构，并进行了比较和详细讨论。第 5 章展示了非压力驱动膜工艺的 PMR 如何利用各种方法来全面改善整个过程，重点介绍了目前限制这些 MR 应用的原因，并对发展前景进行了展望。第 6 章介绍了在 PMR 中 PM 应用的最新进展，讨论了增强膜系统的性能的进一步研究的必要性，与传统光催化反应器相比具有的各种优点。第 7 章讨论了在水和废水处理中 PMR 对有机污染物（油、染料、酚、农药等）降解作用，分析证实 PMR 是一种很有前途的处理水中有机污染物的技术，但在 PMR 优化过程中，应考虑氧化副产物组分。第 8 章介绍了光催化部分氧化（苯合成苯酚，阿魏酸合成香草醛）和光催化还原（苯乙酮转化为苯乙醇，CO_2 合成燃料，亚硝酸盐合成为氨）的部分最新研究结果。由于光催化剂完全封闭在反应环境中，同时在反应中能够选择性分离产物，具有提高系统生产率和选择性的优点。第 9 章着重说明了 PMR 多个方面进行的广泛深入研究，但是在水处理领域却没有大规模应用的原因，强调仍需要进行研发工作才能实现 PMR 的商业化。新型 PMR 相对于传统技术的某些优势是 PMR 大规模应用的决定性依据。第 10 章特别关注 PMR 的建模，强调了 PMR 的模拟与反应动力学相结合，对于优化工艺设计和操作至关重要。为了更好地理解不同类型的反应器的运行方式和流态，首先注重其工艺配置，在此基础上，对不同操作条件下光催化膜系统中反应速率的动力学模型方程进行评价，综上所述，模型预测需要通过改变光源、辐射方法、工艺设计、操作模式等变量来进一步改进。最后第 11 章介绍了 PMR 的经济性。为了实际应用中的促进协同作用，探讨了各种膜分离技术（反渗透、纳滤、超滤和微滤）与光催化反应器系统集成的系统实例和成本。

最后，编者要特别感谢每位参编人员。同时感谢 Elsevier，帮助我们以最好的方式完成了这项工作。

安杰洛·巴西莱
西尔维亚·莫齐纳
拉法埃莱·莫利纳里

目录

第 5 章 利用非压力驱动膜分离技术的 PMR 095

第 6 章 PM 反应器的性能 127

第 7 章 PMR 在水和有机污染物废水处理中的应用 139

第 8 章 PMR 在光催化合成有机物中的应用 155

第 11 章 光催化膜反应器的经济性 229

第1章

多相光催化：一种有前景的高级氧化技术

Vittorio Loddo[1]，Marianna Bellardita[1]，Giovanni Camera-Roda[2]，Francesco Parrino[1]，Leonardo Palmisano[1]

[1] University of Palermo，Palermo，Italy；[2] University of Bologna，Bologna，Italy

1.1 简介

自 1972 年 Fujishima 和 Honda 报道了关于光催化分解水制取氢气和氧气的创造性研究以来，世界各国学者进行了大量非均相光催化（PC）的基础和应用研究，尤其是水中或空气中有机污染物的氧化（Schiavello，1995；Fujishima et al.，1999；Augugliaro et al.，1997，1999a，1999b，2004；Maira Vidal et al.，1997）。多相光催化定义如下（Braslavsky et al.，2011）：“在紫外线、可见光或红外线辐射的作用下，光催化剂吸收光并参与反应物的化学转化，驱动化学反应或者使化学反应速率发生变化”。太阳光的开发利用使水相光催化成为一种有前景的绿色化学方法。

氧化反应的发生一般涉及还原剂（电子给体）和氧化剂（电子受体）之间的一个或多个电子的转移。

上述电荷转移导致氧化剂和还原剂发生化学转化，有时候反应过程会生成具有奇数价电子的化学物质（自由基），它们非常活泼且不稳定。

生成的自由基进一步和环境（包括有机的和无机的）中的其他物质发生反应，最终生成热力学稳定的氧化产物。

氧化剂和其他物质发生反应的能力和它的氧化电位有关。最有效的氧化剂包括氟、羟基自由基（•OH）、臭氧、氯，它们的氧化电位分别为 2.85V、2.70V、2.07V、1.49V（Dorfman and Adams，1973）。有机化合物彻底氧化（矿化作用）后的最终产物为二氧化碳（CO_2）、无机酸和水（H_2O）。

高级氧化过程（AOPs）主要分为两步：①形成主要的氧化性物质（如羟基自由基）；②氧化性物质在水溶液中和有机/无机污染物发生反应（Glaze et al.，1987）。AOPs 的例子包括涉及 O_3 和 H_2O_2 的过程，同时还包括涉及紫外线、空穴、电子束辐射和芬顿反应的过程。不过，高级氧化过程也用于涉及半导体光催化的更普遍的过程。

高级氧化过程的原理是基于原位生成上述提到的寿命较短的高活性物质来矿化难降解有机物、水中的病原体和消毒副产物（Esplugas et al.，2002；Pera-Titus et al.，2004）。

在常温、常压和氧气存在的条件下，非均相光催化主要利用可以吸收紫外线、近紫外线和可见光的半导体氧化物。光催化的基本机理包括生成电子-空穴对，一旦电子-空穴对得到有效分离，吸附在活性位上的自由基就会发生氧化还原反应，该方法已成功用于废水处理，也适用于完全降解有机/无机污染物、还原金属离子、灭活好氧型细菌等（Chen and Ray，2001；Sunada et al.，2003）。

二氧化钛因其高化学稳定性、良好的光电性能、价格低廉、无毒而被广泛用于光催化剂。但是，由于其带隙相对较高（3.2eV），只能利用一小部分太阳光。

TiO_2 去除水中污染物的光催化性能取决于不同的参数，主要和化学物质与活性表面之间的相互作用、电荷转移复合效率、由电子-空穴对产生的活性氧物质种类密切相关。由于上述行为和 TiO_2 的表面性能息息相关，因此，研究人员采用不同的策略来提高光催化过程的性能。

为了提高光催化过程中 TiO_2 的光催化活性和光催化效率，研究人员开发出了各种表面修饰方法。包括碳材料涂覆（Moon et al.，2014；Gao et al.，2013；Jiang et al.，2011；Andriantsiferana et al.，2015）、金属沉积（Anderson，2012）、阴离子吸附（Kim et al.，2012；Sheng et al.，2013）和与其他半导体杂化（Dhatshanamurthi et al.，2015；Wang et al.，2009），这些修饰方法可以诱导 TiO_2 的光吸收范围向可见光方向偏移。上述修饰方法不仅影响光催化反应过程的量子产率和/或光子吸收速率，还可以提高光生电子-空穴对的寿命。

提高光催化系统性能的另一种选择是引入强氧化剂，如臭氧、过氧化氢（Pera-Titus et al.，2004）、三价铁离子（Chen and Ray，2001）、过二硫酸根或高碘酸根离子（Sunada et al.，2003）。

但是，光催化也可以选择性地氧化或还原许多物质，从而产生许多非常有价值的化学产品（Palmisano et al.，2007；Yurdakal et al.，2008，2009，2013；Augugliaro et al.，2012；Bellardita et al.，2012，2013，2014a，2014b）。另外，粉体光催化剂的选择性差和回收成本高也是限制其工业化应用的弊端。

将光催化技术与膜分离过程相结合是解决上述问题的有效途径（Loddo et al.，2009；Camera-Roda et al.，2011，2013）。此外，由于操作条件（温度较低，化学物质浓度低，能耗低）类似，因此这两种技术可以直接集成。要证明光催化膜反应器（PMR）可以很方便地合成有价值的产品，既需要跨学科研究能力，还需要深入探讨一些工程问题。

本章将介绍非均相光催化反应的基本原理，重点介绍不同的动力学模型和一些参数（例如 pH 值、温度、光强度）对光催化反应速率的影响，讨论光催化剂改性的影响，最后分析光催化反应器的建模方法，并讨论利用 H_2O_2、O_3 和过二硫酸盐使光催化过程和高级氧化过程集成的问题。

1.2　TiO_2 光催化的基本原理

1.2.1　导体、绝缘体和半导体

分子轨道理论可以很好地解释分子几何结构。

分子轨道理论的出发点认为不仅是价电子，包括分子中的所有电子都对原子间的键合有贡献。电子不再属于个别的原子轨道，但是所有电子均会重新分布在不同能级上，称之为分子轨道。分子轨道以分子的原子核为中心，由 n 个相应的原子组成的原子轨道通过线性组合得到分子轨道，分子轨道数量等于原子轨道数量。随着原子数量增加，能级间的能级差减小，当 n 值很高时，形成一个连续的能带。

我们可以采用电子能带模型来确定一种晶体是导体还是绝缘体，事实上，固体的性质是由不同能带间的能带差和内部电子分布共同决定的。

各能带的宽度和它们之间的距离取决于相邻原子间的核间平衡距离，如果孤立原子

的能级差别不大，通过降低核间距，使能带逐渐扩大，从而导致能带重叠，最外层充满电子的能带称为价带（VB）。

在导体材料中，价带被全部或部分填满，并与位置更高的空能带相互重叠。这种情况下，电子可以自由移动，像金属一样可以导电。

相反，绝缘材料的价带是完全填充的，但是存在一个较高的能隙使价带和空带相分离。在这种情况下，即使施加高电场，电子也不能移动。

最后，如果禁带能隙不是很高，在某些激发方式（如热或光）下，一些电子可以通过高能空带，材料表现为一个较弱的导体，即半导体。允许电子移动的空带称为导带（CB），导带的最低能带位置和价带的最高能带位置之间的能量差称为带隙（E_G）。

当一个材料的带隙小于 3eV 时我们通常认为它是半导体材料，当带隙位于 3~4eV 之间时，认为其是宽带隙半导体。图 1.1 为不同材料的能带位置。

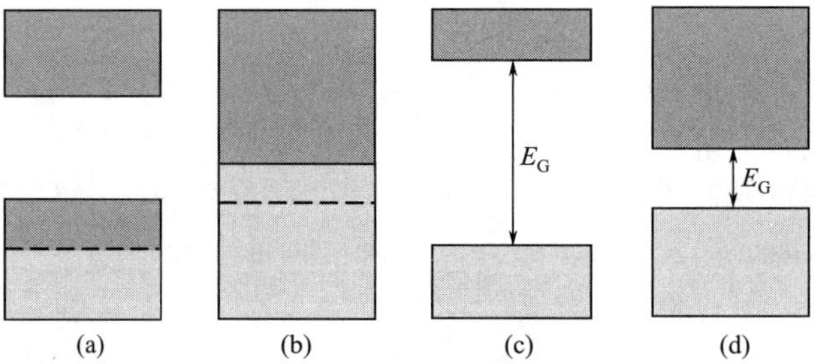

图 1.1　能带示意图

(a) 价带部分填充的导体；(b) 能带重叠的导体；(c) 绝缘体；(d) 半导体

1.2.2　半导体材料的性能

固体材料的能级被电子占据的概率可以由费米-狄拉克分布函数 $f(E)$来确定（Dekker，1957）。它适用于费米子（自旋为半整数的粒子，包括电子、光子、中子，这些粒子必须遵守泡利不相容原理），给定的允许能级 E 是温度和费米能级（E_F）的函数。E_F 与电子的电化学电势相等，即可以看作是电子从无限远处迁移到半导体时做的功。

费米能级是指在绝对零度时电子占据的最高能级。费米能是一条假想的水平能量线，它表示高于该值时电子态被填满的概率低于 50%，低于该值时电子态被填满的概率大于 50%。我们把价带中的空位称为空穴，价带空穴和导带电子共同决定材料的导电性。

一些杂质和缺陷可能会很大程度上影响半导体的电学性能。事实上，在半导体的晶格中添加其他原子（掺杂）可以显著地提高其导电性，使得导带拥有电子，价带拥有空穴。如果杂原子比半导体本身的原子多一个价电子，由于杂原子的电子向导带发生电子转移，则产生过量的正电荷（供体掺杂）[图 1.2（a)]；如果杂原子少一个价电子，它就能从价带中接受一个电子（受体掺杂）[图 1.2（b)]。

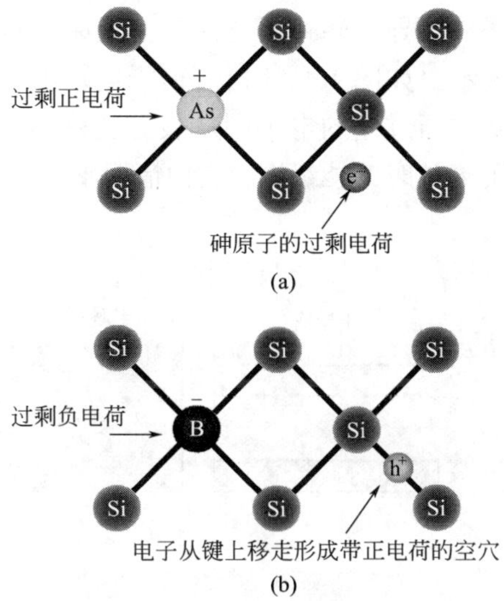

图 1.2　纯半导体硅

(a) 砷杂质，一个电子可以导电；(b) 硼杂质，一个带正电的空穴可以导电

第一种情况，能级靠近导带，电子在内部可以更快速地传输，因此这种固体称为 n 型半导体，费米能级接近导带［图 1.3（b)］；第二种情况，能级接近价带，电子随着空穴的形成而增加，这种半导体称为 p 型半导体，费米能级接近价带［图 1.3（c)］。

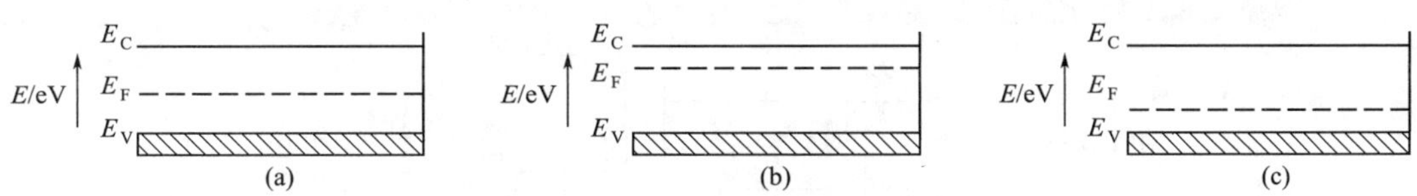

图 1.3　半导体能级

(a) 纯半导体；(b) n 型半导体；(c) p 型半导体。E_C 为导带能，E_V 为价带能，E_F 为费米能级

当半导体与电解液接触时，在界面上形成电位差。同样在这种情况下，也可以扩展固体中电子能级的概念（Gerischer，1970）。

被还原的物质其能态对应已占据的电子能级，而被氧化的物质其能态对应未被占据的电子能级。氧化还原对的费米能级（$E_{F,redox}$）等于氧化还原体系中电子的电化学电位，也等于还原电位 V，研究人员用 eV 和 V 两种尺度来比较半导体和电解质溶液中氧化还原对的能级［图 1.4（a)］。这两种尺度的不同是，在电化学中采用的是相对标准氢电极（NHE）的电势，而在固态物理中，则将真空下电子能级作为势能参考点。当涉及真空条件下的电子时，可以根据标准氢电极电势来计算二者的相关性（约为−4.5eV）（Lohmann，1967）。

半导体与含有氧化还原对的溶液接触后，由于固体与电解质之间的电子交换，当两相的费米能级相等时，达到平衡。电荷交换使得半导体内部产生电荷并分布在靠近半导体表面的空间电荷区域，半导体表面和内部的空穴和电子浓度存在很大差别。图 1.4（a）为 n 型半导体和氧化还原电解质在接触前的能级，在这种特殊情况下，半导体的费米能级高于电解质的能量，电子从半导体转移到电解质溶液来实现平衡，这种转移所产生的电场通过能带向上弯曲来表示［如图 1.4（b）］。由于电场的存在，空间电荷区域产生的过量空穴向半导体表面移动，而过量的电子则从表面迁移到半导体的主体。图 1.5 为 p 型半导体和氧化还原电解质接触时的能级图，这种情况下，电子从电解质向半导体迁移，能带向下弯曲。

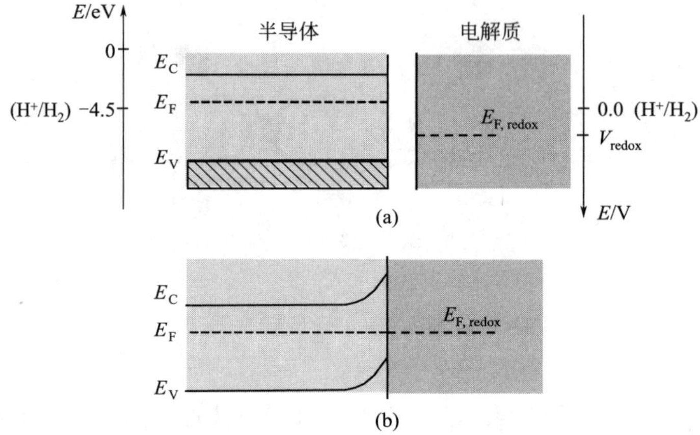

图 1.4　n 型半导体和溶液形成的结

（a）接触前；（b）达到平衡时

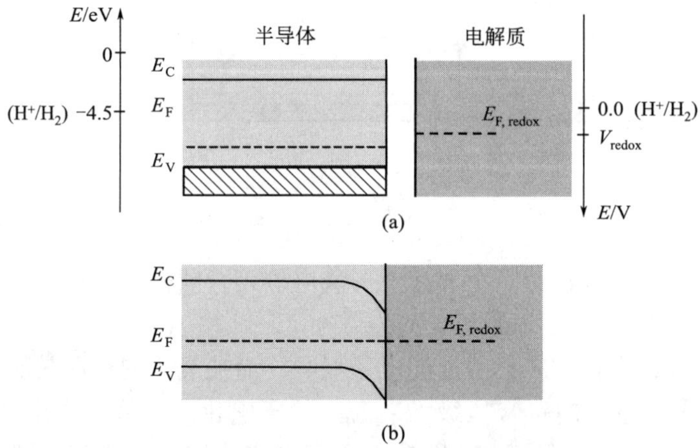

图 1.5　p 型半导体和溶液形成的结

（a）接触前；（b）达到平衡时

如果半导体受到等于或高于其带隙能量的辐射，半导体吸收光子，电子被激发从价带迁移到导带，形成电子-空穴对，这种束缚态的电子-空穴对称为激子，图 1.6 为激子产生的示意图。

在 n 型半导体中，空间电荷区域的电场可以使电子-空穴对分离，电子迁移至半导体，而空穴迁移至半导体表面［如图 1.6（a）］。相反，在 p 型半导体中，空穴迁移至半导体，而电子迁移至半导体表面［如图 1.6（b）］。

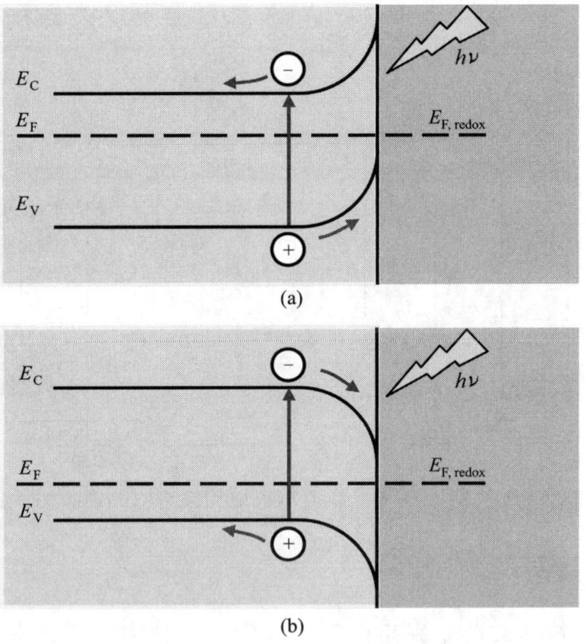

图 1.6　辐射条件下电子-空穴对的形成

(a) n 型半导体；(b) p 型半导体

迁移过程中，电子和空穴可以发生：①复合，能量以热或电磁辐射（光子发射）的形式消散；②与半导体-电解质界面上的电子给体或电子受体发生反应。

光生电子的电势等于导带边缘的能量 E_C，而空穴的电势等于价带边缘的能量 E_V。如果 E_C 值比电解质溶液中物质的电位更负，到达界面的电子能够还原氧化还原对中的氧化态物质。相反地，如果 E_V 值大于氧化还原对的电势，光生空穴能够氧化氧化还原对中的还原态物质（如图 1.7）。了解能带的相对边缘位置和氧化还原对的能级对于确定溶液中物质是否发生氧化和/或还原反应至关重要。图 1.8 为不同半导体导带和价带位置及带隙值。

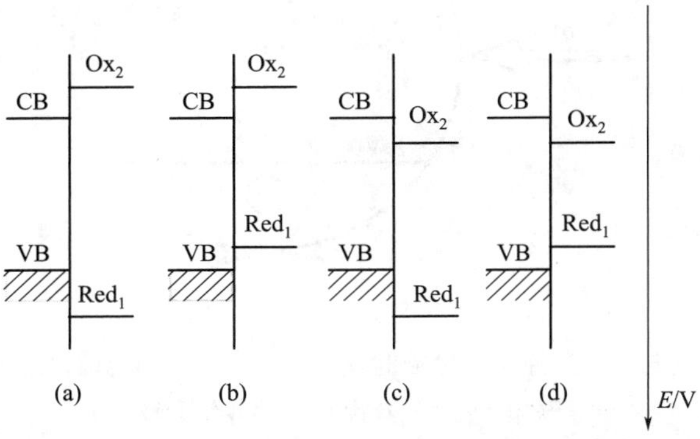

图 1.7　价带和导带相对于两个氧化还原对能级的相对位置

只有（d）的氧化和还原反应在热力学条件下是允许的，Ox_2 和 Red_1 分别表示两个氧化还原对的被氧化态和被还原态

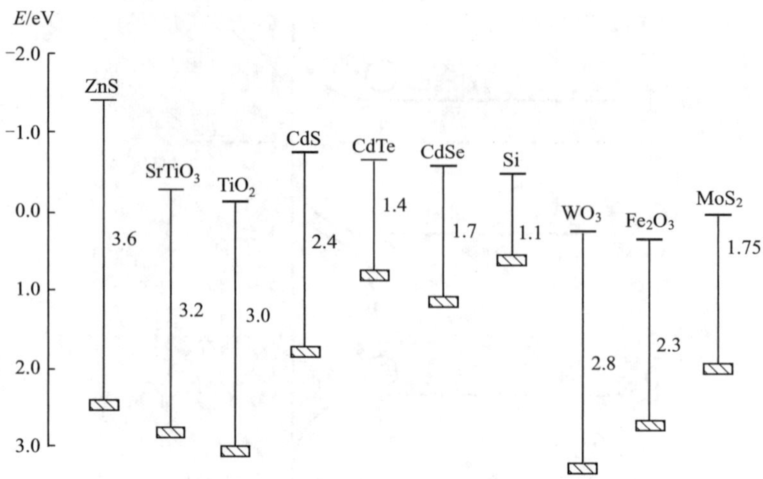

图 1.8　pH=0 时一些半导体与水电解质接触时的能带边缘位置

1.2.3　光催化过程

半导体的光催化特性取决于光生电子和空穴的迁移率、平均寿命、能级位置、光吸收系数和界面的性质，此外，半导体的光活性主要取决于其受固体制备方法影响的不同物理化学性质，如晶体结构、表面积和粒径分布。

在光催化系统中，每个半导体粒子都可以看作是一个由半导体电极与惰性金属电极接触组成的光电化学电池（Bard，1979）。在光电化学电池中，半导体电极可能会发生氧化或还原反应，而当半导体浸泡在电解质溶液中时，氧化还原反应通过价带的空穴转移和导带的电子转移同时进行（如图 1.9）。

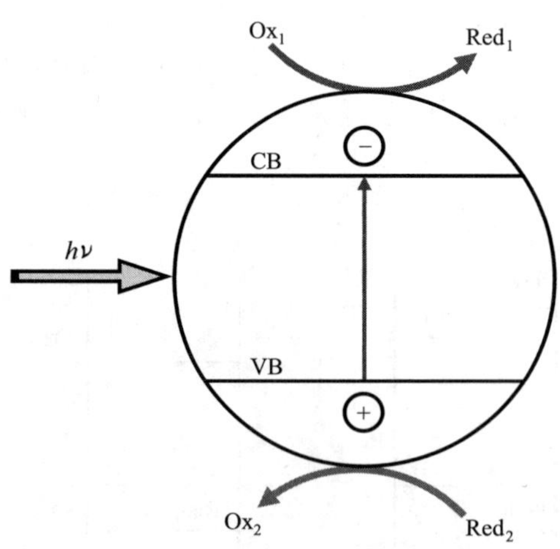

图 1.9　在与氧化还原系统接触的发光粒子上发生的光催化过程示意图

氧化剂 Ox_1 通常为氧气，还原剂为有机物

当半导体粉末处于悬浮态时，每个粒子就像一个小光电池，在 100mg 的粉末（例如由直径 0.1mm 的粒子组成）中，就有超过 1×10^{11} 个独立的粒子存在，因此系统非常有效。

在 O_2 和 H_2O 存在下，用适当能量的光照射半导体粉末的悬浮液，固液界面产生非常活泼的自由基，可诱导多种光化学氧化反应，降解许多有机和无机分子。使用 TiO_2 作为光催化剂时，在半导体-水溶液界面可能发生的反应如下式所示：

$$TiO_2+h\nu \longrightarrow TiO_2\ (e^-_{(CB)}+h^+_{(VB)}) \tag{1.1}$$

$$OH^-+h^+_{(VB)} \longrightarrow \bullet OH \tag{1.2}$$

$$O_2+e^-_{(CB)} \longrightarrow \bullet O_2^- \tag{1.3}$$

$$\bullet O_2^-+H^+ \longrightarrow HO_2\bullet \tag{1.4}$$

$$2HO_2\bullet \longrightarrow O_2+H_2O_2 \tag{1.5}$$

$$H_2O_2+\bullet O_2^- \longrightarrow OH^-+\bullet OH+O_2 \tag{1.6}$$

在没有 O_2 的情况下，还可进行光催化还原反应，消除水中存在的许多无机离子污染物，在光催化剂颗粒表面将它们还原成单质：

$$M^{n+}_{(aq)}+ne^-_{(CB)} \longrightarrow M_{(surf)} \tag{1.7}$$

或者将它们降解为毒性更低的物质。例如，可以将五价铬还原成三价，然后以氢氧化铬沉淀的形式消除。

通过在半导体粒子表面沉积少量贵金属可以提高其光活性，实际上，有机化合物的光氧化速率通常受到电子向吸附在半导体表面氧的转移速率的限制。氧还原得到的电子越多，反应速率越快。

贵金属（例如 Pt）的存在所带来的正面影响，可以通过比较光照时被铂“小岛”部分覆盖的 n 型半导体粒子所发生的过程和光电化学电池的光催化过程来解释（如图 1.10）。

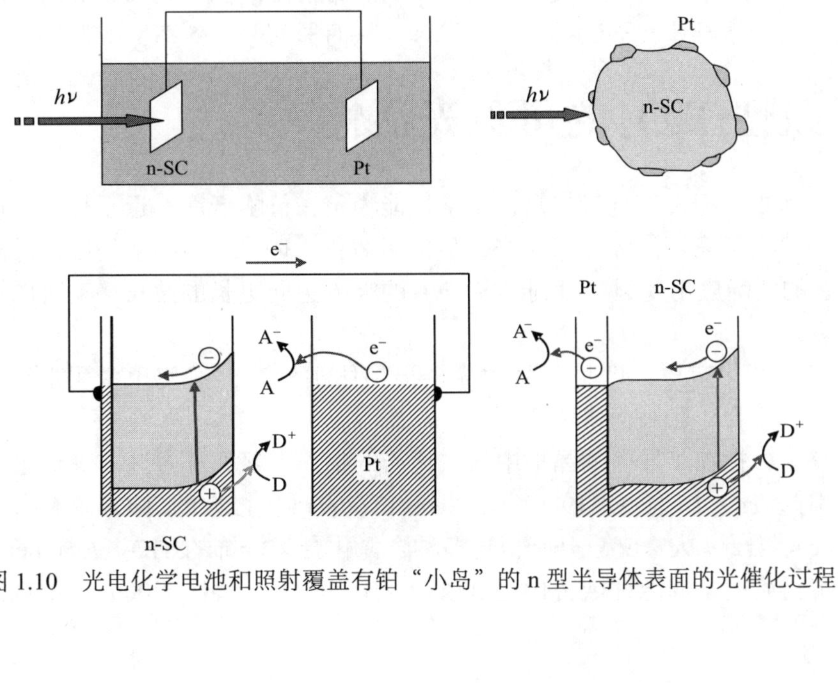

图 1.10　光电化学电池和照射覆盖有铂“小岛”的 n 型半导体表面的光催化过程

半导体粉末的光催化活性是基于同一粒子的不同区域同时发生的氧化和还原反应过程。在贵金属（如 Pt、Ag、Pd 和 Au）存在物理分离的反应位点的情况下，类似于由 n 型半导体和铂对电极组成的光生对电池，在半导体上发生氧化反应，而在金属电极上发生还原反应。

事实上，光生电子迁移到了金属“小岛”上，而空穴留在了半导体上，最终降低了电子空穴复合效率，加速了动力学过程（Panagiotopoulou et al.，2013）。

在半导体颗粒表面部分覆盖 RuO_2 或 NiO 等氧化物，也同样可以获得积极的效果（Domen et al.，1982）。

有效地实现电子-空穴分离的另一种方法是使用两种导带价带能相匹配的半导体粉末混合物，示意图如图 1.11。典型的混合物有 CdS(SC_1)-TiO_2(SC_2)（Serpone et al.，1995）、WO_3(SC_1)-WS_2(SC_2)（Di Paola et al.，1999）。

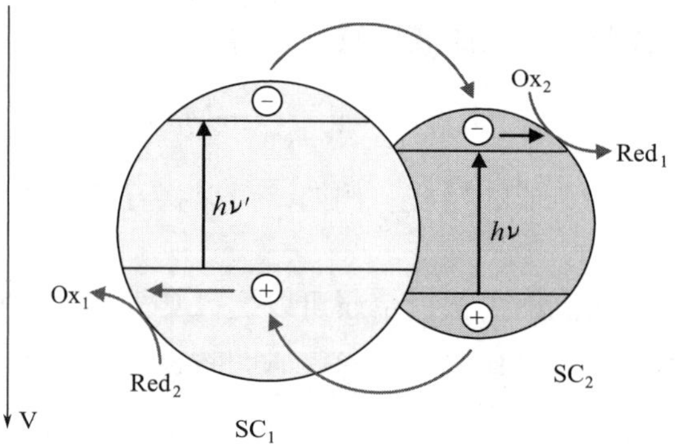

图 1.11　在两个不同的耦合半导体上发生的电荷转移过程示意图

如图 1.11 所示，研究人员发现，具有不同导带价带能的半导体之间的异质结允许电子和空穴从一个半导体转移到另一个半导体，从而提高分离效率，降低复合概率。

1.3　改性 TiO_2 的可见光活性

二氧化钛由于无毒、含量丰富、化学性能稳定、价格低廉，近乎是一种理想的光催化剂。但是，由于它不能吸收可见光，只能吸收占太阳光 4%的紫外线以激活光催化反应，因此它的实际应用受到了限制。将 TiO_2 的吸收边向更长的波长移动可以提高太阳光的转换效率。

可见光光敏化有以下四种不同的途径：①体相掺杂；②使用金属半导体复合物；③不同半导体耦合；④表面修饰。

体相掺杂，指在半导体的晶格中嵌入适当的物质。氮原子尺寸与氧原子相近，因此比较容易引入 TiO_2 结构中。1986 年，Sato 首次发现氮掺杂的 TiO_2 具有可见光响应性（Sato，1986）。自此，大量文献开始报道多种含氮化合物修饰的 TiO_2（Asahi et al.，2014），多数情况下得到的是间隙性或替代性氮掺杂（Bellardita et al.，2009），相对比较罕见的是 Bellardita 通过表面修饰方法合成的三聚氰胺修饰的 TiO_2 材料（Bellardita et al., 2009）。同时，还有通过碳（Irie et al.，2003；Sakthivel and Kisch，2003；Nagaveni et al.，2004）、磷（Han et al.，2001）、硼（Xu et al.，2009）和硫（Umebayashi et al.，2002；Ohno et al.，2003）掺杂的 TiO_2，缩小了 TiO_2 的带隙。另外，氟掺杂虽然没有缩小 TiO_2 的带隙，但提高了材料表面的酸性，促进了 Ti^{3+} 的形成，从而提高了光催化活性（Czoska et al., 2008）。

通过离子注入法将 Cr、Co、V、Fe 嵌入 TiO_2 晶格中，可以使 TiO_2 光谱响应扩展到可见光区，同时还改善了材料的光催化活性（Borgarello et al.，1982；Zhu et al.，2006）。然而，过渡金属也可以作为复合中心，半导体表面的金属"岛"则可能遮蔽反应位点（Kang，2005）。

贵金属沉积通常是通过合成金属半导体纳米复合材料来实现表面改性。TiO_2 表面的贵金属如 Ag、Au、Pt 和 Pd 作为电子受体可以降低电子空穴复合，从而提高光催化效率（You et al.，2005；Abd-Elaal et al.，2015；Bellardita et al.，2017），TiO_2 表面金属纳米粒子的等离子体共振效应决定了材料的可见光响应性。

相比于单一材料，复合半导体（Qian et al.，2001；Hamrouni et al.，2015）光催化效率更高，主要原因是半导体间形成了异质结，提高了空间电荷的分离。当其中一个组分能够吸收可见光，或者当半导体之间的电子相互作用强到足以改变复合材料的电子结构时，我们就可以观察到可见光活性（Tada et al.，2011）。

TiO_2 光敏化最常用的技术是表面改性，诱导可见光活性可以通过在半导体表面和生色团分子之间形成共价键或离子键（敏化机理），以及半导体与能够产生生色表面物质的分子相互作用（电荷转移复合物机理，CTC）（Kisch，2015）两种方法实现。在 TiO_2 表面吸附各种有机染料（Guarisco et al.，2014；Ingrosso et al.，2005）和金属复合物 D（Dai et al.，2009），实现了 TiO_2 的敏化作用。这些材料的光活性机制，也被称为光诱导电子转移，反应方程式（1.8）和式（1.9）总结了该机理。

$$TiO_2...D+h\nu \longrightarrow TiO_2...D^* \tag{1.8}$$

$$TiO_2...D^* \longrightarrow TiO_2(e^-)...D^+ \tag{1.9}$$

TiO_2 表面的金属配合物 D 吸收一定的辐射能转变成激发态 D^*，D^* 又将电子注入到半导体导带。

CTC 机理认为可见光可以活化一个系统，即便该系统中光催化剂和吸附物（S）本身都不吸收可见光。而吸附物本来是无色的，但吸附在 TiO_2 上后就会显色（Parrino et al., 2012）。

该机理也被称为光电子转移，如式（1.10）和式（1.11）：

$$TiO_2+S \rightleftharpoons [TiO_2\text{-}S] \tag{1.10}$$

$$[TiO_2\text{-}S]+h\nu \longrightarrow TiO_2(e^-)\text{-}\bullet S^+ \tag{1.11}$$

可以看出，在敏化机理和 CTC 机理中，TiO_2 自身没有吸收可见光，但是染料和 CTC 分别是吸光物质。这种情况下，该过程可以定义为"间接半导体光催化"。显然，上述两种间接半导体光催化机理中，电子被锚定在半导体上，而氧化物质仍然充当空穴的角色。

研究人员用既简单又廉价的低频超声技术诱导 TiO_2 粉末使其内部产生氧空位，利用超声法产生氧空位为经济、简便地在太阳/可见光照射下合成具有活性的光催化剂提供了新思路（Osorio-Vargas et al.，2012；Bellardita et al.，2017）。的确，大量的氧缺陷可以使光催化材料带隙变窄，吸收可见光。

1.4 光催化合成与光催化降解

非均相光催化主要用于环境领域，该过程中产生的强氧化性羟基自由基几乎可以降解和矿化所有的有机化合物。矿化指可以将有机污染物完全降解为水、二氧化碳、硝酸盐、磷酸盐、卤化物等。但是，矿化过程的第一步氧化步骤产生的中间产物和副产物的毒性可能比初始污染物还要高。因此，在研究新兴污染物光降解时，有必要通过总有机碳（TOC）分析，深入研究其降解路径，并确定初始污染物转化为具有最高氧化态的小而稳定的分子的比例。

当我们可以选择性地得到其中一个反应产物并且收益可观时，就可以称之为光催化合成，氧化反应一般比较容易实现。另一方面，光催化还原实验条件（无氧、质子源）相对比较苛刻，通常效率较低。主要有两个原因：①导带电子的还原能力明显低于价带空穴的氧化能力；②有效地与氧竞争捕获光生电子的有机物比较少（Li ,Wang，1993）。

虽然在水溶剂中进行反应是比较可取的，但由于许多反应物和产物在水中的溶解度较低，在水介质中获得的选择性一般较低，因此，光催化合成通常是在有害的有机溶剂如乙腈中进行的。一些反应在水溶液或绿色溶剂（如碳酸二甲酯）中表现出明显的选择性，例如，乙醇（Palmisano et al.，2007；Yurdakal et al.，2008，2009；Addamo et al.，2008；Sivaranjani and Gopinath，2011；Bellardita et al.，2014b；Yurdakal et al.，2013）、胺类（Li et al.，2013）、生物活性分子如反式阿魏酸（Augugliaro et al.，2012）、异丁香酚、丙三醇（Maurino et al.，2008；Augugliaro et al.，2010a；Minero et al.，2012；Chong et al.，2014）、葡萄糖（Bellardita et al.，2016）等的氧化；芳香酸（Ohtaniet al.，2003）的选择性环化；另外，溴（Parrino et al.，2016）和维生素 B_3（Alfe et al.，2014；Spasiano et al.，2015；Yurdakal et al.，2017）的合成也已有报道。

1.5 操作参数

1.5.1 pH 值

在水相反应介质中 pH 值是影响光催化活性的关键因素。首先，在光催化体系中，基底的质子化或去质子化可能会显著改变它们的物理化学行为。此外，随着 pH 值的不同，催化剂表面也发生显著的变化。如图 1.12 所示，尤其在 TiO_2 表面存在不饱和配位的钛原子和氧原子，从而导致表面缺陷。因此，水分子通过解离吸附占据这些位点，形成高浓度的羟基自由基（约 5 个·nm^{-2}）（Beranek，2011）。值得注意的是，虽然大家普遍认为羟基自由基是活性基团，但是有大量的羟基自由基并不代表具有较高的光催化活性（Di Paola et al.，2014）。

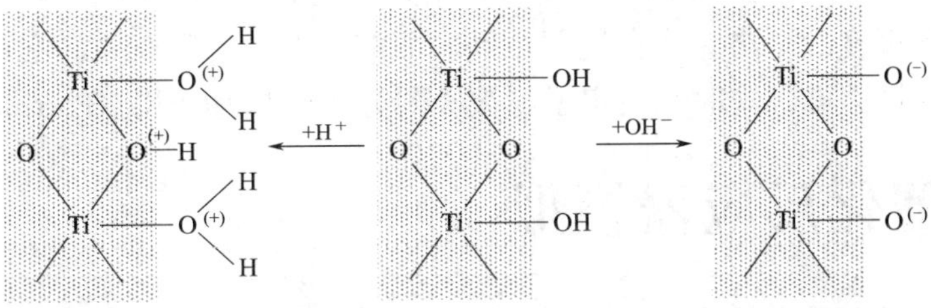

图 1.12　TiO_2 表面质子化和去质子化简化示意图（Beranek，2011）

如果是双配位基的羟基，则具有酸性（pK_a=2.9），如果是单配位基的羟基，则具有碱性（pK_a=12.7）（Herrmann and Boehm，1969）。

基于上述原因，TiO_2 表面可以根据水悬浮液的 pH 值进行质子化或去质子化（如图 1.12）。

表面净电荷为零的 pH 值称为 pH_{IEP}（等电点）。如果 $pH > pH_{IEP}$，材料表面带负电荷；$pH < pH_{IEP}$，材料表面则带正电。因此，这种表面对 pH 值的依赖性不仅严重影响带电或可极化化合物的吸附，还会影响导带和价带的位置，换句话说，会影响界面电子转移的热力学可行性。

1.5.2　氧含量

光催化降解有机化合物和光催化氧化合成过程，普遍需要氧才能进行（Al-Ekabi et al.，1991）。由于氧气具有亲电性，通常起到电子捕获的作用，因而降低了电子-空穴复合速率（Al-Ekabi et al.，1991）。此外，氧的还原过程形成许多活性氧，从而引发自由基链氧化反应［方程式（1.3）~式（1.6）］。然而，已有报道称高浓度氧是有害的，会降低反应速率，因为它会与反应基底竞争吸附位点（Braun and Oliveros，1997）。Braun 和 Oliveros 研究了光催化氧化 3,4-二氯苯酚过程中溶解氧的作用，溶解氧存在时会引起基底羟基化，相反，二氯苯酚的部分脱氯反应则主要是在无氧条件下发生的。

1.5.3　温度

据报道，温度在 293~353K 时对光催化反应的氧化速率有微弱的影响（Fox，Dulay，1993）。在较低的温度（233~273K）下，表观活化能增加，但是当温度高于 353K 时，表观活化能就会变成负值（Herrmann，1999）。据报道，在任何情况下，光催化反应的活化能（10^0kJ·mol^{-1} 量级）都低于测量的热反应活化能。尤其是 Matthews（1987）和 Okamoto（1985）报道了光催化降解水杨酸和苯酚的活化能为 10kJ·mol^{-1}。

Elliot（Elliot and Simsons，1984）提出羟基自由基反应主要影响光催化反应的活化能。另一方面，Herrmann（1999）认为氧化产物的解吸是影响光催化反应活化能的速控步骤（Herrmann et al.，1987）。

Kiwi（1985）观察到，随着温度的升高，半导体准费米能级只有微小变化（ΔV=0.04V），使得界面电子转移得到了一定改善。基于此结果，通常报道称，轻微的温度变化并不影响光催化活性。然而，最近 Parrino 以实验证据为基础提出：活化能可以作为光催化反应温度相关性的间接度量，与吸附在光催化剂表面的水的动力学有关，它不仅是粉体材料形貌特征的决定性因素，同时也决定了与被吸附分子的相互作用（Parrino et al.，2017）。

1.6 光催化反应器模拟

光子的存在是区分光催化反应器和化学反应器的主要特征，我们可以认为它是一种非物质的反应物，在非均相系统中具有产生电子-空穴对的功能。在建立光催化反应器模型时，考虑反应环境中的辐射场是尤为重要的。该模型需要考虑以下几方面：①反应系统；②反应器类型及其几何结构；③辐射源；④光催化剂类型。上述所列特征的知识可以帮助我们正确地描述所涉及的现象学过程，并获得相应的数学关系。建模过程需要应用质量和动量平衡以及动力学定律，另外，很显然，吸收光子会引发反应，因此我们有必要了解光子吸收速率的知识，而光子吸收速率无法通过实验局部测量得到，而且，在实际的光催化反应器中，反应点之间的光催化反应速率都存在显著差异。

辐射能量传输定律表明，光子在整个反应器中的分布几乎是不可控的。事实上，在质量平衡方程中存在的“对流”项在辐射传递方程（RTE）中是不存在的。因此，作为一种非物质的反应物，光子参与反应（被反应消耗掉）并不能像真正的反应物一样被机械性混合。基于上述原因，辐射系统的几何结构和性质、反应器的几何结构以及反应系统的光学性质对于获得反应器内辐射的有效分布至关重要。光催化反应器建模的两个最重要的无量纲参数：一个是反射率 ω，它是散射对消光的一个重要的权重；另一个是光学厚度 τ，是光催化反应器不透明度的量度（Bandini et al.，1977；Spadoni et al.，1980）。

$$\omega = \frac{\sigma^*}{\sigma^* + \kappa^*} \tag{1.12}$$

$$\tau = (\sigma^* + \kappa^*) c_{\text{cat}} \delta \tag{1.13}$$

式中，c_{cat} 为光催化剂的浓度；δ 为反应空间的厚度；σ^*和 κ^*分别为比散射系数和吸收系数，它们是在入射辐射的有效光谱上取平均值。根据粒子的尺寸不同，我们可以采用不同的定律来描述所涉及的散射现象。事实上，在非常小的粒子中（d_p < 0.03~0.06μm，近紫外辐射），发生了弹性散射，称为瑞利散射。其他例子如米氏散射理论适用于任何尺寸粒子，几何光学（镜面和漫反射模型）适用于尺寸相对较大的粒子（d_p > 0.5μm，近紫外辐射）（Siegel and Howell，1992）。相关文献报道，在特定实验条件下，也有可能找到一些实验方法来确定这些光学参数（Loddo et al.，2006）。有研究人员通过测量光催化剂质量对透射光子流的影响，并应用辐射传递方程（RTE）的 Kubelka-Munk 解的近似形式，测定了单色光照射下商用 TiO_2 水悬浮液的吸收系数和散射系数。Satuf 等（2005）报道

了 TiO_2 悬浮态的物理和光学性质，该实验是在一个专门设计的分光光度计中进行的，分光光度计带有传统的光电池和一个在传输模式下工作的积分球附件。

光学厚度（例如光催化剂负载）对光催化效率的影响取决于催化剂固体材料的类型、颗粒大小和前面提及的光学参数。一般情况下，随着光催化剂用量的增加，所观察到的反应速率与光催化剂浓度呈线性关系，当光催化剂达到一定浓度时，反应速率达到一个平衡值，当用量继续增加时，反应速率基本保持不变。

我们可以通过求解 RTE 方程来研究在反应介质中发生的光吸收和光散射效应（Cassano and Alfano，2000），然后利用得到的辐射场进行动力学分析，得到光催化反应的本征动力学（Martin et al.，1999；Arancibia-Bulnes et al.，2002；Alfano et al.，1994）。最近，G. Camera Roda 研究表明，在不需要实验测量吸收辐射功率、也不需要求解 RTE 方程的情况下，通过所谓的“光差”反应器，可以获得动力学参数和吸收辐射功率的固有值（G. Camera Roda et al.，2017）。

通过求解 RTE 方程也可以得到辐射能吸收体积速率（VREA）的局部值（Cassano et al.，1995）：

$$\dot{e}_{\lambda}''' = \kappa_{\lambda} \int_{4\pi} I_{\lambda,\Omega} \mathrm{d}\Omega \tag{1.14}$$

式中，κ_{λ} 为光谱吸收系数；$I_{\lambda,\Omega}$ 为沿着 Ω 方向的强度；$\mathrm{d}\Omega$ 为沿着 Ω 方向的微分立体角。由普朗克方程可知，单色光辐射的光子吸收体积速率（VRPA）与辐射能吸收体积速率有直接的关系。

大多数情况下，由于吸收（激活光催化反应所必需的）、散射和辐射能的几何再分配，预计悬浮型光催化反应器的强度会在空间上和角度上发生较大的变化。

光催化反应的固有速率取决于量子产率和吸收的辐射能。

一般来讲，可以写成式（1.15）（G. Camera Roda et al.，2017）：

$$\hat{r} = \eta \hat{\varphi} \tag{1.15}$$

式中，$\hat{r}$ 为单位质量光催化剂的反应速率；$\hat{\varphi}$ 为光子吸收的比速率（SRPA）（单位时间和单位质量光催化剂吸收光子的物质的量）；η 为量子产率。SRPA 可以表示成式（1.16）：

$$\hat{\varphi}_{\lambda} = \frac{\varphi_{\lambda}}{c_{\mathrm{cat}}} = \dot{e}_{\lambda}''' \frac{\lambda}{hcN_{\mathrm{A}}} \times \frac{1}{c_{\mathrm{cat}}} \tag{1.16}$$

式中，h 为普朗克常数；c 为光速；N_{A} 为阿伏伽德罗常数。

总的来讲，初始量子产率可以定义为在初始阶段遵循预期反应路径（在该情况下激活仅仅导致化学反应）所产生的分子数与在波长 λ 时吸收的量子数之间的比值：

$$\eta_{\lambda} = \frac{\text{初始分子数}}{\lambda\text{波长时吸收的量子数}} \tag{1.17}$$

在实际应用中，还定义了另一种量子产率，即“总量子产率”。这是一个高度“依赖过程”的值，它不是一个固有的动力学性质。

总量子产率被定义为给定的反应物消失的分子数或生成物最终形成的分子数与波长为 λ 时光子吸收的量子数的比值：

$$\eta_{\text{overall},\lambda} = \frac{\text{反应分子数}}{\lambda\text{波长时吸收的量子数}} \tag{1.18}$$

总量子产率既评价主反应，也评价后期所有的次级反应（Cassano et al.，1995）。

因此，在任何动力学实验中，由于反应器体积内辐射的不均匀性，有必要区分参数（SRPA、反应速率、量子产率）的局部值和它们的平均值（外部观察者也许可以测量到该值）。尤其是，在离散波长范围下的辐射对应的量子产率我们称其为“量子效率”。局部值不能通过实验测得，但在理论上它代表了评价“本征动力学”时已知的值，本征动力学只考虑在分子水平上发生反应的速率。因此，本征动力学代表了一个“定律”，对于在真实的反应器中宏观尺度下发生的所有现象，该值都是不变的（例如质量和辐射能传递）。对于简单的几何系统，通过实验可以确定量子产率（Loddo et al.，2006）和量子效率（Augugliaro et al.，1995）。

以上主要考虑的是光催化剂分散在溶液中的悬浮态体系。在使用粉末光催化剂时，尤其当催化剂颗粒尺寸很小（20~100nm，具有高表面体积比）时，存在一系列问题。如在使用光催化剂的操作过程中，这些固体催化剂可能会分散在环境中，从污水中如何分离出催化剂存在问题（Kagaya et al.，1999；Sopajaree et al.，1999）。当光催化剂以薄膜的形式支撑在固体表面时，就可以解决大多数实际问题，但随之而来的是其他问题，也需要付出更多的努力来设计光催化反应器。的确，薄膜外和/或薄膜内的传质现象会限制最终所获得的反应速率（Turchi and Ollis，1988；Subramanian et al.，2003；Chen and Dionysiou，2007）。

Camera-Roda 等研究并支持一种“厚”光催化膜，光催化膜的效率因子（η_F）可以评估由于反应物的内部扩散和光子传输所引起的限制程度，定义为：

$$\eta_F = \frac{\text{实测反应速率}}{\text{反应速率}(c_S = c_{S0}, I = I_0)}$$

式中，c_S 为反应物浓度；c_{S0} 为初始反应物浓度；I 为局部辐射强度；I_0 为进入薄膜的辐射强度。

他们确定了影响有效性的中间参数，指出了评估参数值的简单方法，从而确定了可能存在的一些限制过程，这些限制过程需要进一步改进。最后，确定了可以使反应速率最大化的最佳膜厚度。

结果表明，如果光子和反应物从同一侧进入反应器（SS 案例），实测光催化降解率向渐近线单调增加；相反，如果反应物从一侧进入反应器，而从另一侧进行光照（OS 案例），在最佳膜厚度时就会存在实测降解率最大值。有趣的是，在 OS 案例下，在最佳膜厚度时，观察到的反应速率已经接近渐近值。

Vezzoli 等（Vezzoli et al.，2013）在内部扩散的基础上又增加了外部传质，以研究二者组合后对 LH（Langmuir-Hinshelwood）型动力学实测反应效率的影响。

1.6.1　光催化反应动力学

1835 年，Berzelius 首先提出催化这一术语，描述某些物质对不同反应的影响，而在反应过程中这些物质自身显然没有发生变化。催化的基本原理之一是催化循环原理，它是根据 Boudart 的定义提出的："催化剂是一种将反应物转化为产物的物质，它通过一系列不间断的、重复的基本步骤循环，其中催化剂通过一系列活性中间体发生变化，直到循环的最后一步使催化剂恢复其原来的形式。"

研究非均相催化的方法同样适用于研究非均相光催化，而且同时也会面对相类似的问题。

事实上，少量的一种叫作催化剂的特殊物质就可以加速催化反应的进行，光催化剂则是一种能通过吸收紫外线、可见光或红外辐射，促使反应物发生化学转换的物质，它反复地与反应物发生中间化学反应，并在每一次的这种反应循环后重新生成原来的化学成分（Augugliaro et al.，2010b）。

当一个光催化剂暴露在适当的辐射下，其表面会发生一系列变化，这些变化是发生光过程所必需的（Bickley，1985a，1985b）。光子与固体半导体的相互作用会增加晶格振动态，例如会产生一个固体半导体的激发态。能量大于能带隙的光辐射打破了黑暗环境中建立的吸脱附平衡，从而决定了该活性基团的净吸附或脱附，当该活性基团和固体半导体具有相同的电化学电势时，再次达到新的吸脱附平衡（Bickley，1985a，1985b）。

固体半导体对光子的吸收与晶体位点的性质有关，晶体位点可以是规则的，也可以是以本征或非本征晶格缺陷为存在形式的，因此产生四种不同类型的电子激发。没有缺陷的晶格只能产生本征光激发：电子从价带转移到导带，形成自由电子-空穴对（电子和空穴分离）；自由激子的形成（一个电子和一个带正电的空穴相结合，并且可以作为一个单元自由穿过非金属晶体）。晶格中缺陷的存在可以引起光的非本征吸收，包括：由电子激发产生的缺陷和束缚形成的光子吸收和/或自捕获激子形成的光子吸收；有缺陷的材料吸收光子产生电离（定域和非定域电子态之间的跃迁）。图 1.13 描述了上述过程（Emeline et al.，2001；Ryabchuk，2004）。

当光子吸收的光能高于或等于半导体带隙（$h\nu_1 \geq E_G$）时，发生晶格本征光激发 L_b，伴随着形成自由电子（e^-）、空穴（h^+）或激子（e^0）并发生复合（自由载流子可能在带间复合）[图 1.13（a）]。随着自由电子和空穴的形成，当光辐射能 $h\nu_2 < h\nu_1$ 时，先前存在的体缺陷（D_b）会导致非本征光激发，反向过程是电子和空穴的复合以及缺陷处激子的衰变 [图 1.13（b）]。

当体缺陷存在时，可能会发生另一个体相过程，即捕获自由载流子和激子形成色心和深阱（F 型：电子占据的空位；V 型：空穴占据的空位）[图 1.13（c）]。色心的光致褪色（$h\nu_3$）或热退火会产生自由电子和空穴 [图 1.13（d）]。

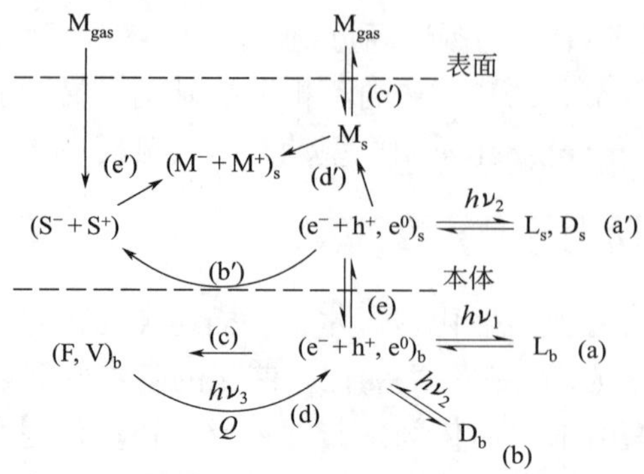

图 1.13　宽带隙半导体非均相系统内发生的光诱导过程示意图

就表面过程而言，规则的表面晶格本征光激发 L_s 和不规则的表面缺陷 D_s 吸收光辐射($h\nu_2$)，表面态形成自由载流子和激子［图 1.13（a′)］。表面复合可能伴随着发光，但是，表面缺陷 S 捕获自由电子或空穴后则形成了吸附过程和光催化过程所需要的表面活性中心（S^-和 S^+）［图 1.13（b′)］。

气相或液相中的分子吸附在固体催化剂表面产生吸附-脱附平衡［图 1.13（c′)］。具有表面载流子和激子的吸附分子 M_s 的相互间作用，可以通过类 LH 机理促进表面化学过程［图 1.13（d′)］；而具有表面活性中心的吸附分子（e′）的相互间作用，则可以通过 Eley-Rideal 机理促进表面化学过程［图 1.13（e′)］。最后，本体和催化剂表面之间可以通过扩散或漂移进行自由载流子和激子的交换［图 1.13（e)］。

在 LH 机理中，A_g 和 B_g 分子都吸附在光催化剂的活性位点 S_s 上，分别和方程式(1.19)、式（1.20）一致（Langmuir，1918)，发生了一个双分子反应。

$$A_g + S_s \rightleftharpoons AS_{ads.} \tag{1.19}$$

$$B_g + S_s \rightleftharpoons BS_{ads.} \tag{1.20}$$

$$AS_{ads.} + BS_{ads.} \longrightarrow \text{产物} \tag{1.21}$$

相反，1938 年，Eley 和 Rideal（1950）提出 Eley-Rideal 机理：只有一个分子发生了吸附，而另一个分子直接是在气相中和被吸附的分子发生反应，没有发生吸附，如图 1.14 为两种机理图：

$$A_g + S_s \rightleftharpoons AS_{ads.} \tag{1.22}$$

$$AS_{ads.} + B_g \longrightarrow \text{产物} \tag{1.23}$$

在液相中观察到的大多数光催化反应动力学与之前描述非均相表面反应的 LH 模型非常一致（Ollis，1985；Turchi and Ollis，1989；Ollis et al.，1989；Matthews，1987；Hoffmann et al.,1995)。假设一般光催化降解物质 A 符合 LH 型动力学，初始反应速率表达式如下：

$$r_A = k_{LH}\theta_A\theta_{Ox} \tag{1.24}$$

式中，k_{LH} 为降解反应的二级表面速率常数，主要取决于辐射通量 I；θ_A 和 θ_{Ox} 为半导体颗粒表面被物质 A 和氧气所覆盖的分数。

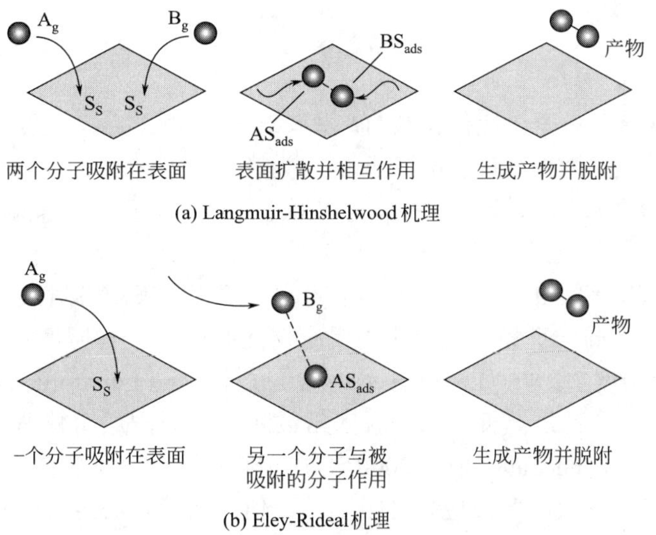

图 1.14　Langmuir-Hinshelwood 和 Eley-Rideal 机理模型图

根据 Langmuir 模型，θ_A 和 θ_{Ox} 项与物质 A 和氧气的浓度有关：

$$\theta_A = \frac{K_A c_A}{1+K_A c_A} \tag{1.25}$$

$$\theta_{Ox} = \frac{K_{Ox} c_{Ox}}{1+K_{Ox} c_{Ox}} \tag{1.26}$$

式中，K_A 和 K_{Ox} 为平衡吸附常数；c_A 和 c_{Ox} 分别为物质 A 和氧气的浓度。

LH 模型认为，光催化表面的物质吸附是一个快速的平衡过程，而缓慢的表面速控步骤则涉及在固液界面以单分子层存在的两种反应物。方程式（1.24）可以表示为：

$$r_A = k_{LH} \times \frac{K_A c_A}{1+K_A c_A} \times \frac{K_{Ox} c_{Ox}}{1+K_{Ox} c_{Ox}} \tag{1.27}$$

一般来说，在混合良好的光催化体系中，氧气或空气是连续起泡的，溶解氧浓度可以视为常数，因此，方程式（1.27）可以表示为：

$$r_A = k'_{LH} \times \frac{K_A c_A}{1+K_A c_A} \tag{1.28}$$

及

$$k'_{LH} = k_{LH} \times \frac{K_{Ox} c_{Ox}}{1+K_{Ox} c_{Ox}} \tag{1.29}$$

过去几年的研究强调，吸附等温线和反应速率可能分别都遵循相同的解析形式，例如，朗缪尔吸附等温线和 LH 型动力学速率的饱和函数，而暗反应吸附平衡常数 K_A 与表观吸附常数不一致。半导体光催化的 LH 型动力学表达式如下：

$$r_A = k'_{LH} \times \frac{K'_A c_A}{1 + K'_A c_A} \tag{1.30}$$

式中，$k'_{LH}=kI^{\alpha}$ 是一个正比例常数（I 是入射光辐照强度），主要与测试系统有关。幂项 α 与 I 有关：当 I 为低值时，α 等于 1，I 为高值时，α 为 0.5。K'_A 为朗缪尔表观吸附常数，通过实验与 k'_{LH} 一起计算，k'_{LH} 可以通过绘制初始反应速率的倒数与 c_A 倒数的函数得到，通常是一条直线。

1990 年，Turchi 和 Ollis 表示，机理不同时，朗缪尔表观吸附常数 K'_A 也不相同。

一些论文研究了同一个光催化反应中反应物浓度 c_A 和光辐照度 I 的影响，表明 k'_{LH} 和 K'_A 都会受到光辐照度的影响（Emeline et al.，2000；Xu and Langford，2000；Davydov and Smirniotis，2000）。尤其是，推导出的吸附常数随光强的增加而减小，而速率常数随光强的增加而增加（Xu and Langford，2000）。由于暗反应条件下吸附平衡常数 K_A 是吸附速率常数与解吸速率常数（暗反应条件下）的比值，所以它必定与光强无关。

通过考虑以下步骤，很容易得到吸附常数与光辐照度的关系（Emeline et al.，2005）：

$$S+h\nu \longrightarrow S^* \tag{1.31}$$

$$S^* \longrightarrow S \tag{1.32}$$

$$S^*+M \longrightarrow \text{产物} \tag{1.33}$$

光诱导使表面位点 S^* 上的激发态失活，如下式表示：

$$S^*+h\nu \longrightarrow S \tag{1.34}$$

还需要考虑的其他一些步骤是表面缺陷捕获自由载流子：

$$S+e^-(h^+) \longrightarrow S^-(S^+) \tag{1.35}$$

$$S^-(S^+)+h^+(e^-) \longrightarrow S \tag{1.36}$$

2005 年，Ollis 建议使用稳态方法分析反应物分子覆盖度，因为在非均相光催化反应中，光反应过程中很难建立快速的吸脱附平衡。根据反应式（1.31）~式（1.34）所描述的机理，如果 M 分子在液相或气相中，反应属于 Eleye-Rideal 型；如果 M 分子是一个被吸附的分子，反应则属于 LH 型。

$$r_A = \frac{k_1 k_2 I^{\alpha} c_A}{1 + k_2 c_A} \tag{1.37}$$

式中，k_1、k_2 和 α 都是拟合常数。

Mills（Mills and O’Rourke，2015）将 LH 模型修正为干扰吸附模型或其他基于直接和/或间接转移机制的各种参数后建立了不同的方程［方程式（1.38）中 k_1、k_2、k_3 和 α 都是拟合常数］。

$$r_A = \frac{k_1 I^{\alpha} c_A}{1 + k_2 I^{\alpha} + k_3 c_A} \tag{1.38}$$

Minero 等人开发的动力学模型中（Minero，1995，1999；Minero et al.，2013），采用了一种有趣的方法（Minero et al.，2013），该方法提出了一个方程，方程明确考虑了大多数被广泛认可的中间变量（光子吸收速率、底物浓度、氧气和光催化剂）的影响，而且只有一个动力学参数［见方程式（1.39）］。

$$r_{\mathrm{A}} = k\left(\sqrt{1+2\frac{\varphi / c_{\mathrm{cat}}}{k c_{\mathrm{Ox}} c_{\mathrm{A}}}}-1\right)\times c_{\mathrm{Ox}} c_{\mathrm{cat}} c_{\mathrm{A}} \tag{1.39}$$

式中，k 为动力学常数；φ为单色光辐射的光子吸收体积速率（局部的）（VRPA）；c_{Ox}、c_{cat}、c_{A} 分别为氧气、光催化剂和基底的浓度。

如果比吸收系数恒定，那么反应不再受光催化剂浓度的影响，反应可以改写成如下形式：

$$\hat{r}_{\mathrm{A}} = \eta\hat{\varphi} = k c_{\mathrm{Ox}} c_{\mathrm{A}}\left(\sqrt{1+\hat{\varphi}\times\frac{2}{k c_{\mathrm{Ox}} c_{\mathrm{A}}}}-1\right) \tag{1.40}$$

式中，$\hat{r}_{\mathrm{A}}$ 为单位质量光催化剂的反应速率；$\hat{\varphi}$ 为光子吸收的比速率（SRPA）（单位时间、单位质量光催化剂吸收光子的物质的量）；η 为量子产率。

动力学参数的个数是速率定律的一个重要特征，该数量越低越好，因为它可以避免过度拟合，但同时该定律应该能够非常好地再现反应的所有基本特征。

在光催化反应过程中，反应物吸收光子后发生活化反应，因此，有必要知道光子吸收速率的值，但是在一个真实的光催化反应器内，无法局部测量光子吸收速率，而且在点与点之间可能存在很大的差异。

的确，光子参与反应并被消耗，可以将其视为一种反应物（虽然仅仅是非物质的反应物）（Camera-Roda et al.，2005）。光子数量可以用物理量——物质的量来表示，光催化反应的第一步通常用方程式（1.1）来表示。

上述考虑表明，评估悬浮态光催化反应的速率定律是一项艰巨的任务，因为实验确定的平均反应速率可能与不能直接测量的“真实”（内在的）的反应速率相差较大。

2005 年，Camera Roda 等人报道了如何将一个恰当的数学模型运用于动力学分析的微分和/或积分方法。

另外，该研究还调查评价了悬浮态光催化反应速率过程中遇到的问题，并提出了一些解决这类问题的指导意见。

1.6.2　光催化与其他高级氧化技术的集成

在液相中，限制 TiO_2 光催化反应最主要的因素是电子（e^-）和空穴（h^+）的复合（Dionysiou et al.，2004）。这些光生电子-空穴对可能迁移到材料表面形成主要的氧化剂物质（分别为超氧自由基、羟基自由基），但是大多数光生电子-空穴对在催化剂材料体相或表面复合了。光生电子-空穴对的复合不利于光催化过程，光子能量以热量的形式损失。基于此原因，光催化过程的量子产率（每吸收一个光量子所产生的初始化学反应分子数）比较低（Hoffmann et al.，1995）。过去十年，许多研究的重点侧重于运用各种不同的技术来降低电子-空穴对复合的影响或提高光催化性能，这些技术包括电化学方法（Yu et al.，1997），TiO_2的表面修饰（Makarova et al.，2000），添加外部电子受体，如过氧化氢、过氧化二硫酸根离子或臭氧。

1.6.3 TiO_2/H_2O_2光催化

相比于氧气来说，过氧化氢是比较好的电子受体（氧气还原电势为−0.13V；过氧化氢还原电势为0.72V），因此可以用于提高光催化性能（Dionysiou et al.，2004）。已有报道称，该反应的机理中，其速率控制步骤是通过氧还原的方式在导带捕获光生电子（Gerischer and Heller，1991）实现的。因此，促进导带电子迁移的条件如提高氧浓度（Dionysiou et al.，2002）和添加其他有效的电子受体如H_2O_2，可能对光催化过程产生积极的作用。

另外，加入过氧化氢可以提高羟基自由基的生成速率，这可能是不同机理的结果。一种方法是通过过氧化氢直接光分解生成羟基自由基，的确，波长小于300 nm的辐射有足够的能量使H_2O_2分子发生光分解。另一个途径是过氧化氢与超氧自由基的反应，此外，过氧化氢还可以与光生中间体发生反应。在氧气不足的情况下，过氧化氢也可以发挥作用。

当过氧化氢和被辐射的TiO_2（Dionysiou et al.，2004）存在时可以发生光催化反应，反应可以用方程式（1.1）~式（1.6）表示：

$$H_2O_2+h\nu \longrightarrow 2\bullet OH \tag{1.41}$$

$$H_2O_{(ads)}+h^+ \longrightarrow \bullet OH+H^+ \tag{1.42}$$

$$\bullet O_2^-+HO_2\bullet \longrightarrow HO_2^-+O_2 \tag{1.43}$$

$$HO_2^-+H^+ \longrightarrow H_2O_2 \tag{1.44}$$

$$H_2O_{2(ads)}+e^- \longrightarrow \bullet OH+OH^- \tag{1.45}$$

$$H_2O_{2(ads)}+2h^+ \longrightarrow O_2+2H^+ \tag{1.46}$$

$$H_2O_{2(ads)}+2H^++2e^- \longrightarrow 2H_2O \tag{1.47}$$

$$H_2O_{2(ads)}+h^+ \longrightarrow HO_2\bullet+H^+ \tag{1.48}$$

$$O_{2(ads)}+2e^-+2H^+ \longrightarrow H_2O_{2(ads)} \tag{1.49}$$

$$\bullet O_2^-+H^+ \rightleftharpoons HO_2\bullet \tag{1.50}$$

$$\bullet O_2^-+h_{tr}^+ \longrightarrow O_2 \tag{1.51}$$

$$H_2O_2+\bullet OH \longrightarrow H_2O+HO_2\bullet \tag{1.52}$$

$$HO_2\bullet+\bullet OH \longrightarrow H_2O_2+\frac{1}{2}O_2 \tag{1.53}$$

$$\cdot OH + \cdot OH \longrightarrow H_2O_2 \quad (1.54)$$

$$HO_2\cdot + H_2O_2 \longrightarrow \cdot OH + H_2O + O_2 \quad (1.55)$$

e^-和 h^+分别代表光激发过程中产生的导带电子和价带空穴［方程式（1.1)］，另外，h_{tr}^+（方程式 1.51）是氧化还原电位为 1.5V 时被捕获的空穴（Hirakawa and Nosaka, 2002)。

当过氧化氢存在时，其与$\cdot O_2^-$或 e^-发生反应可能会生成额外的羟基自由基［分别为方程式（1.6）和式（1.45)］。

但是，过量的 H_2O_2 会捕获$\cdot OH$ 形成氧化能力较弱的 $HO_2\cdot$［方程式（1.52)］。

同时，随着过氧化氢的分解，溶解氧的含量也会增加。

$$2H_2O_2 \longrightarrow 2H_2O + O_2 \quad (1.56)$$

1.6.4　$TiO_2/S_2O_8^{2-}$光催化

克服电子-空穴对复合的另一种方法是向反应混合物中加入其他（不可逆的）电子受体。过二硫酸根离子是一个非常有效的电子陷阱，它的单电子还原电势为 1.1V（$S_2O_8^{2-}/SO_4^-\cdot$)。

这种氧化剂通常以盐的形式与铵、钠或钾相结合，研究表明，过硫酸钾在酸性或碱性介质中通过直接化学氧化可以有效降解废水中的有机物（McCallum et al.，2000)。由于 $S_2O_8^{2-}$可以和许多有机物缓慢地发生反应，因此它通常可以被光化学、热分解、辐射分解或氧化还原分解所活化，生成更强的氧化剂硫酸根自由基（$SO_4^-\cdot$）(Zhao et al., 2010)。当被辐射的 TiO_2 存在时，这些氧化还原电位为 2.6V 的自由基与生成的$\cdot OH$ 自由基共同作用降解溶液中有机污染物。形成这些强氧化性自由基的反应如下：

$$S_2O_8^{2-} + e^- \longrightarrow SO_4^{2-} + SO_4^-\cdot \quad (1.57)$$

$$SO_4^-\cdot + H_2O \longrightarrow SO_4^{2-} + \cdot OH + H^+ \quad (1.58)$$

$$SO_4^-\cdot + OH^- \longrightarrow \cdot OH + SO_4^{2-} \quad (1.59)$$

如果用波长低于 310nm 的光对系统进行辐射，过二硫酸根离子被激活生成氧化性自由基：

$$S_2O_8^{2-} + h\nu \longrightarrow 2SO_4^-\cdot \quad (1.60)$$

一些文献（Hegedűs et al.，2015）中发现，在某些情况下，过硫酸盐的加入明显阻碍了光催化过程，这可能与过二硫酸盐或硫酸盐离子占据 TiO_2 表面活性位点有关。

1.6.5　TiO_2/O_3 光催化

基于臭氧作用的氧化工艺已受到广泛关注，研究人员已经研究了液相中臭氧与非均相光催化反应的联合使用（Addamo et al.，2005)。有报道称，在很多情况下，氧化过程性能得到了显著的改善。引起这种效果的一个可能性的解释是随着臭氧自由基$\cdot O_3^-$的形成，臭氧能够在 TiO_2 表面产生$\cdot OH$ 自由基。在臭氧存在的情况下，辐照后的光催化剂表面产生的•OH 自由基较氧气存在条件下的更有效。

事实上，众所周知（Oyama，2000），臭氧在水溶液中与有机或无机化合物的反应有两种途径，一是与特定官能团（双键、亲核位置）的直接选择性反应，二是与臭氧分解产生的自由基进行反应。1983 年，Hoigne 和 Bader 研究了 pH 值在 2~8 之间时草酸的臭氧化过程，得出结论：臭氧与草酸阴离子的直接反应是可以忽略的。在此基础上，可以认为均相体系中有机物的氧化是由 O_3 分解产生的自由基的攻击引起的。我们知道，在碱性 pH 值下，O_3 分子与氢氧根离子发生反应，最终产生强氧化剂羟基自由基：

$$O_3+OH^- \longrightarrow \bullet O_2^- + HO_2\bullet \tag{1.61}$$

$$O_3+HO_2\bullet \longrightarrow 2O_2+\bullet OH \tag{1.62}$$

抑或是：

$$2HO_2\bullet \longrightarrow O_2+H_2O_2 \tag{1.63}$$

$$H_2O_2+\bullet O_2^- = OH^- + \bullet OH+O_2 \tag{1.64}$$

当 TiO_2 和辐射共同存在时，臭氧是一个非常强的亲电子物质，可以形成$\bullet O_3^-$自由基，最终形成羟基自由基：

$$O_{3(ads)}+e^- \longrightarrow \bullet O_3^- \tag{1.65}$$

$$\bullet O_3^- + H_2O \longrightarrow \bullet OH+OH^- + O_2 \tag{1.66}$$

值得注意的是，上述机理中，每个被捕获的电子形成一个羟基自由基，然而，当 O_2 作为电子陷阱时，生成一个羟基自由基则需要三个电子。

在各种方法之间耦合不同的高级氧化过程可以产生一定程度的协同作用。我们可以通过评估综合过程的“强化因子”（E_i）（Camera-Roda and Santarelli，2007b）来确定达到最大协同作用时的最优条件，如“过程强化”（Stankiewicz and Moulijn，2000）。E_i 是指在其他氧化剂存在下，整合过程氧化反应速率与光催化过程和高级氧化过程氧化反应速率之和的比值：

$$E_i = \frac{\text{整合过程氧化反应速率}}{\text{光催化过程氧化反应速率}+\text{高级氧化过程氧化反应速率}} \tag{1.67}$$

E_i 值越大，协同作用越重要。当然，E_i 取决于实验条件。事实上，当两个有助于完成同一反应（氧化有机化合物的情况下）的过程间存在协同作用时，预计协同作用的程度主要取决于在相同的实验条件下两个独立的反应过程的速率之比 δ。

1.7 结论和未来趋势

本章介绍了非均相光催化过程的基本原理，重点讨论了光催化剂的物理化学和光电子行为的影响，还介绍了一些重要的过程参数，如 pH 值、温度、辐射、氧气和底物浓度。另外，还讨论了常用于描述非均相光催化反应动力学的 LH 型动力学方程及其修正。

特别是，研究人员已经认识到非均相光催化反应的动力学模型只是饱和动力学的一种简单表现形式。再者，本章还描述了光催化反应器的建模方法，文中还引用了对其进行简化的一些研究。最后，讨论了运用 H_2O_2、O_3和过二硫酸盐使 PC 与其他 AOPs 耦合的问题，只有在单个过程的特定速率比条件下，耦合各种不同技术才能提高整个过程的效率。结果表明，准确评价一个反应过程的效率不仅是一项挑战也是一个我们必须要完成的任务，希望可以实现高级氧化过程的实际应用。

由于全球人口增长和生活水平的提高，世界能源消耗持续上升，因此，未来能源生产力将持续提高，太阳能作为一种可再生能源，来源充足，可以成为解决世界能源需求不断增长的一种可持续的解决方案。

为了有效地收集和使用太阳能，需要解决以下问题。

第一个问题是单位地球表面的太阳辐射密度低（$0.4\sim1.0kW\cdot m^{-2}$）。因此，通过诸如光伏-热能系统这样的成熟技术来提供能源，需要占用大面积非遮阳区域，系统价格昂贵。第二个问题是太阳辐射的间歇性和波动性。而且，太阳能必须转换成一种可以储存的能量形式，以满足连续的（24h）能源需求。氢作为一种能量载体，也许是解决这些问题的一种有潜力的候选物质。

在过去的几十年里，基于半导体的光催化分解水制氢技术取得了很大的进展。实际上，整个水分解过程是一个重要的反应，它是供应清洁、可再生能源载体氢气的一种理想的方法。

虽然 TiO_2 基材料是光催化应用研究最多的材料，但是仅能利用占太阳光谱不超过4%的紫外线，TiO_2 的带隙（3.2eV）极大地限制了它的实际应用。因此，我们迫切需要探索一类可见光响应型的新型光催化材料，直接可以从太阳光中吸收能量产生氢气，为解决能源和环境问题提供一条理想的途径。

另外一类比较有趣的研究是通过选择性氧化或还原反应转换精细化工中的有机废物。研究开发具有适宜性能的光催化剂来提高对产物的选择性的技术是很受欢迎的，提高光催化系统效率的一种方法是将光催化反应器与膜分离装置相结合。然而，用于合成目的的 PMR 领域的研究仍可能处于初级水平，PMR 技术主要用于环境修复。值得我们注意的是，需要跨学科能力和科学合作，并且需要深入研究一些工程问题来证明 PMR 在合成有价值的产品方面的应用可行性。

参考文献

Abd-Elaal, A., Parrino, F., Ciriminna, R., Loddo, V., Palmisano, L., Pagliaro, M., 2015. Alcohol selective oxidation in water under mild conditions via a novel approach to hybrid composite photocatalysts. ChemistryOpen 4, 779−785.

Addamo, M., Augugliaro, V., Bellardita, M., Di Paola, A., Loddo, V., Palmisano, G., Palmisano, L., Yurdakal, S., 2008. Environmentally friendly photocatalytic oxidation of aromatic alcohol to aldehyde in aqueous suspension of brookite TiO_2. Catal. Lett. 126, 58−62.

Addamo, M., Augugliaro, V., García-López, E., Loddo, V., Marcì, G., Palmisano, L., 2005. Oxidation of oxalate ion in aqueous suspensions of TiO_2 by photocatalysis and ozonation. Catal. Today 107−108, 612−618.

Al-Ekabi, H., Safarzadeh-Amiri, A., Sifton, W., Story, J., 1991. Advanced technology for water purification by heterogeneous photocatalysis. Int. J. Environ. Pollut. 1, 125−136.

Alfano, O.M., Cabrera, M.I., Cassano, A.E., 1994. Modeling of light scattering in photochemical reactors. Chem. Eng. Sci. 49, 5327−5346.

Alfe, M., Spasiano, D., Gargiulo, V., Vitiello, G., Di Capua, R., Marotta, R., 2014. TiO_2/graphene-like photocatalysts for selective oxidation of 3-pyridine-methanol to vitamin B_3 under UV/solar simulated radiation in aqueous solution at room conditions: the effect of morphology on catalyst performances. Appl. Catal. A 487, 91−99.

Anderson, J.A., 2012. Simultaneous photocatalytic degradation of nitrate and oxalic acid over gold promoted titania. Catal. Today 181, 171−176.

Andriantsiferana, C., Mohamed, E.F., Delmas, H., 2015. Sequential adsorption-photocatalytic oxidation process for wastewater treatment using a composite material TiO_2/activated carbon. Environ. Eng. Res. 20, 181−189.

Arancibia-Bulnes, C.A., Bandala, E.R., Estrada, C.A., 2002. Radiation absorption and rate constants for carbaryl photocatalytic degradation in a solar collector. Catal. Today 76, 149−159.

Asahi, R., Morikawa, T., Irie, H., Ohwaki, T., 2014. Nitrogen-doped titanium dioxide as visible-light-sensitive photocatalyst: designs, developments, and prospects. Chem. Rev. 114, 9824−9852.

Augugliaro, V., Camera Roda, G., Loddo, V., Palmisano, G., Palmisano, L., Parrino, F., Puma, M.A., 2012. Synthesis of vanillin in water by TiO_2 photocatalysis. Appl. Catal. B Environ. 111−112, 555−561.

Augugliaro, V., Bianco Prevot, A., Cáceres Vázquez, J., García-López, E., Loddo, V., Malato-Rodríguez, S., Marcì, G., Palmisano, L., Pramauro, E., 2004. Photocatalytic oxidation of acetonitrile in aqueous suspension of titanium dioxide irradiated by sunlight. Adv. Environ. Res. 8, 329−335.

Augugliaro, V., Bianco Prevot, A., Cáceres Vázquez, J., García-López, E., Loddo, V., López-Muñoz, M.J., Malato-Rodríguez, S., Marcì, G., Palmisano, L., Schiavello, M., Soria-Ruiz, J., 1999a. Photocatalytic oxidation of cyanide in aqueous TiO_2 suspensions irradiated by sunlight in mild and strong oxidant conditions. Catal. Today 54, 245−253.

Augugliaro, V., Coluccia, S., Loddo, V., Marchese, L., Martra, G., Palmisano, L., Schiavello, M., 1999b. Photocatalytic oxidation of gaseous toluene on anatase TiO_2 catalyst: mechanistic aspects and FTIR investigation. Appl. Catal. B 20, 15−27.

Augugliaro, V., El Nazer, H.H., Loddo, V., Mele, A., Palmisano, G., Palmisano, L., Yurdakal, S., 2010a. Photocatalytic oxidation of glycerol in TiO_2 water suspensions. Catal. Today 151, 21−28.

Augugliaro, V., Loddo, V., Marcì, G., Palmisano, L., López-Muñoz, M.J., 1997. Photocatalytic oxidation of cyanides in aqueous titanium dioxide suspensions. J. Catal. 166, 272−283.

Augugliaro, V., Loddo, V., Pagliaro, M., Palmisano, G., Palmisano, L. (Eds.), 2010b. Clean by Light Irradiation: Practical Applications of Supported TiO_2. RSC Publishing, Cambridge.

Augugliaro, V., Loddo, V., Palmisano, L., Schiavello, M., 1995. Performance of heterogeneous photocatalytic systems: influence of operational variables on photoactivity of aqueous suspensions of TiO_2. J. Catal. 153, 32−40.

Axelsson, A.K., Dunne, L.J., 2001. Mechanism of photocatalytic oxidation of 3, 4-dichlorophenol on TiO_2 semiconductor surfaces. J. Photochem. Photobiol. A 144, 205−213.

Bandini, E., Stramigioli, C., Santarelli, F., 1977. A rigorous approach to photochemicals reactors,. Chem. Eng. Sci. 32, 89−96.

Bard, A.J., 1979. Photoelectrochemistry and heterogeneous photo-catalysis at semiconductors. J. Photochem. 10, 59−75.

Bellardita, M., Addamo, M., Di Paola, A., Palmisano, L., Venezia, A.M., 2009. Preparation of N-doped TiO_2: characterization and photocatalytic performance under UV and visible light. Phys. Chem. Chem. Phys. 11, 4084−4093.

Bellardita, M., Augugliaro, V., Loddo, V., Megna, B., Palmisano, G., Palmisano, L., Puma, M.A., 2012. Selective oxidation of phenol and benzoic acid in water via home-prepared TiO_2 photocatalysts: distribution of hydroxylation products. Appl. Catal. A 441−442, 79−89.

Bellardita, M., Di Paola, A., García-López, E., Loddo, V., Marcì, G., Palmisano, L., 2013. Photocatalytic CO_2 reduction in gas-solid regime in the presence of bare, SiO_2 supported or Cu-loaded TiO_2 samples. Cur. Org. Chem. 17, 2440−2448.

Bellardita, M., El Nazer, H.A., Loddo, V., Parrino, F., Venezia, A.M., Palmisano, L., 2017. Photoactivity under visible light of metal loaded TiO_2 catalysts prepared by low frequency ultrasound treatment. Catal. Today

284, 92−99.

Bellardita, M., Loddo, V., Mele, A., Panzeri, W., Parrino, F., Pibiri, I., Palmisano, L., 2014a. Photocatalysis in dimethyl carbonate green solvent: degradation and partial oxidation of phenanthrene on supported TiO_2. RSC Adv. 4, 40859−40864.

Bellardita, M., Loddo, V., Palmisano, G., Pibiri, I., Palmisano, L., Augugliaro, V., 2014b. Photocatalytic green synthesis of piperonal in aqueous TiO_2 suspension. Appl. Catal. B 144, 607−613.

Bellardita, M., García-López, E., Marcì, G., Palmisano, L., 2016. Photocatalytic formation of H_2 and value-added chemicals in aqueous glucose (Pt)-TiO_2 suspension. Int. J. Hydrogen Energ. 41, 5934−5947.

Beranek, 2011. (Photo)electrochemical methods for the determination of the band edge positions of TiO_2-based nanomaterials. Advanc. Phys. Chem. Article ID 786759.

Bickley, R.I., 1985a. Photoelectrochemistry. In: Schiavello, M. (Ed.), Photocatalysis and Photoreactors, Fundamentals and Developments. Reidel, Dordrecht, pp. 379−388.

Bickley, R.I., 1985b. In: Schiavello, M. (Ed.), Photoelectrochemistry, Photocatalysis and Photoreactors, Fundamentals and Developments. Reidel, Dordrecht, pp. 491−502.

Borgarello, E., Kiwi, J., Gratzel, M., Pelizzetti, E., Visca, M., 1982. Visible light induced water cleavage in colloidal solutions of chromium-doped titanium dioxide particles. J. Am. Chem. Soc. 104, 2996−3002.

Braslavsky, S.E., Braun, A.M., Cassano, A.E., Emeline, A.V., Litter, M.I., Palmisano, L., Parmon, V.N., Serpone, N., 2011. Glossary of terms used in photocatalysis and radiation catalysis (IUPAC Recommendations 2011). Pure Appl. Chem. 83, 931−1014.

Braun, A.M., Oliveros, E., 1997. How to evaluate photochemical methods for water treatment. Water Sci. Technol. 35, 17−23.

Camera Roda, G., Augugliaro, V., Cardillo, A., Loddo, V., Palmisano, G., Palmisano, L., 2013. A pervaporation photocatalytic reactor for the green synthesis of vanillin,. Chem. Eng. J. 224, 136−143.

Camera Roda, G., Santarelli, F., Augugliaro, V., Loddo, V., Palmisano, G., Palmisano, L., Yurdakal, S., 2011. Photocatalytic process intensification by coupling with pervaporation. Catal. Today 161, 209−213.

Camera-Roda, G., Loddo, V., Palmisano, L., Parrino, F., 2017. Guidelines for the assessment of the rate law of slurry photocatalytic reactions. Catal. Today 281, 221−230.

Camera-Roda, G., Santarelli, F., 2007a. Optimization of the thickness of a photocatalytic film on the basis of the effectiveness factor. Catal. Today 129, 161−168.

Camera-Roda, G., Santarelli, F., 2007b. Intensification of water detoxification by integrating photocatalysis and pervaporation. J. Sol. Energy Eng. 129, 68−73.

Camera-Roda, G., Santarelli, F., Martin, C.A., 2005. Design of photocatalytic reactors made easy by considering the photons as immaterial reactants. Sol. Energy 79, 343−352.

Cassano, A.E., Alfano, O.M., 2000. Reaction engineering of suspended solid heterogeneous photocatalytic reactors. Catal. Today 58, 167−197.

Cassano, A.E., Martin, C.A., Brandi, R.J., Alfano, O.M., 1995. Photoreactor analysis and design: fundamentals and applications. Ind. Eng. Chem. Res. 34, 2155−2201.

Chen, D., Li, F., Ray, A.K., 2001. External and internal mass transfer effect on photocatalytic degradation. Catal. Today 66, 475−485.

Chen, D., Ray, A.K., 2001. Removal of toxic metal ions from wastewater by semiconductor photocatalysis. Chem. Eng. Sci. 56, 1561−1570.

Chen, Y., Dionysiou, D.D., 2007. A comparative study on physicochemical properties and photocatalytic behavior of macroporous TiO_2-P25 composite films and macroporous TiO_2 films coated on stainless steel substrate. Appl. Catal. A Gen. 317, 129−137.

Chong, R., Li, J., Zhou, X., Ma, Y., Yang, J., Huang, L., Han, H., Zhang, F., Li, C., 2014. Selective photocatalytic conversion of glycerol to hydroxyacetaldehyde in aqueous solution on facet tuned TiO_2-based catalysts. Chem. Commun. 50, 165−167.

Czoska, A.M., Livraghi, S., Chiesa, M., Giamello, E., Agnoli, S., Granozzi, G., Finazzi, E., Di Valentin, C., Pacchioni, G., 2008. The nature of defects in fluorine-doped TiO_2. J. Phys. Chem. C 112, 8951−8956.

Dai, Z., Burgeth, G., Parrino, F., Kisch, H., 2009. Visible light photocatalysis by a Titania−Rhodium(III) complex. J. Organomet. Chem. 694, 1049−1054.

Davydov, L., Smirniotis, P., 2000. Quantification of the primary processes in aqueous heterogeneous photocatalysis using single-stage oxidation reactions. J. Catal. 191, 105−115.

Dekker, A.J., 1957. Solid State Physics. Prentice-Hall, Englewood Cliffs, N.J.

Dhatshanamurthi, P., Subash, B., Shanthi, M., 2015. Investigation on UV-A light photocatalytic degradation of an azo dye in the presence of CdO/TiO_2 coupled semiconductor. Mater. Sci. Semicond. Process. 35, 22–29.

Di Paola, A., Bellardita, M., Palmisano, L., Barbieriková, Z., Brezová, V., 2014. Influence of crystallinity and OH surface density on the photocatalytic activity of TiO_2 powders. J. Photochem. Photobiol. A 273, 59–67.

Di Paola, A., Palmisano, L., Venezia, A.M., Augugliaro, V., 1999. Coupled semiconductor systems for photocatalysis. Preparation and characterization of polycrystalline mixed WO_3/WS_2 powders. J. Phys. Chem. B 103, 8236–8244.

Dionysiou, D.D., Burbano, A.A., Suidan, M.T., Baudin, I., Laîné, J.-M., 2002. Effect of oxygen in a Thin-Film ootating disk photocatalytic reactor. Environ. Sci. Technol. 36, 3834–3843.

Dionysiou, D.D., Suidan, M.T., Baudin, I., Laîné, J.-M., 2004. Effect of hydrogen peroxide on the destruction of organic contaminants-synergism and inhibition in a continuous-mode photocatalytic reactor. Appl. Catal. B 50, 259–269.

Domen, K., Naito, S., Domen, K., Onishi, T., Tamara, K., Soma, M., 1982. Study of the photocatalytic decomposition of water vapor over a NiO-$SrTiO_3$ catalyst. J. Phys. Chem. 86, 3657–3661.

Dorfman, L.M., Adams, G.E., 1973. Reactivity of the Hydroxyl Radical, National Bureau of Standards. Report No. NSRDS-NBS-46.

Edwards, M.E., Villa, C.M., Hill Jr., C.G., Chapman, T.W., 1996. Effectiveness factors for photocatalytic reactions occurring in planar membranes. Ind. Eng. Chem. Res. 35, 712–720.

Elliot, A.J., Simsons, A.S., 1984. Rate constants for reactions of hydroxyl radicals as a function of temperature. Radiat. Phys. Chem. 24, 229–231.

Emeline, A.V., Ryabchuk, V.K., Serpone, N., 2005. Dogmas and misconceptions in heterogeneous photocatalysis. Some enlightened reflections. J. Phys. Chem. B 109, 18515–18521.

Emeline, A., Ryabachuk, V., Serpone, N., 2000. Factors affecting the efficiency of a photocatalyzed process in aqueous metal-oxide dispersions: prospect of distinguishing between two kinetic models. J. Photochem. Photobiol. A A133, 89–97.

Emeline, A., Salinaro, A., Ryabchuk, V.K., Serpone, N., 2001. Photo-induced processes in heterogeneous nanosystems. From photoexcitation to interfacial chemical transformations. Int. J. Photoen. 3, 1–16.

Esplugas, S., Giménez, J., Conteras, S., Pascual, E., Rodríguez, M., 2002. Comparison of different advanced oxidation processes for phenol degradation. Water Res. 36, 1034–1042.

Fox, M.A., Dulay, M.T., 1993. Heterogeneous photocatalysis. Chem. Rev. 93, 341–357.

Fujishima, A., Hashimoto, K., Watanabe, T., 1999. TiO_2 Photocatalysis: Fundamentals and Applications. Bkc, Tokyo.

Fujishima, A., Honda, K., 1972. Electrochemical photolysis of water at a semiconductor electrode. Nature 238, 37–38.

Gao, P., Liu, Z., Tai, M., Sun, D.D., Ng, W., 2013. Multifunctional graphene oxide-TiO_2 microsphere hierarchical membrane for clean water production. Appl. Catal. B 138–139, 17–25.

Gerischer, H., 1970. Semiconductor electrochemistry. In: Eyring, H., Henderson, D., Host, W. (Eds.), Physical Chemistry, an Advanced Treatise, vol. IX. Academic Press, New York.

Gerischer, H., Heller, A., 1991. The role of oxygen in photooxidation of organic molecules on semiconductor particles. J. Phys. Chem. B 95, 5261–5267.

Glaze, W.H., Kang, J.W., Chapin, D.H., 1987. The chemistry of water treatment processes involving ozone, hydrogen peroxide, and ultraviolet radiation. Ozone Sci. Eng. 9, 335–352.

Guarisco, C., Palmisano, G., Calogero, G., Ciriminna, R., Di Marco, G., Loddo, V., Pagliaro, M., Parrino, F., 2014. Visible-light driven oxidation of gaseous aliphatic alcohols to the corresponding carbonyls via TiO_2 sensitized by a perylene derivative. Environ. Sci. Pollut. Res. 21, 11135–11141.

Hamrouni, A., Moussa, N., Di Paola, A., Palmisano, L., Houas, A., Parrino, F., 2015. Photocatalytic activity of binary and ternary SnO_2-ZnO-$ZnWO_4$ nanocomposites. J. Photochem. Photobiol. A 309, 47–54.

Han, S., Sun, J., Guo, S., Jiang, L., He, D., 2001. Phosphorus doped titania materials: synthesis, characterization and visible-light photocatalytic activity. Advanc. Mater. Res. 183–185, 2059–2062.

Hegedűs, P., Szabó-Bárdos, E., Horváth, O., Horváth, K., Hajós, P., 2015. TiO_2-mediated photocatalytic mineralization of a non-ionic detergent: comparison and combination with other advanced oxidation procedures. Materials 8, 231–250.

Herrmann, J.M., 1999. Heterogeneous photocatalysis: fundamentals and applications to the removal of various types of aqueous pollutants. Catal. Today 53, 115–129.

Herrmann, J.M., Boehm, H.P., 1969. Saure Hydroxylgruppen auf der Oberflaeche. Zeitschrift fuer Anorganische und Allgemeine Chemie 368, 73–86.

Herrmann, J.M., Gravelle-Rumeau-Mailleau, M., Gravelle, P.C., 1987. A microcalorimetric study of metal-support interaction in the Pt TiO_2 system. J. Catal. 104, 136–146.

Herz, R.K., 2004. Intrinsic kinetics of first-order reactions in photocatalytic membranes and layers. Chem. Eng. J. 99, 237–245.

Hirakawa, T., Nosaka, Y., 2002. Properties of $O_2^{\bullet -}$ and $OH^{\bullet}$ formed in TiO_2 aqueous suspensions by photocatalytic reaction and the influence of H_2O_2 and some ions. Langmuir 18, 3247–3254.

Hoffmann, M.R., Martin, S.T., Choi, W., Bahnemann, D.W., 1995. Environmental applications of semiconductor photocatalysis. Chem. Rev. 95 (1), 69–96.

Hoigne, J., Bader, H., 1983. Rate constants of reactions of ozone with organic and inorganic compounds in water-II. Dissociating organic compounds. Water Res. 17, 185–194.

Ingrosso, C., Petrella, A., Curri, M.L., Striccoli, M., Cosma, P., Cozzoli, P.D., Agostiano, A., 2005. Optical and electrochemical properties of Zn(II)phthalocyanine/ZnO nanocrystals heterojunctions. Appl. Surf. Sci. 246, 367–371.

Irie, H., Watanabe, Y., Hashimoto, K., 2003. Carbon-doped anatase TiO_2 powders as a visible-light sensitive photocatalyst. Chem. Lett. 32, 772–773.

Jiang, G., Lin, Z., Chen, C., Zhu, L., Chang, Q., Wang, N., Wei, W., Tang, H., 2011. TiO_2 nanoparticles assembled on graphene oxide nanosheets with high photocatalytic activity for removal of pollutants. Carbon 49, 2693–2701.

Kagaya, S., Shimizu, K., Arai, R., 1999. Separation of titanium dioxide photocatalyst in its aqueous suspensions by coagulation with basic aluminium chloride. Water Res. 33, 1753–1755.

Kang, M., 2005. The superhydrophilicity of Al–TiO_2 nanometer sized material synthesized using a solvothermal method. Mater. Lett. 59, 3122–3127.

Kim, S., Kim, M., Hwang, S.-H., Lim, S.K., 2012. Enhancement of photocatalytic activity of titania–titanate nanotubes by surface modification. Appl. Catal. B 123–124, 391–397.

Kisch, H., 2015. Semiconductor Photocatalysis: Principles and Applications. Wiley-VCH Verlag GmbH, Weinheim.

Kiwi, J., 1985. Direct observation of the variation of energy levels in powdered titanium dioxide as a function of temperature. Beneficial effects for energy conversion through semiconductor devices. J. Phys. Chem. 89, 2437–2439.

Langmuir, I., 1918. The adsorption of gases on plane surfaces of glass, mica and platinum. J. Am. Chem. Soc. 40, 1361–1403.

Li, N., Lang, X., Ma, W., Ji, H., Chen, C., Zhao, J., 2013. Selective aerobic oxidation of amines to imines by TiO_2 photocatalysis in water. Chem. Commun. 49, 5034–5036.

Li, Y., Wang, L., 1993. Semiconductor–mediated photocatalysis for organic synthesis. In: Kamat, P.V., Meisel, D. (Eds.), Semiconductor Nanoclusters: Physical, Chemical, and Catalytic Aspects, vol. 103. Elsevier, Amsterdam.

Linsebigler, A.L., Lu, G., Yates, J.T., 1995. Photocatalysis on TiO_2 surfaces: principles, mechanisms, and selected results. Chem. Rev. 95, 735–758.

Loddo, V., Addamo, M., Augugliaro, V., Garrone, E., Palmisano, L., Schiavello, M., 2006. Optical properties and quantum yield determination in photocatalytic suspensions. AIChE J. 52, 2565–2574.

Loddo, V., Augugliaro, V., Palmisano, L., 2009. Photocatalytic membrane reactors: case studies and perspectives. Asia Pac. J. Chem. Eng. 4, 380–384.

Lohmann, F., 1967. Fermi-Niveau und Flachbandpotential von Molekülkristallen aromatischer Kohlenwasserstoffe. Z. Naturforsch. A22, 843–844.

Maira Vidal, A.J., Soria, J., Augugliaro, V., Loddo, V., 1997. Oxidation of ethanol in gas phase via heterogeneous photocatalysis. Chem. Biochem. Eng. Quart. 11, 89–95.

Makarova, O.V., Rajh, T., Thurnauer, M.C., 2000. Surface modification of TiO_2 nanoparticles for photochemical reduction of nitrobenzene. Environ. Sci. Technol. 34, 4797–4806.

Martin, C.A., Camera-Roda, G., Santarelli, F., 1999. Effective design of photocatalytic reactors: influence of radiative transfer on their performance. Catal. Today 48, 307–313.

Matthews, R.W., 1987. Photooxidation of organic impurities in water using thin films of titanium dioxide. J. Phys. Chem. 91, 3328–3333.

Maurino, V., Bedini, A., Minella, M., Rubertelli, F., Pelizzetti, E., Minero, C., 2008. Glycerol transformation through photocatalysis: a possible route to value-added chemicals. J. Adv. Oxid. Technol. 11, 184–192.

McCallum, J.E.B., Madison, S.A., Alkan, S., Depinto, R.L., Wahl, R.U.R., 2000. Analytical studies on the oxidative degradation of the reactive textile dye Uniblue A. Environ. Sci. Technol. 34, 5157–5164.

Mills, A., O'Rourke, C., 2015. A revised disrupted Langmuir-adsorption model of photocatalysis. J. Phys. Chem. C 119, 19941–19946.

Minero, C., 1995. A rigorous kinetic approach to model primary oxidative steps of photocatalytic degradation. Sol. Energ. Mat. Sol. C 38, 421–430.

Minero, C., Bedini, A., Maurino, V., 2012. Glycerol as a probe molecule to uncover oxidation mechanism in photocatalysis. Appl. Catal. B 128, 135–143.

Minero, C., Maurino, V., Vione, D., 2013. Photocatalytic mechanisms and reaction pathways drawn from kinetic and probe molecules. In: Pichat, P. (Ed.), Photocatalysis and Water Purification: From Fundamentals to Recent Applications, first ed. Wiley-VCH Verlag GmbH & Co. KGaA (Chapter 3).

Minero, C., 1999. Kinetic analysis of photoinduced reactions at the water semiconductor interface. Catal. Today 54, 205–216.

Mitoraj, D., Kisch, H., 2008. The nature of nitrogen-modified titanium dioxide photocatalysts active in visible light. Angew. Chem. Int. Edit. 47, 9975–9978.

Moon, G-h., Kim, D-h., Kim, H-i., Bokare, A.D., Choi, W., 2014. Platinum-like behavior of reduced graphene oxide as a cocatalyst on TiO_2 for the efficient photocatalytic oxidation of arsenite. Environ. Sci. Technol. Lett. 1, 185–190.

Nagaveni, K., Hedge, M.S., Ravishankar, N., Subbanna, G.N., Madras, G., 2004. Synthesis and structure of nanocrystalline TiO_2 with lower band gap showing high photocatalytic activity. Langmuir 20, 2900–2907.

Ohno, T., Mitsui, T., Matsumura, M., 2003. Photocatalytic Activity of S-doped TiO_2 Photocatalyst under Visible Light, vol. 32, pp. 364–365.

Ohtani, B., Pal, B., Ikeda, S., 2003. Photocatalytic organic syntheses: selective cyclization of amino acids in aqueous suspensions. Catal. Surv. Asia 7, 165–176.

Okamoto, K., Yamamoto, Y., Tanaka, H., Itaya, A., 1985. Kinetics of heterogeneous photocatalytic decomposition of phenol over anatase TiO_2 powder. Bull. Chem. Soc. Jpn. 58, 2023–2028.

Ollis, D.F., 2005. Kinetics of liquid phase photocatalyzed reactions: an illuminating approach. J. Phys. Chem. B 109, 2439–2444.

Ollis, D.F., 1985. Contaminant degradation in water. Environ. Sci. Technol. 19, 480–484.

Ollis, D.F., Pelizzetti, E., Serpone, N., 1989. Heterogeneous photocatalysis in the environment: application to water purification. In: Serpone, N., Pelizzetti, E. (Eds.), Photocatalysis: Fundamentals and Applications. John Wiley & Sons, New York, pp. 603–637.

Ollis, D.F., Pelizzetti, E., Serpone, N., 1991. Photocatalyzed destruction of water contaminants. Environ. Sci. Technol. 25, 1522–1529.

Osorio-Vargas, P.A., Pulgarin, C., Sienkiewicz, A., Pizzio, L.R., Blanco, M.N., Torres-Palma, R.A., Pétrier, C., Rengifo-Herrera, J.A., 2012. Ultrason. Sonochem 19, 383.

Oyama, S.T., 2000. Chemical and catalyticp of ozone. Catal. Rev. Sci. Eng. 42, 279–322.

Palmisano, G., Yurdakal, S., Augugliaro, V., Loddo, V., Palmisano, L., 2007. Photocatalytic selective oxidation of 4-methoxybenzyl alcohol to aldehyde in aqueous suspension of home-prepared TiO_2 catalyst. Adv. Synth. Catal. 349, 964–970.

Panagiotopoulou, P., Karamerou, E.E., Kondarides, D.I., 2013. Kinetics and mechanism of glycerol photo-oxidation and photo-reforming reactions in aqueous TiO_2 and Pt/TiO_2. Catal. Today 209, 91–98.

Parrino, F., Augugliaro, V., Camera-Roda, G., Loddo, V., López-Muñoz, M.J., Márquez-Álvarez, C., Palmisano, G., Palmisano, L., Puma, M.A., 2012. Visible-light-induced oxidation of trans-ferulic acid by TiO_2 photocatalysis. J. Catal. 295, 254–260.

Parrino, F., Camera Roda, G., Loddo, V., Palmisano, L., 2016. Elemental bromine production by TiO_2 photocatalysis and/or ozonation. Angew. Chem. Int. Edit. 55, 10391–10395.

Parrino, F., Camera-Roda, G., Loddo, V., Augugliaro, V., Palmisano, L., 2015. Photocatalytic ozonation: maximization of the reaction rate and control of undesired by-products. Appl. Catal. B 178, 37–43.

Parrino, F., Conte, P., De Pasquale, C., Laudicina, V.A., Loddo, V., Palmisano, L., 2017. Influence of adsorbed water on the activation energy of model photocatalytic reactions. J. Phys. Chem. C 121, 2258–2267.

Pera-Titus, M., García-Molina, V., Baños, M.A., Giménez, J., Esplugas, S., 2004. Degradation of chlorophenols by means of advanced oxidation processes: a general review. Appl. Catal. B 47, 219–256.

Qian, X., Qin, D., Bai, Y., Li, T., Tang, X., Wang, E., Dong, S., 2001. Photosensitization of TiO_2

nanoparticulate thin film electrodes by CdS nanoparticles. J. Solid State Electrochem. 5, 562–567.
Rideal, E.K., Eley, D.D., 1950. Adsorption and catalysis on metals. Discuss. Faraday Soc. 8, 96–104.
Ryabchuk, V., 2004. Photophysical processes related to photoadsorption and photocatalysis on wide band gap solids: a review. Int. J. Photoen. 6, 95–113.
Saien, J., Ojaghloo, Z., Soleymani, A.R., Rasoulifard, M.H., 2011. Homogeneous and heterogeneous AOPs for rapid degradation of Triton X-100 in aqueous media via UV light, nano titania hydrogen peroxide and potassium persulfate. Chem. Eng. J. 167, 172–182.
Sakthivel, S., Kisch, H., 2003. Daylight photocatalysis by carbon-modified titanium dioxide. Angew. Chem. Int. Ed. 42, 4908–4911.
Sato, S., 1986. Photocatalytic activity of NO_x-doped TiO_2 in the visible light region. Chem. Phys. Lett. 123, 126–128.
Satuf, M.L., Brandi, R.J., Cassano, A.E., Alfano, O.M., 2005. Experimental method to evaluate the optical properties of aqueous titanium dioxide suspensions. Ind. Eng. Chem. Res. 44, 6643–6649.
Schiavello, M. (Ed.), 1995. Heterogeneous Photocatalysis. John Wiley &Sons, New York.
Serpone, N., Maruthamuthu, P., Pichat, P., Pellizzetti, E., Hidaka, H., 1995. Exploiting the interparticle electron transfer process in the photocatalysed oxidation of phenol, 2-chlorophenol and pentachlorophenol: chemical evidence for electron and hole transfer between coupled semiconductors. J. Photochem. Photobiol. A 85, 247–255.
Sheng, H., Li, Q., Ma, W., Ji, H., Chen, C., Zhao, J., 2013. Photocatalytic degradation of organic pollutants on surface anionized TiO_2: common effect of anions for high hole-availability by water. Appl. Catal. B 138–139, 212–218.
Siegel, R., Howell, J.R., 1992. Thermal Radiation Heat Transfer. Hemisphere Publishing Corporation, USA.
Sivaranjani, K., Gopinath, C., 2011. Porosity driven photocatalytic activity of wormhole mesoporous $TiO_{2-x}N_x$ in direct sunlight. J. Mater. Chem. 21, 2639–2647.
Sopajaree, K., Quasim, S.A., Basak, S., Rajeshwar, K., 1999. An integrated flow reactor-membrane filtration system for heterogeneous photocatalysis. Part II: experiments on the ultrafiltration unit and combined operation. J. Appl. Electrochem. 29, 1111–1118.
Spadoni, G., Stramigioli, C., Santarelli, F., 1980. Rigorous and simplified approach to the modelling of continuous photoreactors. Chem. Eng. Sci. 35, 925–931.
Spasiano, D., Marotta, R., Di Somma, I., Mancini, G., 2015. Production of pyridinecarboxy aldehydes, nicotinic and isonicotinic and picolinic acids by TiO_2-sacrificial photocatalysis at ambient conditions and in aqueous solution through artificial solar radiation. Appl. Catal. B 163, 248–257.
Stankiewicz, A., Moulijn, J.A., 2000. Process intensification: transforming chemical engineering. Chem. Eng. Prog. 96, 22–34.
Subramanian, V., Kamat, P.V., Wolf, E.E., 2003. Mass-transfer and kinetic studies during the photocatalytic degradation of an azo dye on optically transparent electrode thin film. Ind. Eng. Chem. Res. 42, 2131–2138.
Sunada, K., Watanabe, T., Hashimoto, K., 2003. Studies on photokilling of bacteria on TiO_2 thin film. J. Photochem. Photobiol. A Chem. 156, 227–233.
Tada, H., Jin, Q., Nishijima, H., Yamamoto, H., Fujishima, M., Okuoka, S., Hattori, T., Sumida, Y., Kobayashi, H., 2011. Titanium(IV) dioxide surface-modified with iron oxide as a visible light photocatalyst. Angew. Chem. Int. Ed. 50, 3501–3505.
Turchi, C.S., Ollis, D.F., 1990. Photocatalytic degradation of organic water contaminants: mechanisms involving hydroxyl radical attack. J. Catal. 122, 178–192.
Turchi, C.S., Ollis, D.F., 1988. Comment. Photocatalytic reactor design: an example of mass-transfer limitations with an immobilized catalyst. J. Phys. Chem. 92, 6852–6853.
Turchi, C.S., Ollis, D.F., 1989. Mixed reactant photocatalysis: intermediates and mutual rate inhibition. J. Catal. 119, 483–496.
Umebayashi, T., Yamaki, T., Itoh, H., Asai, K., 2002. Band gap narrowing of titanium dioxide by sulfur doping. Appl. Phys. Lett. 81, 454–456.
Vezzoli, M., Farrell, T., Baker, A., Psaltis, S., Martens, W.N., Bell, J.M., 2013. Optimal catalyst thickness in titanium dioxide fixed film reactors: mathematical modelling and experimental validation. Chem. Eng. J. 234, 57–65.
Wang, C., Shao, C., Zhang, X., Liu, Y., 2009. SnO_2 nanostructures-TiO_2 nanofibers heterostructures: controlled fabrication and high photocatalytic properties. Inorg. Chem. 48, 7261–7268.
Xu, J., Ao, Y., Chen, M., Fu, D., 2009. Low-temperature preparation of Boron-doped titania by hydrothermal

method and its photocatalytic activity. J. Alloy Compd. 484, 73–79.
Xu, Y., Langford, C., 2000. Variation of Langmuir adsorption constant determined for TiO_2-photocatalyzed degradation of acetophenone under different light intensity. J. Photochem. Photobiol. A 133, 67–71.
You, X., Chen, F., Zhang, J., Anpo, M., 2005. A novel deposition precipitation method for preparation of Ag-loaded titanium dioxide. Catal. Lett. 102, 247–250.
Yu, J.C., Lin, J., Kwok, R.W.M., 1997. Enhanced photocatalytic activity of $Ti_{1-x}V_xO_2$ solid solution on the degradation of acetone. J. Photochem. Photobiol. A 111, 199–203.
Yurdakal, S., Palmisano, G., Loddo, V., Alagöz, O., Augugliaro, V., Palmisano, L., 2009. Selective photocatalytic oxidation of 4-substituted aromatic alcohols in water with rutile TiO_2 prepared at room temperature. Green Chem. 11, 510–516.
Yurdakal, S., Palmisano, G., Loddo, V., Augugliaro, V., Palmisano, L., 2008. Nanostructured Rutile TiO_2 for selective photocatalytic oxidation of aromatic alcohols to aldehydes in water. J. Am. Chem. Soc. 130, 1568–1569.
Yurdakal, S., Tek, B.S., Alagöz, O., Augugliaro, V., Loddo, V., Palmisano, G., Palmisano, L., 2013. Photocatalytic selective oxidation of 5-(hydroxymethyl)-2-furaldehyde to 2,5-furandicarbaldehyde in water by using anatase, rutile and brookite TiO_2 nanoparticles. ACS Sustain. Chem. Eng. 1, 456–461.
Yurdakal, S., Yanar, Ş.Ö., Çetinkaya, S., Alagöz, O., Yalçın, P., Özcan, L., 2017. Green photocatalytic synthesis of vitamin B_3 by Pt loaded TiO_2 photocatalysts. Appl. Catal. B 202, 500–508.
Zhao, J., Zhang, Y., Quan, X., Chen, S., 2010. Enhanced oxidation of 4-chlorophenol using sulfate radicals generated from zero-valent iron and peroxydisulfate at ambient temperature. Sep. Purif. Technol. 71, 302–307.
Zhu, J., Chen, F., Zhang, J., Chen, H., Anpo, M., 2006. Fe^{3+}-TiO_2 photocatalysts prepared by combining sol–gel method with hydrothermal treatment and their characterization. J. Photochem. Photobiol. A 180, 196–204.

第2章 膜与膜分离过程基础

Norfazliana Abdullah，Mukhlis A. Rahman，Mohd Hafiz Dzarfan Othman，Juhana Jaafar，Ahmad F. Ismail
Universiti Teknologi Malaysia，Skudai，Johor，Malaysia

2.1 简介

膜分离技术在许多工业应用中发挥着至关重要的作用。膜分离在 18 世纪已有报道，其具有节能和占用空间少的特点，比大多数传统分离工艺（如蒸馏、吸附和吸收）更有优势（Hsieh，1991）。膜作为两相之间的渗透选择性材料，在驱动力（如压力梯度、蒸汽分压梯度、浓度梯度或电势梯度）作用下，对所需物质实现分离（Mulder，1996），图 2.1 阐释了膜作为渗透选择性材料的作用（Lu et al，2007）。

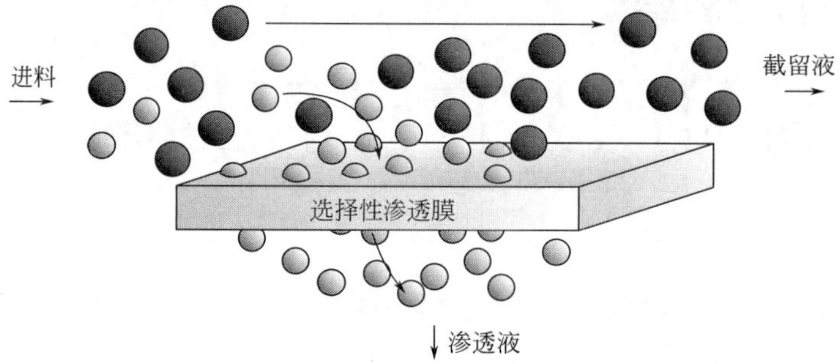

图 2.1　膜分离过程的示意图（一）（Lu et al.，2007）

膜的性能通常用通量和选择性来衡量（Mulder，1996）。膜通量可以表示为单位时间内流过单位面积膜的物质体积、质量或物质的量，其中体积通量的单位是 $m^3 \cdot m^{-2} \cdot s^{-1}$，通常用 $L \cdot m^{-2} \cdot h^{-1}$ 表示。膜的渗透速率受电流、压力、浓度、分压等各种驱动力的影响。对流体混合物的选择性与保留或分离因子有关，其中分离因子通常用于气体混合物和有机液体混合物。膜分离过程可以分为两种类型，即死端过滤和错流过滤，这些过滤类型取决于膜表面的进料液的方向，如图 2.2 所示（Lee and Darling，2016）。死端过滤通常应用于小规模分离，特别是实验室批次分离的情况，在这种分离方法中，进料液和渗透液都垂直于膜的表面（Hsieh，1991），这种过滤方式容易污染，反冲洗可提高膜的渗透性。

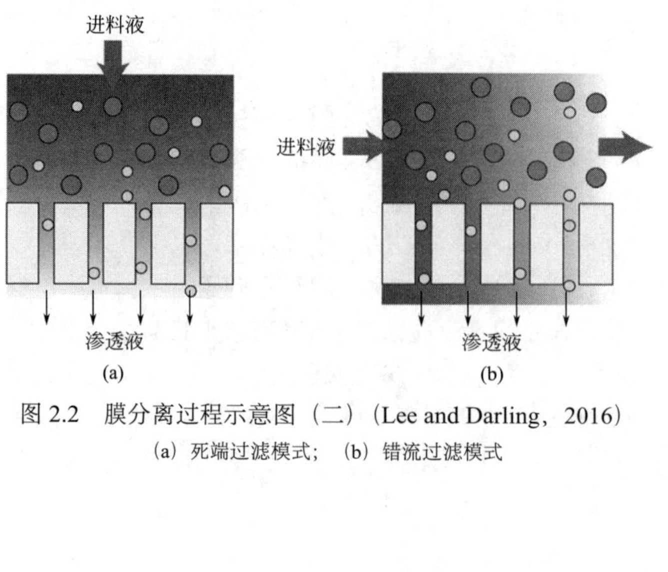

图 2.2　膜分离过程示意图（二）（Lee and Darling，2016）

（a）死端过滤模式；（b）错流过滤模式

错流过滤是指进料液与膜面平行流动，而渗透液穿过膜，流动的进料液对膜表面施加的剪切力有助于减缓因渗透通量降低而产生的沉积污染。

膜分离已被应用于气体混合物分离、废水处理、水循环、提高原油回收率、有机液体分离、油气转换等相关方面。使用的膜分离过程可划分为不同的类别，每个类别都有特定的驱动力。根据驱动力和被分离的溶质进行分类，每种方法都有独特的分离模式，如尺寸排斥、溶液-扩散机理、克努森扩散、分子扩散等，表 2.1 列举了不同的分离工艺、各自的驱动力和传质机理。

表 2.1　不同操作参数和应用的膜分离工艺

分离工艺	孔径尺寸	驱动力	传质机理
微滤	0.05~10μm	压力 1~2bar	筛分原理
超滤	0.001~0.05μm	压力 2~5bar	筛分原理
纳滤	< 2.0nm	压力 5~15bar	优先吸附毛细管流动原理
反渗透	< 1.0nm	压力 15~100bar	优先吸附毛细管流动原理
气体分离	无孔	压力 15~100bar	溶解扩散原理
渗透蒸发	无孔	分压差	溶解扩散原理
渗析	10~30Å	浓度差	筛分-扩散
电渗析	MW（切割分子量）< 200	电位	离子迁移原理
去电离子	MW（切割分子量）< 200	电位	离子迁移原理
膜接触器	疏水多孔膜	真空	筛分原理

资料来源：Singh, R., 2005. Water and membrane treatment. Hybrid Membr. Syst. Water Purif. 1, 57—130。

注：1bar=0.1MPa；1Å=10^{-10}m。

2.2　膜分离技术开发历程

膜技术的发展始于 18 世纪，物理学家 Jean Antoine Nollet 观察到用来储存酒精的猪膀胱有水渗透的现象，他可能是第一个认识到半透膜和渗透压之间关系的人。后来，Thomas Graham 对气体在不同介质中的扩散进行了更详细的研究（Mulder，1996），又有 Adolf Fick 和 Jacobus Henricus vant Hoff 解释了溶质在液体介质中的扩散，促使膜技术在接下来的几十年里得到了迅速的发展。膜技术发展早期主要关注膜分离过程的理论解释：Leonor Michaelis、Erich Manegold 和 James William 在 1926 年至 1931 年期间提出了反渗透（RO）原理；在同一时期，Torsten Teorell、Kurt H. Meyer 和 J.F. Sievers 设计并开发了电渗析膜和现代电极；1945 年，Willem Johan Kolff 成功开发了第一个使用膜技术的临床血液透析。在 20 世纪 50 年代的欧洲，一些膜技术，特别是电渗析、微滤（MF）和离子交换膜，被开发用于处理饮用水，并于 1954 年首次出现了使用电渗析和离子交换膜从海水中生产饮用水的商业工厂（Wang et al.，2011）。

与此同时，Loeb 和 Sourirajan 在 1962 年利用不对称醋酸纤维素（CA）膜制备了无缺陷、高通量、各向异性反渗透膜，这是膜技术史上最重要的成就（Baker，2012；Li,

2007；Wang et al.，2011）。它的制造方法被称为“相反转”，开创了人造膜生产的先河。Loeb 和 Sourirajan 报道的制备技术也主导了气相分离膜的发展。随后，在 20 世纪 60 年代末和 70 年代初， Permea 成功地安装了聚砜（PSF）中空纤维膜，用于从氨厂净化气流中分离和回收氢气，这一举措激励了其他公司。如 Cynara、Separex 和 GMS 使用 CA 从天然气中去除二氧化碳（Baker，2002），Generon 公司引入了一种膜系统从空气中分离氮气。在大多数情况下，这些膜由聚合物组成，并采用非常薄的分离层提高了膜的选择性。图 2.3 显示了膜技术的发展里程碑，特别是气体分离的发展过程（Baker，2002）。

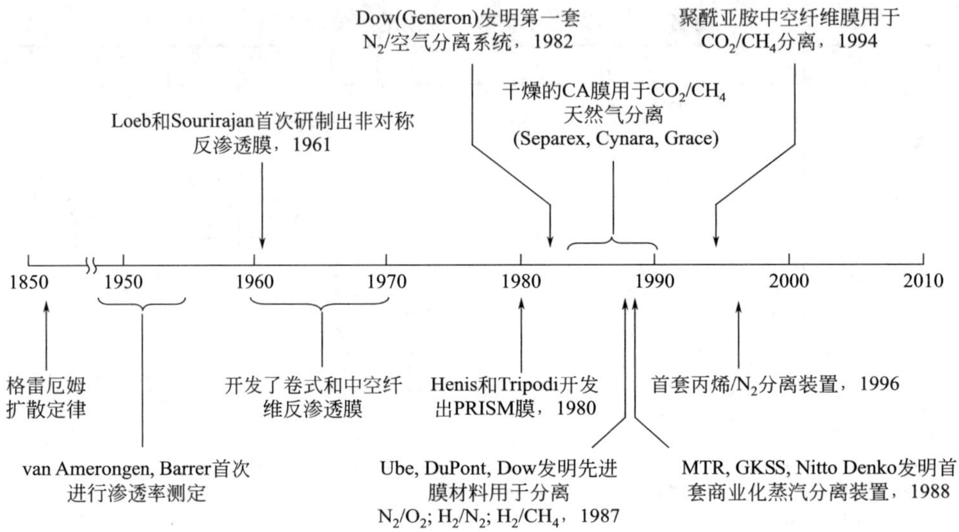

图 2.3 膜法气体分离的里程碑式发展（Baker，2002）

2.3 膜的分类

根据膜材料、膜尺寸和膜形态不同，膜通常可以分为不同的类别，在下面的章节中将详细讨论。

2.3.1 膜材料

由于价格低、易获得、制备方便等原因，现有膜大多采用高分子材料，各种类型的聚合物被开发研究，以最大限度地提高通量和分离因子。醋酸纤维素（CA）是一种有机聚合物，常用于膜的制备。它是一种具有规则重复结构的多糖，羟基之间形成强烈的分子间氢键，有助于提高结晶水平，这一特性导致其在水中不溶解，然而，它可以溶解于各种有机溶剂，如 *N*-甲基吗啡啉-*N*-氧化物（NMMO）、*N,N*-二甲基乙酰胺（DMAC）和 *N*-甲基吡咯烷酮（NMP）（Liu，Hsieh，2002）。此外，它具有较强的亲水性（Chen et al.，2004），但在 pH 值为 4~6.5 时，其耐水性较差（Wang et al.，2009）。除 CA 外，聚砜（PSF）也适用于膜的制备。聚砜是一种非晶高性能聚合物，具有很高的化学稳定性和热稳定性

(Wang et al.，2011)，它通常用于 UF、MF 和气体分离膜，以及作为反渗透和纳滤的支撑层。与 CA 不同的是，聚砜可以耐受广泛的 pH 值范围，并且在酸性和碱性溶液中都是稳定的（Han and Nam，2002)。科研工作者还使用聚偏二氟乙烯（PVDF）来制备膜(Rajabzadeh et al.，2008；Song et al.，2012；Yuliwati and Ismail，2011)。PVDF 是一种疏水半结晶聚合物，具有良好的耐化学性和热稳定性，易溶于各种有机溶剂，适用于膜的制备。聚酰胺（PA）是另一种用于膜制备的聚合物。这种合成的聚合物包含一个酰胺基团（—NHCO—）作为主要聚合物链（Buonomenna，2013；Wang et al.，2011)，在反渗透和纳滤的复合膜中它通常是薄而密的分离层。表 2.2 列出了常用的膜材料聚合物的优缺点。

表 2.2　常用的膜材料聚合物的优缺点

聚合物①	优点	缺点	分离工艺②
CA	便宜，比聚酰胺更耐污	在pH 4~6.5 的范围内耐水性较差	**反渗透**、超滤、微滤
PA	比醋酸纤维素更稳定，比醋酸纤维素更有选择性	耐氯性非常有限（$<0.1\text{mg}\cdot\text{L}^{-1}$）	**反渗透**、纳滤
PAN	抗水解，抗氧化	疏水，需要共聚物来降低脆性	超滤、反渗透基底
PSF、PES	非常好的整体稳定性，力学性能强	疏水	超滤、反渗透基底
PDEF、PTEF	极高的化学稳定性，极高的热稳定性	高的疏水性，有限的机械稳定性，有限的固有渗透	超滤、**微滤**
PEI	高化学稳定性，超高热稳定性，力学性能强	价格昂贵、疏水，比聚偏氟乙烯耐溶剂性差，碱性稳定性较聚砜、聚醚砜差	**超滤**、反渗透基底
PP	便宜	碱性稳定性较聚砜、聚醚砜差，疏水	超滤、**微滤**

资料来源：Judd, S., Jefferson, B., 2003. Membrane Technology. Membranes for Industrial Wastewater Recovery and Re-use: 3.1 the Power Industry，first ed. Elsevier Ltd，UK。

① CA 为醋酸纤维素；PA 为聚酰胺；PAN 为聚丙烯腈；PSF 为聚砜；PES 为聚醚砜；PDEF 为聚偏氟乙烯；PTEF 为聚四氟乙烯；PEI 为聚醚酰亚胺；PP 为聚丙烯。

② 粗体字是最常用的应用。

近年来，陶瓷膜在流体分离中的应用引起了广泛关注。与高分子膜相比，陶瓷膜具有耐酸碱、高热稳定性、高化学稳定性以及优异的机械强度等优点，它常用的材料有氧化铝（Al_2O_3)、二氧化钛（TiO_2)、二氧化锆（ZrO_2)、二氧化硅（SiO_2)、混合的离子-电子导电材料（如镧、锶、钴铁氧体）(MIEC)，以及陶瓷混合的材料（Li，2007)。每一种材料都有自己的商业价值：氧化铝通常用于机械设备、制造产品（绝热体、陶瓷罐、陶瓷等）和膜支撑；二氧化钛在空气净化、水净化和重金属去除等光催化应用方面有很大的应用潜力（Fujishima et al.，2000；Puskelova et al.，2014)；氧化锆是一种常用的陶瓷材料，用于医疗设备（Manicone et al.，2007）和燃料电池膜研究（Meng et al.，2013；Wei and Li，2008)；二氧化硅主要用作玻璃、硅制品和微孔膜的前驱体（Gao et al.，2014)；MIEC 材料具有独特的性质，可以在高温下应用，特别是在空气分离行业（Jiang et al.，2011)。陶瓷材料虽易碎，但仍可成型成膜组件，高温烧结可提高其机械强度。

2.3.2 膜的几何参数

膜在应用中有四种几何形状，即平板状、管状、毛细管状和中空纤维状（El-ghaffar and Tieama，2017），这些形状装配成不同的膜组件在不同的分离过程中应用。平板膜可以做成板框式或螺旋卷式，板框式设计是指在刚性多孔支架和流道之间夹有许多平板膜（Lonsdale，1982；Baker，2012），这种结构通常在电渗析膜堆中应用。螺旋卷式的结构与板框式类似，但膜被安排在柔性多孔支撑之间，多孔支撑环绕着中心多孔管，如图 2.4 所示（Wang et al.，2011）。这种类型的膜组件结构有几个组成部分，包括膜、进料和渗透液流道、间隔、渗透管和膜壳（Schwinge et al.，2004）。螺旋卷式组件单位体积的膜过滤面积大约是板框式设计的 1.5 倍（Wang et al.，2011）。板框式和螺旋卷式组件的缺陷是不能机械清洗，因此，它们不适合处理含有颗粒物的料液。

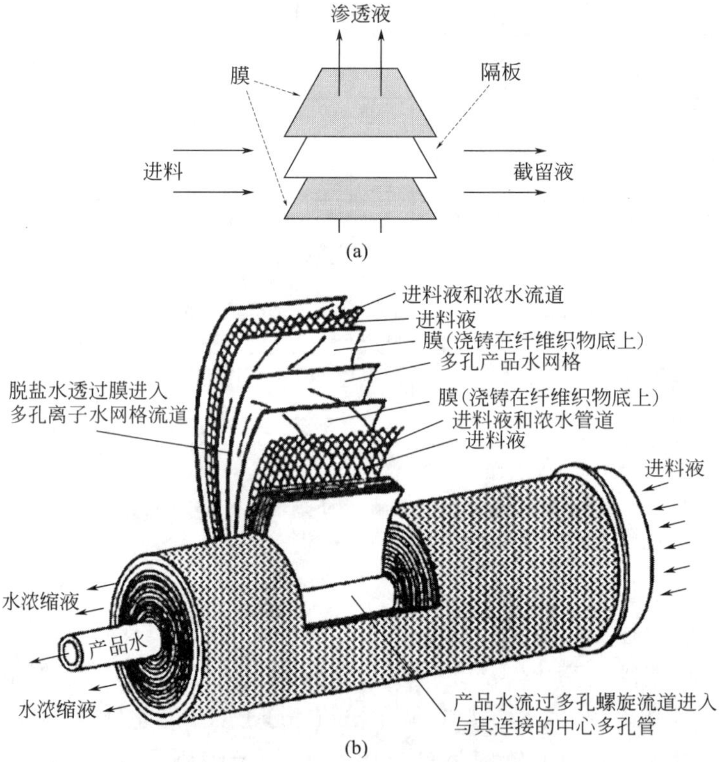

图 2.4 板框膜和螺旋卷式膜示意图（Wang et al.，2011）

（a）板框膜示意图；（b）螺旋卷式膜示意图

具有圆形截面的膜可以形成管状、毛细管状或中空纤维状（Giorno and Drioli，2000），它们的分类是基于它们的直径，其结构类似于管壳式换热器，这种设计结构在堵塞时，便于清洗或更换，在膜维护和更换方面有优势，但将数百个膜管组装在一起则是一项烦琐的工作。与其他膜组件相比，中空纤维膜具有最小的膜外径，如图 2.5 所示，其直径范围为 50~3000μm，提供了最大的堆积密度（Wang et al.，2011）。中空纤维膜组件由数千根毛发状中空膜纤维组装在一压力容器中（Hsieh，1991；Lonsdale，1982），它在流体分离中得到了广泛的应用。对于外径大于 200~500mm 的中空纤维膜，进料液通常从纤维膜腔内进入，渗透液从纤维膜外表面收集（Baker，2012），它常用于低压气体分离、血液透析或微滤。更小的中空纤维膜（外径 50~200mm）也被生产出来了，它能承受外表面非常高的静水压力，是专门为 RO 或高压气体分离应用而设计的，操作压力可达到 6.9MPa 或以上（Baker，2012），其进料流体从膜纤维的外表面流过，渗透液从膜纤维管腔收集。

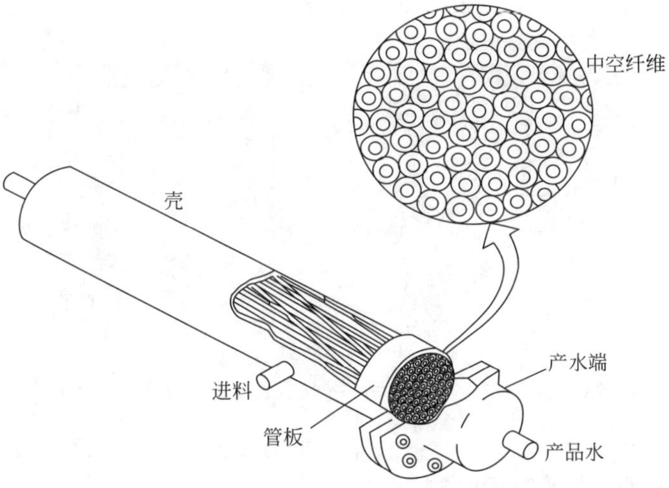

图 2.5　高填充密度中空纤维膜组件示意图（Wang et al.，2011）

2.3.3　膜形态

膜形态可分为两种，各向同性（或对称膜）和各向异性（或不对称膜），如图 2.6 所示（Lee and Darling，2016）。各向同性微孔膜具有刚性的连通孔形成的孔洞结构，孔洞分布随机（孔径为 0.01~10μm）（Baker，2012），分离过程受微孔膜孔径分布和水动力条件的影响。微孔膜的制备可以采用相反转、轨迹蚀刻、拉伸或浸出和静电纺丝（Lalia et al.，2013），其中相反转法是各向同性微孔膜形成的重要方法。带电膜是指阴离子交换膜或阳离子交换膜，其具有致密/微孔结构，携带固定的正电荷或负电荷离子均匀分布（Baker，2012；Wang et al.，2011），膜中的电荷和离子浓度是控制膜分离过程的关键因素。

各向异性膜构成了层状结构，改变了整个膜截面上的孔隙率和孔径大小（Baker，2012），各向异性膜通常由一个非常薄的表面层在一个厚的微孔层上附着，薄层为选择分离层，由于选择分离层很薄，膜通量非常高。总体来说，不对称膜、复合膜和支撑液膜均为各向异性膜。Loeb 和 Sourirajan 利用一种单一聚合物的相转化方法开发了不对称膜（Loeb and Sourirajan，1963），在整个膜的横截面上孔隙率和孔径都发生了变化，在逐渐松散层的顶部表面形成一个选择性薄层，选择性薄层和多孔衬底在相变过程中同时形成、相互耦合。

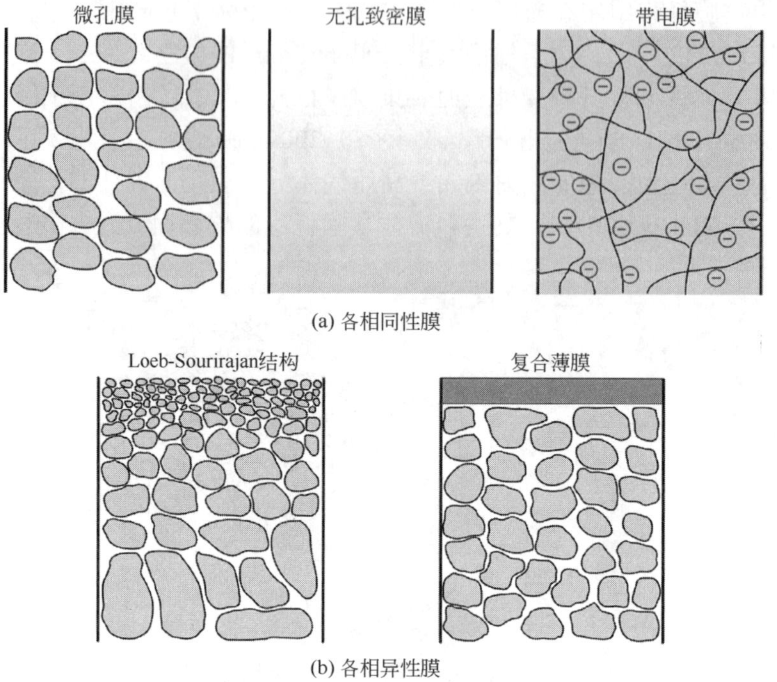

图 2.6　各向同性和各向异性膜（Lee and Darling，2016）

2.4　聚合物膜的制备

相转化技术是制备具有不对称结构的高分子膜的一种典型方法，在这个过程中，聚合物溶胶从液态（或可溶性）逐步凝固的过程是可控（Lalia et al.，2013）。在聚合物膜的制造过程中有许多相转化工艺，包括浸没沉淀（Ahmad et al.，2005; Kong and Li, 2001; Wang et al.，2009; Peng et al.，2007）、热诱导相分离（TIPS）（Gu et al.，2006; Matsuyama et al.，2000，2003；Rajabzadeh et al.，2008；Tanaka and Lloyd，2004）、蒸发诱导相分离（Samuel et al.，2011；Yamamura et al.，2002）和气相诱导相分离（Li et al.，2010；Menut et al.，2008；Su et al.，2009；Tsai et al.，2010）。在浸没沉淀过程中，溶剂和非溶剂必须是可混溶的，如图 2.7 所示，这是溶剂中均相聚合物溶液与非溶剂接触后发生分离和沉淀的相转化过程之一（Lalia et al.，2013）。将聚合物溶液浸入非溶剂浴后，溶剂会扩散到凝固液中（流量=J_2），而非溶剂则会扩散到铸膜薄膜中（流量=J_1）（Lalia et al.，2013），这一过程将持续进行，直到聚合物溶液在热力学上变得不稳定，使相分离形成一个具有不对称结构的固体聚合物膜。

高温下制备的均相聚合物溶液被冷却以诱导聚合物沉淀相时，就会发生热诱导相分离（Gu et al.，2006；Matsuyama et al.，2000，2003；Rajabzadeh et al.，2008；Tanaka and Lloyd，2004）。高浓度聚合物相经玻璃化过渡或结晶固化后，可通过萃取、蒸发或冷冻干燥除去溶剂，形成多孔膜结构（Cao et al.，2004；Lalia et al.，2013）。蒸发诱导的相变也称为溶液铸造法，使用刮刀技术将聚合物溶液浇铸在平坦的基底上，当挥发性溶剂从浇铸的溶液中蒸发时，在基底上形成聚合物薄膜，聚合物溶液暴露在大气中会发生气致相变，导致聚合物相析出。

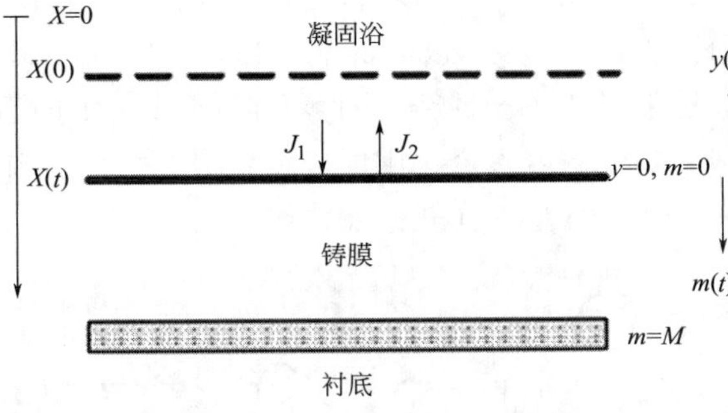

图 2.7　铸膜/凝固浴界面的示意图（Lalia et al.，2013）

J_1—非溶剂流量；J_2—溶剂流量；X—铸膜与凝固浴界面的位置；$X(t)$—垂直于随界面移动的膜面的空间位置坐标；$y=-X-X(t)$—与界面移动的位置坐标；m—固定聚合物参照系中的位置坐标；M—支撑体

聚合物体系的三元相图可以解释相转化过程，涉及聚合物、溶剂和非溶剂，如图 2.8 所示（Jamil et al.，2015）。聚合物溶液的整个相转化过程用 A 到 D 的路径来表示，原始的聚合物溶液在点 A，溶液中没有沉淀剂（非溶剂），将聚合物溶液浸入非溶剂凝固液后，溶剂从聚合物溶液扩散出，而非溶剂扩散入聚合物溶液中，界面处聚合物浓度增加，聚合物开始析出（用点 B 表示），用非溶剂不断替代溶剂会导致高浓度聚合物（点 C）凝固，溶剂/非溶剂进一步交换将导致高浓度聚合物的相收缩，直到最终到达点 D，此时两相（固相和液相）处于平衡状态。形成膜结构的固相（高浓度聚合物）用点 S 表示，填充非溶剂的膜孔的液相（低浓度聚合物）用点 L 表示（Jamil et al.，2015）。

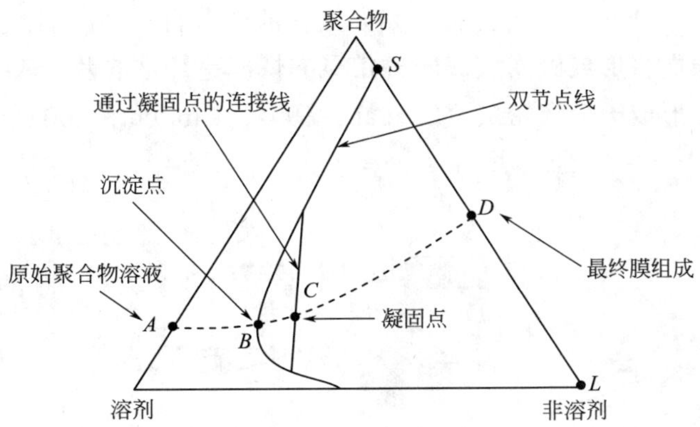

图 2.8　聚合物/溶剂/非溶剂体系的三元相图（Jamil et al.，2015）

在相变过程中，膜结构中会形成大孔洞，它是延伸到整个膜厚度的大而长的孔洞，受非溶剂扩散方式的影响，有各种形状，如泪状、针状和手指状。大孔洞通常被认为是缺陷，是不可取的，因为它们会降低膜的机械强度，在过去的文献中对其在相转化过程中的形成进行了广泛的研究（Barth et al.，2000；Peinemann et al.，2007；Pinnau and Freeman，1999）。对于大孔洞的形成，人们提出了各种各样的机理，如聚合物基体的收缩、表面张力梯度引起的对流、渗透压、瞬时相分离和浓度梯度引起的不稳定性（Smolders et al.，1992；Strathmann et al.，1975）。对聚合物和凝胶体系中伴随黏性指标现象形成的大孔洞进行了大量的研究工作（Kawaguchi et al.，1997；Wang and Lai，2013）。在这种相转化中，新生的薄膜层下形成了一种新生的多孔膜结构，由于陡峭的浓度梯度，非溶剂向低浓度聚合物扩散，在低浓度聚合物中形成新生的多孔膜结构，这种不稳定的情况会形成一些大孔洞，如图 2.9（Wang et al.，2011）所示。

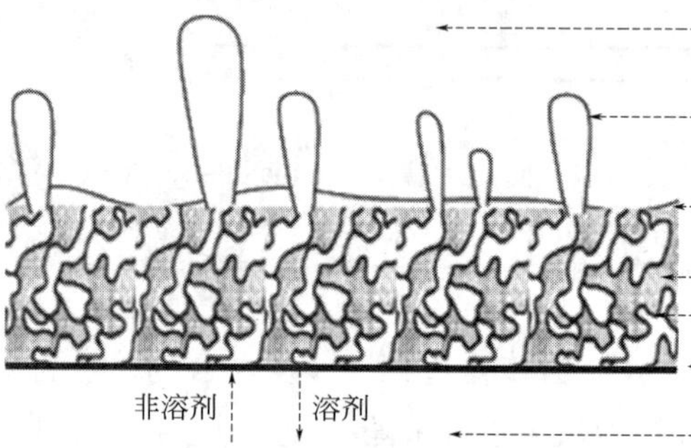

图 2.9　相变过程中大孔洞的形成

通常，相转化纺丝工艺制备的中空纤维膜具有不对称结构，图 2.10 显示了用于制备具有中空纤维结构的聚合物膜的典型装置（Xu et al.，2014）。影响中空纤维膜形成的主要因素有：从喷丝口流出溶液的蒸发时间、致孔液的成分、浸液等（Hasbullah et al., 2011; Peng et al.，2012）。各向异性致密层的位置可以通过改变凝固浸液和致孔液来调整，如果用水作为致孔液，凝固浸液中含有某种溶剂，在中空纤维的内表面首先会快速地形成沉淀凝聚（Mulder，1996）。另一方面，如果致孔液中含有某种溶剂，且凝固浸液中含有水，则纤维的外表面将形成致密层。一种常见的情况是纤维的两个表面都有沉淀凝聚，导致内外表面都会形成一个致密层（Li et al.，1994；Ulbricht，2006）。

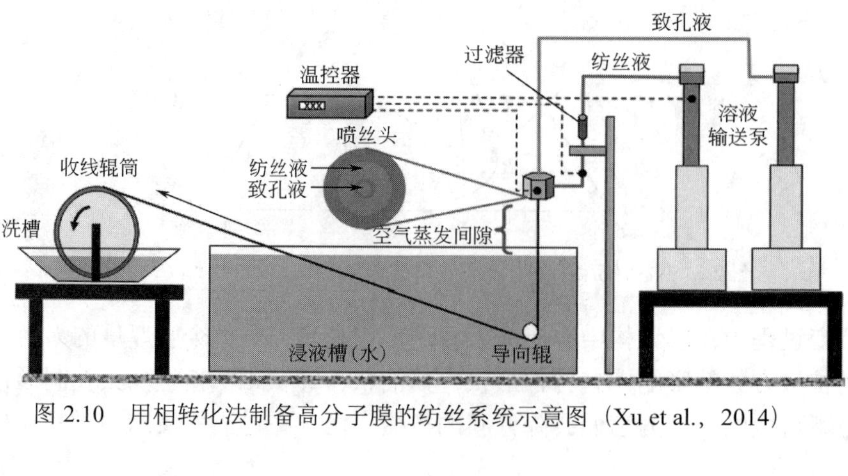

图 2.10　用相转化法制备高分子膜的纺丝系统示意图（Xu et al.，2014）

2.5　膜操作

2.5.1　压力驱动膜分离操作实例

压力驱动膜工艺有四种类型：微滤（MF）、超滤（UF）、纳滤（NF）和反渗透（RO），通过膜压差（TMP）（ΔP）来实现分离过程。

2.5.1.1　微滤

微滤是指在压力范围 100~400kPa 下利用膜分离直径在 0.1~10μm 之间的悬浮颗粒或大分子的过滤过程（Hwang and Lin，2002；Chen et al.，2004；Ulbricht，2006）。分离通常是基于筛分原理，对于 MF 工艺，各向同性膜和各向异性膜都可以使用，其分离层厚度最好分别在 10~50μm 和 1μm 左右（Mulder，1996）。微滤膜主要采用聚合物材料制备，为了提高 MF 工艺的性能，研究者对膜的形貌进行了研究，重点介绍了 MF 膜的制备工艺和高分子材料的功能（Hwang and Lin，2002；Ulbricht，2006；Van Der Bruggen et al.，2003）。

2.5.1.2　超滤

超滤膜与微滤膜类似，但这种膜能够截留更小的分子，分离分子质量大于 10000Da 的大分子、胶体和溶质；驱动力为膜压差，取值范围为 100~1000kPa。超滤膜的选择性取决于溶质大小、膜性能和水动力条件（Wang et al.，2011）。超滤膜一般使用相转化过程制备，具有不对称的多孔结构（Khayet et al.，2002；Susanto and Ulbricht，2009；Ulbricht，2006；Xu and Qusay，2004）。

2.5.1.3　纳滤

纳滤膜对分子质量在 100~200Da 以上的大多数有溶解性的有机溶质具有较高的截留率，对盐含量在 1000~2000mg·L^{-1} 以下的盐具有较好的截留率（Baker，2012；Buonomenna，2013），其渗透性优于苦咸水和海水反渗透膜。纳滤膜的工作压力可低至 0.34~1.00MPa，因此，它较适用于水软化或作为超纯水生产系统的预处理单元。

2.5.1.4　反渗透

反渗透是一种压力驱动的膜分离过程，可以去除水中溶解的大部分污染物。其过程使用了与自然渗透过程相反的方法，反渗透过程中施加的压力受进料溶质浓度的影响，当施加的压力大于浓缩溶液的渗透压时产生水（Kang and Cao，2012；Lee et al.，2011；Malaeb and Ayoub，2011），且淡水与微咸水在膜两侧总含盐量（TDS）浓度每相差 100mg/L 时，其对应的渗透压约为 6895Pa（1psi），因此，溶质浓度越高，产生反渗透水所需的压力就越高。虽然如此，RO 通过使用一种只允许水通过其结构的半透膜可以去除水中的各种污染物和盐，同时可以有效地截留各种大分子量的有机溶质，如黄腐酸、木质素、腐殖酸和洗涤剂。

一般来说，用于饮用水处理的反渗透系统包括原水泵、预处理单元（通常包括化学混凝，精密过滤、超滤或微滤预过滤，软化结垢控制，酸化调节 pH 值）、膜单元、消毒单元、储存和分配单元，通过对这些单元依次配置处理盐水能够实现所需数量或质量的水。反渗透装置的压力范围为微咸水 1.5~2.5MPa，海水 5.5~8.5MPa（Buonomenna，2013）。在商业上最成功的反渗透装置是采用螺旋卷式组件，苦咸水反渗透系统回收率通常在 50%~80%，系统脱盐率在 90%~98%（Wang et al.，2008）；对于海水，系统回收率从 20% 到 40%不等，脱盐率为 90%~98%（Wang et al.，2011）。关于反渗透系统的详细介绍可以在其他著作中找到，如 Malaeb 和 Ayoub（2011）、Lee 等（2011）、Kang 和 Cao（2012）的文献。

2.5.2　浓度驱动膜分离操作实例

本节讨论以浓度差为驱动力的正向渗透（FO）。将高浓度和低浓度溶液用一层薄膜隔开，形成一个较大的浓度梯度，从而使溶剂发生渗透分离，其详细过程讨论如下。

FO 是一种渗透过程，包括进料液和比其浓度更高的汲取液。图 2.11 显示了高渗透压梯度下水通过膜传输的机理（Chung et al.，2012）。在分离过程中，使用高渗透压的汲取液，在渗透压梯度下驱动水通过半透膜进入汲取液，从而有效地将进料水与溶质分离（Cath et al.，2006；Peng et al.，2012）。如果安装第二个分离单元来从较低浓度的汲取溶液中提取淡水，则可以回收透过膜的水。与 RO 系统不同，FO 过程不需要大量的能量输入，只有在第二分离单元水净化和汲取液的再生时才需要消耗能源。FO 研究应用于水和废水处理、海水/微咸水淡化、食品加工、药物缓释和电力生产等方面（Chung et al.，2012；Zhao et al.，2012）。现在的研究重点是开发高强度和高效分离的膜，满足再生或再浓缩溶液时高渗透压和低能量的要求（Achilli et al.，2010；Ling et al.，2010；McCutcheon et al.，2006）。RO 和 FO 的区别见表 2.3。

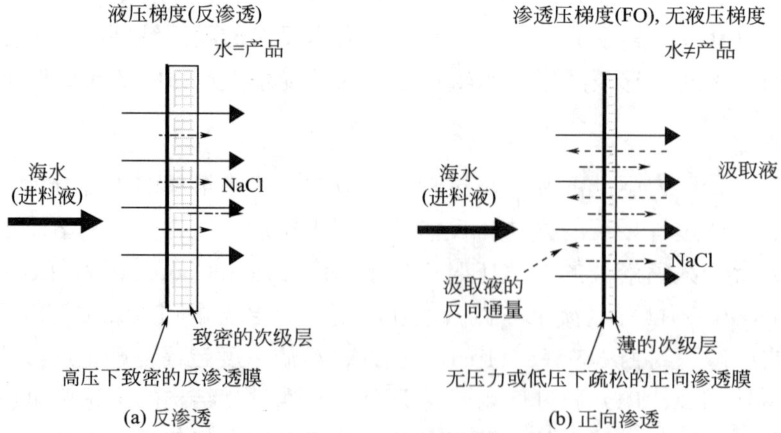

图 2.11　反渗透与正向渗透的区别（Chung et al.，2012）

表 2.3　反渗透（RO）系统和正向渗透（FO）系统的主要区别

工艺	优点	缺点	挑战
FO	水通过半透膜运输的能量消耗较小	渗透水的产品；需要第二个分离步骤	高效的膜；缺少经济有效的汲取物
RO	更多逆渗透水=高质量产品	能耗高；存在不可逆污染	有限的污垢的研究；如何提高能量回收效率；如何减轻膜污染

资料来源：T.S., Li, X., Ong, R.C., Ge, Q., Wang, H., Han, G., 2012. Emerging forward osmosis (FO) technologies and challenges ahead for clean water and clean energy applications. Curr.Opin. Chem. Eng. 1(3), 246—257。

2.5.3　蒸汽分压驱动膜分离操作实例

本节阐述使用分压差膜分离的例子。气体分离和膜蒸馏（MD）是使用分压实现膜分离的应用，这两种分离的原理如下。

2.5.3.1　气体分离

气体分离主要采用无孔或各向同性膜（Pandey and Chauhan，2001；Seo et al.，2006）。在制备气体分离膜的过程中，出现缺陷会降低膜的性能，因此，在膜的表面涂上一层很薄的薄膜涂层来密封缺陷。涂层具有去除缺陷的功能，但它不利于膜的固有分离特性。还有另一种用于气体分离的膜，它使用复合涂层作为选择层，促进膜的固有分离特性，原有的微孔膜只是该材料的支撑（Budd et al.，2005）。这种膜主要用于分离 O_2/N_2 和挥发性有机物（$VOCs/N_2$），与传统的气体分离技术相比，膜技术的运行成本低，使用膜分离的气体混合物不需要气液分离相变，因此，能显著降低能源成本。气体分离膜已成功应用于氢气分离、CO_2 捕获、有机蒸气去除和天然气分离。对于气体分离，气体的渗透机制可以用克努森扩散、表面扩散、多层扩散、毛细管冷凝或分子筛分（即构型扩散）来解释。这些机制强烈依赖于孔径大小、膜的孔径分布、操作温度、压力、膜的性质和渗透分子（Pandey and Chauhan，2001；Baker，2002）。当孔隙直径小于分子的平均自由路径时，克努森扩散可能是控制传输速率的机制，在这种情况下，气体的渗透速度与它们的分子速度成正比，因此与它们的分子量的平方根成反比。当气体在膜孔中被强烈吸附时，相对于克努森扩散，表面扩散会提高膜孔的渗透速率。如果膜孔的直径与气体分子的直径大致相似，则可能发生分子筛分机制。这种机制的特点是对温度有很强的依赖性，较大的气体分子渗透率会急剧下降。不同的气体分离机理如图 2.12 所示（Khatib and Oyama，2011）。

2.5.3.2　膜蒸馏

膜蒸馏（MD）主要依赖于料液/膜界面的热蒸发，微孔疏水膜用于传递水蒸气，水蒸气随后在渗透侧凝结。非挥发性化合物的截留率理论上是 100%，如果料液中含有挥发性物质，它们会和水蒸气一起通过膜。MD 的工作原理是以汽液平衡为分离基础，由液体和水蒸气界面之间施加的温度梯度所引起的蒸气压差提供驱动力（Alkhudhiri et al.，2012；Alklaibi and Lior，2005；Curcio and Drioli，2005；El-Bourawi et al.，2006）。

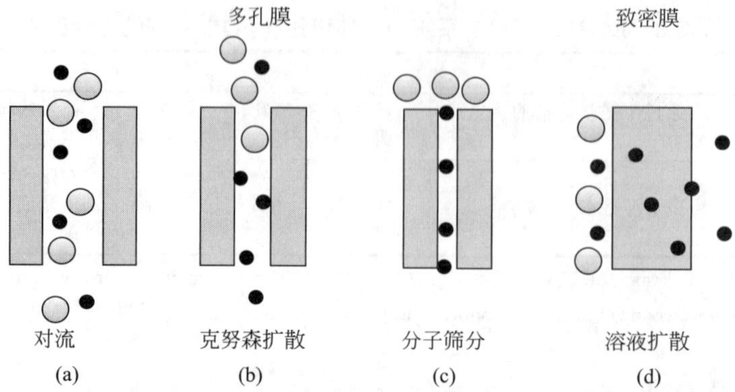

图 2.12　多孔膜与致密膜气体分离机理（Khatib and Oyama，2011）

（a）对流；（b）克努森扩散；（c）分子筛分；（d）溶液扩散

MD 从水溶液中分离污染物，并产生高纯度的渗透液，MD 工艺可以代替传统的盐水淡化工艺。与其他工艺相比，MD 工艺具有许多优点，具有较低的操作料液温度，可以将余热作为一种较好的能源。与传统蒸馏相比，该系统需要的蒸汽空间更小，此外，MD 不需要外部压力作为驱动力，并且完全截留溶解性和非挥发性物质，膜的性能不受高渗透压或浓差极化的限制（Gryta, 2008; Srisurichan et al., 2005; Warsinger et al., 2015）。尽管 MD 膜分离技术比其他膜分离技术有优势，但膜组件的设计不足、膜的憎水性、料液加热的成本和较低的渗透通量阻碍了其广泛的应用（Gryta，2008；Srisurichan et al.，2005；Warsinger et al.，2015）。

2.6　膜污染问题

在压力驱动的膜分离过程中，污染是一个重要的问题。膜污染是膜的浓差极化和孔阻塞导致膜性能下降的结果。膜污染的主要表现为膜通量降低、膜寿命缩短、膜的跨膜压（TMP）过高造成运行成本高（Marchese et al.，2003；Sablani et al.，2001）。非渗透性物质的浓度与膜表面相邻流体的浓度之间会产生浓度梯度，这种现象称为浓度极化（可逆过程）（Lowe and Hossain，2008；Yuan and Zydney，2000）。当粒径分布较小的颗粒或溶质进入膜体时，会发生孔隙堵塞，造成严重的膜污染（De Barros et al.，2003；Hwang and Lin，2002）。膜污染可分为有机污染、无机污染（结垢）、生物污染和胶体污染。胶体污染是膜过程中常见的、较为严重的污染问题；当分离过程中出现天然有机物（NOM）时，就会发生有机污染；无机污染是在膜面发生无机物沉淀和结晶时产生的；当微生物膜在膜表面形成时，就会发生生物污染。所有这种污染问题可以通过使用高亲水性膜、低污染膜和优化预处理工艺来缓解，常规清洗可以去除污垢，但效率低，为了保持膜的性能，已经使用了许多常规的清洗处理。特别是生物、化学和物理处理。物理处理能够去除附着在膜表面的松散颗粒，化学清洗用于去除附着的沉淀颗粒，生物清洗涉及使用生物活性物种如酶。传统的反冲洗过程如图 2.13 所示（Singh，2005）。表 2.4 概述了物理和化学清洗处理方法（Le and Nunes，2016）。

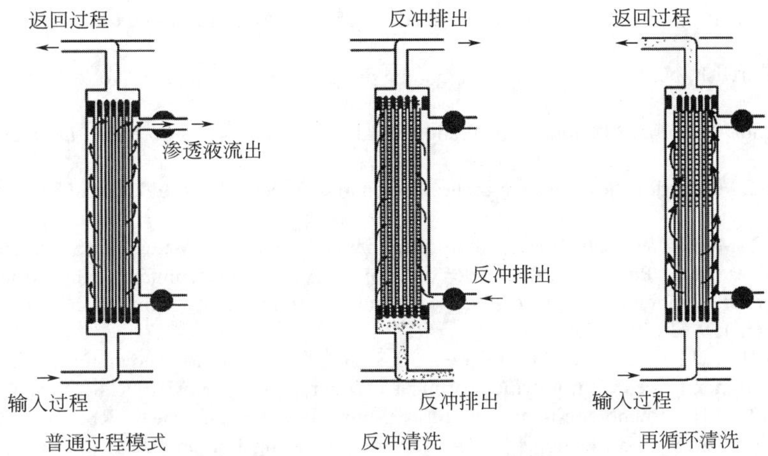

图 2.13 传统的反冲洗过程（Singh，2005）

表 2.4 物理和化学清洗处理方法的总结

解决方案	方法	影响	影响因素	挑战
预处理	混凝、沉淀、介质过滤、超声、煮沸、膜过滤、pH 调节和加氯消毒	改变给水的物理化学和/或生物特性，降低污染物浓度	药剂、温度、投加点、溶液和污染物的性质及膜的特性	无效的预处理会导致膜污染率高
操作最佳化	气泡	增加表面剪切速率，间歇去除污垢层	气泡大小，气体流速	有效解决膜表面污染
	温度和流量变化	抑制无机盐的均匀沉淀，破坏无机盐晶体的成核	温度、流量	没有对成核动力学和结垢形成进行深入解释
化学处理	酸或碱清洗	酸冲洗在去除无机污垢方面特别有效；碱冲洗在减少有机污垢方面相对有效	酸碱类型及数量	可能造成膜结构损伤

资料来源：Le, N.L., Nunes, S.P., 2016. Materials and membrane technologies for water and energy sustainability. Sustain. Mater. Technol. 7, 1—28。

2.7 结论和未来趋势

这一章对膜和膜过程进行了全面讨论，以深刻理解膜的基本原理。膜技术由于其简单的概念和操作、模块化的性质、易于放大、节省成本和空间的特性以及最重要的低能耗，已经发展成为可行的分离系统。该技术正在广泛应用于工业领域，如废水处理、气体分离、石油回收、化学转化等。

参考文献

Achilli, A., Cath, T.Y., Childress, A.E., 2010. Selection of inorganic-based draw solutions for forward osmosis applications. J. Membr. Sci. 364 (1−2), 233−241.

Ahmad, A.L., Sarif, M., Ismail, S., 2005. Development of an integrally skinned ultrafiltration membrane for

wastewater treatment: effect of different formulations of PSf/NMP/PVP on flux and rejection. Desalination 179, 257−263.
Alkhudhiri, A., Darwish, N., Hilal, N., 2012. Membrane distillation: a comprehensive review. Desalination 287, 2−18.
Alklaibi, A.M., Lior, N., 2005. Membrane-distillation desalination: status and potential. Desalination 171 (2), 111−131.
Baker, R.W., 2002. Future directions of membrane gas separation technology. Ind. Eng. Chem. Res. 41 (6), 1393−1411.
Baker, R.W., 2012. Membrane Technology and Applications, third ed. John Wiley and Sons, Chichester, UK.
Barth, C., Gonçalves, M.C., Pires, A.T.N., Roeder, J., Wolf, B.A., 2000. Asymmetric polysulfone and polyethersulfone membranes: effects of thermodynamic conditions during formation on their performance. J. Membr. Sci. 169 (2), 287−299.
Budd, P.M., Msayib, K.J., Tattershall, C.E., Ghanem, B.S., Reynolds, K.J., McKeown, N.B., Fritsch, D., 2005. Gas separation membranes from polymers of intrinsic microporosity. J. Membr. Sci. 251 (1−2), 263−269.
Buonomenna, M.G., 2013. Membrane processes for a sustainable industrial growth. RSC Adv. 3 (17), 5694.
Cao, C., Chung, T.S., Chen, S.B., Dong, Z., 2004. The study of elongation and shear rates in spinning process and its effect on gas separation performance of Poly(ethersulfone) (PES) hollow fiber membranes. Chem. Eng. Sci. 59, 1053−1062.
Cath, T.Y., Childress, A.E., Elimelech, M., 2006. Forward osmosis: principles, applications, and recent developments. J. Membr. Sci. 281 (1−2), 70−87.
Chen, Z., Deng, M., Chen, Y., He, G., Wu, M., Wang, J., 2004. Preparation and performance of cellulose acetate/polyethyleneimine blend microfiltration membranes and their applications. J. Membr. Sci. 235 (1−2), 73−86.
Chung, T.S., Li, X., Ong, R.C., Ge, Q., Wang, H., Han, G., 2012. Emerging forward osmosis (FO) technologies and challenges ahead for clean water and clean energy applications. Curr. Opin. Chem. Eng. 1 (3), 246−257.
Curcio, E., Drioli, E., 2005. Membrane distillation and related operations—a review. Separ. Purif. Rev. 34 (1), 35−86.
De Barros, S.T.D., Andrade, C.M.G., Mendes, E.S., Peres, L., 2003. Study of fouling mechanism in pineapple juice clarification by ultrafiltration. J. Membr. Sci. 215 (1−2), 213−224.
El-Bourawi, M.S., Ding, Z., Ma, R., Khayet, M., 2006. A framework for better understanding membrane distillation separation process. J. Membr. Sci. 285 (1−2), 4−29.
El-ghaffar, M.A.A., Tieama, H.A., 2017. A review of membranes classifications, configurations, surface modifications, characteristics and its applications in water purification. Chem. Biomol. Eng. 2 (2), 57−82.
Fujishima, A., Rao, T.N., Tryk, D.A., 2000. Titanium dioxide photocatalysis. J. Photochem. Photobiol. C Photochem. Rev. 1, 1−21.
Gao, X., Diniz da Costa, J.C., Bhatia, S.K., 2014. Adsorption and transport of gases in a supported microporous silica membrane. J. Membr. Sci. 460, 46−61.
Giorno, L., Drioli, E., 2000. Biocatalytic membrane reactors: applications and perspectives. Trends Biotechnol. 18 (8), 339−349.
Gryta, M., 2008. Fouling in direct contact membrane distillation process. J. Membr. Sci. 325 (1), 383−394.
Gu, M., Zhang, J., Wang, X., Tao, H., Ge, L., 2006. Formation of poly(vinylidene fluoride) (PVDF) membranes via thermally induced phase separation. Desalination 192 (1−3), 160−167.
Han, M.J., Nam, S.T., 2002. Thermodynamic and rheological variation in polysulfone solution by PVP and its effect in the preparation of phase inversion membrane. J. Membr. Sci. 202 (1−2), 55−61.
Hasbullah, H., Kumbharkar, S., Ismail, A.F., Li, K., 2011. Preparation of polyaniline asymmetric hollow fiber membranes and investigation towards gas separation performance. J. Membr. Sci. 366, 116−124.
Hsieh, H.P., 1991. Inorganic membrane reactor. Catal. Revi. Sci. Eng 33 (1), 1−70.
Hwang, K.J., Lin, T.T., 2002. Effect of morphology of polymeric membrane on the performance of cross-flow microfiltration. J. Membr. Sci. 199 (1−2), 41−52.
Jamil, S.M., Othman, M.H.D., Rahman, M.A., Jaafar, J., Ismail, A.F., Li, K., 2015. Recent fabrication techniques for micro-tubular solid oxide fuel cell support: a review. J. Eur. Ceram. Soc. 35, 1−22.
Jiang, Q., Faraji, S., Slade, D.A., Stagg-williams, S.M., 2011. A Review of Mixed Ionic and Electronic Conducting Ceramic Membranes as Oxygen Sources for High-Temperature Reactors, first ed. Elsevier BV.
Judd, S., Jefferson, B., 2003. Membrane Technology. Membranes for Industrial Wastewater Recovery and

Re-use: 3.1 the Power Industry, first ed. Elsevier Ltd, UK.
Kang, G., Cao, Y., 2012. Development of antifouling reverse osmosis membranes for water treatment: a review. Water Res. 46 (3), 584–600.
Kawaguchi, M., Makino, K., Kato, T., 1997. Viscous fingering patterns in polymer solutions. Physica D 109 (3–4), 325–332.
Khatib, S.J., Oyama, S.T., 2011. Review of silica membranes for hydrogen separation prepared by chemical vapor deposition. Membr. Sci. Technol. 14, 25–60.
Khayet, M., Feng, C.Y., Khulbe, K.C., Matsuura, T., 2002. Preparation and characterization of polyvinylidene fluoride hollow fiber membranes for ultrafiltration. Polymer 43, 3879–3890.
Kong, J., Li, K., 2001. Preparation of PVDF hollow-fiber membranes via immersion precipitation. J. Appl. Polym. Sci. 81 (7), 1643–1653.
Lalia, B.S., Kochkodan, V., Hashaikeh, R., Hilal, N., 2013. A review on membrane fabrication: structure, properties and performance relationship. Desalination 326, 77–95.
Le, N.L., Nunes, S.P., 2016. Materials and membrane technologies for water and energy sustainability. Sustain. Mater. Technol. 7, 1–28.
Lee, A., Darling, S.B., 2016. Membrane materials for water purification: design, development, and application. Environ. Sci. Water Res. Technol. 2 (1), 17–42.
Lee, K.P., Arnot, T.C., Mattia, D., 2011. A review of reverse osmosis membrane materials for desalination-Development to date and future potential. J. Membr. Sci. 370 (1–2), 1–22.
Li, K., 2007. Ceramic Membranes for Separation and Rection. In: UK (Ed.), second ed. John Wiley and Sons.
Li, S., Koops, G.H., Mulder, M.H.V., Boomgaard, T.V.D., Smolders, C.A., 1994. Wet spinning of integrally skinned hollow fiber membranes by a modified dual-bath coagulation method using a triple orifice spinneret. J. Membr. Sci. 94, 329–340.
Li, C.L., Wang, D.M., Deratani, A., Quémener, D., Bouyer, D., Lai, J.Y., 2010. Insight into the preparation of poly(vinylidene fluoride) membranes by vapor-induced phase separation. J. Membr. Sci. 361 (1–2), 154–166.
Ling, M.M., Wang, K.Y., Chung, T.S., 2010. Highly water-soluble magnetic nanoparticles as novel draw solutes in forward osmosis for water reuse. Ind. Eng. Chem. Res. 49 (12), 5869–5876.
Liu, H., Hsieh, Y.L., 2002. Ultrafine fibrous cellulose membranes from electrospinning of cellulose acetate. J. Polym. Sci. B Polym. Phys. 40 (18), 2119–2129. https://doi.org/10.1002/polb.10261.
Loeb, S., Sourirajan, S., 1963. Seawater demineralization by means of osmotic membrane. Advances in Chemistry Series 38, 117–132.
Lonsdale, H.K., 1982. The growth of membrane technology. J. Membr. Sci. 10 (2–3), 81–181.
Lowe, J., Hossain, M.M., 2008. Application of ultrafiltration membranes for removal of humic acid from drinking water. Desalination 218 (1–3), 343–354.
Lu, G.Q., Diniz da Costa, J.C., Duke, M., Giessler, S., Socolow, R., Williams, R.H., Kreutz, T., 2007. Inorganic membranes for hydrogen production and purification: a critical review and perspective. J. Colloid Interface Sci. 314 (2), 589–603.
Malaeb, L., Ayoub, G.M., 2011. Reverse osmosis technology for water treatment: state of the art review. Desalination 267 (1), 1–8.
Manicone, P.F., Rossi Iommetti, P., Raffaelli, L., 2007. An overview of zirconia ceramics: basic properties and clinical applications. J. Dent. 35 (11), 819–826.
Marchese, J., Ponce, M., Ochoa, N.A., Prádanos, P., Palacio, L., Hernández, A., 2003. Fouling behaviour of polyethersulfone UF membranes made with different PVP. J. Membr. Sci. 211, 1–11.
Matsuyama, H., Yuasa, M., Kitamura, Y., Teramoto, M., Lloyd, D.R., 2000. Structure control of anisotropic and asymmetric polypropylene membrane prepared by thermally induced phase separation. J. Membr. Sci. 179, 91–100.
Matsuyama, H., Okafuji, H., Maki, T., Teramoto, M., Kubota, N., 2003. Preparation of polyethylene hollow fiber membrane via thermally induced phase separation. J. Membr. Sci. 223 (1–2), 119–126.
McCutcheon, J.R., McGinnis, R.L., Elimelech, M., 2006. Desalination by ammonia-carbon dioxide forward osmosis: influence of draw and feed solution concentrations on process performance. J. Membr. Sci. 278 (1–2), 114–123.
Meng, X., Gong, X., Yang, N., Tan, X., Yin, Y., Ma, Z.F., 2013. Fabrication of Y_2O_3-stabilized-ZrO_2(YSZ)/$La_{0.8}Sr_{0.2}MnO_{3-\alpha}$-YSZ dual-layer hollow fibers for the cathode-supported micro-tubular solid oxide fuel cells by a co-spinning/co-sintering technique. J. Power Sources 237, 277–284.

Menut, P., Su, Y.S., Chinpa, W., Pochat-Bohatier, C., Deratani, A., Wang, D.M., Huguet, P., Kuo, C.Y., Lai, J.Y., Dupuy, C., 2008. A top surface liquid layer during membrane formation using vapor-induced phase separation (VIPS)-Evidence and mechanism of formation. J. Membr. Sci. 310 (1−2), 278−288.

Mulder, M., 1996. Basic Principles of Membrane Technlogy. Kluwer Academic Publishers, Boston, London.

Pandey, P., Chauhan, R.S., 2001. Membranes for gas separation. Prog. Polym. Sci. 26 (6), 853−893.

Peinemann, K.-V., Abetz, V., Simon, P.F.W., 2007. Asymmetric superstructure formed in a block copolymer via phase separation. Nat. Mater. 6 (12), 992−996.

Peng, Y., Han, H., Fan, H.W., 2007. Characterization and performance of PVA/PSf composite hollow fiber UF membrane prepared with interfacial polymerization. Engineering 47, 21−25.

Peng, N., Widjojo, N., Sukitpaneenit, P., Teoh, M.M., Lipscomb, G.G., Chung, T.S., Lai, J.Y., 2012. Evolution of polymeric hollow fibers as sustainable technologies: past, present, and future. Prog. Polym. Sci. 37 (10), 1401−1424.

Pinnau, I., Freeman, B.D., 1999. Formation and Modification of Polymeric Membranes: Overview. Membrane Formation and Modification. In: ACS Symposium Series, vol. 744. American Chemical Society, Washington, DC, pp. 1−22.

Puskelova, J., Baia, L., Vulpoi, A., Baia, M., Antoniadou, M., Dracopoulos, V., Stathatos, E., Gabor, K., Pap, Z., Danciu, V., Lianos, P., 2014. Photocatalytic hydrogen production using TiO_2−Pt aerogels. Chem. Eng. J. 242, 96−101.

Rajabzadeh, S., Maruyama, T., Sotani, T., Matsuyama, H., 2008. Preparation of PVDF hollow fiber membrane from a ternary polymer/solvent/nonsolvent system via thermally induced phase separation (TIPS) method. Separ. Purif. Technol. 63 (2), 415−423.

Sablani, S., Goosen, M., Al-Belushi, R., Wilf, M., 2001. Concentration polarization in ultrafiltration and reverse osmosis: a critical review. Desalination 141 (3), 269−289.

Samuel, A.Z., Umapathy, S., Ramakrishnan, S., 2011. Functionalized and postfunctionalizable porous polymeric films through evaporation-induced phase separation using mixed solvents. ACS Appl. Mater. Interf. 3 (9), 3293−3299.

Schwinge, J., Neal, P.R., Wiley, D.E., Fletcher, D.F., Fane, A.G., 2004. Spiral wound modules and spacers: review and analysis. J. Membr. Sci. 242 (1−2), 129−153.

Seo, Y., Kim, S., Hong, S.U., 2006. Highly selective polymeric membranes for gas separation. Polym. Commun. 47, 4501−4504.

Singh, R., 2005. Water and membrane treatment. Hybrid Membr. Syst. Water Purif. 1, 57−130.

Smolders, C.A., Reuvers, A.J., Boom, R.M., Wienk, I.M., 1992. Microstructures in phase-inversion membranes. Part 1. Formation of macrovoids. J. Membr. Sci. 73 (2−3), 259−275.

Song, H., Shao, J., He, Y., Liu, B., Zhong, X., 2012. Natural organic matter removal and flux decline with PEG-TiO_2-doped PVDF membranes by integration of ultrafiltration with photocatalysis. J. Membr. Sci. 405−406, 48−56.

Srisurichan, S., Jiraratananon, R., Fane, A.G., 2005. Humic acid fouling in the membrane distillation process. Desalination 174 (1), 63−72.

Strathmann, H., Kock, K., Amar, P., Baker, R.W., 1975. The formation mechanism of asymmetric membranes. Desalination 16 (2), 179−203.

Su, Y.S., Kuo, C.Y., Wang, D.M., Lai, J.Y., Deratani, A., Pochat, C., Bouyer, D., 2009. Interplay of mass transfer, phase separation, and membrane morphology in vapor-induced phase separation. J. Membr. Sci. 338 (1−2), 17−28.

Susanto, H., Ulbricht, M., 2009. Characteristics, performance and stability of polyethersulfone ultrafiltration membranes prepared by phase separation method using different macromolecular additives. J. Membr. Sci. 327 (1−2), 125−135.

Tanaka, T., Lloyd, D.R., 2004. Formation of poly(L-lactic acid) microfiltration membranes via thermally induced phase separation. J. Membr. Sci. 238 (1−2), 65−73.

Tsai, J.T., Su, Y.S., Wang, D.M., Kuo, J.L., Lai, J.Y., Deratani, A., 2010. Retainment of pore connectivity in membranes prepared with vapor-induced phase separation. J. Membr. Sci. 362 (1−2), 360−373.

Ulbricht, M., 2006. Advanced functional polymer membranes. Polymer 47 (7), 2217−2262.

Van Der Bruggen, B., Vandecasteele, C., Van Gestel, T., Doyen, W., Leysen, R., 2003. A review of pressure-driven membrane processes in wastewater treatment and drinking water production. Environ. Prog. 22 (1), 46−56.

Wang, D.M., Lai, J.Y., 2013. Recent advances in preparation and morphology control of polymeric membranes formed by nonsolvent induced phase separation. Curr. Opin. Chem. Eng. 2 (2), 229−237.

Wang, X., Zhang, L., Sun, D., An, Q., Chen, H., 2009. Formation mechanism and crystallization of poly(vinylidene fluoride) membrane via immersion precipitation method. Desalination 236 (1−3), 170−178.

Wang, L.K., Chen, J.P., Hung, Y.T., Shammas, N.K. (Eds.), 2011. Membrane and Desalination Technologies. Humana Press, London.

Warsinger, D.M., Swaminathan, J., Guillen-Burrieza, E., Arafat, H.A., Lienhard, V.J.H., 2015. Scaling and fouling in membrane distillation for desalination applications: a review. Desalination 356, 294−313.

Wei, C.C., Li, K., 2008. Yttria-Stabilized Zirconia (YSZ) -based hollow fiber solid oxide fuel cells. Ind. Eng. Chem. Res. 47 (5), 1506−1512.

Xu, Z.L., Qusay, F.A., 2004. Polyethersulfone (PES) hollow fiber ultrafiltration membranes prepared by PES/non-solvent/NMP solution. J. Membr. Sci. 233 (1−2), 101−111.

Xu, L., Zhang, C., Rungta, M., Qiu, W., Liu, J., Koros, W.J., 2014. Formation of defect-free 6FDA-DAM asymmetric hollow fiber membranes for gas separations. J. Membr. Sci. 459, 223−232. https://doi.org/10.1016/j.memsci.2014.02.023.

Yamamura, M., Nishio, T., Kajiwara, T., Adachi, K., 2002. Evaporation-induced pattern formation in polymer films via secondary phase separation. Chem. Eng. Sci. 57 (15), 2901−2905.

Yuan, W., Zydney, A.L., 2000. Humic acid fouling during ultrafiltration. Environ. Sci. Technol. 34 (23), 5043−5050.

Yuliwati, E., Ismail, A.F., 2011. Effect of additives concentration on the surface properties and performance of PVDF ultrafiltration membranes for refinery produced wastewater treatment. Desalination 273 (1), 226−234.

Zhao, S., Zou, L., Tang, C.Y., Mulcahy, D., 2012. Recent developments in forward osmosis: opportunities and challenges. J. Membr. Sci. 396, 1−21.

第3章
光催化膜材料与设计

Xiaofang Chen[1,2]，Yaoxin Hu[1,2]，Zongli Xie[1,2]，Huanting Wang[1,2]
[1] Monash University，Clayton，VIC，Australia；[2] CSIRO Manufacturing，Clayton，VIC，Australi

3.1 简介

全球变暖、空气和水污染、能源短缺日益严重，如果在未来几十年里得不到妥善解决，我们所处环境将变得更加糟糕。针对环境修复和清洁能源这两个全球性的问题，制定一个可持续发展战略，是一项紧迫的任务。光催化膜技术是一种很有前途的环境修复技术（Elahifard et al.，2007；Horng et al.，2009；Liu et al.，2016a，b，c）和绿色可再生能源技术（Irie et al.，2003；Derichter et al.，2013；Yang et al.，2013；Liu et al.，2016a，b，c；Padmanaban et al.，2016）。传统的污染治理通常涉及大量化学试剂和能源的消耗。光催化通过光驱动催化氧化过程，从环境中去除有机或无机污染物，光催化氧化过程常温常压下就可以进行，不需要其他额外的能量输入（Thiruvenkatachari et al.，2005；Mitoraj and Kisch，2008；Tacchini et al.，2011；Chen et al.，2016）。太阳能制氢可以通过光催化分解水反应制备，它是一种可持续的能源获取途径，且潜在能量非常丰富，因为太阳能制氢是将水作为原料，太阳能作为驱动力，而水和太阳能分布很广（Prodhomme et al.，2010；Yang et al.，2013；Sasaki et al.，2013）。此外，利用太阳能将二氧化碳光催化还原为燃料，可以同时捕获引起温室效应的主要气体并解决能源短缺的问题。

膜分离技术具有化学药品需量少、能源消耗低、可自动控制、稳定运行等特点，因此是工业应用中较理想的技术之一（Kim et al.，2006；Han et al.，2010；Liu et al.，2010）。通过不同膜组件之间的简单连接，膜可以连续使用，维护成本低，易于大规模应用（Roso et al.，2011；Jhaveri and Murthy，2016）。另外，膜分离技术在实际应用中可以解决光催化剂的分离问题。从根本上说，膜本质上被认为是一种物理隔墙，它隔离不同的相，并在单独的选择性过程中，限制了具有特殊特征的各种物质的转移（Huo et al.，2013；Yee et al.，2015）。研究者提出了将膜与光催化技术相结合的技术，即光催化膜（Bosc et al.，2003，2004，2005；Choi et al.，2006）。光催化膜设计和制造的新进展为光催化的实际应用做出了巨大贡献。将光催化反应与膜结合，可一步实现光催化反应和产物分离，并能很好地控制产物和副产物（Thiruvenkatachari et al.，2005；Lee et al.，2006；Zamfirescu et al.，2011）。在反应系统中使用光催化膜节约了大量能源，节省了大量时间，为提高光催化工艺做出了重大贡献。光催化膜具有良好的防污、抗菌和超亲水性能，以及同时进行光催化氧化和分离的优点，在水净化、废水处理和自清洁等领域具有广阔的应用前景（Ziegmann et al.，2010；Papageorgiou et al.，2012；Ahmad et al.，2016）。

然而，在探索光催化与膜结合实际应用的可行性方面，我们仍然面临着挑战。当前光催化结合膜应用的关键问题是如何开发出合理流体系统，同时确保所有光催化剂颗粒都具有活性，确保膜的抗污染性。膜污染是指颗粒、胶体、盐、大分子吸附或沉积在膜表面或膜孔内，导致膜的渗透通量、选择性和可分离性降低，甚至缩短膜寿命的过程。膜材料本身的疏水性是膜污染的主要原因之一，因为有机污染物很容易吸附在疏水性膜上，简单的清洗或反冲洗不能去除这些有机污染物。为了解决这一问题，人们在制备过程中致力于改善膜的表面性质。此外，Zhang 等人（2006b）发现一些高分子膜基材不能长期被紫外线照射，在实际应用中会对膜造成损伤。在应用过程中也遇到了各种各样的技术问题，如膜结构阻塞、负载的光催化剂脱落、光催化活性低下等。光催化与压力驱动的膜过程集成，导致膜被污染后渗透通量降低（Huo et al.，2013）。在光催化膜成为一种可行的工业应用技术之前，所有这些问题都需要解决。

本章的目的是总结光催化膜材料的一般特性和光催化膜的制备。

3.2　光催化膜的设计

光催化膜是一种很有吸引力的膜材料，因为光催化反应可以在膜的表面进行，而不存在纳米颗粒的聚集、不易回收利用和光催化剂颗粒的流失等问题。在光催化膜中，膜起着屏障作用，分离不同的相并控制它们之间的传质，促进产物的分离，从而提高光催化效率。有机污染物的光催化降解可以改善膜的透过质量，在常规膜中引入光催化剂也可以减少废水处理过程中的膜污染（Mozia et al.，2007；Li et al.，2017）。然而，与悬浮态体系相比，光催化剂的负载通常会导致光催化活性的降低。在膜的制备过程中，光催化剂纳米粒子很可能会堵塞基材孔道。此外，在光催化反应中，载体应具有较强的抗紫外线辐射和抗活性自由基氧化能力，因此，选择合适的膜、光催化剂以及制备方法值得重点研究。

下面将讨论光催化膜的基材、材料的设计和制备方法。

3.2.1　光催化膜基材

光催化膜的制备材料主要取决于其热稳定性和化学稳定性以及相应的应用领域。大多数半导体光催化剂都是无机材料，如 TiO_2、ZnO_2、Bi_2O_3 等（Madaeni and Ghaemi，2007；Wang et al.，2011；Gan et al.，2013）。制备光催化膜需要合适的高分子或陶瓷基材。众所周知，最常用的膜都是由不同的材料制成，包括高分子、金属、陶瓷，甚至沸石（Bet-moushoul et al.，2016）。许多高分子（表 3.1）如聚酰胺（PA）、聚砜（PSF）、聚醚砜（PES）、聚偏氟乙烯（PVDF）和聚乙烯吡咯烷酮（PVP）可制造用于负载光催化剂的多孔膜基材（Bet-moushoul et al.，2016；Jhaveri and Murthy，2016）。高分子膜具有良好的热稳定性、高能效和低价格，对工业生产具有较好的应用价值（Kim et al.，2003；Daels et al.，2014）。然而，在光催化降解过程中，某些高分子膜不能长时间处于紫外线的照射和活性自由基的氧化条件下。

表 3.1　用于制造膜的高分子材料

名称	缩写	分子式
醋酸纤维素	CA	$[C_6H_7O_2(OH)_3]_n$
聚砜	PSF	$(C_{27}H_{26}O_4S)_n$
聚酰胺	PA	$(NHCO)_n$
聚偏氟乙烯	PVDF	$(CH_2CF_2)_n$
聚丙烯腈	PAN	$(C_3H_3N)_n$

续表

名称	缩写	分子式
聚醚砜	PES	$(C_6H_4\text{-}SO_2\text{-}C_6H_4\text{-}O)_n$
聚乙烯吡咯烷酮	PVP	$(C_6H_9NO)_n$
聚乙烯醇	PVA	$(C_2H_6O_2)_n$

由氧化锆、氧化铝或二氧化钛制成的陶瓷膜可作为光催化膜制备的载体（Zhang et al.，2006b；Tian et al.，2012）。陶瓷膜由于具有优异的化学性、热稳定性和机械强度，在实际应用中具有更高的耐久性（Lu et al.，2004）。然而，由于陶瓷膜的原料和制膜成本较高，其价格远远高于普通高分子膜。

碳基材料在制备薄膜方面显示出巨大的潜力，碳纸、碳纳米管（CNT）和碳纤维布（表 3.2）已被应用于光催化膜和燃料电池膜中（Zhao et al.，2013；Li et al.，2014；Zhang et al.，2015）。基于疏水性、导电性、耐腐蚀性和机械稳定性等不同性质，这些碳基材料可用于各个领域（Li et al.，2017；Liu et al.，2014）。此外，与高分子膜相比，碳基膜更耐紫外线照射。

表 3.2　不同基材的光催化膜及其应用综述

膜的类型	用途	参考文献
TiO_2/Al_2O_3复合膜	降解亚甲基蓝（MB）	Choi et al.，2006
$FeTiO_2$/PSF 混合光催化膜	降解 NO	Li et al.，2016
$CoFe_2O_4$/rGO/PVDF/碳纸膜	降解盐酸四环素类抗生素	Li et al.，2017
TiO_2中空纤维膜	降解酸性橙 7（AO7）	Zhang et al.，2014
TiO_2/碳基/Al_2O_3膜	降解天然有机污染	Wang et al.，2015
CNT/ZnO/TiO_2膜	降解 AO7	Bai et al.，2015b
$g\text{-}C_3N_4$/rGO/CA 膜	降解罗丹明 B（RhB）	Zhao et al.，2016
二氧化硅/ TiO_2纳米棒/纳米管膜	降解十二烷基苯磺酸钠	Zhang et al.，2006c
TiO_2/碳纸膜	降解 MB	He et al.，2016

注：CA 为醋酸纤维素；CNT 为碳纳米管；PSF 为聚砜；PVDF 为聚偏氟乙烯；rGO 为还原氧化石墨烯。

即使没有任何基质，光催化剂也可以通过不同的制备方法制成膜。已经研究了一些纯光催化膜，即自支撑光催化膜（Zhang et al.，2006a；He et al.，2016）。例如，制备了一维和不依靠支撑物的光催化膜（Liu et al.，2013），然而，大规模制备这种一维光催化膜，仍然是一项具有挑战性的研究。

3.2.2　光催化膜的制备

制备光催化膜，最重要的步骤是将光催化剂或其前驱体负载于不同的载体上。已经研究了各种制备方法，如浸涂、旋涂、电喷雾和静电纺丝、物理沉积（真空过滤）和浸没沉淀。

3.2.2.1 浸涂

浸渍涂层是一种简便易行的方法，广泛应用于高分子膜或无机膜上，将光催化剂固定化负载。由于光催化剂通常是在高温和腐蚀性溶液等苛刻条件下合成的，在这些条件下高分子膜可能会被破坏，因此首选是用制备好的光催化剂对高分子膜进行改性处理。从根本上说，浸渍涂层是一种微尺度毛细管过滤的过程，在浸渍过程中，载体的多孔表面被分散溶液润湿，多孔结构引起的毛细吸力驱动分散的颗粒在基材上集中，形成涂层。在制备过程中，光催化剂颗粒可以分散在各种溶剂中，如水、乙醇和 2-丙醇（Ziegmann et al.，2010），低沸点溶剂更适合于浸渍涂层，并可以得到更均匀的光催化剂涂层。当基材从悬浮液中提拉出来时，溶剂的快速蒸发使得光催化剂负载变得更为容易，因此，浸渍时间是决定膜结构的主要因素之一。从科学研究和工业应用前景来看，浸渍涂层层数是光催化膜制备过程中的另一个关键参数，Choi 等人（2006）证实增加膜厚在一定程度上可以提高光催化膜的吸附能力和光催化性能，但这会增加制备的时间和成本。然而，这些具有多层浸渍涂层的光催化剂膜应具有高度多孔和互连的结构，以便反应物在光催化过程中自由迁移；否则，内层光催化剂可能无法接触到光源。此外，通过多层涂层增加膜厚度可以在很大程度上提高有机物截留率，但也会增加废水处理系统的过滤阻力和裂缝形成的可能性。TiO_2/Al_2O_3 膜的渗透率从只有氧化铝载体时的 $11.0L\cdot m^{-2}\cdot h^{-1}\cdot bar^{-1}$ 下降到浸涂 5 层 TiO_2 后的 $3.55L\cdot m^{-2}\cdot h^{-1}\cdot bar^{-1}$（$1bar=10^5Pa$）。

在实际应用中，由于过滤速度或长期运行所引起的高剪切应力容易导致光催化剂颗粒的脱落，从而使光催化膜失活。为了解决这个问题，Kim 等人（2003）制备了一种带有 COOH 官能团的芳香族 PA 载体，将该高分子基材浸入透明的 TiO_2 胶体溶液中，以便在膜表面沉积 TiO_2 颗粒，TiO_2 和官能团之间的配位和氢键相互作用促使 TiO_2 颗粒负载于高分子基材上，具有足够的结合强度，可用于实际应用（图 3.1）。通过对高分子溶液浓度、交联剂浓度、浸渍时间等制备条件的优化组合，可以得到较好的复合膜。

以无机膜为例，如陶瓷膜，光催化剂的前驱体可以均匀地浸涂在其表面，并通过进一步的热处理，使光催化剂紧密地附着在多孔载体的表面或内部。热处理过程显著提高了光催化剂与其载体之间的黏结力。因此，该工艺制备的光催化膜具有良好的重复利用性。例如，将 Al_2O_3 膜浸入 TiO_2 溶胶溶液中，然后通过热处理，在膜上形成锐钛矿型 TiO_2 薄膜（Zhang et al.，2006b）。通过控制浸渍时间和浸渍次数，可以制备出具有高光催化活性和渗透通量的 TiO_2 薄膜。在浸渍涂层过程中，光催化剂纳米粒子会吸附在膜表面和膜孔壁上，容易引起水通量的降低。光催化剂纳米颗粒尺寸与膜孔径的匹配性，对防止纳米颗粒堵塞孔道非常重要。

3.2.2.2 旋涂

旋转涂膜法是一种快速制膜的实验室技术。一般来说，该技术用于通过将前驱体溶液旋出至载体边缘来制备薄膜。该过程是将涂层溶液加入载体表面，在离心力的作用下，溶液在薄膜中扩散，溶剂迅速蒸发，在基材上形成均匀的涂层，如图 3.2 所示（Le Roux and Paul，1992）。膜的厚度可由三个实验参数确定，即溶剂蒸发速率、纺丝速率和涂渍

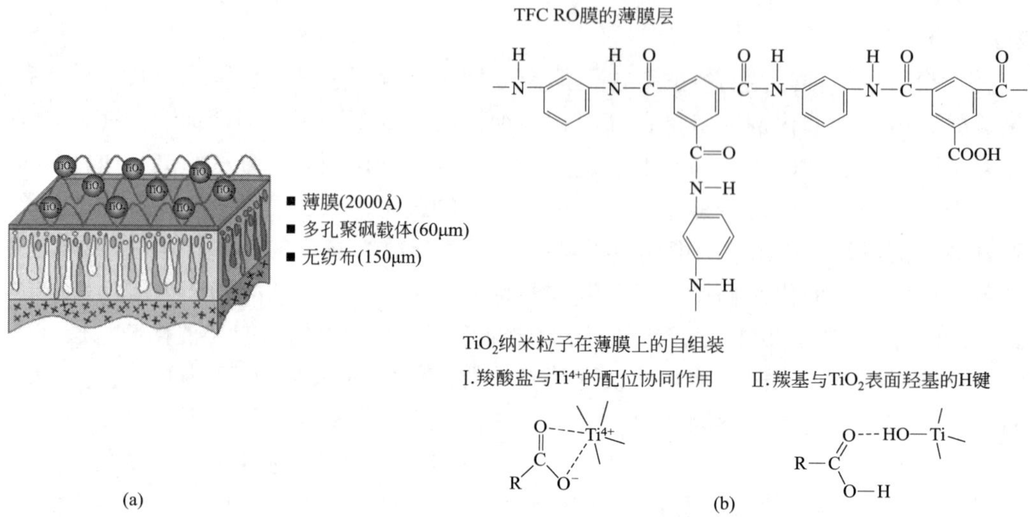

图 3.1　混合膜示意图（a）及 TiO_2 纳米粒子的自组装机理（b）

（经 Kim 等人允许转载，2003，著作权 2003，Elsevier）

$1Å=10^{-10}m$

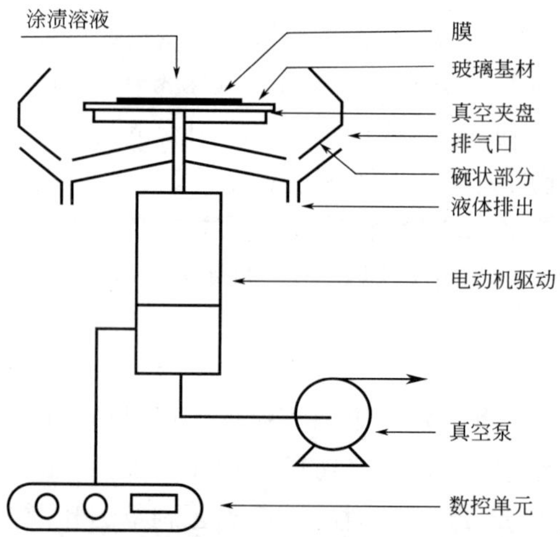

图 3.2　制备复合膜的旋涂装置示意图

（经 Le Roux 和 Pau 允许转载，1992，著作权 1992，Elsevier）

溶液的黏度。因此，前驱体体积、转速、旋转时间、溶液或固体浓度等参数对控制膜的形成具有重要作用。在该方法中，通常添加一些有机添加剂来调整前驱体涂渍溶液的固含量、黏度和挥发性。这种方法特别适合于在各种基材上制备超薄薄膜。Emslie 等人（1958）提出了一个旋转涂膜过程的模型，以预测膜厚度作为某些物理参数的函数，如下所示：

$$h = \frac{h_0}{\left(1 + \frac{4\omega^2 h_0^2 t}{3\eta}\right)^{1/2}}$$

式中，h_0 为初始膜厚；ω 为自旋速率；η 为黏度。由于各种制备条件均是仅仅满足假设，因此很少使用该方程，然而，该函数可作为浸涂参数的关联模型。基于这一函数，Huang 和 Chou（2003）进一步提出，由于黏度与剪切应力有关，溶液的黏度在很大程度上取决于剪切速率，从理论上讲，膜的厚度主要由溶液的黏度和旋转产生的剪切力决定，用于旋涂的前驱体溶液的黏度越低，产生的膜越薄且越均匀。

Burmann 等人（2014 年）证明，旋转时间对膜厚度没有影响，而溶剂蒸发效率在旋转涂膜中起着重要作用，然而，快速溶剂蒸发会产生膜缺陷和不稳定的膜。

Hashizume 和 Kunitake（2003）报道了通过旋涂工艺制备的 TiO_2 自支撑超薄膜。首先是通过可溶性高分子材料聚乙烯醇（PVA）进行上层旋涂形成超薄层，然后涂渍钛酸正丁酯，溶解可溶性高分子，最终得到自支撑超薄 PVA/TiO_2 复合膜（图 3.3）。旋涂法是实验室常用的制备小尺寸光催化膜的方法，但不适合大规模生产实际应用的光催化膜。

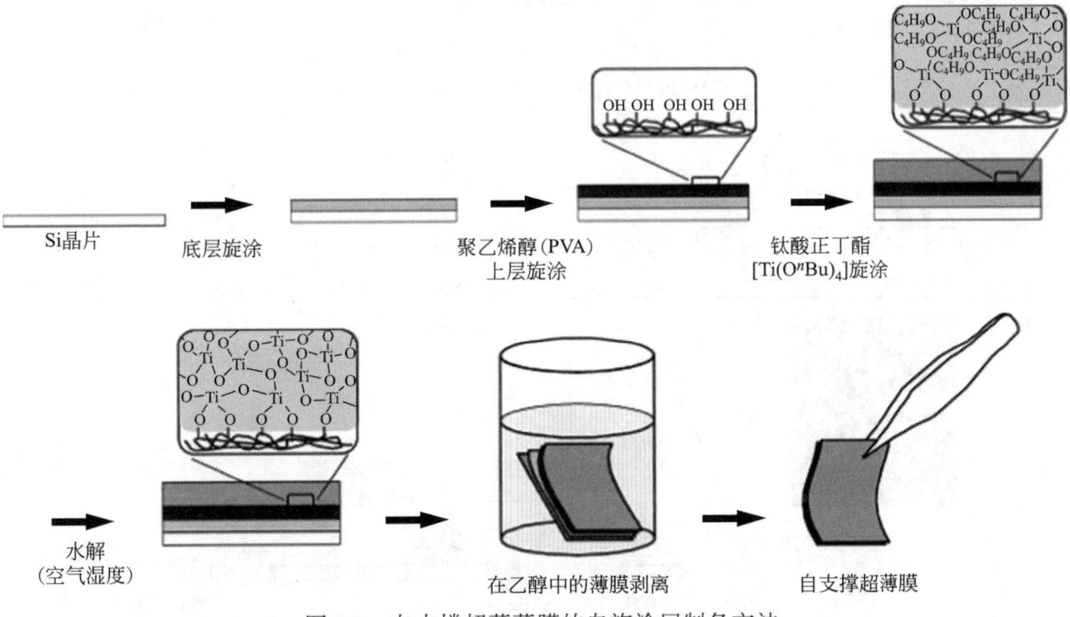

图 3.3　自支撑超薄薄膜的自旋涂层制备方法

（经 Hashizume 和 Kunitake 允许转载，2003，著作权 2003，美国化学学会）

3.2.2.3　电喷雾和静电纺丝

传统的电流体动力学过程，包括电喷雾和静电纺丝，是一种简便、经济且灵活的纤维生产方法，采用这些方法可以生产纤维膜。电喷雾或静电纺丝膜由于孔隙率高、渗透阻力小，目前主要应用于空气过滤和水过滤，特别是微滤和超滤。高分子溶液可在高电位电场的存在下进行喷涂和纺丝，以产生纤维和颗粒（图 3.4 和图 3.5）。通过静电纺丝或电喷涂有机高分子纳米纤维的方法来制备高孔膜。

这些过程是由电压控制，不同的静电纺丝、静电喷涂参数和高分子溶液会导致不同的形貌（Wang and Hsiao，2016）。静电纺丝技术为制备孔径大小和孔径分布可控的纳米纤维滤膜提供了一条理想的途径。静电纺丝膜的高比表面积在防护服、高性能过滤介质、

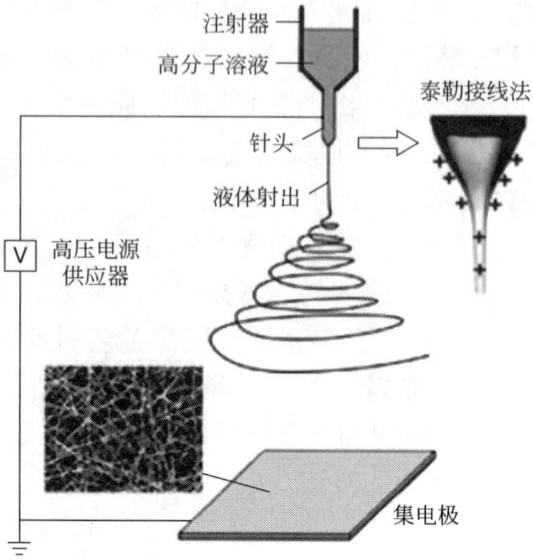

图 3.4　静电纺丝工艺示意图

（经 Wang 和 Hsiao 同意转载，2016，版权所有 2016，Elsevier）

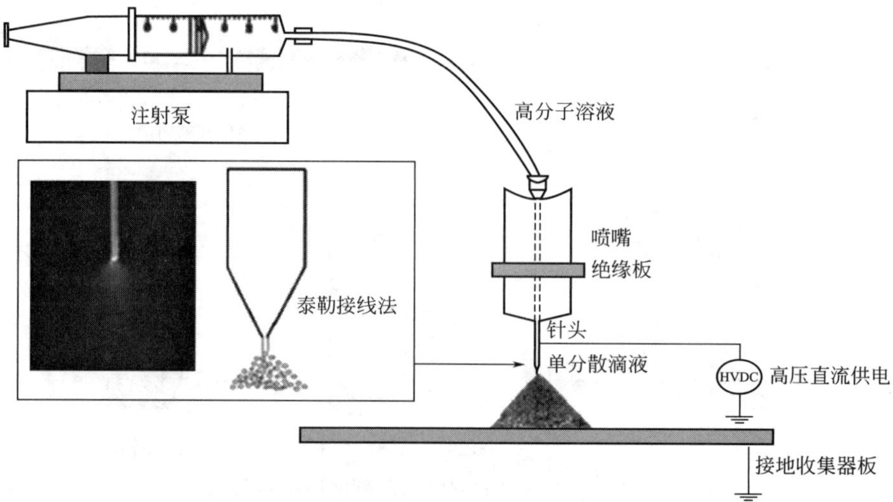

图 3.5　典型的电喷雾装置

插图显示了电喷雾过程的数字图像和表现形式

（经 Bhushani 和 Anandharamakrishnan 许可转载，2014，版权所有 2014，Elsevier）

甚至电子器件等实际应用中引起了人们极大的兴趣。各种材料如溶剂溶解的高分子和无高分子的溶胶凝胶液都可以进行静电纺丝，静电纺丝可以制备具有相互关联流通孔的高孔隙纳米纤维网络结构。通常，将光催化剂的前驱体或制备的光催化剂颗粒与高分子溶液混合，制备与光催化剂集成的高分子膜。$H_4SiW_{12}O_{40}$/壳聚糖（CS）/聚己内酰胺（PA6）三明治结构纳米纤维膜是通过对溶解在 PA6 和 $H_4SiW_{12}O_{40}$ 中的溶液进行静电纺丝而制备的（Cui et al.，2016）。这种膜是一种类似无纺布的结构，由随机沉积的纳米纤维堆积而成。在静电纺丝时，纤维直径影响膜的多孔结构，通流孔径随纤维直径的减小而减小。

此外，纳米纤维的纤维直径、表面形貌和内部结构可以控制纳米纤维的功能和纳米纤维膜的性能。然而，利用静电纺丝方法制备光催化膜通常需要将光催化剂的纳米颗粒掺入纳米纤维中，这通常是通过在静电纺丝之前将纳米颗粒与高分子溶液混合来实现的。在这种制造过程中，纳米颗粒可能被高分子材料覆盖，因此它们可能无法完全暴露在表面以用于光催化应用。

3.2.2.4　真空过滤

另一种光催化膜的制备方法是真空过滤，通过真空过滤，光催化粒子物理沉积在膜表面。通过控制光催化剂颗粒浓度和过滤压力，可以在载体上沉积不同量的光催化剂颗粒。例如，CNT/ZnO/TiO_2 复合材料均匀地负载于醋酸纤维素膜上（Bai et al., 2015b），具有分级结构的纳米复合材料被压缩到基材膜上，该方法可以获得相对较大的膜厚度和密度。然而，光催化剂颗粒可能会流入基材孔道中，从而很容易堵塞孔道。此外，由于致密的光催化剂层，可以降低纯水通量。这种制备方法还需要光催化剂颗粒具有良好的分散性，否则，由于粒子的团聚，所得到的光催化膜可能不均匀。更重要的是，这种方法特别适合于将二维（2D）材料负载到载体膜上。许多 2D 材料，包括石墨烯、石墨碳氮化物、MoS_2 纳米片，都是通过该方法制成膜（Gang et al., 2016; Zhao et al., 2016; Wang et al., 2017）。对于真空过滤法，下游（阀后）压力和滤液浓度是影响光催化膜性能的重要因素。下游压力显著影响溶剂通量，从而影响膜的均匀性，而 2D 材料的浓度决定膜的厚度和均匀性。

3.2.2.5　浸没沉淀

浸没沉淀法相转化是一种广泛应用的膜制备方法。将高分子加溶剂（高分子溶液）浇铸到适当的载体上，然后浸入含有非溶剂的凝固浴中。由于溶剂和非溶剂的交换，产生沉淀。高分子材料必须溶于溶剂混合物中，相分离与传质的结合对膜结构具有一定的影响。在浸没相转化过程中，铸膜液的动力学和热力学性质是影响膜形态和性能的两个关键因素（详见第 2 章）。为了制备光催化膜，将光催化剂颗粒或光催化剂的前驱体与铸膜液混合，其中混合比、高分子浓度、溶剂和非溶剂的选择对最终膜的性能有很大影响。Jiang 等人（2016）采用浸渍沉淀法制备了左旋聚乳酸(PLLA)/TiO_2 复合膜，在废水处理中，TiO_2 的加入提高了膜的亲水性，减小了膜的污染。此外，PLLA 表面的孔径尺寸和孔隙率随 TiO_2 负载量的增加而变化。然而，浸没沉淀法在应用中需要解决的关键问题之一是纳米颗粒的团聚现象，特别是在高浓度下，团聚现象导致铸膜液中纳米颗粒的分散性低，影响膜的性质和性能。

3.2.3　与膜集成的光催化剂类型

3.2.3.1　TiO_2 基材光催化膜

光催化膜材料的研究取得了很大的进展。TiO_2 是目前研究最为广泛的光催化材料之一，它与膜结合，实现了有机污染物的光催化降解，与膜体系相结合能提高防污性能，特别是通过提高膜的亲水性和光催化降解膜上沉积的有机污染物，可以起到防污的效果。除了选择适当膜载体外，提高 TiO_2 的光催化效率也十分重要。

3.2.3.1.1 TiO_2 对光催化膜的形貌影响

TiO_2 颗粒的形貌对膜的粗糙度、孔道结构和防污性能具有显著影响。据报道，与商用德固赛 P-25 相比，具有更平滑结构的 TiO_2 纳米颗粒，可以使孔道更不易被阻塞（Ciston et al., 2006; Goei and Lim, 2014b）。TiO_2 纳米颗粒的尺寸可控，可以很容易地合成并掺入到多孔基材中（Choi et al., 2006; Bet-moushoul et al., 2016）。为了研究纳米 TiO_2 的形貌及其在界面相关膜工艺中的作用，人们进行了大量的研究。此外，TiO_2 的分级结构是光催化剂的一个重要特征，因为它具有高比表面积和高效的介质扩散能力。

Tan 等人（2016 年）以 TiO_2 纳米线作为主要基材制备 TiO_2/Fe_2O_3 复合膜（图 3.6），其具有超亲水性和光催化性能。TiO_2/Fe_2O_3 复合膜采用溶剂热法合成，该复合膜具有良好的滤油率、抗油污性和自清洗功能。Li 等人（2015）展示了一种基于分级结构 TiO_2 纳米管的超疏油多孔膜，采用电化学阳极氧化法制备了多孔钛膜，该功能性多孔膜具有超亲水性和水下超疏油性，具有独特的油水分离性能。Fischer 等人（2014）报道，自支撑的 TiO_2 纳米管非常易碎，相反，TiO_2 纳米管可以很好地附着在多孔 PES 基材上，该膜表现出良好的稳定性和柔韧性。他们还发现 TiO_2 纳米管阵列容易堵塞孔道，TiO_2 纳米管膜的

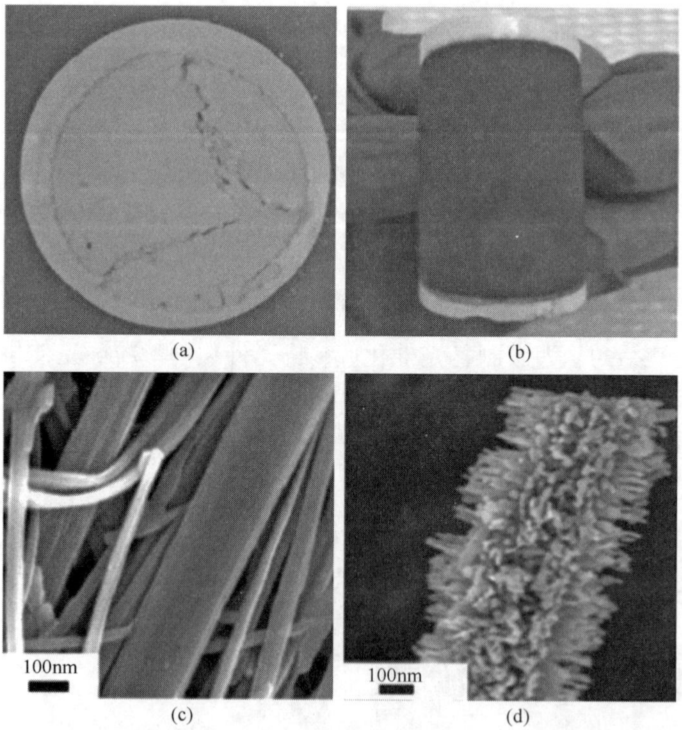

图 3.6 以 TiO_2 纳米线作为主要基材制备 TiO_2/Fe_2O_3 复合膜的各种图示

(a) TiO_2 纳米线膜弯曲后的图示；(b) TiO_2/Fe_2O_3 复合膜的机械柔韧性图；

(c) 纯 TiO_2 纳米线的 FESEM 形貌图；(d) 纯 TiO_2 纳米线膜的 FESEM 形貌图

（经 Tan 等人许可转载，2016，版权所有 2015，John Wiley and Sons）

厚度限制在小于 400 nm，以避免破坏膜。Leong 等人通过浸渍涂层将介孔 TiO_2 球体负载于多孔氧化铝圆盘上（Leong et al.，2016），在紫外线照射下，介孔 TiO_2 降低了膜的有效孔径，提高了腐殖酸的去除效率，通过过滤，腐殖酸的降解率由 58.6%提高到 92%。

除了对光催化活性的影响外，纳米结构光催化剂还影响水通量、膜污染和膜的稳定性（表 3.3）。例如，采用热压方法，即通过施加压力和加热来改善 TiO_2 纤维与 PVDF 膜交点之间的连通性（Nor et al.，2016）。

表 3.3　具有纳米结构光催化剂的光催化膜

光催化分离膜	结构	性能	参考文献
TiO_2/PVDF 膜	TiO_2 纳米纤维	去除双酚 A，紫外灯照射 300min，降解率为 85%	Nor et al.，2016
SiO_2/TiO_2 膜	二氧化钛纳米棒/碳纳米管	去除十二烷基苯磺酸钠，紫外灯照射 100min，降解率为 89%，在 0.5bar 压力下 20000$g\cdot mol^{-1}$截留率 89%	Zhang et al.，2006a
$SrTiO_3$/TiO_2 膜	纳米纤维	去除酸性橙 7（AO7），紫外灯照射 24h，降解率为 100%左右	Bai et al.，2015a
TiO_2/碳基/Al_2O_3 膜	纳米颗粒	去除腐殖酸（HA），TOC 降解率 62%，紫外灯照射，纯水通量 314$L\cdot m^{-2}\cdot h^{-1}\cdot bar^{-1}$，标准聚苯乙烯微球（528.4nm）截留效率为 97.3%	Wang et al.，2015
TiO_2/PES 膜	纳米针和纳米管	去除 MB 效率：紫外灯照射下，比 TiO_2 纳米颗粒膜高 6 倍	Fischer et al.，2014

注：MB 为亚甲基蓝；PES 为聚醚砜；PVDF 为聚偏氟乙烯；TOC 为总有机碳。

由于光催化剂与 PVDF 膜具有很强的结合力，在整个光催化反应过程中没有发现膜的浸出现象。在较低温度下（100℃）热压法制备的 TiO_2/PVDF 膜，具有亲水性强，纯水通量高，紫外吸收和可见光吸收强的特点。随着热压温度的升高，TiO_2/PVDF 膜的纯水通量和平均孔径减小，由于膜的平均孔径减小，双酚 A 的截留率增加。在紫外线照射下，TiO_2/PVDF 膜对双酚 A 的降解率从 63%提高到 85%。

3.2.3.1.2　TiO_2 改性

近几十年来，TiO_2 被认为是一种绿色环保材料，广泛应用于各个领域。它具有无毒、低成本、高化学稳定性、高光催化活性等优点，受到了人们的广泛关注。然而，宽带隙（约 3.2eV）限制了其对可见光的吸收，从而制约了实际应用（Mozia et al.，2009；Ahn et al.，2014）。科研人员研究了制备具有可见光响应特性的 TiO_2 的各种方法。掺杂、染料敏化和半导体集成等方法已用于 TiO_2 改性，从而提高了可见光活性。在光催化膜系统中，也研究了上述改性方法，以提高 TiO_2 光催化剂的活性和与膜的协同效应。Chen 等人（2017）将氮掺杂到 TiO_2 中，有效降低了其导带和价带与石墨烯之间的能带隙，提高了超滤膜的可见光活性。N 掺杂 TiO_2/氧化石墨烯（GO）膜由于 TiO_2 和 GO 中含氧官能团的存在，可以提高光催化膜的亲水性。

除了非金属掺杂外，其他改性的 TiO_2 材料还表现出了晶体相、比表面积、晶格缺陷、晶面缺陷、表面空位和结晶度等性能的改善，最终使得半导体的光催化活性产生变化。Dahl 等人（Dahl et al.，2014）研究了一些金属硫化物、金属、金属氧化物甚至碳基材料与 TiO_2 结合，提高了 TiO_2 的光催化性能。金属硫化物如 CdS、ZnS 和 SnS，也用于改性

TiO_2（Luengas et al.，2015；Banerjee et al.，2008；Schneider et al.，2014）。CdS-敏化 TiO_2 结构，显示出高效的光催化降解污染物活性（图 3.7）（Pant et al.，2017）。将 CdS/TiO_2 复合物固定在碳纳米纤维上，避免了镉离子的浸出，并且由于碳纤维基材的存在，提高了染料降解的反应速率（Pant et al.，2017）。

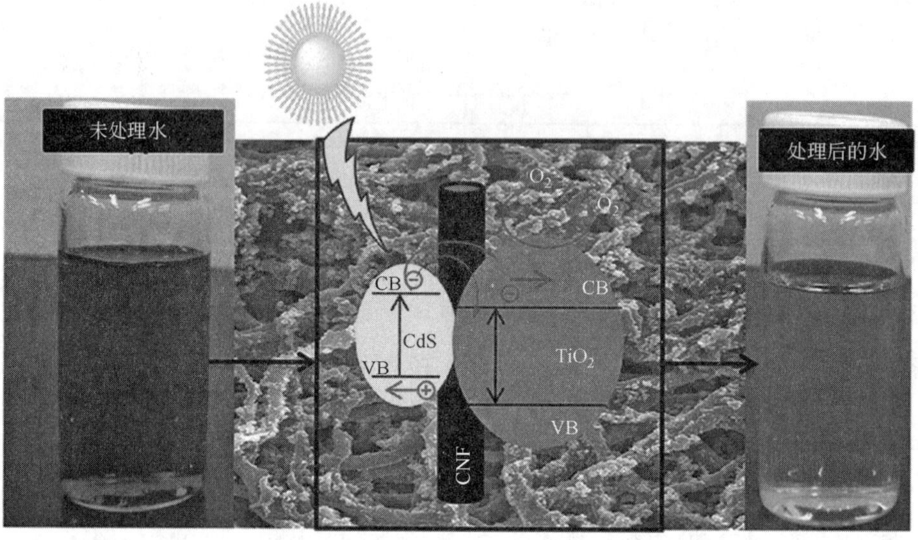

图 3.7　在可见光下采用 CdS/TiO_2 纳米粒子复合的碳化蛋壳膜去除亚甲基蓝的吸附和光催化性能图

CB—导带；VB—价带

（经 Pant 等人许可转载，2017，版权所有 2017，Elsevier）

银和金纳米粒子是最常用的金属改性材料，因为它们具有抗菌和等离子体效应（Grunwaldt et al.，1999；Elahifard et al.，2007）。与纯的膜相比，TiO_2 涂层 PVDF 膜在亲水性和防污性能方面提高显著（Nor et al.，2016）。TiO_2/PVDF 膜上掺杂银纳米粒子，进一步改善了生物污垢和有机污染阻力问题（Goei and Lim，2014b）。

金属硫化物和贵金属虽然能增强 TiO_2 光催化剂的可见光响应，但在光催化反应中化学稳定性较弱。对于金属氧化物的改性，ZnO（Bai et al.，2015b）、Fe_2O_3（Tan et al.，2016）、ZrO_2（Grunwaldt et al.，1999）和 WO_3（Zou et al.，2008）是改性 TiO_2 半导体的首选材料。通过水热法处理静电纺丝纳米纤维，很容易出现异质结结构的 $SrTiO_3/TiO_2$（Bai et al.，2015a），$SrTiO_3/TiO_2$ 纳米纤维异质结结构和多孔功能层结构，能提高光催化降解效率和透过通量。

膜分离技术与光催化技术相结合，拥有了很多技术优势，包括过滤和光催化降解有机污染物。然而，光催化活性往往受到光生电子/空穴对快速复合的限制。碳基材料具有良好的导电性和化学稳定性，通过在 Al_2O_3 膜上连续沉积石墨碳和 TiO_2 纳米颗粒层来构建分级结构的 TiO_2/碳基/Al_2O_3 复合材料（Wang et al.，2015）。用于光电催化过滤的 TiO_2/碳基/Al_2O_3 膜（图 3.8），在紫外灯照射过滤或单独过滤时，对有机污染物去除效率分别是纯膜的 1.2 倍或 1.7 倍，渗透通量分别是纯膜的 1.3 倍或 3 倍，膜的截留和渗透性能受

TiO_2 层和碳基层厚度的影响。Li 等人（2017）证明，还原氧化石墨烯（rGO）的存在显著提高了 $CoFe_2O_4$-rGO/PVDF 膜的光催化活性。

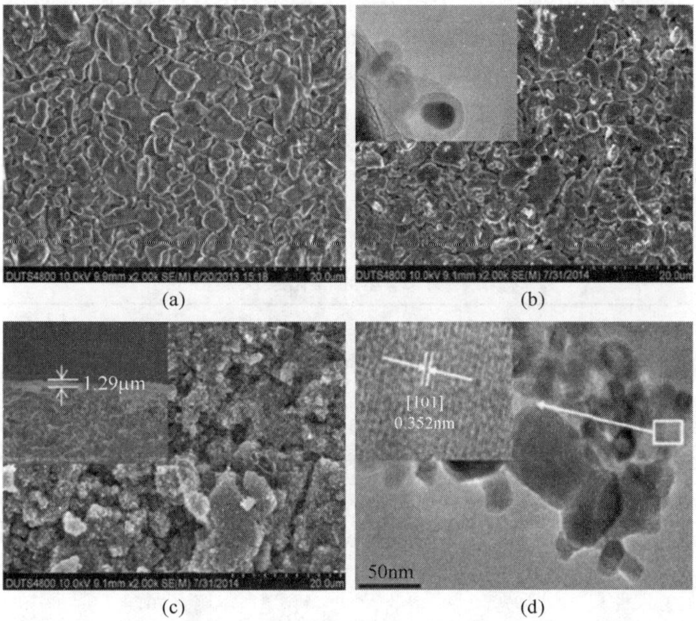

图 3.8 Al_2O_3 膜载体（a）、碳基/Al_2O_3 膜（b）、TiO_2/碳基/Al_2O_3 膜的 SEM 图像（c）及 TiO_2/碳基/Al_2O_3 膜的 TEM 图像（d）

SEM—扫描电镜；TEM—透射电镜

（经 Wang 等人允许转载，2015，版权所有 2015，Elsevier）

由于 TiO_2 涂层的存在，TiO_2 光催化膜具有良好的亲水性和防污性能。然而，Leong 等人研究表明，膜的亲水性程度与防污程度不成正比（Leong et al.，2014）。TiO_2 的加入会影响膜载体的亲水性和结构变化，从而影响膜的水通量。光催化膜的纯水通量通常随着 TiO_2 浓度的增加而降低，这是由光催化纳米颗粒的负载堵塞了膜孔道造成的。此外，TiO_2 涂层的致密结构会显著降低纯水通量。然而，Ahn 等人（2014）证明，在反渗透（RO）系统中，在紫外线照射 3 天后，TiO_2 负载的芳香族 PA 复合薄膜，比纯膜具有更好的通量和稳定性。Liu 等人（2008）报道称，通过向 PES 膜中引入 6%（质量分数）的 TiO_2，纯水通量增加。这是由于 TiO_2 纳米颗粒聚集在膜表面形成了大的孔隙导致水通量的增加。陶瓷膜上负载过多的 TiO_2 会降低光催化膜的水通量。Meng 等人（2008）比较了光催化膜在紫外线照射和不照射时的渗透通量，发现紫外线照射下的渗透通量显示出更好的性能。综上所述，在光催化过程中，活性自由基降解了膜表面残留的细菌，使得膜通量提高。

TiO_2 与膜载体的负载能力取决于负载方法和膜的类型。TiO_2 在载体上负载通常不够牢固，因为一些 TiO_2 纳米颗粒在长时间实际应用中可能会从膜上脱离。研究表明，在反渗透加压操作下，高分子膜上的 TiO_2 会在 30 min 内部分分离，但没有观察到进一步的损失。Leong 等人（Leong et al.，2014）将 TiO_2 负载到高分子膜中，浇铸溶液可引起膜结构的变化，与表面涂覆方法不同，TiO_2 的掺入可以使膜的多孔性增强，并且与载体的黏附性更强。为了增强光催化膜并避免水通量降低，Bai 等人（2015b）提出了在醋酸纤维素载体上负载具有分级结构的 TiO_2/CNT/ZnO（表 3.4）。CNT/ZnO/TiO_2 功能层有助于水通量的提高，这种结构的膜相比于纳米复合集成醋酸纤维素膜，显示出高效的过滤通量。该功能层通过吸附或排斥结构化表面的有机污染物，而不是形成致密的污垢层，有利于污垢的控制。相比之下，在醋酸纤维素膜的过滤过程中，会在膜的表面形成严重的膜污染层，引起膜孔堵塞。此外，TiO_2 纳米线用作支撑基体，而非晶态 CNT/ZnO 纳米棒表现出桥连特性，使整个 CNT/ZnO/TiO_2 纳米复合结构发生共轭，从而增强了结构化膜的机械强度。

表 3.4　TiO_2 基光催化膜及其性能

光催化膜	光源	性能	参考文献
Ag/TiO_2 膜	紫外光	去除 RhB，效率：1007mg·m^{-2}·h^{-1}；纯水通量：123L·m^{-2}·h^{-1}	Goei, Lim，2014a
CdSe-TiO_2/碳化蛋壳膜	可见光	去除 MB，60min TiO_2 膜降解 53%	Pant et al.，2017
CdSe-TiO_2/碳基薄膜		CdSe-TiO_2 膜降解 96%	
TiO_2/芳香族聚酰胺膜	紫外光	杀菌效果：4h 内降解 63%的细胞	Kim et al.，2003
$SrTiO_3$/TiO_2 膜	紫外光	去除 AO7，降解率：24h 降解 100%左右	Bai et al.，2015a
TiO_2 中空纤维膜	紫外光	去除 AO7，降解率：1h 降解 70%	Sholl, Johnson，2006
C、N、和 Ce 共掺杂 TiO_2 膜	可见光	去除 MO，160min 降解 100%，渗透率：300L·m^{-2}·h^{-1}·bar^{-1}	Zhang et al.，2009
TiO_2/二氧化硅纳米管膜	紫外光	去除直接黑色，降解率：100min85%；渗透率：55~65L·m^{-2}·h^{-1}·bar^{-1}	Cao et al.，2012
CNT/ZnO/TiO_2 膜	紫外光	去除 AO7，降解率：25min 降解 100%，纳米复合集成醋酸纤维素膜过滤通量最高	Bai et al.，2015b
N 掺杂 TiO_2/石墨烯氧化膜	紫外光/可见光	去除 MB，降解率：5h 降解约 85%	Chen et al.，2017

注：AO7 为酸性橙 7；CNT 为碳纳米管；MB 为亚甲基蓝；MO 为甲基橙；RhB 为罗丹明 B。

3.2.3.2　非 TiO_2 基材光催化膜

尽管对载体表面负载 TiO_2 纳米颗粒进行了大量研究，但由于半导体的宽禁带和光生电子/空穴对的快速复合，作为功能层的 TiO_2 膜的性能受到限制（Zhang et al.，2014; Goei and Lim，2014a）。此外，TiO_2 需在紫外线条件下进行光激发，而且陶瓷膜虽然具有良好的承受力，但价格昂贵，使得膜产品的成本较高（Ciston et al.，2006; Goei and Lim，2014b）。因此，需要研究具有高可见光活性的非 TiO_2 光催化剂在多孔载体上进行负载制备（Zhang et al.，2006b；Zou et al.，2008；Kou et al.，2012；Li et al.，2017；Cui et al.，2016）。二维材料石墨氮化碳纳米片是一种很有前途的无金属光催化剂，是制备光催化膜的较好选择。Zhao 等人（2016）采用真空过滤和高压工艺将 g-C_3N_4 纳米片/rGO 复合物负载于商用醋酸纤维素膜上（表 3.5）。g-C_3N_4 纳米片和 rGO 纳米片的二维结构有助于提高膜的柔韧性，g-C_3N_4/rGO 膜的纯水通量高达 957L·m^{-2}·h^{-1}，比 P25（TiO_2）改性后的醋酸纤维素膜高 33.8%，这是因为 g-C_3N_4/rGO 膜的横向尺寸较大，阻止了 g-C_3N_4/rGO

沉积到膜表面的孔隙中。该膜对有机污染物的去除率较高，具有良好的防污性能。Cui 等人（2016）采用静电纺丝技术合成 $H_4SiW_{12}O_{40}(SiW_{12})$/CS/PA6 夹层纳米纤维膜，随着反应运行时间的增加，渗透通量开始下降，1h 后稳定在 $140L \cdot m^{-2} \cdot h^{-1}$，是暗反应条件下的 3.7 倍，膜通量的增加是因为光催化作用产生的活性氧对膜表面细菌进行了降解。Keggin 结构的 SiW_{12} 具有与光催化剂 TiO_2、CdS、ZnO 等相当的性能，但 SiW_{12} 在水溶液中的高溶解度使得其不可能被分离回收，将 CS 和 SiW_{12} 与合适的载体相结合，使其能较好地回收再利用。该膜具有较高的孔隙率、良好的亲水性和耐水性，对 Cr（Ⅵ）（$78.5mg \cdot g^{-1}$）具有较高的吸附能力；对甲基橙（MO）的去除率（96.7%）较高，稳定性好。

表 3.5　非 TiO_2 光催化膜及其性能

光催化膜	光源	性能	参考文献
g-C_3N_4 纳米片/还原氧化石墨烯（rGO）	可见光	渗透通量高于单独过滤膜，大肠埃希菌的灭活率比单独过滤膜高 3 个数量级	Zhao et al.，2016
Fe-TiO_2/聚砜膜	可见光	270 天 NO 去除率达 85.7%，最大去除量达 $159.8g \cdot m^{-3} \cdot h^{-1}$，生化降解率 $6.12mg \cdot m^{-2} \cdot h^{-1}$，催化反应速率 $1.67mg \cdot m^{-2} \cdot h^{-1}$	Wei et al.，2016
石墨烯量子点-Cu_2O/双极膜（GQDs-Cu_2O/BPM）	太阳光	制氢：在电流密度为 $90mA \cdot cm^{-2}$ 时，GQDs-Cu_2O/BPM 的效率比 BPM 高 88.8%；在太阳光照射下，前者比后者高 14.5%	Liu et al.，2016a，b，c
$CoFe_2O_4$-rGO/PVDF/碳纤维布	可见光	纯水通量 $927.28L \cdot m^{-2}$，是纯 PVDF 膜的 6 倍；去除盐酸四环素：90min 降解率 85%	Li et al.，2017
$H_4SiW_{12}O_{40}$/壳聚糖/PA6 纳米纤维膜	可见光	对 Cr（Ⅵ）有较高的吸附能力（$78.5mg \cdot g^{-1}$）；对 MO 的去除率高达 96.7%	Cui et al.，2016

注：MO 为甲基橙；PA6 为聚己内酰胺；PVDF 为聚偏氟乙烯。

3.3　结论和未来趋势

与传统膜相比，TiO_2 光催化膜具有更高的过滤性能，TiO_2 可被负载于多孔载体上或制成自支撑的膜。高分子膜和陶瓷膜作为光催化剂的载体已经得到了广泛的研究，但是高分子膜在紫外光照射下的稳定性较差，需要进一步的研究。由于禁带宽度的限制，TiO_2 可通过掺杂金属、非金属和半导体复合，以提高其光催化性能和光催化膜的过滤效率。还研究了非 TiO_2 的光催化剂，并将其与多孔膜载体进行负载，例如将 g-C_3N_4/GO 负载于高分子膜上，或者在 $H_4SiW_{12}O_{40}(SiW_{12})$/CS/PA6 膜上负载。这些非 TiO_2 光催化剂在净水、消毒和能源转换方面表现出比 TiO_2 更好的性能。光催化膜还具有独特的性能，包括超亲水性、防污性能、光催化氧化还原、分离和抗菌能力。光催化膜的制备方法有浸渍法、旋涂法、电喷雾和静电纺丝法、浸渍沉淀法、真空过滤法等，并且制备方法是影响光催化膜性能的关键因素。

尽管光催化膜在水处理、防污、消毒、能源转换等方面显示出巨大的潜力，但在实际应用中仍存在许多技术问题，光催化膜的光催化效率有待进一步提高，如光催化剂负载技术。与传统的粉体光催化体系相比，光催化膜面临着光催化剂、目标污染物和光之间接触面积较小的挑战。尽管已有大量光催化剂在可见光下进行反应的报道，但大多数小规模应用的光催化膜仍只能在紫外光下进行光催化反应，因此，太阳能光催化膜还有待进一步研究。新型光催化剂合成技术的研究将有利于开发具有高光催化活性、高渗透通量和良好防污性能的光催化膜。

参考文献

Ahmad, R., Kim, J.K., Kim, J.H., Kim, J., 2016. Well-organized, mesoporous nanocrystalline TiO_2 on alumina membranes with hierarchical architecture: antifouling and photocatalytic activities. Catal. Today 282.

Ahn, S.H., Kim, D.J., Chi, W.S., Kim, J.H., 2014. Hierarchical double-shell nanostructures of TiO_2 nanosheets on SnO_2 hollow spheres for high-efficiency, solid-state, dye-sensitized solar cells. Adv. Funct. Mater. 24, 5037−5044.

Bai, H., Zan, X., Juay, J., Sun, D.D., 2015a. Hierarchical heteroarchitectures functionalized membrane for high efficient water purification. J. Membr. Sci. 475, 245−251.

Bai, H., Zan, X., Zhang, L., Sun, D.D., 2015b. Multi-functional CNT/ZnO/TiO_2 nanocomposite membrane for concurrent filtration and photocatalytic degradation. Sep. Purif. Technol. 156, 922−930.

Banerjee, S., Mohapatra, S.K., Das, P.P., Misra, M., 2008. Synthesis of coupled semiconductor by filling 1D TiO_2 nanotubes with CdS. Chem. Mater. 20, 6784−6791.

Bet-moushoul, E., Mansourpanah, Y., Farhadi, K., Tabatabaei, M., 2016. TiO_2 nanocomposite based polymeric membranes: a review on performance improvement for various applications in chemical engineering processes. Chem. Eng. J. 283, 29−46.

Bhushani, J.A., Anandharamakrishnan, C., 2014. Electrospinning and electrospraying techniques: potential food based applications. Trends Food Sci. Technol. 38, 21−33.

Bosc, F., Ayral, A., Albouy, P.A., Datas, L., Guizard, C., 2004. Mesostructure of anatase thin films prepared by mesophase templating. Chem. Mater. 16, 2208−2214.

Bosc, F., Ayral, A., Albouy, P.A., Guizard, C., 2003. A simple route for low-temperature synthesis of mesoporous and nanocrystalline anatase thin films. Chem. Mater. 15, 2463−2468.

Bosc, F., Ayral, A., Guizard, C., 2005. Mesoporous anatase coatings for coupling membrane separation and photocatalyzed reactions. J. Membr. Sci. 265, 13−19.

Burmann, P., Zornoza, B., Tellez, C., Coronas, J., 2014. Mixed matrix membranes comprising MOFs and porous silicate fillers prepared via spin coating for gas separation. Chem. Eng. Sci. 107, 66−75.

Cao, X.P., Li, D., Jing, W.H., Xing, W.H., Fan, Y.Q., 2012. Synthesis of visible-light responsive C, N and Ce co-doped TiO_2 mesoporous membranes via weak alkaline sol-gel process. J. Mater. Chem. 22, 15309−15315.

Chen, W., Ye, T., Xu, H., Chen, T., Geng, N., Gao, X., 2017. An ultrafiltration membrane with enhanced photocatalytic performance from grafted N−TiO_2/graphene oxide. RSC Adv. 7, 9880−9887.

Chen, X.F., Wei, J., Hou, R.J., Liang, Y., Xie, Z.L., Zhu, Y.G., Zhang, X.W., Wang, H.T., 2016. Growth of g-C_3N_4 on mesoporous TiO_2 spheres with high photocatalytic activity under visible light irradiation. Appl. Catal. B Environ. 188, 342−350.

Choi, H., Stathatos, E., Dionysiou, D.D., 2006. Sol-gel preparation of mesoporous photocatalytic TiO_2 films and TiO_2/Al_2O_3 composite membranes for environmental applications. Appl. Catal. B Environ. 63, 60−67.

Ciston, S., Chen, L., Li, G., Hausner, M., Lueptow, R.M., Gray, K.A., 2006. Effects of TiO_2 nanostructure and various ceramic supports in photocatalytic membranes for water treatment. In: 2006 AIChE Annual Meeting San Francisco, CA.

Cui, X.X., Li, T.T., Yao, S.W., An, L.B., Li, Y.Q., Zhou, Z., Guo, M.C., Zhang, Z.M., 2016. Electrospun $H_4SiW_{12}O_{40}$/chitosan/polycaprolactam sandwich nanofibrous membrane with excellent dual-function: adsorption and photocatalysis. RSC Adv. 6, 96237−96244.

Daels, N., Radoicic, M., Radetic, M., Van Hulle, S.W.H., De Clerck, K., 2014. Functionalisation of electrospun polymer nanofibre membranes with TiO_2 nanoparticles in view of dissolved organic matter photodegradation. Sep. Purif. Technol. 133, 282−290.

Dahl, M., Liu, Y.D., Yin, Y.D., 2014. Composite titanium dioxide nanomaterials. Chem. Rev. 114, 9853−9889.

Derichter, R.K., Ming, T., Caillol, S., 2013. Fighting global warming by photocatalytic reduction of CO_2 using giant photocatalytic reactors. Renew. Sustain. Energy Rev. 19, 82−106.

Elahifard, M.R., Rahimnejad, S., Haghighi, S., Gholami, M.R., 2007. Apatite-coated Ag/AgBr/TiO_2 visible-light photocatalyst for destruction of bacteria. J. Am. Chem. Soc. 129, 9552–9553.

Emslie, A.G., Bonner, F.T., Peck, L.G., 1958. Flow of a viscous fluid on a rotating disk. J. Appl. Phys. 29 (5), 858.

Fischer, K., Gläser, R., Schulze, A., 2014. Nanoneedle and nanotubular titanium dioxide − PES mixed matrix membrane for photocatalysis. Appl. Catal. B Environ. 160−161, 456−464.

Gan, H., Zhang, G., Huang, H., 2013. Enhanced visible-light-driven photocatalytic inactivation of *Escherichia coli* by $Bi_2O_2CO_3$/Bi_3NbO_7 composites. J. Hazard. Mater. 250−251, 131−137.

Gang, M., He, G., Li, Z., Cao, K., Li, Z., Yin, Y., Wu, H., Jiang, Z., 2016. Graphitic carbon nitride nanosheets/sulfonated poly(ether ether ketone) nanocomposite membrane for direct methanol fuel cell application. J. Membr. Sci. 507, 1−11.

Goei, R., Lim, T.T., 2014a. Ag-decorated TiO_2 photocatalytic membrane with hierarchical architecture: photocatalytic and anti-bacterial activities. Water Res. 59, 207−218.

Goei, R., Lim, T.T., 2014b. Asymmetric TiO_2 hybrid photocatalytic ceramic membrane with porosity gradient: effect of structure directing agent on the resulting membranes architecture and performances. Ceram. Int. 40, 6747−6757.

Grunwaldt, J.D., Maciejewski, M., Becker, O.S., Fabrizioli, P., Baiker, A., 1999. Comparative study of Au/TiO_2 and Au/ZrO_2 catalysts for low-temperature CO oxidation. J. Catal. 186, 458−469.

Han, J., Qiu, W., Gao, W., 2010. Adsorption of estrone in microfiltration membrane filters. Chem. Eng. J. 165, 819−826.

Hashizume, M., Kunitake, T., 2003. Preparation of self-supporting ultrathin films of titania by spin coating. Langmuir 19, 10172−10178.

He, X.F., Chen, R., Zhu, X., Liao, Q., An, L., Cheng, X., Li, L., 2016. Optofluidics-based membrane microreactor for wastewater treatment by photocatalytic ozonation. Ind. Eng. Chem. Res. 55, 8627−8635.

Horng, R.Y., Huang, C., Chang, M.C., Shao, H., Shiau, B.L., Hu, Y.J., 2009. Application of TiO_2 photocatalytic oxidation and non-woven membrane filtration hybrid system for degradation of 4-chlorophenol. Desalination 245, 169−182.

Huang, Y.Y., Chou, K.S., 2003. Studies on the spin coating process of silica films. Ceram. Int. 29, 485−493.

Huo, Y., Xie, Z., Wang, X., Li, H., Hoang, M., Caruso, R.A., 2013. Methyl orange removal by combined visible-light photocatalysis and membrane distillation. Dyes Pigment 98, 106−112.

Irie, H., Watanabe, Y., Hashimoto, K., 2003. Carbon-doped anatase TiO_2 powders as a visible-light sensitive photocatalyst. Chem. Lett. 32, 772−773.

Jhaveri, J.H., Murthy, Z.V.P., 2016. A comprehensive review on anti-fouling nanocomposite membranes for pressure driven membrane separation processes. Desalination 379, 137−154.

Jiang, B., Wang, B.Y., Zhang, L.H., Sun, Y.L., Xiao, X.M., Hao, L., Yang, N., 2016. Enhancing antifouling performance of poly (L-lactide) membranes by TiO_2 nanoparticles. J. Appl. Polym. Sci. 133 (24), 8.

Kim, J.O., Jung, J.T., Choi, W.Y., 2006. Application of photocatalytic metal membrane system for water purification. Key Eng. Mater. 1317−1320.

Kim, S.H., Kwak, S.Y., Sohn, B.H., Park, T.H., 2003. Design of TiO_2 nanoparticle self-assembled aromatic polyamide thin-film-composite (TFC) membrane as an approach to solve biofouling problem. J. Membr. Sci. 211, 157−165.

Kou, H., Jia, L., Wang, C., 2012. Electrochemical deposition of flower-like ZnO nanoparticles on a silver-modified carbon nanotube/polyimide membrane to improve its photoelectric activity and photocatalytic performance. Carbon 50, 3522−3529.

Lee, J.W., Kwon, T.O., Thiruvenkatachari, R., Moon, I.S., 2006. Adsorption and photocatalytic degradation of bisphenol A using TiO_2 and its separation by submerged hollow fiber ultrafiltration membrane. J. Environ. Sci. 18, 193−200.

Leong, S.W., Low, Z.-X., Liu, Q., Hapgood, K., Zhang, X., Wang, H., 2016. Preparation of supported photocatalytic membrane from mesoporous titania spheres for humic acid removal from wastewater. Asia Pac. J. Chem. Eng. 11, 611−619.

Leong, S.W., Razmjou, A., Wang, K., Hapgood, K., Zhang, X.W., Wang, H.T., 2014. TiO_2 based photocatalytic membranes: a review. J. Membr. Sci. 472, 167−184.

Le Roux, J.D., Paul, D.R., 1992. Preparation of composite membranes by a spin coating process. J. Membr. Sci. 74, 233−252.

Li, B.R., Chen, Z.Y., Wang, J.B., Zhang, Z.L., Fan, Q.J., Wei, Z.S., 2016. Nitric oxide removal with a Fe-TiO_2/PSF hybrid catalytic membrane bioreactor. Huanjing Kexue 37, 847−853.

Li, L., Liu, Z., Zhang, Q., Meng, C., Zhang, T., Zhai, J., 2015. Underwater superoleophobic porous membrane based on hierarchical TiO_2 nanotubes: multifunctional integration of oil−water separation, flow-through photocatalysis and self-cleaning. J. Mater. Chem. A 3, 1279−1286.

Li, L., Wang, G., Chen, R., Zhu, X., Wang, H., Liao, Q., Yu, Y., 2014. Optofluidics based micro-photocatalytic fuel cell for efficient wastewater treatment and electricity generation. Lab Chip 14, 3368−3375.

Li, Y.H., Sun, J.Q., Liu, L.F., Yang, F.L., 2017. A composite cathode membrane with $CoFe_2O_{4-r}$GO/PVDF on carbon fiber cloth: synthesis and performance in a photocatalysis-assisted MFC-MBR system. Environ. Sci. Nano 4, 335−345.

Liu, H., Dao, A.Q., Fu, C., 2016a. Activities of combined TiO_2 semiconductor nanocatalysts under solar light on the reduction of CO_2. J. Nanosci. Nanotechnol. 16, 3437−3446.

Liu, L.F., Zhang, P.H., Yang, F.L., 2010. Adsorptive removal of 2,4-DCP from water by fresh or regenerated chitosan/ACF/TiO_2 membrane. Sep. Purif. Technol. 70, 354−361.

Liu, S., Wang, X.T., Zhao, W.X., Wang, K., Sang, H.X., He, Z., 2013. Synthesis, characterization and enhanced photocatalytic performance of Ag_2S-coupled ZnO/ZnS core/shell nanorods. J. Alloys Compd. 568, 84−91.

Liu, X., Cong, R., Cao, L., Liu, S., Cui, H., 2014. The structure, morphology and photocatalytic activity of graphene-TiO_2 multilayer films and charge transfer at the interface. New J. Chem. 38, 2362−2367.

Liu, X., Jian, X., Yang, H.M., Song, X.L., Liang, Z.H., 2016b. A photocatalytic graphene quantum dots-Cu_2O/bipolar membrane as a separator for water splitting. New J. Chem. 40, 3075−3079.

Liu, X.F., Xing, Z.P., Zhang, H., Wang, W.M., Zhang, Y., Li, Z.Z., Wu, X.Y., Yu, X.J., Zhou, W., 2016c. Fabrication of 3D mesoporous black TiO_2/MoS_2/TiO_2 nanosheets for visible-light-driven photocatalysis. ChemSusChem 9, 1118−1124.

Liu, Z., Zhang, X., Nishimoto, S., Jin, M., Tryk, D.A., Murakami, T., Fujishima, A., 2008. Highly ordered TiO_2 nanotube arrays with controllable length for photoelectrocatalytic degradation of phenol. J. Phys. Chem. C 112, 253−259.

Lu, X.P., Dai, W.X., Wang, X.X., Fu, X.Z., Shao, Y., Liu, P., Li, D.Z., 2004. Electrophoretic deposition of TiO_2 colloid particles on aluminum alloy surface and the photocatalytic property of the resulted TiO_2 membrane. Chin. J. Inorg. Chem. 20, 734−738.

Luengas, A., Barona, A., Hort, C., Gallastegui, G., Platel, V., Elias, A., 2015. A review of indoor air treatment technologies. Rev. Environ. Sci. Biotechnol. 14, 499−522.

Madaeni, S.S., Ghaemi, N., 2007. Characterization of self-cleaning RO membranes coated with TiO_2 particles under UV irradiation. J. Membr. Sci. 303, 221−233.

Meng, X.F., Qian, Z.Z., Wang, H.T., Gao, X.W., Zhang, S.M., Yang, M.S., 2008. Sol-gel immobilization of SiO_2/TiO_2 on hydrophobic clay and its removal of methyl orange from water. J. Sol Gel Sci. Technol. 46, 195−200.

Mitoraj, D., Kisch, H., 2008. The nature of nitrogen-modified titanium dioxide photocatalysts active in visible light. Angew. Chem. Int. Ed. 47, 9975−9978.

Mozia, S., Morawski, A.W., Toyoda, M., Inagaki, M., 2009. Application of anatase-phase TiO_2 for decomposition of azo dye in a photocatalytic membrane reactor. Desalination 241, 97−105.

Mozia, S., Toyoda, M., Inagaki, M., Tryba, B., Morawski, A.W., 2007. Application of carbon-coated TiO_2 for decomposition of methylene blue in a photocatalytic membrane reactor. J. Hazard. Mater. 140, 369−375.

Nor, N.A.M., Jaafar, J., Ismail, A.F., Mohamed, M.A., Rahman, M.A., Othman, M.H.D., Lau, W.J., Yusof, N., 2016. Preparation and performance of PVDF-based nanocomposite membrane consisting of TiO_2 nanofibers for organic pollutant decomposition in wastewater under UV irradiation. Desalination 391, 89−97.

Padmanaban, V.C., Giri Nandagopal, M.S., Madhangi Priyadharshini, G., Maheswari, N., Janani Sree, G., Selvaraju, N., 2016. Advanced approach for degradation of recalcitrant by nanophotocatalysis using nanocomposites and their future perspectives. Int. J. Environ. Sci. Technol. 13, 1591−1606.

Pant, B., Park, M., Kim, H.-Y., Park, S.-J., 2017. CdS-TiO_2 NPs decorated carbonized eggshell membrane for effective removal of organic pollutants: a novel strategy to use a waste material for environmental remediation. J. Alloys Compd. 699, 73−78.

Papageorgiou, S.K., Romanos, G.E., Katsaros, F.K., 2012. Alginate based materials in environmental applications: from metal sorption to advanced catalytic and membrane processes. In: Alginates: Production, Types and Applications. Nova Science Publishers, Inc., pp. 61−95.

Prodhomme, P., Warren, S., Cortes, R., Jurca, H.F., Maroun, F., Allongue, P., 2010. Epitaxial growth of gold on H-Si (111): the determining role of hydrogen evolution. ChemPhysChem 11, 2992−3001.

Roso, M., Lorenzetti, A., Besco, S., Monti, M., Berti, G., Modesti, M., 2011. Application of empirical modelling in multi-layers membrane manufacturing. Comput. Chem. Eng. 35, 2248−2256.

Sasaki, Y., Kato, H., Kudo, A., 2013. $[Co(bpy)_3]^{3+/2+}$ and $[Co(phen)_3]^{3+/2+}$ electron mediators for overall water splitting under sunlight irradiation using Z-scheme photocatalyst system. J. Am. Chem. Soc. 135, 5441−5449.

Schneider, J., Matsuoka, M., Takeuchi, M., Zhang, J., Horiuchi, Y., Anpo, M., Bahnemann, D.W., 2014. Understanding TiO_2 photocatalysis: mechanisms and materials. Chem. Rev. 114, 9919−9986.

Sholl, D.S., Johnson, J.K., 2006. Making high-flux membranes with carbon nanotubes. Science 312, 1003−1004.

Tacchini, I., Terrado, E., Ansón, A., Martínez, M.T., 2011. Anatase nanotubes synthesized by a template method and their application as a green photocatalyst. J. Mater. Sci. 46, 2097−2104.

Tan, B.Y., Juay, J., Liu, Z., Sun, D., 2016. Flexible hierarchical TiO_2/Fe_2O_3 composite membrane with high separation efficiency for surfactant-stabilized oil-water emulsions. Chem. Asian J. 11, 561−567.

Thiruvenkatachari, R., Kwon, T.O., Moon, I.S., 2005. Application of slurry type photocatalytic oxidation-submerged hollow fiber microfiltration hybrid system for the degradation of bisphenol A (BPA). Sep. Sci. Technol. 40, 2871−2888.

Tian, Y., Zhao, Y., Gong, C., Chai, Y., 2012. Mechanism and the influences of different substrates on photocatalytic property of TiO_2 membrane. In: ISCEMP 2012, pp. 1200−1204.

Wang, D.K., Elma, M., Motuzas, J., Hou, W.C., Xie, F.W., Zhang, X.W., 2017. Rational design and synthesis of molecular-sieving, photocatalytic, hollow fiber membranes for advanced water treatment applications. J. Membr. Sci. 524, 163−173.

Wang, G.L., Chen, S., Yu, H.T., Quan, X., 2015. Integration of membrane filtration and photoelectrocatalysis using a TiO_2/carbon/Al_2O_3 membrane for enhanced water treatment. J. Hazard. Mater. 299, 27−34.

Wang, X., Wang, W., Liu, P., Wang, P., Zhang, L., 2011. Photocatalytic degradation of *E. coli* membrane cell in the presence of ZnO nanowires. J. Wuhan Univ. Technol. Mater. Sci. 26, 222−225.

Wang, X.F., Hsiao, B.S., 2016. Electrospun nanofiber membranes. Curr. Opin. Chem. Eng. 12, 62−81.

Wei, Z.S., Li, B.R., Wang, J.B., Huang, Z.S., He, Y.M., Chen, Z.Y., 2016. Coupling membrane catalysis and biodegradation for nitric oxide removal in a novel hybrid catalytic membrane biofilm reactor. Chem. Eng. J. 296, 154−161.

Yang, S., Gong, Y., Zhang, J., Zhan, L., Ma, L., Fang, Z., Vajtai, R., Wang, X., Ajayan, P.M., 2013. Exfoliated graphitic carbon nitride nanosheets as efficient catalysts for hydrogen evolution under visible light. Adv. Mater. 25, 2452−2456.

Yee, K.F., Yeang, Q.W., Ong, Y.T., Vadivelu, V.M., Tan, S.H., 2015. Water remediation using nanoparticle and nanocomposite membranes. In: Nanomaterials for Environmental Protection. Wiley Blackwell, pp. 269−291.

Zamfirescu, C., Dincer, I., Naterer, G.F., 2011. Analysis of a photochemical water splitting reactor with supramolecular catalysts and a proton exchange membrane. Int. J. Hydrog. Energy 36, 11273−11281.

Zhang, H., Quan, X., Chen, S., Zhao, H., 2006a. Fabrication and characterization of silica/titania nanotubes composite membrane with photocatalytic capability. Environ. Sci. Technol. 40, 6104−6109.

Zhang, H., Quan, X., Chen, S., Zhao, H., Zhao, Y., 2006b. Fabrication of photocatalytic membrane and evaluation its efficiency in removal of organic pollutants from water. Sep. Purif. Technol. 50, 147−155.

Zhang, H., Quan, X., Chen, S., Zhao, H., Zhao, Y., 2006c. The removal of sodium dodecylbenzene sulfonate surfactant from water using silica/titania nanorods/nanotubes composite membrane with photocatalytic capability. Appl. Surf. Sci. 252, 8598−8604.

Zhang, J., Zhang, M., Lin, L., Wang, X., 2015. Sol processing of conjugated carbon nitride powders for thin-film fabrication. Angew. Chem. Int. Ed. 54, 6297−6301.

Zhang, X., Wang, D.K., Lopez, D.R.S., Diniz da Costa, J.C., 2014. Fabrication of nanostructured TiO_2 hollow fiber photocatalytic membrane and application for wastewater treatment. Chem. Eng. J. 236, 314−322.

Zhang, X.W., Pan, J.H., Du, A.J., Fu, W.J., Sun, D.D., Leckie, J.O., 2009. Combination of one-dimensional TiO_2 nanowire photocatalytic oxidation with microfiltration for water treatment. Water Res. 43, 1179−1186.

Zhao, H., Chen, S., Quan, X., Yu, H., Zhao, H., 2016. Integration of microfiltration and visible-light-driven photocatalysis on g-C_3N_4 nanosheet/reduced graphene oxide membrane for enhanced water treatment.

Appl. Catal. B Environ. 194, 134−140.
Zhao, H., Li, H., Yu, H., Chang, H., Quan, X., Chen, S., 2013. CNTs-TiO_2/Al_2O_3 composite membrane with a photocatalytic function: fabrication and energetic performance in water treatment. Sep. Purif. Technol. 116, 360−365.
Ziegmann, M., Saravia, F., Torres, P.A., Frimmel, F.H., 2010. The hybrid process TiO_2/PAC: performance of membrane filtration. Water Sci. Technol. 62, 1205−1212.
Zou, L., Ding, H., Dong, L., Ouyang, M., 2008. Synthesis of $WO_3 \cdot H_2O$ nanowire arrays film and its photocatalytic activity. Fuhe Cailiao Xuebao 25, 123−128.

扩展阅读

Liao, J.J., Lin, S.W., Pan, N.Q., Li, S.P., Cao, X.K., Cao, Y., 2012. Fabrication and photocatalytic properties of free-standing TiO_2 nanotube membranes with through-hole morphology. Mater. Charact. 66, 24−29.

第4章 利用压力驱动膜分离技术的PMR

Sylwia Mozia[1]，Pietro Argurio[2]，Raffaele Molinari[2]
[1] West Pomeranian University of Technology, Szczecin, Poland; [2] University of Calabria，Rende (CS)，Italy

4.1 简介

光催化膜反应器（PMR）既可用于水和空气净化领域，也可作为一种反应合成装置，是一种有开发前景的装置。

光催化膜反应器是多相光催化和膜分离结合产生化学转化的一种装置，具有各种构型（Molinari et al.，2017）。

在 PMR 中，膜具有双重作用，既能保持光催化剂（如悬浮或固定）、反应环境中的底物和副产物（有时）停留在系统中，又能控制它们的停留时间（RT）。在使用 PMR 去除有机污染物时，停留时间必须保证足以完全降解难降解物质；当 PMR 作为合成装置使用时，膜的主要目的是选择性地分离产物，从而最大限度地减少其连续化学转化（如氧化）产生的不良副产物。

PMR 提高了传统光催化反应器和膜分离过程（分子水平上的分离）的潜力，使两种技术产生协同作用，形成互补优势，从而成为一种有用的绿色技术（Anpo, 2000; Herrmann et al.，2007；Molinari et al.，2008；Ollis，2000；Palmisano et al.，2007）。其特征如下：①使用绿色安全的光催化剂，如 TiO_2；②使用温和的氧化剂，如分子氧；③在接近室温和常压的温和反应条件下运行；④减少难降解、剧毒和非生物降解的分子，同时不产生有害化学物质；⑤利用可再生太阳能；⑥能在回收光催化剂（固定化或悬浮）的系统中以连续模式运行，物质的反应和产品的分离同时发生，具有能源效率更高、模块化和易于放大等潜在优势。

选择合适的膜和了解影响光催化工艺的参数是设计 PMR 的重要步骤。各种类型的光催化膜反应器已被研制出来，以实现从反应环境中分离光催化剂和有效去除水介质中污染物的目的。

PMR 最常被研究的结构是加压系统（Mascolo et al.，2007；Molinari et al.，2002a；Tang and Chen, 2004），与光催化过程结合的压力驱动膜分离技术有纳滤（NF）、超滤（UF）和微滤（MF）。这些加压光催化膜反应器（PPMR）有两种结构形式：①采用粉末状 TiO_2，其中 TiO_2 悬浮在反应混合物中；②将 TiO_2 负载在基底材料（如玻璃、石英、介孔材料、不锈钢或聚合物）上，TiO_2 为薄膜。在这两种结构形式下，光催化剂都被限制在底物槽的加压侧。悬浮态光催化剂有效活性表面积更大，更有效，因此得到了广泛的应用（Dijkstra et al.，2001；Mascolo et al.，2007；Molinari et al.，2004）。

相关文献（Molinari et al.，2004）研究表明，紫外（UV）照射方式（紫外光源浸没在光催化反应器内，安装在光催化剂上方或膜组件上方）和光源类型（即灯的发射光谱）对污染物的光降解速率有很大影响。

研究者为提高 PPMR 的性能做了不同方面的研究，如使用不同的膜组件（例如，采用中空纤维膜替代平板膜），使用特定的膜反冲方法，减少光催化剂沉积和膜污染，提高光催化活性和产量。尽管通过这些技术取得了一定的效果，但 PPMR 在工业应用上的适用性依然受到限制，因此目前研究侧重于针对光催化膜反应器的其他结构的研究开发

(Le-Clech et al.，2006；Lee et al.，2001；Molinari et al.，2006)。

一些文献研究了浸没式膜光催化反应器(SMPR)(Chin et al., 2007a, 2007b; Fernandez et al.，2014；Fu et al.，2006；Huang et al.，2007；Kertesz et al.，2014；Sarasidis et al.，2014)，它将光催化和浸没的膜组件集成。其中光催化剂悬浮在反应环境中，膜（通常为 HF 型）浸没在间歇式光催化反应器中，用泵以减压方式抽吸渗透物。基于此，一些研究者将这种系统称为减压光催化膜反应器。为了能够稳定连续运行［即长期运行时保持恒定的跨膜压力（TMP）和恒定的渗透通量］，膜组件单元底部安装一种曝气装置（如空气鼓泡）(Chan et al.，2007；Ghosh，2006)，使膜的表面得到足够的冲洗。

研究者也对光催化剂固定在膜基材中的 SPMR 的构型、膜污染和光催化剂颗粒的光散射等方面进行了探讨性研究（Anderson et al.，1988；Athanasekou et al.，2015；Moosemiller et al.，1989；Zhang et al.，2006)。在该系统中，膜同时起选择性降解物质和光催化剂的载体作用。然而，该系统也存在一些缺陷，例如：①膜表面照射技术难度大，可能导致膜光降解；②由于光催化剂的覆盖和较低的辐照，光活性有一定损失；③受传质限制，处理能力受限；④由于光催化剂可能失活和流失，系统寿命不长。综上所述，制备具有适当孔隙率和有效分散性的光催化剂是核心，在第 6 章中报道了固定光催化反应器（PM）的性能。

通过光催化与膜分离相结合也获得了其他特色构型的 PMR。例如，与直接接触膜蒸馏（DCMD）（Mozia et al.，2007）结合的 PMR，主要优点是避免了光催化剂引起的通量下降，产生的渗透液达到纯水要求，其缺点是工艺的能耗较高。与渗透汽化（PV）（Camera-Roda and Santarelli，2007）结合的 PMR，与 DCMD 相比降低了工艺中的加热成本。与透析（azragy et al.，2007）结合的 PMR，不需要膜压差，分离是通过膜的扩散而发生的，从而降低了运行成本，避免了膜污染。在第 5 章将介绍这几种 PMR 的应用。

4.2　光催化膜反应器中的膜污染

许多研究者（Ahmad et al.，2017；Rajca，2016；Shon et al.，2008）研究了 PMR 膜过滤中截留物浓度的增加不断加速膜污染，降低膜使用寿命的问题，从而解决了膜技术在水和废水处理中底物中溶质含量造成的膜污染的问题。在集成的光催化膜混合系统中，由于光催化反应能降解和修饰废水中的有机污染物，可使有机污染降至零。此外，如果将 UV 直接照射到膜表面，光催化反应将把膜表面积聚的污染物反应转化，从而减少膜污染。文献报道的结果（Du et al.，2017；Ganiyu et al.，2015；Ou et al.，2015；Zangeneh et al.，2015）表明，加压和减压光催化膜反应器体系中，不论悬浮还是固定式二氧化钛，均成功应用于许多含水的光催化降解有机污染物，包括染料、药物活性化合物（PhAC）和有机质（OM）物质。尽管有这些令人鼓舞的结果，但在开发高效的悬浮态 PPMR（光催化反应器中光催化剂悬浮在反应介质中，膜为压力驱动型）时遇到的主要问题仍与膜污染有关。膜污染是由有机污染物和光催化剂在膜表面的积累造成的，会导致膜的通透性降低，与有机污染物的类型关系不大。在这方面，Molinari 等人（2004，2008）和 Hairom 等人（2015）研究证明，从应用角度来看，在染料或 PhAC 的光催化降解实验中，一旦与膜污染相关的问题（导致通量下降 60%~65%）被适当地最小化，悬浮态 PPMR 可用于高浓度废水的处理。Shon 等人（2008）测试了一种类似的混合系统，在该系统中，光催化反应后通过平板微滤膜过滤，去除废水中的有机物，结果表明，微滤膜的使用不仅使有机物进行选择性渗透，同时使 TiO_2 光催化剂保留在反应环境中。该混合体系能去除 97%的有机物，但观察到其渗透通量低于纯水通量（PWF），说明悬浮的 TiO_2 造成渗透通量的降低。此外，考虑到膜污染可能是由有机物和光催化剂在膜表面积累造成的，研究者证实，废水中有机物含量越低，悬浮的 TiO_2 对膜通量的影响越显著。另外，集成光催化膜混合系统相对于简单的膜过滤更能减缓膜表面的污染物积累而造成的通量下降。

了解给水的特性很重要，因为它会影响 PMR 的性能，包括光催化活性和膜的透过性。Fernandez 等人（2014）在恒定渗透流量下测试 SPMR 对 33 种水溶液中的有机污染物的光催化降解。当纯水为底物时，没有观察到污染问题；而在有机质存在的情况下，可能是截留的有机质大分子的作用，膜污染很明显，在保持膜透过通量不变的情况下，膜压差从 0.3 bar 增加到 0.8bar（$1bar=10^5Pa$）。

Sarasidis 等人（2014）采用 SMPR 对双氯芬酸（DCF）连续运行降解的试验结果进行了评估。结果表明，使用空气鼓泡和适当的膜反冲洗是限制膜污染的有效的方法。以超纯水（UW）、自来水（TW）和地下水（GW）为配置水，从降解和膜污染两方面评价配置水对光催化体系性能的影响，配置水特性在去除效率方面表现出重要的作用，使用自来水和地下水降低了去除效率，而在膜污染方面没有观察到差异。特别在每 9min 过滤、1min 膜反冲洗的自动周期性操作时，膜污染得到控制，即在恒定的渗透通量下，膜压差 72h 几乎恒定，实现稳定地连续运行。因此，自动反冲洗工艺控制膜污染不受配置水特性影响。这些结果表明，通过优化操作参数，特别是膜反冲洗参数，即频率、持续时间和强度，可以控制浸没膜的污染。此外，膜反冲洗还可以保持反应混合物中所需的光催化剂浓度（Kertesz et al.，2014）。SPMR 中的精细气泡曝气和膜反冲洗在去除水系统中不同有机污染物和减缓膜污染相关的问题的效率也得到了其他研究者的证实（Fu et al.，2006；Zheng et al.，2015）。在恒定的渗透流量和膜压差下可实现连续运行，这符合一些膜装置在连续模式下处理恒定进料流量的技术要求。

Fu 等人（2006）报道，光催化剂尺寸是控制膜污染的另一个重要参数。他们的研究表明，使用纳米结构的二氧化钛代替商业二氧化钛 P25 粉末能增加渗透通量，从而减少膜污染。这一现象归因于纳米 TiO_2 的平均粒径较大（50μm，与 30nm 相比），减轻了悬浮态光催化剂在膜孔的堵塞，并使其易于分离。

Chin 等人（2007a）研究了 SPMR 中另一种缓解膜污染的方法，这是一种间歇渗透方法，即在操作过程中交替使用渗透侧抽吸和停止抽吸。在停止抽吸时，没有渗透物，用曝气在膜表面产生剪切应力，剥离在膜表面上积累的光催化剂颗粒，从而避免膜污染。

其他研究者也证明了这种方法的有效性（Choi，2006；Huang et al.，2007；Zheng et

al.，2015）。Huang 等人（2007）对 SPMR 操作条件的研究结果表明，悬浮光催化剂的沉降可以通过气泡曝气强度和间歇膜分离来控制。Choi（2006）报道，在中试规模的 SPMR 降解 4-氯苯酚（4-CP）过程中，间歇式操作时没有观察到膜污染。Zheng 等人（2015）也采用了类似的方法，他们研究了水中病毒的去除，使用了如图 4.1 所示的实验装置。该装置在恒定流量模式下运行，考察了过滤通量和渗透方式（连续或间歇）对渗滤效果的影响，确定了最佳操作条件为间歇吸气模式，过滤流量为 $40L\cdot m^{-2}\cdot h^{-1}$，高于该值时，观察到不可逆污染产生。

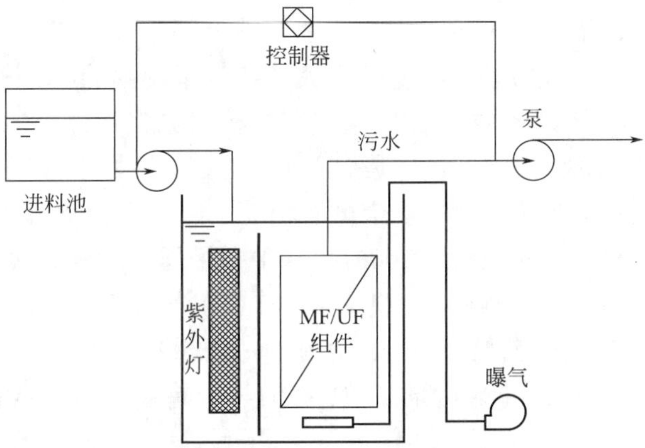

图 4.1　浸没式光催化膜反应器的示意图（Zheng et al.，2015）

Kertesz 等人（2014）的研究也证明了存在连续渗透通量，即低于该通量值时，可以通过膜反冲洗轻松去除可逆膜污染，高于该通量值，发生不可逆膜污染。他们发现在死端模式下操作 SPMR，在 TiO_2 悬浮液中进行酸性红 1（AR1）光催化降解，其连续的渗透通量为 $40L\cdot m^{-2}\cdot h^{-1}$。

运行中 pH 对系统的光催化效率和污染行为起着重要的控制作用，它可能会影响：①光催化剂的表面电荷、目标降解物和膜的相互作用；②光催化剂颗粒的大小。在这方面，Hairom 等人（2015）在 PPMR 中测试了沉淀法自合成的氧化锌纳米颗粒用于工业染料废水处理的效果，观察到接近等电点 pH 值 2、7、和 8 时，由于膜表面、ZnO 粒子和废水中的染料之间的静电斥力弱，出现了严重的膜污染。

膜的渗透性受到水力条件的强烈影响，因此，优化水力条件可以限制膜污染。Choo 等人（2008）使用中空纤维微滤膜测试了悬浮态 PMR 降解水中有毒有机化合物［如三氯乙烯（TCE）］的效果。他们证明，当切向速度从 $0.19m\cdot s^{-1}$ 增加 $1.45m\cdot s^{-1}$ 时，渗透通量提高了 60%，归功于 TiO_2 颗粒在膜表面的沉积量较低。在该废水中添加典型的背景物质，如腐殖酸，对 TCE 的降解没有显著影响，但对渗透率有显著影响，能下降 60%。

综上所述，我们认为 SPMR 在优化的条件下运行，通过精细的气泡曝气和膜反冲洗，比 PPMR 具有更大的工业应用前景，其原因是它们能够从水中去除不同的有机污染物，同时能克服膜污染问题。

4.3 光催化膜反应器中膜的稳定性

考虑到 PMR 中应用的膜暴露在紫外线照射、活性氧物种（主要是羟基自由基）产生的氧化环境和光催化剂颗粒摩擦的严酷条件下，在设计复合光催化膜系统时，膜材料的选择是一个关键问题。文献中已有在 PMR 中应用聚合物膜和无机膜。陶瓷膜具有很高的化学稳定性和热稳定性，这使得它们在这种应用中引起强烈的关注。然而，聚合物膜由于其价格低廉、易于制造和结构设计等优点，比无机膜具有更高的应用价值。在光催化膜反应器结构中，辐射源位于膜组件的上方或内部，聚合物膜直接暴露在紫外线照射作用下，存在膜结构破坏的危险，其稳定性完全依赖于制膜的高分子材料性质。Molinari 等人（2000）对 11 种商用聚合物膜的实验研究分析（见表 4.1）表明：聚丙烯腈、氟化物+聚丙烯、聚砜+聚丙烯在 365nm 紫外线照射下的稳定性好于聚砜、聚酰胺和聚醚砜，甚至好于聚偏氟乙烯。其他研究者对 7 个微滤和 3 个超滤聚合物膜（见表 4.1）的实验研究也得出了类似的结论（Chin et al.，2006）。基于初始样品和紫外线辐照样品 PWF 测量值的差异，报告中膜的稳定性顺序为：聚醚砜（PES）＜聚砜（PSU）＜聚丙烯（PP）＝醋酸纤维素（CA）＜聚偏氟乙烯（PVDF-MP）＜聚碳酸酯（PC）＜聚偏氟乙烯（PVDF Pall）＝聚四氟乙烯（PTFE）＝聚丙烯腈（PAN）＝聚偏氟乙烯（PVDFphobic）。

表 4.1 商用聚合物膜对紫外线辐照的稳定性测试（Molinari et al.，2000；Chin et al.，2006）

聚合物	膜标号	制造商	切割分子质量或孔径	稳定性
聚砜	MPPS 0000u002	Separem	15kDa	++
聚砜	MPPS 0000u006	Separem	40kDa	++
聚醚砜	PES	TechSep	40kDa	+
聚酰胺	MPCU 0000U25	Separem	2.5kDa	+++
聚酰胺	MPCU 0000U20	Separem	2.0kDa	+++
聚醚醚酮	P-12-10	Homemade	—	++
聚偏氟乙烯	PVDF	Techsep	0.1μm	++
聚丙烯腈	PAN	Techsep	40kDa	+++
聚砜+聚丙烯	GR 51 PP	Techsep	50kDa	+++
醋酸纤维素+聚丙烯	CA 600 PP	Dow	20kDa	+
氟化物+聚丙烯	FS 50 PP	Dow	50kDa	+++
聚砜	PS	Osmonics	600kDa	+
聚醚砜	PES	Millipore	50kDa	+
聚偏氟乙烯	PVDFphobic	Millipore	0.22μm	+++
聚偏氟乙烯	PVDF-MP	Millipore	0.22μm	++
聚偏氟乙烯	PVDF-Pall	Pall Filtration	0.1μm	+++
聚丙烯腈	PAN	Cleanseas	约 40kDa	+++
醋酸纤维素	CA	MFS	0.2μm	++
聚丙烯	PP	Osmonics	0.1μm	++
聚碳酸酯	PC	Millipore	0.1μm	++
聚四氟乙烯	PTFE	Cole Parmer	0.2μm	+++

紫外线照射引起的高分子膜结构化学变化是一种复杂的现象，包括链断裂或交联，然后与氧反应形成官能团，如羰基（C═O）、羧基（COOH）、过氧化物（O—O）（Rupiasih et al.，2013）。图 4.2 为聚砜（稳定性较低的聚合物）在紫外线照射下降解的机理示例，聚砜对紫外线辐射破坏的高敏感性导致了由这种聚合物制成的膜稳定性低。Rupiasih 等（2013）报道，聚砜膜暴露于 15W 杀菌灯下（λ_{max}=254nm，I=0.28W·m^{-2}）低于 15min 时，膜孔隙大小和孔隙数量均增加；暴露 45min，产生裂纹和其他损伤，膜的 PWF 测量值增加了 225%~370%。

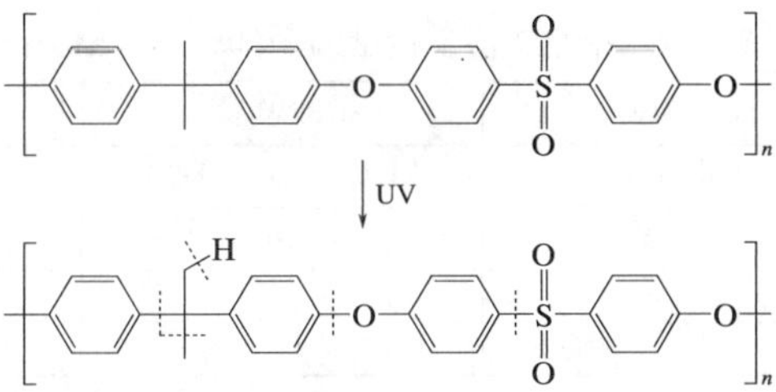

图 4.2　紫外线照射下聚砜键解离或断裂的可能机理（Jyothi et al.，2014）

也有研究者报道了 PM 中膜在紫外线照射下的损伤（Feng et al.，2015）。例如，TiO_2 修饰的聚砜膜具有自清洁性能，这种膜中的聚合物链不仅可以被紫外线破坏，也可以被光催化过程中形成的羟基自由基破坏。Feng 等人（2015）提出了中间聚多巴胺（PDA）层的应用，其作为自由基清除剂保护聚砜膜免受紫外线照射。作者报道没有保护层的膜在紫外光辐照 9 天后完全破坏，而在相同条件下，有聚多巴胺层的膜表现出稳定的渗透通量和截留性能，其基材保持完整。

研究者发现 PVDF 膜比 PSU 和 PES 膜更能抵抗紫外线照射（Chin et al.，2006；Molinari et al.，2000）。Zhao 等人（2016）在他们最近的论文中也报道了 PM 中 TiO_2 改性 PVDF 膜在紫外线照射 2h 的光催化环境下表现出良好的化学稳定性。然而，Lee 等人（2016）的研究表明，TiO_2-PVDF 膜长期暴露于 UV-A 辐照会导致其结构严重损伤，UV-A 辐照 40h 后，观察到大量的膜表面裂缝，而 UV-A 辐照 120h 后，膜分离层严重破坏，膜分离层厚度从 153μm 减小到 120μm，当辐照时间延长到 120h 以上时，膜发生了完全损伤，成为粉末状。随着 UV-A 辐照时间的延长，膜的破坏过程伴随着渗透通量的不断增加、力学性能及热稳定性的恶化（见表 4.2）。

表 4.2　UV-A 辐照对 TiO_2-PVDF 光催化膜渗透通量、力学性能和热稳定性的影响（Lee et al.，2016）

紫外线照射时间/h	渗透通量/(L·m^{-2}·h^{-1})	抗张强度/MPa	断裂伸长率/%	分解温度/℃
0	10.9	1.93	326	406
40	11.5	1.90	160	421
60	16.0	1.82	128	406
120	21.8	1.73	120	390

Lee 等人（2016）得出的结果清楚地表明，对 PMR 进行膜稳定性的中长期研究评价是非常重要的，实验研究文献中短期的实验结果往往诱导出聚合物基膜寿命长的误导性结论。

另一个与 PMR 膜稳定性有关的是光催化剂颗粒与膜表面摩擦导致的膜损伤（Darowna et al.，2017；Mozia et al.，2015a，2015b；Szymanski et al.，2016）。PMR 体系中膜分离层的机械破坏既有聚合物有机膜，也包括陶瓷无机膜。在 PPMR 中选用四种商用聚醚砜超滤膜对葡萄聚糖标物的截留变化进行实验（见表 4.3），结果表明摩擦造成的膜损伤的严重程度取决于膜类型、光催化剂类型、工艺参数（即进料流量和 TMP）和进料成分（Mozia et al.，2015a；Darowna et al.，2017）。在 PPMR 中，聚合物膜的破坏在很短的时间内就可以观察到，在某些情况下仅用 35h 就可观察到。

表 4.3　商用聚醚砜膜在 PPMR 稳定性试验中的性能（Mozia et al.，2015a）

项目	UFPT 膜	UFPW 膜	UE10 膜	UE50 膜
制膜厂商	GE Osmonics，USA	GE Osmonics，USA	Trisep Corp.	Trisep Corp.
切割分子质量/kDa①	5	10	10	100
TMP=1bar 时的 PWF/$(L \cdot m^{-2} \cdot h^{-1})$	49	130	150	760
接触角/(°)	67.1	55.8	73.9	68.5

① 依据制造。

注：$1bar=10^5Pa$。

一般来说，具有细孔的膜和分离层薄的膜，比那些皮层更厚和具有大孔的膜更不耐磨损，颗粒体积小且边缘锋利的光催化剂比颗粒大的圆形光催化剂更易对膜表面产生严重破坏。大颗粒造成深裂纹，但不会破坏整个表面，而小颗粒摩擦膜表面，导致膜皮层严重损伤。研究结果表明，TMP 对膜稳定性的影响比进料液错流速度（CFV）大得多。一般来说，在低 TMP（1bar）下运行会减轻膜分离性能的恶化，并防止膜污染。此外，悬浮在超声波中的 TiO_2 颗粒对膜的磨损作用比原水中含有的有机质（腐殖酸）和无机盐（硫酸盐、磷酸盐和碳酸氢盐）更强，Mozia 等人（2015a）认为在被处理的水中含有各种化合物时，TiO_2 形成了不同形状和大小的聚集物。Mozia 等人（2015a）报道，光催化剂在非常高浓度（$10g \cdot L^{-1}$）的情况下，TiO_2 颗粒对聚醚砜膜表面的磨损比 H_2O_2 等氧化物对膜表面的磨损更大，导致分离性能丧失。

Mozia 等人（2015b）明确指出，不仅聚合物膜，陶瓷超滤膜也会因光催化剂颗粒的摩擦作用而受到损伤。选用三种商用陶瓷二氧化钛膜（Filtanium series，TAMI Industries，France），标配的聚乙二醇经过 100h 光催化反应，结果显示，切割分子质量 5kDa 的陶瓷膜孔遭到破坏，丧失了其分离特性。在 PMR 中使用过的膜与初始膜相比，膜表面粗糙度明显增加（见图 4.3）。由此可见，平滑的皮层是被流动的 TiO_2 颗粒刮伤的。相反，孔径为 0.2 mm 微滤膜随着运行时间的延长，其截留效率提高，这归因于 TiO_2 颗粒沉积在膜孔中。Mozia 等人（2015b）指出，截留分子质量 100kDa 的超滤膜在 100h 的运行过程中分离特性是稳定的，然而，其运行时间延长至 400h，其分离性能明显下降。Szymanski 等人（2016）报道，在 TiO_2 存在的情况下，经过 400h 的实验运行，截留分子质量 70kDa 的葡聚糖的截留率从初始的 95%下降到 46%。这些结果证实了在 PMR 体系设计使用之前，对膜的抗紫外线照射和活性氧自由基作用以及光催化剂颗粒磨损的长期研究是很重要的。

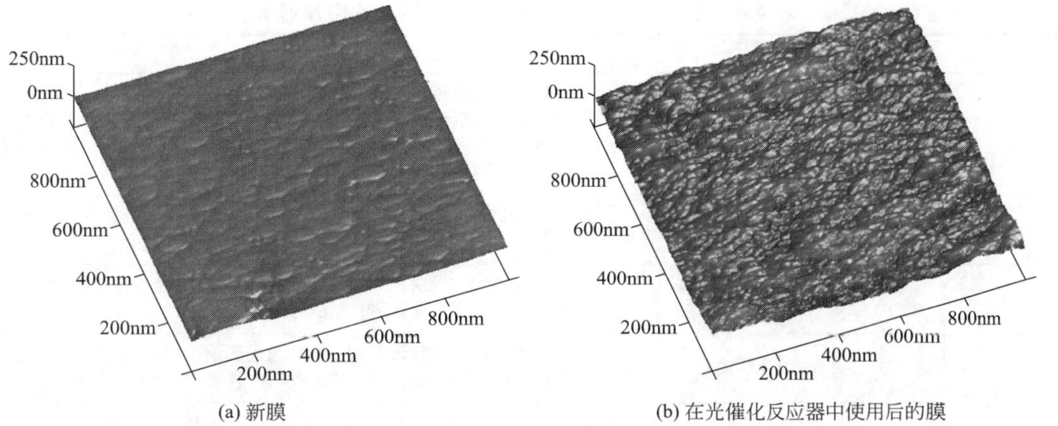

图 4.3 商标 Filtanium 5 新膜（a）和在光催化膜反应器（PMR）使用后的膜（b）的原子力显微镜（AFM）图像（Mozia et al.，2015b）

当考虑光催化膜在 PMR 中应用的稳定性时，还应该考虑两个额外的因素：①光催化剂颗粒的附着或结合强度，防止其从膜基质或表面冲洗时脱落。②膜光活性的维持或恢复。用浸涂法或简单的物理沉积法制备光催化膜时，光催化剂颗粒被洗出的风险最大。Mozia 等人（2013）指出在长期的操作过程中，由于过滤速度所带来的高剪应力，颗粒可能会被剥离，因此，膜可能会在一段时间后失去其性能。膜的光活性的稳定性取决于光催化剂活性的稳定性，并与光催化剂结合的强度密切相关，这两个参数都受到工艺条件和处理液成分的影响，因此，需在与实际条件相似的条件下进行评估。

上述内容清楚地表明，PMR 的大规模应用要求开发新型膜，以抵抗这些系统中普遍存在的恶劣条件，膜应具备良好的寿命，特别是在抗羟基自由基和其他氧化物的氧化以及光催化剂颗粒的磨损等方面。为了证明膜具有这样的性能，必须进行长期寿命或老化试验。同时要认识到膜光催化反应器的精心设计可以减少存在的这些问题（例如，把膜光催化反应器中反应区与膜分离区分开）。

4.4 影响光催化膜反应器渗透液质量的操作参数

压力驱动 PMR 的渗透液质量取决于光催化和膜分离两部分。光降解效率取决于光催化本身的因素，如光的波长和强度、光催化剂类型、负载、溶液组成和反应器配置等。影响膜工艺渗透液质量的相关参数主要有以下几个方面（见表 4.4）。

① 水力停留时间（HRT，RT）与渗透通量有关；

② 操作模式（例如，批次和连续流，终端过滤和错流过滤，间歇式和连续式操作，有/没有反冲洗等）；

③ 水力工艺参数（CFV，TMP）；

④ 膜的分离特性；

⑤ 膜组件装填密度（MPD）。

表 4.4　影响压力驱动 PMR 渗透液质量的操作参数

<table>
<tr><th colspan="2">操作参数</th><th>说明</th></tr>
<tr><td colspan="2">光催化降解污染物的效果</td><td>影响光催化过程的有关参数：反应器设计、光的波长和强度、光催化剂类型和负载、pH 值、氧含量、溶液组成（例如污染物的浓度、无机离子的存在等）。一般来说，光降解（矿化）效率的提高导致渗透液质量的提高</td></tr>
<tr><td colspan="2">水力停留时间（HRT）（停留时间，RT）</td><td>HRT 的延长有助于提高光降解效率和改善渗透液质量。一般情况下，渗透通量越低，渗透液质量越好</td></tr>
<tr><td rowspan="4">运行模式</td><td>批次与连续流比较</td><td>结果表明，批次比连续流方式更有效。然而，考虑到潜在的工业应用，连续系统是更有用的</td></tr>
<tr><td>间歇与连续比较</td><td>间歇渗透对降解效率和产品质量的影响可以忽略不计。然而，间歇操作有助于防止光催化剂沉积在膜上，从而提高降解效率</td></tr>
<tr><td>有或没有反冲洗/反脉冲</td><td>反冲洗/反脉冲有助于从膜表面去除沉积的光催化剂，从而增加其在本体中的浓度，增强光催化作用</td></tr>
<tr><td>有无曝气（SPMR）</td><td>曝气过程中形成的气泡会由于光散射而干扰光催化，导致降解效率下降</td></tr>
<tr><td rowspan="4">水力工艺参数</td><td>横向流速</td><td>增加横向流速可以减轻或防止光催化剂在膜上的沉积，从而提高降解效率</td></tr>
<tr><td>膜压差</td><td>在低膜压差下，水力停留时间的增加，提高了的降解效率
在较高膜压差下，光催化剂颗粒在膜上/膜内的沉积增多和水力停留时间缩短，导致降解效率降低</td></tr>
<tr><td>膜的类型、工艺流程和膜的分离特性</td><td>在压力驱动过程中，渗透液质量随膜孔径的减小而增大（MF<UF<NF）</td></tr>
<tr><td>组件填充密度（带光催化膜的 PMR）</td><td>组件填充密度的增加导致光催化膜的活性表面增加，从而提高光降解效率；然而，当填充密度过高时，膜纤维容易相互黏附，活性表面降低</td></tr>
</table>

资料来源：Jiang，Choo，2016；Moustakas et al.，2014；Mozia et al.，2013；Ong et al.，2014；Wang，Lim，2012。

水力停留时间（HRT）与渗透通量密切相关，而渗透通量又与 TMP 和膜特性有关，若需提高光催化降解效率，需要延长水力停留时间，而渗透通量（或 TMP）的增加会缩短水力停留时间，从而使渗透液的质量下降。在光催化降解过程中，超滤膜或微滤膜具有高渗透通量，对低分子有机物（光催化降解产物）截留有限，此时对水力停留时间的控制尤其重要。尽管如此，对于给定的系统，需要在停留时间方面优化工艺，对于含低污染物浓度和低分子量化合物的处理液需要更短的水力停留时间，反之亦然（Sarasidis et al.，2014）。

以安装有聚偏氟乙烯微滤膜的 SPMR 去除污染物 1,4-二氧杂环己烷标样为例，图 4.4 为停留时间对处理效率的影响。PMR 既可以在批次处理模式下操作，也可以在连续处理模式下操作。在某些情况下，半批系统也可以应用。总体而言，连续处理的 PMR 的处理效率低于间歇式处理的 PMR（Molinari et al.，2001，2002b；Mozia et al.，2013）。这主要与较短的水力停留时间有关，在以前的系统中，当处理的原液体积相对较小时，建议采用批次处理模式。相反，在进料量大的情况下，连续处理的 PMR 更有优势，尽管与间歇式系统相比，处理效率较低（Molinari et al.，2002a）。

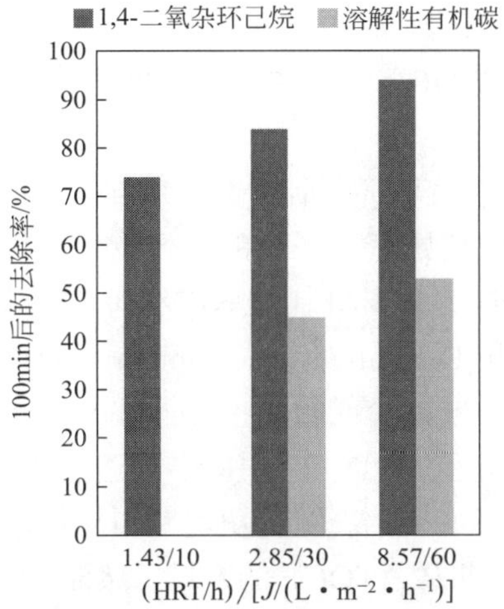

图 4.4　水力停留时间（HRT）对微滤浸没式光催化膜反应器去除 1,4-二氧杂环己烷和溶解性有机碳（DOC）的影响（Lee et al.，2015）

参数：TiO_2 P25 浓度为 5.0g·L^{-1}；初始 1,4-二氧杂环己烷浓度为 0.85mg·L^{-1}；DOC 初始浓度为 4.4mg·L^{-1}；膜为聚偏氟乙烯（0.4μm）；J 为渗透通量

利用浸没 PMR 进行处理，既可以采用连续抽吸方式，也可以采用间歇抽吸方式。采用间歇渗透可以提高膜通量，降低膜污染（Mozia et al.，2013），尽管如此，与连续处理模式相比，间歇式处理对渗透质量没有明显的影响。此外，间歇式频次（IF）对 SPMR 中有机物去除效率也没有显著影响（Chin et al.，2007b；Ryu et al.，2005）。

然而，间歇式操作有助于防止光催化剂颗粒沉积在膜表面，反冲洗（反脉冲、反冲洗）、曝气（气泡）或膜组件振动也能防止光催化剂颗粒沉积在膜表面（Wang et al., 2013）。光催化剂在膜表面的沉积导致其在处理溶液中的浓度下降，从而导致光催化降解效率下降；反冲洗可以有效促使光催化剂颗粒从膜表面返回光催化反应器，从而使处理液中的光催化剂浓度保持恒定（Wang et al.，2013）。

对 SPMR 的处理效率进行评估时，发现反脉冲比连续曝气更有利（Jiang and Choo，2016）。空气曝气时，由于发生光散射而干扰光催化反应；若采用无气泡反脉冲或曝气区与反应区分离时不会发生这种现象（Fu et al.，2006）。

影响渗透液质量的另一组因素是水力工艺参数 CFV 和 TMP。在悬浮态 PMR 中，增加 CFV 可以提高光催化降解效率，其原因是减轻甚至防止光催化剂颗粒沉积在膜表面或孔内。TMP 的减少会对光催化降解效率产生积极的影响，因为在较低的驱动力下，渗透通量也较低，这意味着 HRT 的增加（Wang and Lim，2012）；相反，TMP 的增加导致渗透液质量的下降。Moustakas 等人（2014）采用配备固定光催化的 PMR，对甲基橙和亚甲基蓝（MB）的去除进行了研究，由于污染物与光催化表面的接触时间较短，通过膜孔的较高流速会导致光催化效率显著降低。在悬浮态 PMR 中，TMP 对光催化降解效率的不利影响与光催化剂颗粒在膜上的沉积增加有关。

PMR 渗透液的质量也取决于膜的性能和膜工艺（Mozia et al.，2013）。MF 和 UF 中使用的膜保证了光催化剂颗粒的有效分离，但它们不能截留初始污染物、光催化降解产物或副产物的低分子量化合物，因此，这些物质可以自由地通过膜，从而降低产品的质量。综上所述，当使用 MF 或 UF 膜时，处理液中污染物的有效光催化降解是一个关键问题。

采用 NF 的 PMR 得到的渗透液质量比采用 MF 或 UF 时的高，即使在 NF 的情况下，光催化降解的低分子量产物或初始低分子量的化合物也可以穿透纳滤膜（Molinari et al., 2004）。应该记住的是 MF/UF 的分离机制与 NF 不同，前者发生筛分效应，而在 NF 过程中必须考虑溶液扩散机制和 Donnan 效应。Donnan 效应引起的底物分子与膜表面之间的排斥或吸引相互作用会增加或减少截除率，从而影响渗透液质量（Mozia et al., 2013）。

Ong 等人（2014）最近报道了 MPD 对 PMR 中渗透液质量的影响。对配置 TiO_2-PVDF 膜的 SPMR 系统除油过程进行研究时，作者发现 MPD 从 17.6%增加到 35.3%（即提高为原来的 2 倍）有助于提高总有机碳（TOC）的降解，然而，装填密度进一步增加至 52.9%（即增加了 2 倍）时，与 MPD 35.3%相比其 TOC 去除率降低了。这是由于膜纤维的相互堆挤，导致膜活性表面减少，紫外线辐射降低和光催化反应下降。以上内容清楚地表明，在 PMR 设计阶段，要保证最佳的渗透液质量，需要考虑很多因素。

4.5 光催化膜反应器结构和设计实例

Molinari 和 Sopajaree 等人首次对压力驱动膜（MF、UF 和 NF）过程与光催化相结合的 PMR 的发展进行了报道（Molinari et al., 2000，2001；Sopajaree et al., 1999），其目的是在反应环境中选择一个合适的膜材料实现稳定运行，并确定影响光催化膜反应器性能的变量。

Molinari 等人（2002a）以 TiO_2 为光催化剂，研究了两种不同构型的 PPMR 降解 4-硝基苯酚的性能。一种是灯位于过滤膜片的上方，在这里发生光催化辐照（见图 4.5）；另一种是将灯浸入光催化膜反应器中，辐照循环反应管中的悬浮光催化剂（见图 4.5）。此外，在第一种结构中，其过程效率主要研究光催化剂悬浮、负载和膜中的问题。

结果证明，第二种结构，即灯浸入光催化膜反应器中，在辐照效率和膜透性方面更有前景。此外，辐照区和渗透区分离，研究者可以根据所研究的光催化过程选择膜类型，而不受抗紫外线膜选择的限制。

Molinari 等（2004）通过对染料刚果红（CR）和专利蓝（PB）的光催化降解研究，证实了污染物的光催化降解速率受到紫外线照射模式的强烈影响。特别是通过比较外置灯和浸没灯两种类型发现，虽然浸没灯耗能是外置灯的 4 倍，但是浸没灯结构的光降解速率比外置灯结构高 3 倍。基于此考虑，采用浸没灯在 PPMR 中进行了连续实验，连续地向进料槽中注入进料液（图 4.5 中的 11），并连续地将渗透液抽回废液槽中（图 4.5 中的 12），结果见图 4.6。刚果红随时间在渗透液和保留液中的浓度变化表明，纳滤膜能有效地截留光催化剂和刚果红。与刚果红原液浓度为 $500mg\cdot L^{-1}$ 相比，所得渗透液中的浓度很低（0.1%）。因此，实验证明了通过连续工艺成功处理高浓度染料溶液是可能的，这是 PPMR 的一个重要特征。虽然有这些令人鼓舞的结果，但整个过程的渗透通量从初始值 74.2L·m^{-2}·h^{-1} 下降到 29.8L·m^{-2}·h^{-1}（下降 60%），这是光催化剂沉积在膜上引起的膜污染导致的。

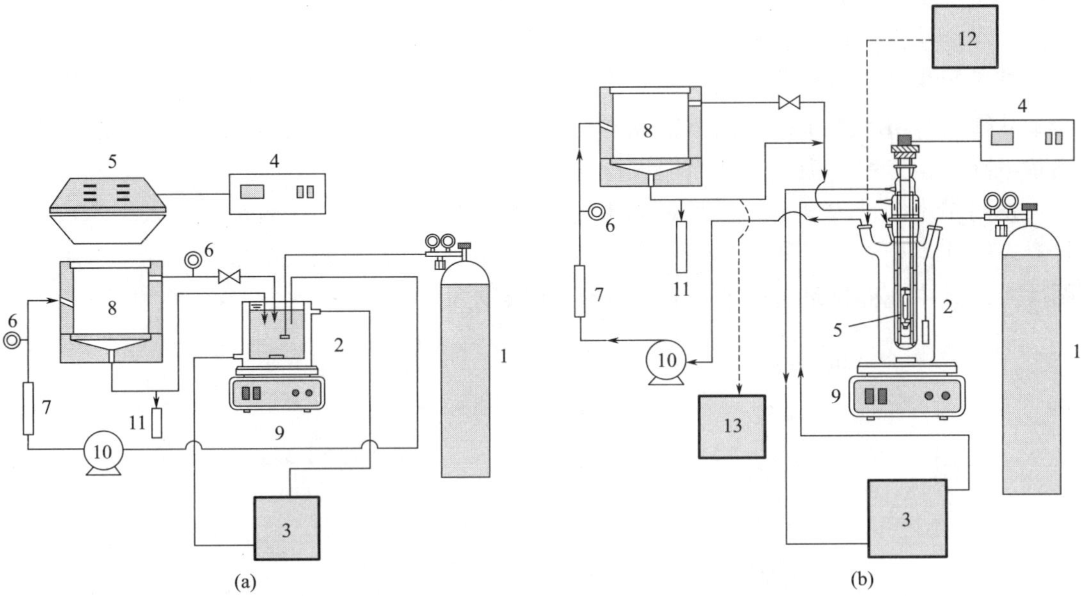

图 4.5　两种不同的光催化膜反应器构型的介绍（Molinari et al.，2004）

（a）将灯置于渗透池上；（b）灯浸在光催化反应器中

1—氧气瓶；2—带冷却套的圆柱形反应器；3—恒温槽；4—电源；5—中压汞灯；6—压力计；7—转子流量计；8—渗透池；9—电磁搅拌器；10—泵；11—渗透取样刻度筒；12—原料池（连续状态）；13—废弃池（连续式）

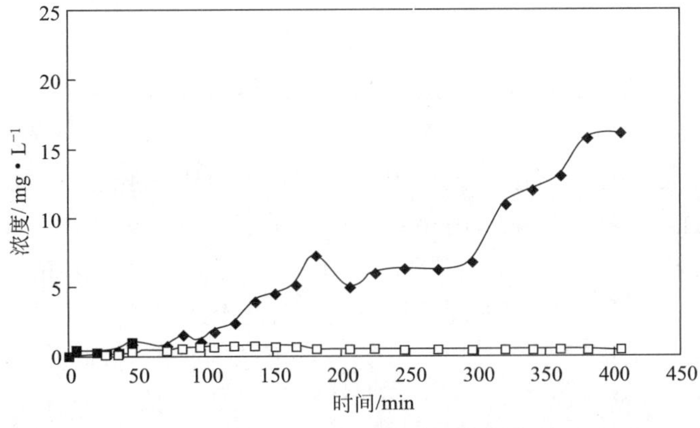

图 4.6　刚果红在截留液和渗透液中的浓度随时间的变化（Molinari et al.，2004）

（◆）截留液；（□）渗透液

体积为 500mL；温度为 303K；浓度（O_2）为 22mg·L^{-1}；TiO_2 含量为 1g·L^{-1}；原液浓度为 500mg·L^{-1}；中压汞浸灯功率为 125W；初始 pH 值为 6.42；压力为 3.5bar

几年后，Molinari 等人（2008）使用悬浮态 TiO_2（P25）作为光催化剂，测试了相同的 PPMR 系统对二甲苯氧庚酸（GEM）的光催化降解。在恒定 TMP 为 6 bar 的连续工作条件下，研究者观察到良好的操作性能，在大约 120min 内，反应达到稳定状态，GEM

完全去除，矿化率为 60%，渗透通量稳定在 38.6$L \cdot h^{-1} \cdot m^{-2}$，一直保持到运行结束。一些中间产物通过了膜，证明稳态时 TOC 的截留率约为 62%，说明还需选择对光催化降解产物截留率更高的膜。在光催化过程中，膜表面的光催化剂沉积和污染导致通量下降，用酶洗涤剂清洗膜可使通量恢复到可接受的值。

从应用角度来看，所有之前的工作都证实将悬浮态光催化反应器与加压平板膜系统集成获得的 PMR 用于处理高浓度废水有应用前景，尽管光催化剂沉积于膜面，导致膜通量下降，但选用平板膜能适当地进行控制。

使用中空纤维膜（HFM）也是克服这个问题的有效方法。Sopajaree 等人（1999）将悬浮态的非均相光反应器与加压中空纤维 UF（HFM-UF）单元相结合得到混合系统（见图 4.7），其中光催化剂选为 Degussa P25，污染物为 MB。

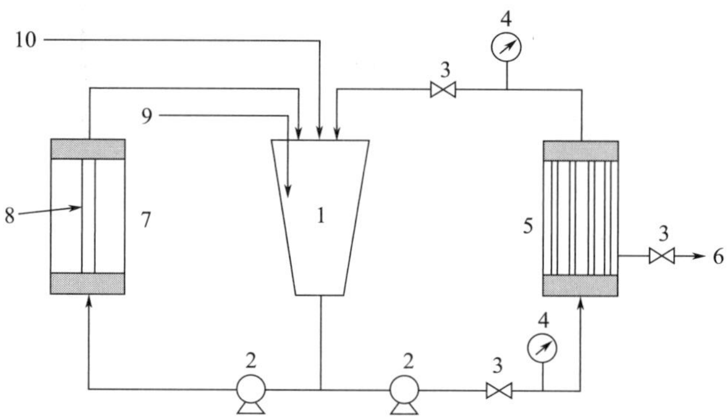

图 4.7　中空纤维膜（HFM）超滤单元示意图（Sopajaree et al.，1999）

1—储罐；2—蠕动泵；3—碟片阀；4—压力表；5—中空纤维膜组件；6—渗透出口；7—光催化反应器；8—辐照源；9—曝气；10—废水

结果证明，使用的 HFM-UF 单元可使光催化剂保留在反应体系，染料去除率达到 98%，但在渗透液中仍能检测到 26%的 TOC，说明一些降解中间体透过了膜。在运行过程中研究者观察到通量逐步减小，其原因是光催化剂沉积在膜上，膜反冲洗能维持一个相当稳定的渗透通量。尽管在减少污染方面取得了这些令人鼓舞的结果，但在随后的循环中，光催化性能出现了系统性的下降（第 10 个循环运行后，MB 的去除率降为 86%）。在超滤过程（光催化剂积累）和膜反冲洗过程（光催化剂再分散）中，光催化膜反应器中溶液的动态光散射测量显示了一个渐进的、不可逆的光催化剂团聚过程，导致光催化活性下降。

HFM 系统的性能主要从膜的渗透性方面来提高，主要是通过减压方式运行，即渗透液从浸入反应溶液/悬浮液中的 HFM 内部吸出。在这些系统中，正如 SPMR 所展示的，气体喷射是一种很有前景的方法，它可以控制膜表面附近的水动力条件，从而减少光催化剂沉积和膜污染。

Kertesz 等人（2014）在 SPMR 中，将光催化反应器与浸没在水中的 HFM 膜组件集成，在 TiO_2 的水分散体系中光催化降解偶氮染料 AR1（见图 4.8）。结果表明该系统能有效脱色含 AR1 的染料废水，验证了该系统处理含染料废水的可行性。同时光催化剂完全截留在反应体系中，通过空气鼓泡控制透过通量的快速下降，从而实现双重目的，即 TiO_2 颗粒从膜纤维表面去除，饱和氧促进光催化降解反应（Chin et al.，2007a; Fu et al.，2006; Huang et al.，2007）。如前所述，连续的渗透通量达到 $40L\cdot m^{-2}\cdot h^{-1}$。

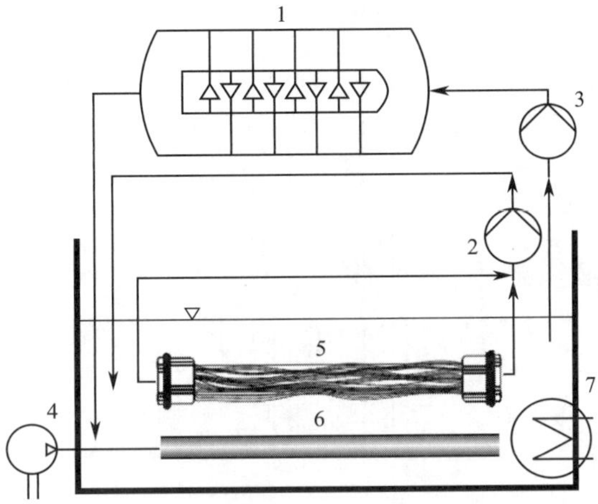

图 4.8 光催化膜反应器实验装置示意图（Kertesz et al.，2014）

1—紫外光催化膜反应器；2—渗透泵；3—循环泵；4—空气压缩机；5—膜组件；6—空气扩散器；7—温度控制系统

Fu 等人（2006）提出了一种类似的方法，光催化降解含富里酸（FA）的水溶液。通过使用图 4.9 所示的带曝气装置的 SPMR，研究者证明了光催化剂浓度、气体流量和 pH 值对整个过程的性能有重要影响，FA 降解的最佳条件是在酸性条件下且光催化剂浓度为 $0.5g\cdot L^{-1}$、气体流量为 $0.06m^3\cdot h^{-1}$。

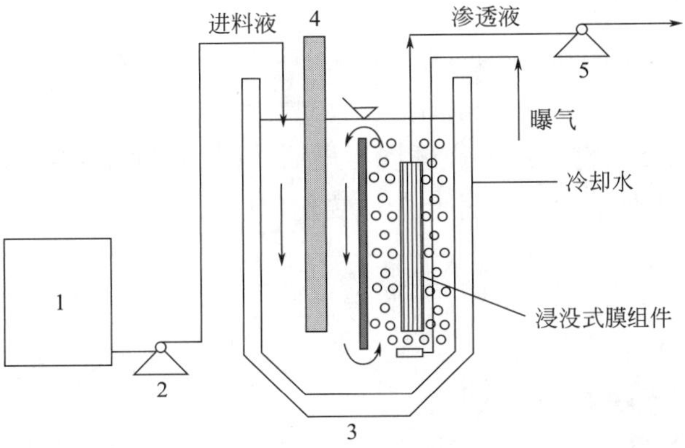

图 4.9 浸没式光催化膜反应器系统示意图（Fu et al.，2006）

1—贮水槽；2—给水泵；3—恒温夹套光催化膜反应器；4—紫外线灯；5—抽吸泵

Molinari 等人（2008）还提出使用一种减压的 PMR，它是通过改变图 4.5 中的渗透部分而得到的，其减压的渗透系统如图 4.10 所示。该装置在自制的膜组件中装填商用的毛细管 PES 膜（暴露膜表面积 $4.19\times10^{-3}m^2$），通过渗透膜组件中的氧气鼓泡的方式产生光催化氧化，具有前面所述的双重用途（Hairom et al.，2015）。得到的结果表明，在反应环境中，膜仅截留了光催化剂，而 GEM 及其光催化降解副产物转移到渗透液中。尽管有这个缺点，该 SPMR 在 0.033bar 真空条件下透过通量稳定在 $65.1L \cdot h^{-1} \cdot m^{-2}$，比 PPMR 得到的透过通量要高，显示出若选择合适的膜与处理液，它有好的应用前景。

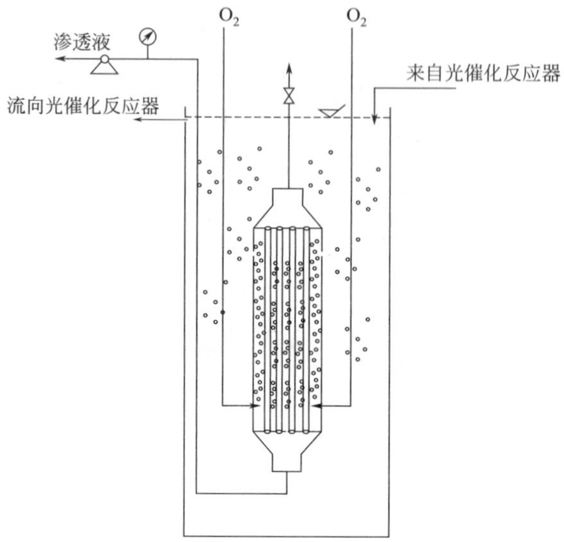

图 4.10　浸没膜减压渗透示意图（Molinari et al.，2008）

如前所述，将膜反冲洗与空气鼓泡相结合，通过优化频率、持续时间和强度，可以改善 SPMR 的性能。Sarasidis 等人（2014）在 DCF 光催化降解的连续测试实验装置中运行膜反冲洗程序，如图 4.11 所示。该系统利用定时器控制的两个三通阀实现了膜的周期性自动反冲洗，减轻了膜污染。

多数配置悬浮态光催化剂的 SPMR 体系，采用加压和减压运行模式，它由光催化反应区（包含污染物、光催化剂和光源辐照）和膜分离区组成，膜组件扮演双重角色，既维持了光催化剂和未反应物质的反应环境，同时将降解的物质渗透分离。在该系统中，两个区域之间的 PMR 容积分布是另一个需要优化的重要设计参数（Hairom et al.，2015；Molinari et al.，2004）。

Fu 等人（2006）没有将光催化区与膜分离区分开设计，他们将膜组件直接浸入光反应器中，通过使用适当的黑色挡板，避免了紫外线对膜组件的直接照射。在这种情况下，膜也可以选择不是抗光辐射材料的膜。

在紫外线辐射条件下避免膜损伤的另一种尝试是使用陶瓷膜而不是聚合物膜，Szymanski 等人（2016）最近介绍了一种管状陶瓷超滤膜 PMR（见图 4.12）用于去除水中的腐殖酸。该系统主要部件是配备有 UV-C 灯（光催化过程发生的地方）的流式光催化膜反应器和一个分离光催化剂和污染物的管状陶瓷膜组件，膜的工作方式是由内向外的，即进料在膜腔内流动，渗透液从膜壳侧收集。该系统采用气动双隔膜泵输送进料，原液箱装有电动机械搅拌器，以确保含悬浮光催化剂的溶液有效混合。该系统配置了膜反冲洗，使用渗透液作为冲洗液，反冲频率和反脉冲持续时间都可以设置为所需的值。

为了控制工艺温度，该系统使用了冷却器，此外，PMR 还配备了加热器来加热膜清洗过程中使用的酸碱溶液。

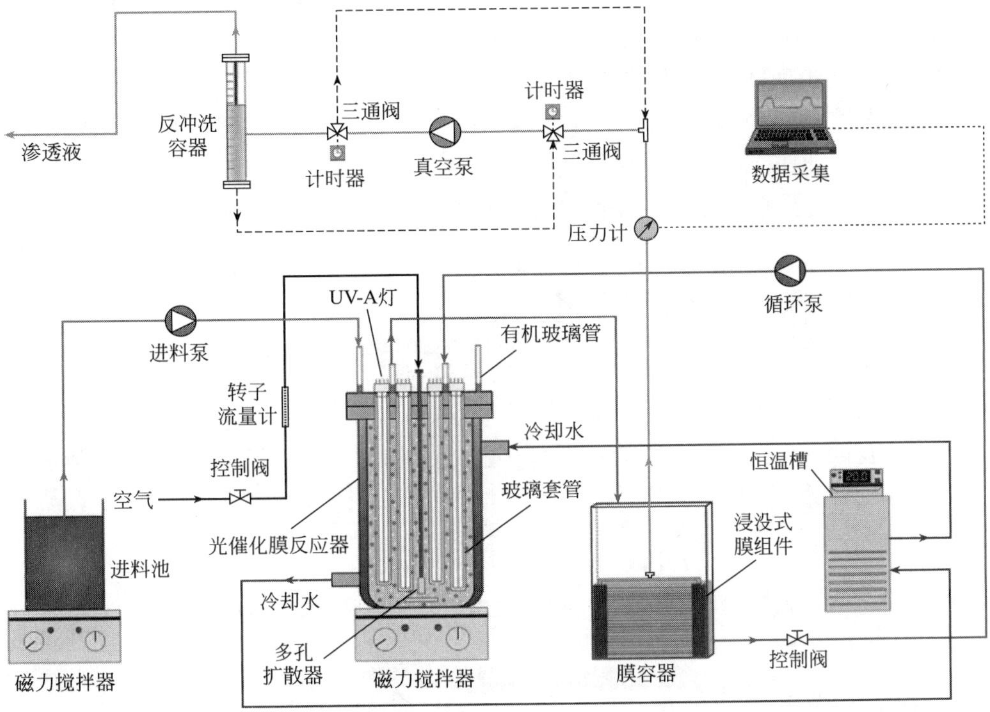

图 4.11　采用浸入式 UV-A 灯的浸没式光催化膜反应器中试原理图（Sarasidis et al.，2014）

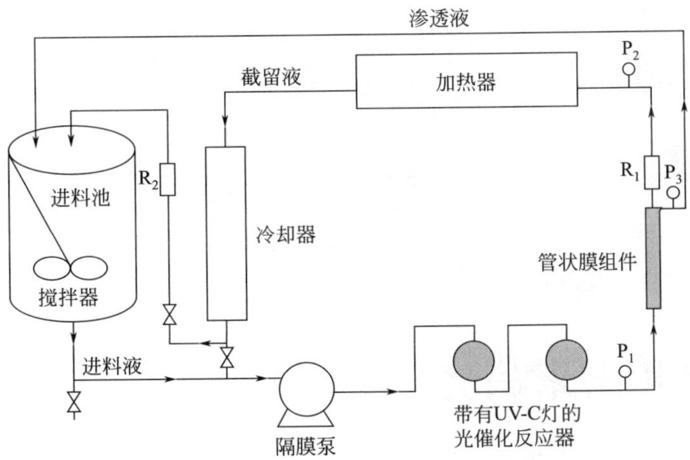

图 4.12　光催化陶瓷管膜实验反应器的原理图（Szymanski et al.，2016）

R_1，R_2—变流器；P_1，P_2，P_3—压力表

从以上对 PMR 结构的概述可知，文献中描述的大多数系统中，无论是低压还是高压类型的汞灯，都可作为辐射源，这是因为最常见的光催化剂 TiO_2 需要紫外线照射才能进行光催化反应。然而，当考虑到能源效率时，一个非常有意义的方法是以可见发光二

极管（vis-LED）为光源。Wang 等人提出了将可见光活性 C-N-S/TiO_2 应用于两种 PMR 构型［即 PPMR（Wang and Lim，2012）和 SPMR（Wang et al.，2013）］中，用于去除青霉素 G 和卡马西平等药物。在 PPMR 中，光催化膜反应器和 MF 膜组件是分开的（图 4.13）；而在 SPMR 中，MF 膜安装在光催化膜反应器内部（图 4.14）。正如作者（Wang and Lim，2012）指出的那样，可见光 LED 灯由于具有寿命长、能源效率高、光谱纯度好、灵活配置和占用空间小等优点，作为光催化的可见光光源越来越受到研究人员的关注（Wang and Lim，2012），然而，尽管有这些优点，可见光 LED 光源在 PMR 中的应用仍然非常有限，其主要原因是可见光活性光催化剂的开发方面存在困难。

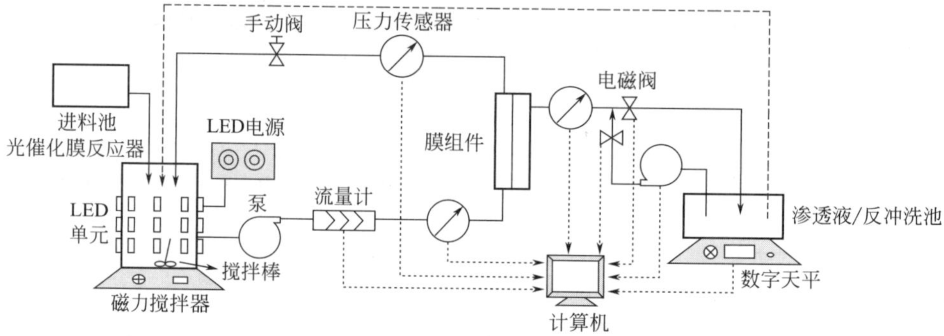

图 4.13　使用平板 PVDF MF 膜和 vis-LED 光源的 PPMR 原理图（Wang and Lim，2012）

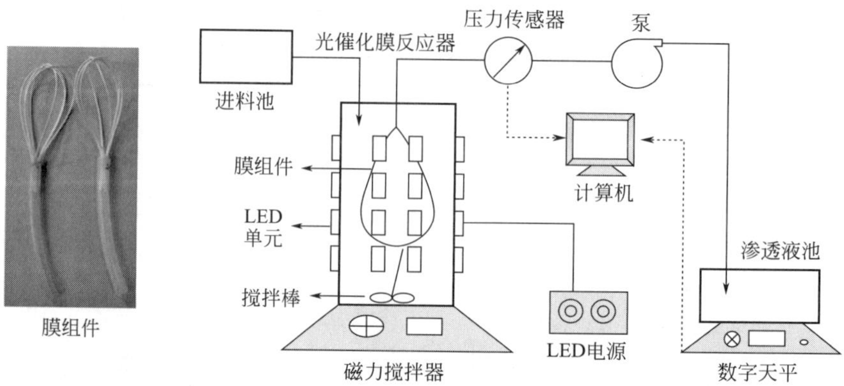

图 4.14　使用中空纤维 PVDF MF 膜和 vis-LED 光源的 SPMR 原理图（Wang et al.，2013）

4.6　结论和未来趋势

利用压力驱动膜技术的 PMR 可以在不同的结构中建立，即在 PPMR 和 SPMR 中可透过膜施加正压力或负压力。此外，PMR 构型可分为悬浮态（光催化剂在处理液中）和固定光催化剂两种体系，光源可浸没在光反应器内或安装在光催化反应器膜组件上方，光催化反应和膜分离在一个单元或在不同区域。

无论 PMR 的配置如何，在膜的选择上应特别注意它对这些系统中普遍存在的苛刻条件的适应。负载光催化剂的聚合物膜存在被紫外线辐射和活性氧破坏的危险，但在悬浮态系统中，可通过光催化反应区和膜分离区分开实现这种风险最小化。另外，聚合物膜和陶瓷膜都可能受到光催化剂颗粒在悬浮态 PMR 中的磨蚀作用，因此，在选择膜之前对膜的稳定性需进行长期研究。

每一种 PMR 的关键问题都是渗透液质量，它受到许多因素的影响，如与光催化降解效率相关的参数、HRT 和水力工艺参数、操作模式、膜的分离特性和 MPD，提高渗透液质量需要综合考虑这些因素。

在各种 PMR 配置中，SPMR 在工业应用方面特别有前景，这主要是因为它能显著缓解膜污染，且能耗相对较低。然而，从经济的角度来看，在 SPMR 系统的开发过程中，也需要考虑可见光活性光催化剂和可见光光源（如 vis-LED 光源）的利用。

参考文献

Ahmad, R., Kim, J.K., Kim, J.H., Kim, J., 2017. Well-organized, mesoporous nanocrystalline TiO_2 on alumina membranes with hierarchical architecture: antifouling and photocatalytic activities. Catal. Today 282, 2−12.

Anderson, M.A., Gieselmann, M.J., Xu, Q.J., 1988. Titania and alumina ceramic membranes. J. Membr. Sci. 39, 243−258.

Anpo, M., 2000. Utilization of TiO_2 photocatalysts in green chemistry. Pure Appl. Chem. 72, 1265−1270.

Athanasekou, C.P., Moustakas, N.G., Morales-Torres, S., Pastrana-Martínez, L.M., Figueiredo, J.L., Faria, J.L., Silva, A.M.T., Dona-Rodriguez, J.M., Romanos, G.E., Falaras, P., 2015. Ceramic photocatalytic membranes for water filtration under UV and visible light. Appl. Catal. B Environ. 178, 12−19.

Azrague, K., Aimar, P., Benoit-Marquié, F., Maurette, M.T., 2007. A new combination of a membrane and a photocatalytic reactor for the depollution of turbid water. Appl. Catal. B Environ. 72, 197−204.

Camera-Roda, G., Santarelli, F., 2007. Intensification of water detoxification by integrating photocatalysis and pervaporation. J. Sol. Energy Eng. 129, 68−73.

Chan, C.C.V., Bérubé, P.R., Hall, E.R., 2007. Shear profiles inside gas sparged submerged hollow fiber membrane modules. J. Membr. Sci. 297, 104−120.

Chin, S.S., Chiang, K., Fane, A.G., 2006. The stability of polymeric membranes in a TiO_2 photocatalysis process. J. Membr. Sci. 275, 202−211.

Chin, S.S., Lim, T.M., Chiang, K., Fane, A.G., 2007a. Factors affecting the performance of a low-pressure submerged membrane photocatalytic reactor. Chem. Eng. J. 130, 53−63.

Chin, S.S., Lim, T.M., Chiang, K., Fane, A.G., 2007b. Hybrid low-pressure submerged membrane photoreactor for the removal of bisphenol A. Desalination 202, 253−261.

Choi, W., 2006. Pure and modified TiO_2 photocatalysts and their environmental applications. Catal. Surv. Asia 10, 16−28.

Choo, K.-H., Chang, D.-I., Park, K.-W., Kim, M.-H., 2008. Use of an integrated photocatalysis/hollow fiber microfiltration system for the removal of trichloroethylene in water. J. Hazard. Mater. 152, 183−190.

Darowna, D., Wróbel, R., Morawski, A.W., Mozia, S., 2017. The influence of feed composition on fouling and stability of a polyethersulfone ultrafiltration membrane in a photocatalytic membrane reactor. Chem. Eng. J. 310, 360−367.

Dijkstra, M.F.J., Buwalda, H., De Jong, A.F., Michorius, A., Wilkelman, J.G.M., Beenackers, A.A.C.M., 2001. Experimental comparison of three reactor designs for photocatalytic water purification. Chem. Eng. Sci. 56, 547−555.

Du, X., Qu, F.-S., Liang, H., Li, K., Bai, L.-M., Li, G.-B., 2017. Control of submerged hollow fiber membrane fouling caused by fine particles in photocatalytic membrane reactors using bubbly flow: shear stress and particle forces analysis. Sep. Purif. Technol. 172, 130−139.

Feng, K., Hou, L., Tang, B., Wu, P., 2015. A self-protected self-cleaning ultrafiltration membrane by using polydopamine as a free-radical scavenger. J. Membr. Sci. 490, 120−128.

Fernandez, R.L., McDonald, J.A., Khan, S.J., Le-Clech, P., 2014. Removal of pharmaceuticals and endocrine disrupting chemicals by a submerged membrane photocatalysis reactor (MPR). Sep. Purif. Technol. 127, 131–139.

Fu, J., Ji, M., Wang, Z., Jin, L., An, D., 2006. A new submerged membrane photocatalysis reactor (SMPR) for fulvic acid removal using a nano-structured photocatalyst. J. Hazard. Mater. 131, 238–242.

Ganiyu, S.O., Van Hullebusch, E.D., Cretin, M., Esposito, G., Oturan, M.A., 2015. Coupling of membrane filtration and advanced oxidation processes for removal of pharmaceutical residues: a critical review. Sep. Purif. Technol. 156, 891–914.

Ghosh, R., 2006. Enhancement of membrane permeability by gas-sparging in submerged hollow fibre ultrafiltration of macromolecular solutions: role of module design. J. Membr. Sci. 274, 73–82.

Hairom, N.H.H., Mohammad, A.W., Ng, L.Y., Kadhumb, A.A.H., 2015. Utilization of self-synthesized ZnO nanoparticles in MPR for industrial dye wastewater treatment using NF and UF membrane. Desalin. Water Treat. 54, 944–955.

Herrmann, J.-M., Duchamp, C., Karkmaz, M., Thu Hoai, B., Lachheb, H., Puzenat, E., Guillard, C., 2007. Environmental green chemistry as defined by photocatalysis. J. Hazard. Mater. 146, 624–629.

Huang, X., Meng, Y., Liang, P., Qian, Y., 2007. Operational conditions of a membrane filtration reactor coupled with photocatalytic oxidation. Sep. Purif. Technol. 55, 165–172.

Jiang, L., Choo, K.H., 2016. Photocatalytic mineralization of secondary effluent organic matter with mitigating fouling propensity in a submerged membrane photoreactor. Chem. Eng. J. 288, 798–805.

Jyothi, M.S., Nayak, V., Padaki, M., Balakrishna, R.G., Ismail, A.F., 2014. The effect of UV irradiation on PSf/TiO_2 mixed matrix membrane for chromium rejection. Desalination 354, 189–199.

Kertesz, S., Cakl, J., Jirankova, H., 2014. Submerged hollow fiber microfiltration as a part of hybrid photocatalytic process for dye wastewater treatment. Desalination 343, 106–112.

Le-Clech, P., Lee, E.-K., Chen, V., 2006. Hybrid photocatalysis/membrane treatment for surface waters containing low concentrations of natural organic matters. Water Res. 40, 323–330.

Lee, S.-A., Choo, K.-H., Lee, C.-H., Lee, H.-I., Hyeon, T., Choi, W., Kwon, H.-H., 2001. Use of ultrafiltration membranes for the separation of TiO_2 photocatalysts in drinking water treatment. Ind. Eng. Chem. Res. 40, 1712–1719.

Lee, K.-C., Beak, H.-J., Choo, K.-H., 2015. Membrane photoreactor treatment of 1,4-dioxane-containing textile wastewater effluent: performance, modeling, and fouling control. Water Res. 86, 58–65.

Lee, M.J., Ong, C.S., Lau, W.J., Ng, B.C., Ismail, A.F., Lai, S.O., 2016. Degradation of PVDF-based composite membrane and its impacts on membrane intrinsic and separation properties. J. Polym. Eng. 36, 261–268.

Mascolo, G., Comparelli, R., Curri, M.L., Lovecchio, G., Lopez, A., Agostiano, A., 2007. Photocatalytic degradation of methyl red by TiO_2: comparison of the efficiency of immobilized nanoparticles versus conventional suspended catalyst. J. Hazard. Mater. 142, 130–137.

Molinari, R., Mungari, M., Drioli, E., Di Paola, A., Loddo, V., Palmisano, L., Schiavello, M., 2000. Study on a photocatalytic membrane reactor for water purification. Catal. Today 55, 71–78.

Molinari, R., Grande, C., Drioli, E., Palmisano, L., Schiavello, M., 2001. Photocatalytic membrane reactors for degradation of organic pollutants in water. Catal. Today 67, 273–279.

Molinari, R., Palmisano, L., Drioli, E., Schiavello, M., 2002a. Studies on various reactor configurations for coupling photocatalysis and membrane processes in water purification. J. Membr. Sci. 206, 399–415.

Molinari, R., Borgese, M., Drioli, E., Palmisano, L., Schiavello, M., 2002b. Hybrid processes coupling photocatalysis and membranes for degradation of organic pollutants in water. Catal. Today 75, 77–85.

Molinari, R., Pirillo, F., Falco, M., Loddo, V., Palmisano, L., 2004. Photocatalytic degradation of dyes by using a membrane reactor. Chem. Eng. Process 43, 1103–1114.

Molinari, R., Pirillo, F., Loddo, V., Palmisano, L., 2006. Heterogeneous photocatalytic degradation of pharmaceuticals in water by using polycrystalline TiO_2 and a nanofiltration membrane reactor. Catal. Today 118, 205–213.

Molinari, R., Caruso, A., Argurio, P., Poerio, T., 2008. Degradation of the drugs gemfibrozil and tamoxifen in pressurized and de-pressurized membrane photoreactors using suspended polycrystalline TiO_2 as catalyst. J. Membr. Sci. 319, 54–63.

Molinari, R., Lavorato, C., Argurio, P., 2017. Recent progress of photocatalytic membrane reactors in water treatment and in synthesis of organic compounds. A review. Catal. Today 281, 144–164.

Moosemiller, M.D., Hill Jr., C.G., Anderson, M.A., 1989. Physicochemical properties of supported γ-Al_2O_3 and TiO_2 ceramic membranes. Sep. Sci. Technol. 24, 641–657.

Moustakas, N.G., Katsaros, F.K., Kontos, A.G., Romanos, G.Em., Dionysiou, D.D., Falaras, P., 2014. Visible light active TiO_2 photocatalytic filtration membranes with improved permeability and low energy consumption. Catal. Today 224, 56–69.

Mozia, S., Tomaszewska, M., Morawski, A.W., 2007. Photocatalytic membrane reactor (PMR) coupling photocatalysis and membrane distillation—effectiveness of removal of three azo dyes from water. Catal. Today 129, 3–8.

Mozia, S., Morawski, A.W., Molinari, R., Palmisano, L., Loddo, V., 2013. Photocatalytic membrane reactors: fundamentals, membrane materials and operational issues. In: Basile, A. (Ed.), Handbook of Membrane Reactors, Reactor Types and Industrial Applications, vol. 2. Woodhead Publishing Limited, Cambridge, UK, pp. 236–295 (Chapter 6).

Mozia, S., Darowna, D., Wróbel, R., Morawski, A.W., 2015a. A study on the stability of polyethersulfone ultrafiltration membranes in a photocatalytic membrane reactor. J. Membr. Sci. 495, 176–186.

Mozia, S., Szymański, K., Michalkiewicz, B., Tryba, B., Toyoda, M., Morawski, A.W., 2015b. Effect of process parameters on fouling and stability of MF/UF TiO_2 membranes in a photocatalytic membrane reactor. Sep. Purif. Technol. 142, 137–148.

Ollis, D.F., 2000. Photocatalytic purification and remediation of contaminated air and water. C. R. Acad. Sci. Ser. IIC Chem. 3, 405–411.

Ong, C.S., Lau, W.J., Goh, P.S., Ng, B.C., Ismail, A.F., 2014. Investigation of submerged membrane photocatalytic reactor (sMPR) operating parameters during oily wastewater treatment process. Desalination 353, 48–56.

Ou, W., Zhang, G., Yuan, X., Su, P., 2015. Experimental study on coupling photocatalytic oxidation process and membrane separation for the reuse of dye wastewater. J. Water Process Eng. 6, 120–128.

Palmisano, G., Augugliaro, V., Pagliaro, M., Palmisano, L., 2007. Photocatalysis: a promising route for 21st century organic chemistry. Chem. Commun. 33, 3425–3437.

Rajca, M., 2016. The effectiveness of removal of nom from natural water using photocatalytic membrane reactors in PMR-UF and PMR-MF modes. Chem. Eng. J. 305, 169–175.

Rupiasih, N.N., Suyanto, H., Sumadiyasa, M., Wendri, N., 2013. Study of effects of low doses UV radiation on microporous polysulfone membranes in sterilization process. Open J. Org. Polym. Mater. 3, 12–18.

Ryu, J., Choi, W., Choo, K.-H., 2005. A pilot-scale photocatalyst-membrane hybrid reactor: performance and characterization. Water Sci. Technol. 51, 491–497.

Sarasidis, V.C., Plakas, K.V., Patsios, S.I., Karabelas, A.J., 2014. Investigation of diclofenac degradation in a continuous photo-catalytic membrane reactor. Influence of operating parameters. Chem. Eng. J. 239, 299–311.

Shon, H.K., Phuntsho, S., Vigneswaran, S., 2008. Effect of photocatalysis on the membrane hybrid system for wastewater treatment. Desalination 225, 235–248.

Sopajaree, K., Qasim, S.A., Basak, S., Rajeshwar, K., 1999. An integrated flow reactor-membrane filtration system for heterogeneous photocatalysis. Part I: experiments and modeling of a batch-recirculated photoreactor. J. Appl. Electrochem. 29, 533–539.

Szymański, K., Morawski, A.W., Mozia, S., 2016. Humic acids removal in a photocatalytic membrane reactor with a ceramic UF membrane. Chem. Eng. J. 305, 19–27.

Tang, C., Chen, V., 2004. The photocatalytic degradation of reactive black 5 using TiO_2/UV in an annular photoreactor. Water Res. 38, 2775–2781.

Wang, P., Lim, T.-T., 2012. Membrane vis-LED photoreactor for simultaneous penicillin G degradation and TiO_2 separation. Water Res. 46, 1825–1837.

Wang, P., Fane, A.G., Lim, T.-T., 2013. Evaluation of a submerged membrane vis-LED photoreactor (sMPR) for carbamazepine degradation and TiO_2 separation. Chem. Eng. J. 215–216, 240–251.

Zangeneh, H., Zinatizadeh, A.A.L., Habibi, M., Akia, M., Hasnain Isa, M., 2015. Photocatalytic oxidation of organic dyes and pollutants in wastewater using different modified titanium dioxides: a comparative review. J. Ind. Eng. Chem. 26, 1–36.

Zhang, H., Quan, X., Chen, S., Zhao, H., Zhao, Y., 2006. Fabrication of photocatalytic membrane and evaluation its efficiency in removal of organic pollutants from water. Sep. Purif. Technol. 50, 147–155.

Zhao, J., Liao, Ch., Liu, J., Shen, X., Tong, H.J., 2016. Development of mesoporous titanium dioxide hybrid poly(vinylidene fluoride) ultrafiltration membranes with photocatalytic properties. Appl. Polym. Sci. 133 (43427), 11.

Zheng, X., Wang, Q., Chen, L., Wang, J., Cheng, R., 2015. Photocatalytic membrane reactor (PMR) for virus removal in water: performance and mechanisms. Chem. Eng. J. 277, 124–129.

第5章 利用非压力驱动膜分离技术的PMR

Giovanni Gamera-Roda[1], Vittorio Loddo[2], Leonardo Palmisano[2], Francesco Parrino[2]

[1] University of Bologna, Bologna, Italy; [2] University of Palermo, Palermo, Italy

5.1 简介

光催化技术可以通过持续的化学转化来去除难降解污染物，包括新型污染物，研究者对此进行了广泛研究，并仍在持续探索其潜在的应用领域(Pelaez et al., 2012; Belgiorno et al.，2007)。然而，直到现在，光催化的实际工业应用水平仍然很低，造成这一问题的主要原因是其反应速率相对较慢，产率不高。在多功能反应器中将光催化与其他分离技术集成，实现了系统性能实质性的改善，使用更方便，是具有应用前景的方法之一。多功能反应器、混合工艺和集成工艺是表示不同功能相互作用的操作术语，我们期望这种相互作用表现出具有激活协同机制的优势，并对最终性能产生显著影响。工艺强化是对工艺的实质性改进，其目的是生产更多、更好的产品，消费更少（Charpentier，2012；Stankiewicz，2003）也是一个关键目标。这种改进不仅会使生产过程更加经济、便利，还能更加安全可靠。从更广泛的角度来看，也契合了可持续发展的目标。各种功能集成已经成为这些系统设计和分析的重点，与传统单元操作概念为主的化学工程相比，应从不同角度来发展新方法和设备（Stankiewicz and Moulijn，2000；Babi et al.，2016）。集成工艺作为一种单元操作，无论涉及何种工艺，都要遵循一定的规律和法则。在许多情况下，结合反应操作的“功能”是一个分离过程，其中有可能是膜分离过程。其中，膜分离非常适合与光催化膜反应器（PMR）中的光催化单元操作相结合。液相系统中的光催化和膜分离具有相同的温和操作条件，这是它们区别于其他工艺的优势，在某些方面，集成将变得简单和直接。膜反应器可以使用几种不同的方法来获得工艺强化，表 5.1 列举了其中最重要的内容。其中，第 1、第 2、第 3、第 4、第 6、第 7、第 10 项是由膜分离作用促进了光催化反应；第 8、第 11、第 12、第 13 项是由光催化反应促进了膜分离效果。因此，从表 5.1 中可以清楚地看出，膜分离和光催化相结合的优势远超过简单地在反应器内截留光催化粉末的悬浮态工艺；另一方面，每次的 PMR 处理截留液存在催化剂回收问题，采用光催化膜可以解决光催化剂粉末在处理液中的分离问题。

表 5.1　可能有助于膜反应器强化过程的方法

序号	方法
1	将反应物浓缩在反应溶液中
2	去除可能阻碍预期反应的产物
3	去除可逆反应中的一个或一些生成物
4	回收有价值的中间产物，如果中间产物保留在反应器中，将发生进一步的副反应
5	将反应和分离区安排在一起，节省体积
6	保持光催化剂在反应器内
7	连续注入一种试剂，该试剂被反应消耗掉
8	利用反应热进行分离
9	获得能源的补充利用
10	在试剂和（光）催化剂之间建立更紧密地接触（催化膜为典型）

续表

序号	方法
11	相对于开始渗透的物种，产生更容易被膜分离去除的化合物
12	由于在膜上或膜内的反应破坏了化合物，从而为化合物的渗透形成一个屏障
13	降解渗透剂，从而降低其在膜下游的化学势，增加分离的驱动力
14	通过反应破坏引起膜污染的物质

PMR 可以根据不同的标准分类，如膜工艺的类型、任务完成要求、光催化材料的形式（悬浮或固定）、反应和分离单元的安排、跨膜渗透驱动力及不同阶段等。当前，几乎所有膜分离与光催化集成的目的是克服单一光催化遇到的一些问题。RO、NF、UF 和 MF 都是压力驱动的膜分离过程，第 4 章中已给出了详细的讨论。其他膜分离过程，如渗透，是通过化学势的梯度，如保持温度或浓度梯度不变，不使用压差驱动力而实现的分离。渗透物的分离是个体驱动力和膜的选择屏障效应共同作用的结果。在非压力驱动的过程中，渗透汽化、透析、膜蒸馏和膜接触器均已应用于 PMR，本章将在后面加以讨论。

迄今为止，利用无压驱动膜分离的光催化膜反应器的研究虽然不多，但它们在水处理和精细化学品的化学合成方面已显示出巨大的潜力，这更符合可持续发展的要求。此外，过去的研究结果已表明这种技术的某些特性在某些方面已优于压力驱动过程，这为未来的发展奠定了基础。例如，与压力驱动的过程不同，膜污染变为易解决的问题（Zhang et al.，2016），不使用加压设备使其与光催化的组合和布局更加简单。在表 5.2 中，无压驱动膜分离的研究列表是根据膜分离的类型和两项主要功能（水处理和化学合成）分类的。然而，有时目标可能是双重的，即通过（光催化）降解原始污染物来修复环境，同时生产有价值的产品（精细化学品或燃料），这是很有意义的。因此，通过将污染物转化为有价值的产品，对废物进行估值，将问题转化为机会，将引领可持续发展的新前沿。本章的主要目的不只是对利用无压驱动膜技术 PMR 的可能应用或类型进行评价，还特别关注具有共性 PMR 的不同类型的基础原理。首先是分析特定类型的 PMR，这种分析包括了更广泛的膜反应器在改进过程中重要的特征和工艺，在对不同应用方面的概述中省略了一些小细节，完整的描述可以在相关文章和综合评论中找到（Mozia，2010；Molinari et al.，2017；Iglesias et al.，2016；Leonget al.，2014）。

表 5.2　无压驱动膜工艺的光催化膜反应器的工作

膜工艺类型	水处理及净化	精细化学品合成
渗透蒸发	Camera-Roda and Santarelli 2007[2,3,9,11]	Camera-Roda et al.，2011a[1,2,4,6,9] Augugliaro et al.，2012[1,2,4,6,9] Camera-Roda et al.，2013a[1,2,4,6,9] Camera-Roda et al.，2014[1,2,4,6,9]
透析	Azrague et al.，2005[6,7,13] Azrague et al.，2007[6,7,13] Lekelefac et al.，2014[4]	Camera-Roda et al.，2017c[2,4,6,7]

续表

膜工艺类型	水处理及净化	精细化学品合成
膜接触器	Kumakiri et al.，2011[6,7]	Molinari et al.，2009[4,6,7] Molinari et al.，2015[4,6,7]
直接接触膜蒸馏	Mozia et al.，2005[1,6,9] Mozia et al.，2007[1,6] Mozia and Morawski，2012[1,6] Mozia et al.，2013[1,6]；Darowna et al.，2014[1,6] Hou et al.，2017[1]	—

注：分类是根据膜工艺的类型和提出的不同应用（水处理或精细化学品合成），上标中的数字表示表 5.1 中所列的方法编号。

光催化的特性已在第1章中介绍过,因此本章只在必要时才会引用。不同类型的PMR将在以下内容中进行论述，同时也给出相关膜处理的简要情况。最后，在结论部分讨论了可能和预期的解决方案。

5.2 光催化与渗透蒸发集成

5.2.1 渗透蒸发原理

化学物质可以溶解和扩散到某些固体材料中，如果这些材料被用作膜的选择层，当施加驱动力时，化学物质渗透通过，这是渗透蒸发中有效的传输机制。在渗透蒸发中，膜将某一物质的蒸气从液体进料中分离出来。通常膜是无孔的（被称为致密或均匀），适用溶液扩散模型（Böddeker，1990；Wijmans and Baker，1995；Schaetzel et al.，2001）。渗透蒸发一词来源于两个基本步骤：化学物质在膜渗透界面处的蒸发和通过膜的渗透。某种渗透物的渗透驱动力来源于其分压差异。因此，膜两侧的化学势也不同。U 表示上游液相，D 表示下游液相，膜上游液相中渗透性 A_i 的分压以 $P_{i,U}$ 表示：

$$P_{i,U}=P_i^*(T)\gamma_i x_i$$

式中，$P_i^*(T)$是操作温度 T 下 A_i 的蒸气压；γ_i 为液相中的活度系数；x_i 是 A_i 的摩尔分数。

膜下游气相分压 $P_{i,D}$，由道尔顿定律给出：

$$P_{i,D}=P_P y_i$$

式中，P_P 是膜下游的压力（即在渗透时）；y_i 是 A_i 的摩尔分数。

所以，A_i 渗透的驱动力是：

$$P_{i,U}-P_{i,D}=P_i^*(T)\gamma_i x_i,-P_P y_i$$

高温度（P_i^*增加）、低渗透压力（P_P）和低摩尔分数（y_i）有利于渗透驱动力提高，相反，上游压力对渗透速率的影响很小，因为它对液相化学势的影响很小。因此，在高于大气压的压力下操作是不切实际的，渗透蒸发被归类为不受压力差驱动的膜分离，通过载气的稀释可以使渗透液中的摩尔分数保持在较低的水平。这种操作方式并不常见，因为稀释使渗透剂的回收需要进一步的分离步骤。通常，在低渗透压力下通过蒸气冷凝，不凝结气体抽真空操作比较方便。

膜的通量和选择性描述了这种分离过程的能力。通量是单位面积和单位时间总流量的质量。可以用一个分离因子 $\alpha_{i,j}$ 来表示组分 A_i 相对于组分 A_j 的选择性，它的定义是：

$$\alpha_{ij}=\frac{c_{i,\mathrm{D}}/c_{j,\mathrm{D}}}{c_{i,\mathrm{U}}/c_{j,\mathrm{U}}}$$

式中，c_i、c_j 分别表示 A_i、A_j 的浓度。

该分离因子是气液平衡中使用的相对挥发度的等效值。因此，分别考虑分离因子和相对挥发量，直接比较渗透蒸发和一级蒸馏的分离能力。渗透蒸发的分离能力常常与蒸馏中数百个平衡阶段的分离能力相等（Baudot and Marin，1997），当渗透蒸发能够打破气液共沸物时，平衡蒸馏的等量阶段数变为无穷（Wijmans and Baker，1995）。在渗透蒸发的过程中，A_i 与 A_j 分离时，单个溶解度和扩散度的差异代表了对分离的额外贡献，而这在一级蒸馏中是不存在的。这些差异非常重要，以至于蒸气渗透在挥发性较低的组分中富集，从而抵消了驱动力。

在替代分离因子时，选择性可参考物质 A_i 的富集因子 β_i：

$$\beta_i=\frac{c_{i,\mathrm{D}}}{c_{i,\mathrm{U}}}$$

很明显，$\alpha_{ij}=\dfrac{\beta_i}{\beta_j}$，当 $x_i\rightarrow 0$ 时，$\alpha_{ij}\rightarrow\beta_i$。值得注意的是，被截留的物质的富集因子低于 1，它与截留 R_i 直接相关，$R_i=1-\beta_i$。

在渗透蒸发过程中要选择合适的膜，因为膜对溶液的次要成分有选择性。这种选择是渗透蒸发过程中的三种公认现象所导致：当 x_i 增加时，分离因子 α_{ij} 降低，必须提供热量来蒸发渗透物，因膜中的传输是通过固体材料中的缓慢分子扩散进行的，通过致密膜的通量通常很低。因此，在一定的分离程度和一定的产量下，当膜对次要成分具有选择性时，渗透流速和能耗都较低。渗透蒸发膜主要分为两类：亲水膜和疏水膜，亲水膜是优先脱除水，其应用于乙醇水溶液共沸物中残留水的去除。疏水膜主要用于回收有价值或指定的化合物，如从稀释的水溶液中回收芳香类物质，还可去除不需要的化学物质，如河流中存在的低污染物，然而，其使用效果仍然不理想，无法达到预期要求。亲水膜的吸附性能和扩散性能都有利于水的优先渗透。相反，在亲有机膜中，水的扩散率总是大于其中一种有机物，因为水的分子非常小且具有流动性，但亲有机膜对有机化合物的吸附很大，最终使有机物获得优先渗透。有机渗透蒸发有两个主要的应用：从工艺流程中回收芳香化合物（Karlsson and Trägårdh，1993；Pereira et al.，2006；Trifunović et al.，2006）和从废水中去除挥发性有机物（VOCs）（Wijmans et al.，1994；Lipnizki and Field，2002；Urkiaga et al.，2002；Peng et al.，2003；Konieczny et al.，2008）。

渗透蒸发膜的制备技术多种多样，可以是聚合物、无机材料、合成橡胶、玻璃、均质材料和填充功能性粉末。通常采用非常薄的选择层支撑在宏观或微孔层上，支撑材料的主要作用是增加膜的机械阻力，但有时也会影响膜的选择性。

光催化和渗透蒸发的集成是简单直接的，因为这两个过程都是在兼容的操作条件下实现的表现为:

① 温和的温度。

② 大气压力。

③ 水溶液中低浓度有机物（用有机渗透汽化膜）。

此外，渗透蒸发光催化反应器包含了所有被归类为绿色和可持续工艺的特征。在这方面有人指出:

① 光催化和渗透蒸发通常在温和的操作条件下进行。

② 通常不需要任何化学添加剂。

③ 可直接利用光能，其紫外线（UV）部分用于光催化反应，其热部分通过渗透蒸发提供蒸发的潜热。

渗透蒸发光催化反应器已应用于精细化学品的光催化合成和水的消毒。本文以渗透蒸发光催化反应器为例，阐明了膜反应器的基本常识和重要方面，如主要参数的影响以及反应和分离相结合的方法。在考察光催化渗透蒸发反应器的现有应用之前，介绍这些基本知识来使大家更好地了解这些系统是必要的。

5.2.2 渗透蒸发运行

在教科书、综述和文章中，膜反应器被认为是一个定义明确的系统类别，有明确的共同原理和特点。这些共同特点为研究膜反应器的单元操作提供了简便方法。事实上，这些一般规律在膜反应器的研究中是不可忽视的，对新的或现有系统的设计和分析提供了更加有效和系统化的思路。

渗透蒸发光催化反应器是膜反应器的典型例子，已在一些工作中得到应用。它阐明了膜反应器单元运行的共同特点，并确定了一般规律和原理，这些内容已经包含在与渗透蒸发 PMR 相关的章节中。

膜反应器的主要关注点是工艺中对膜反应器性能影响的主要相关参数和集成分离方法和法则。这些法则也可以在其他集成工艺中使用（Schmidt-Traub，Górak，2006）。

首先，值得注意的是膜反应器可以以连续或半连续的方式运行。通常有两个输出流，分别为渗透液和截留液，渗透液代表产品。在半连续系统中，截留液不存在，原料流只在连续运行模式下才有。

从描述膜反应器运行的数学模型出发，应用 Buckingham 定理可以确定主要的影响参数，它们包括以下内容:

（1）Damköhler 数:

$$Da = \frac{t_{0r}}{t_r} = \frac{R(c_{R,0})}{c_{R,0}} \times \frac{V_r}{\dot{V}_0}$$

停留时间的比率：

$$t_{0r} = \frac{V_r}{\dot{V}_0}$$

对特征反应时间：

$$t_r = \frac{c_{R,0}}{R(c_{R,0})}$$

式中，$c_{R,0}$ 为反应物浓度参考值（通常为进料或初始浓度）；$R(c_{R,0})$为在参考条件下（即在 $c_{R,0}$ 和在影响反应速率的其他可能因素的参考值下）评价的反应速率；V_r 是反应器体积；$\dot{V}_0$ 为进料体积流量。

（2）膜工艺的 Péclet 数（Battersby et al.，2006；Moon，Park，2000；Gómez-García et al.，2012）是特征分离时间与停留时间之比：

$$Pe = \frac{\dot{V}_0}{\dot{V}_P} = \frac{t_{sep}}{t_{0r}} \quad 1 < Pe \leqslant \infty$$

$$t_{sep} = \frac{V_r}{A_m \dot{m}'' / \rho}$$

式中，t_{0r} 是停留时间。

冷凝液的体积流量为：

$$\dot{V}_P = \frac{A_m \dot{m}''}{\rho}$$

式中，A_m 是膜面积；$\dot{m}''$ 是渗透的质量通量；ρ 是凝聚态的渗透密度。

$$1 / Pe = \dot{V}_P / \dot{V}_0 = \frac{A_m \dot{m}'' / \rho}{\dot{V}_0} \quad 0 \leqslant 1/Pe < 1$$

Pe 的倒数与渗透流量成正比，也就是膜面积，通常用它比用 Pe 更实用。

（3）评价膜的选择性的参数，即（N_c−1）分离因子或富集因子，其中 N_c 为组分数。

在控制膜反应器行为的参数中存在 Da 和 Pe 是合理的，因为它们分别是控制反应器和分离器行为的典型参数。

然而，可以用特征反应时间与特征分离时间的比值来代替 Péclet 数（或 Damköhler）：

$$\delta = \frac{t_r}{t_{sep}} = \frac{1/Pe}{Da} \quad (0 \leqslant \delta < \frac{1}{Da})$$

该参数是综合反应分离体系所特有的（Camera-Roda et al.，2013b；Mohan，Govind，1988；Assabumrungrat et al.，2003；Lim et al.，2002）。

根据前面的定义有：

$$\delta = \frac{c_{R,0} A_m \ \ \dot{m}'' / \rho}{R(c_{R,0}) \ \ V_r}$$

在这个数群中，膜面积与反应器体积之比 $\frac{A_m}{V_r}$ 通常与其他变量一起出现。单独使用时它不是一个全面和通用的参数。

所有这些参数都可以用于连续或半连续系统中，只是它们的表达式会有微小的差别，但具有相同的物理意义。*Da*、*Pe* 和 δ 的定义都可以很容易地推广到半连续系统中，得到类似的表达式。

Camera-Roda 等人（2014）已经讨论了这些参数变化的影响，他们认为 PMR 可以通过渗透蒸发选择性地回收连续光催化反应中有价值的中间产物 I，产物的高富集系数 β_I 是可取的，因为中间体的回收阻止了光催化氧化对其进一步的降解，从而提高了反应对所需产物的选择性。或者，在 I 固定产量下，β_I 增加会节省膜面积，相反，反应物 R 的富集系数 β_R 低会增加膜面积。事实上，如果反应物被有效地排斥，在反应器容积固定时反应转化会提高，反之亦然。对于给定的反应转化，反应器体积会下降。为获得这个效果，膜必须对反应物有一定的截留率（截留率=1−β_R 其中，$\beta_R < 1$），当然，截留率越高（即 β_R 越低），反应器优势就越明显。即使这一结果推广到其他膜反应器中，对反应物高的截留率有时也被忽视。

对于中间产物 I 的生产，*Da* 的最优值取决于 1/*Pe*。为使产率最大化，1/*Pe* 越高，收率越高，因为 I 从反应溶液中产生时的回收率增加，从而防止了连续反应对 I 的进一步降解，使用 δ 而不是 1/*Pe* 来分析 PMR 的性能是更合适的，它代表渗透速率与反应速率之比。统一的 δ 值同时考虑到了反应和分离的影响，避免了两个进程的相互限制。如果流程是按顺序运行的，那么这是正确的判断。然而，多数的优势只有通过流程的真正集成才能获得。本质上来说，δ 的最佳值取决于反应和分离之间哪个过程更有利。如果膜分离对反应有利，即表 5.1 中的 1、2、3、4、7、10 中的某些作用是有效的，渗透速率越高，其效益越显著。例如，对于 Camera-Roda 等人（2011a）、Augugliaro 等人（2012）、Camera-Roda 等人（2013a，2014）、Molinari 等人（2009，2015）所研究的系统来说，其中 1、2 和 4 作用中的一个或多个适用，作用 6（催化剂在反应器中的截留）不需要考虑，因为无论渗透速率如何，光催化剂的截留是完全的。如果情况相反，即 8、11、12、13、14 中的某些作用是功能性的，则反应的程度应尽可能高（$\delta \to 0$）。在一些系统中，反应和分离之间建立了一种相互有利的、真正的协同作用。在这种情况下，两个反应都有利于分离，分离也有利于反应。因此，并不一定要围绕统一的最佳有限值 δ，将协同作用最大化。Camera-Roda 和 Santarelli（2007）在采用 2、3 和 11 同时运行渗透蒸发光催化反应器对水消毒时，发现了一个最佳值 δ=0.1。此外还要考虑成本问题，来确定最佳的 δ 值。

将反应与分离工艺结合起来有两种主要的方法：反应和分离在同一装置中，或在不同的装置中进行。一些方案如图 5.1 和图 5.2 所示。

在单一装置中，反应与分离的集成变得更加直接和简单。在这种情况下，反应和分离都在同一空间下运行，只有质量或热传递可能限制集成的有效性。如果反应和分离在不同的装置中发生，随着一些额外参数的出现，布局的复杂性将会增加。这些附加参数

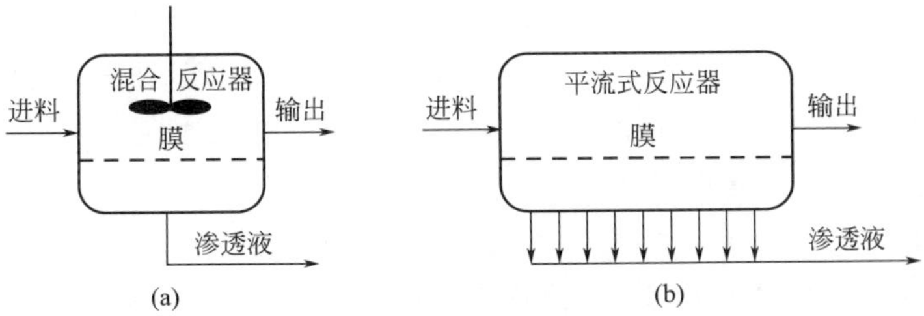

图 5.1　在同一装置中反应和膜分离的可能方案

(a) 混合反应器；(b) 平流式反应器

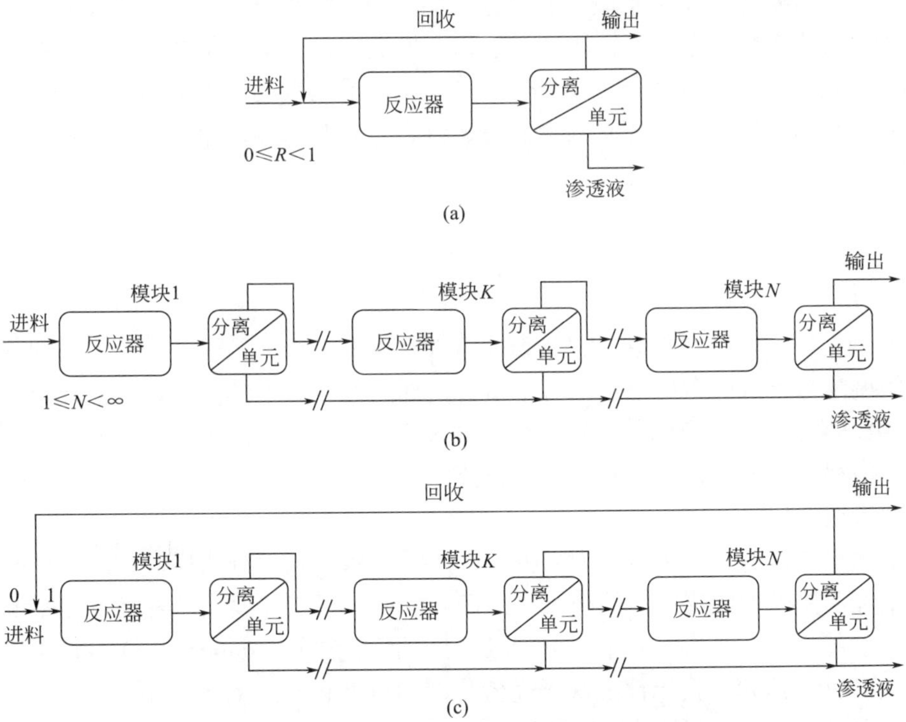

图 5.2　在不同的设备中反应和膜分离的可能方案

(a) 有循环；(b) 有多组合；(c) 有循环和多组合的通用方案

通过控制反应与分离的集成度来影响系统的性能。需要指出的是，在光催化中，需要同时存在光催化剂、反应物和光子，缺少任意一项都会使反应停滞。氧化剂（主要是羟基自由基）是直接或间接由光子吸收产生的，其寿命很短（Zhang and Nosaka，2014）。因此，即使光催化剂分布在整个系统中，如在循环的悬浮态光催化反应器中，反应总是局限在反应器的有光区域内。

因使用自由度很高的分离设备，呈现出下列优点。

① 参数 δ（与膜面积和反应器体积的比值有关）可以随意改变，几乎不受限制。但如果分离和反应发生在单一装置内，甚至在催化膜内，则存在技术和空间限制。

② 可以单独设计设备，以更好地满足单独的反应和分离的质量及传热要求。例如，

为了限制污染和浓差极化，可以优化膜组件中的流体动力学，而不必在发生反应的单个设备中受到约束。此外，如果膜不存在，光催化反应器内的辐射能可更好地利用。

③ 不需要保护膜，免受光的辐射（紫外线辐射可能破坏聚合物膜，并减少它们的寿命）和光催化反应活性物质的氧化。

④ 维护更简单，可以在每个单独的设备中独立运行。

⑤ 光催化剂和膜的更换可以不间断地进行。

⑥ 光催化反应器和膜分离器便于模块化开发。

图 5.2（c）给出了一个通用的方案，它允许在使用单独的设备时进行反应和分离的集成，反应和分离是在 N 个串联模块中进行的，每个模块都由一个与分离装置直接相连的反应装置组成。除了第一个模块，对于每个模块来说，前一个模块的截留物成为其进料，并产生截留物和渗透物，第一个模块的进料是系统原进料和从最后一个模块回收的截留物的混合物。循环比 R 定义为循环流量（$\dot{V}_{循环}$）与容积流量的比值。对应 1 号流的体积流量 $\dot{V}_1$ 有:

$$R=\frac{\dot{V}_{循环}}{\dot{V}_1}$$

式中，$0\leqslant R<1$。来自模块的渗透流量（混合或不混合）和最后一个模块的截留流量构成系统流量。可选的布局还包括每个组合内部的循环。当然，也可以只使用回收［图 5.2（a）中方案，其中 N 为 1］或只用分割成多个区块［图 5.2（b）中方案，其中 R 为 0］的模块。值得注意的是，由于膜分离和光催化反应的模块化特性，在 PMR 中多个组合模块的利用很方便。

光催化反应器的模块化包含太阳辐照在内的任何辐照系统的模块化。一旦确定了辐照系统的类型，光催化反应器就必须专门设计，以满足相关要求。在光催化系统中，反应器的辐射能高效利用与反应体积的有效利用相互矛盾（Camera-Roda et al.，2005，2009）。基本上，这两个目标都取决于光催化剂的浓度和反应器辐照系统的几何形状。因此，应慎重考虑光催化剂的浓度和系统的几何形状。在这方面，反应器的厚度（与系统几何相关的一个参数）与平均光子自由程（与光催化剂浓度有关的光子的吸收）之比被确定为主要参数（Martin et al.，1999），这个比值就是所谓的光学厚度 τ。在实践中，它代表了以光子的平均自由程作为测量单位所作的几何厚度。光学厚度是代表任何系统对辐射的吸收激活能力的基本参数。光子的平均自由程本质上是消光系数 β 的倒数，β 是与辐射相互作用的介质（反应溶液）的一种光学性质。因此有:

$$\tau=\beta\times l$$

式中，l 是反应器的几何厚度。

此外，高辐射强度虽然提高了生产能力，但降低了辐射能（量子产率）的利用效率。因此，必须仔细权衡辐照度变化所带来的各种利弊，为投资成本（主要是有关反应器）和能耗成本（主要是有关辐照）的相互冲突找到一个满意的解决办法。当生产规模扩大或缩小时，通过添加或移除足够数量的相等反应模块即可完成，没有必要改变反应器模块的布局和辐照系统。只有采用新的辐照系统时，反应模块的布局必须重新考虑，系统也必须重新设计。

事实上，表 5.1 所列的大多数机理只有在反应和分离有效集成的情况下才有意义，即反应和分离作用于几乎相同组成的溶液。因此，即使采用图 5.2 所示的反应模块和分离模块顺序布置，反应和分离也不能按顺序进行，为了达到这一目的，回收比 R 和模块数 N 必须调整到足够高。

当用整个系统的 Da 和 Pe 值表示每个反应模块的 Damköhler 数和每个分离模块的 Péclet 数时，R 和 N 对集成程度的重要性变得明显。

参照图 5.2（c）的方案有：

$$Da = \frac{R(c_{\mathrm{R},0})}{c_{\mathrm{R},0}} \times \frac{V_{\mathrm{r,tot}}}{\dot{V}_0}$$

$$1/Pe = \frac{\dot{m}''/\rho A_{\mathrm{m,tot}}}{\dot{V}_0}$$

在第 K 组合区为：

$$Da_K = \frac{R(c_{\mathrm{R},0})}{c_{\mathrm{R},0}} \times \frac{V_{\mathrm{r},K}}{\dot{V}_K}$$

$$1/Pe_K = \frac{\dot{m}''/\rho A_{\mathrm{m},K}}{\dot{V}_K}$$

式中，$V_{\mathrm{r},K}$、$A_{\mathrm{m},K}$、$\dot{V}_K$ 分别表示反应器体积、膜面积和容积进料流量。将反应器总体积 $V_{\mathrm{r,tot}}$ 和总膜面积 $A_{\mathrm{m,tot}}$ 分别分离成不同的模块体，有：

$$V_{\mathrm{r,tot}} = \sum_{k=1}^{N} V_{\mathrm{r},K}, \quad A_{\mathrm{m,tot}} = \sum_{k=1}^{N} A_{\mathrm{m},K}$$

在密度恒定的假设下，如果反应器体积和膜面积在任何模块中相同，则有：

$$\dot{V}_1 = \frac{\dot{V}_0}{1-R}, \quad V_{\mathrm{r},K} = \frac{V_{\mathrm{r,tot}}}{N}, \quad V_{\mathrm{m},K} = \frac{A_{\mathrm{m,tot}}}{N}$$

$$\dot{V}_K = \dot{V}_1 - \dot{m}'' / \left[\rho \frac{A_{\mathrm{m,tot}}}{N} (K-1) \right]$$

经过置换和代数运算，有：

$$D_{aK} = \frac{DaPe(1-R)}{N\,Pe - (1-R)(K-1)}$$

$$1/Pe_K = \frac{1-R}{N\,Pe - (1-R)(K-1)}$$

式中，1≤K≤N。如果总体积和总膜面积固定（即 Da 和 $1/Pe$ 固定），很明显，当 $R\to1$ 或 $N\to\infty$时，Da_K 和 $1/Pe_K$ 趋于 0。Da_K 和 $1/Pe_K$ 的值趋于 0 表明，即使设备的操作为式不同，通过反应模块和分离模块的工艺中成分的变化可以忽略不计。在实践中，当 $R\to1$ 时，流速趋于无穷，在装置中的停留时间消失；当 $N\to\infty$时，反应器体积和每一个模块膜面积变小，在装置中的停留时间也消失，增加 R 或 N 代表用一种简单的方法来接近装置差的状态（使 Da_K 和 $1/Pe_K$ 降至所需的水平），当保持适当的有限值参数（Da 和 $1/Pe$），直接影响整个系统的反应和分离性能。在图 5.3 中，可以明显看出，当 $R\to1$ 时，装置内的成分方差接近于 0，反应模块内和分离模块内的浓度变得相同，$N\to\infty$也得到了类似的趋势。值得注意的是，与大多数传统的分离工艺不同，无压力驱动的膜工艺成本几乎与进料流量无关，成本主要来自渗透量（即膜面积）。因此，当 R 接近 1 时，获得的较高的进料流量是有利的，同样的道理也适用于光催化反应器，其成本主要取决于体积（最终取决于辐射能），而不是流速。

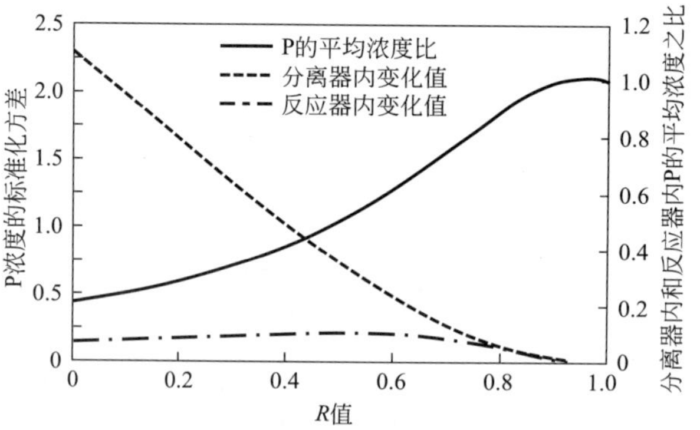

图 5.3　R 对系统中 P 浓度分布的影响

曲线表示分离器内 P 的平均浓度与反应器内 P 的平均浓度之比，以及反应器内和分离器内 P 的浓度随循环比 R 的变化，Camera-Roda et al.（2017a）研究了渗透蒸发光催化膜的动力学和膜分离特性（2017a），Da=0.296，$1/Pe$=0.4

毕竟，对于 $R\to1$ 和 $N\to\infty$都可以得到一个完整的积分；但有一些不同，当 $R\to1$ 和 $N\to1$，无论反应器是什么类型，工作在相同的反应器体积和相同的膜面积时，系统接近于一个完全集成的混合反应器的状态［如图 5.1（a）所示］，相反，当 $N\to\infty$和 R 为 0 时，无论反应器的类型是什么，具有相同的反应器总容积和相同的膜面积时，系统作为一个完整的集成 PFR［如图 5.1（b）所示］，图 5.4 示意图描述了这种形态。

反应与分离的整合度越高，对串联反应的中间产物 P 的生产优势越大，因为 P 的生产和回收变得更加同步，从而降低了 P 降解的风险。因此，P 的产量随 R 和 N 的增加而增加，在图 5.5 中，这种影响是显而易见的，该图也显示了增加 $1/Pe$ 即增加膜面积的有益效果。

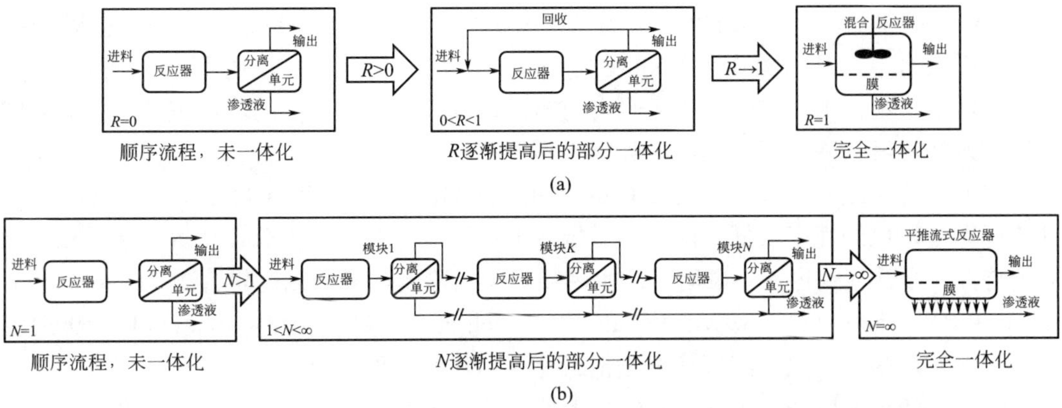

图 5.4 循环率 *R*（a）和组合区块数 *N*（b）对集成过程行为影响的图形示意（Camera-Roda et al.，2017a）

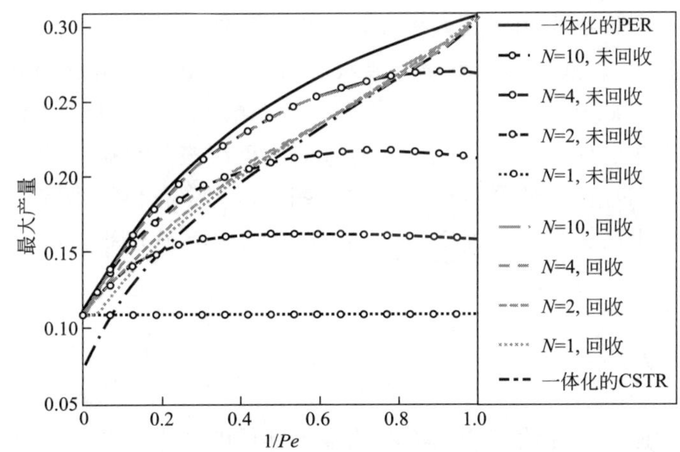

图 5.5 最大产量与 1/*Pe* 的不同布局的集成过程（Camera-Roda et al.，2017a）

采用的方案将循环和单个模块组合成多个模块时，在 *R* 和 *N* 较低的情况下，自由度增加，积分程度相同。一般来说，更高的自由度是可取的，因为即使它使系统变得更复杂，它也为合适的设计和优化提供了更多的机会，为改进过程提供了更大的可能性。

5.2.3 渗透蒸发光催化反应器的应用

难降解污染物的去除（Ahmed et al.，2011；Chong et al.，2010；Thakur et al.，2010；Ray，2009；Gaya and Abdullah，2008；Occulti et al.，2008；Blanco-Galvez et al.，2007）和近年来精细化学品的合成（Augugliaro et al.，2010，2012；Augugliaro et al.，2010；Hermann and Lacroix，2010；Maurino et al.，2008；Shiraishi and Hirai，2008；Palmisano et al.，2007）是光催化的两个最有前途的应用。在这两个领域中，渗透蒸发与光催化通过结合来改善整个工艺。渗透蒸发光催化反应器的应用前景令人关注，对这一工艺的研究有望继续增长。

Camera-Roda 和 Santarelli（2007）研究了光催化氧化和有机渗透蒸发相结合处理含

4-CP 水溶液的去除效果。4-CP 是一类氯化有机化合物，在制造或使用过程中进入环境，特别是进入水中，对环境具有持久性的影响。它们作为农药被广泛使用，广泛存在于地表水和地下水中，即使在低浓度下也具有显著毒性，这引起人们的广泛关注。生物降解等传统方法对其去除效果不明显，吸附也不能将其转化为无毒化合物。光催化被认为是一种有前景的高级氧化技术（Pera-Titus et al.，2004；Thiruvenkatachari et al.，2008），因其实现完全矿化的速率较低，限制了该技术的发展应用。由于具有设计的灵活性和低能耗的特点，渗透蒸发也被考虑用于从水污染物中去除低浓度的氯化化合物（Dotremont et al.，1993；Pereira et al.，1998；Pattabhi Ramaiah et al.，2013；Mishima et al.，1999）。然而，即使是渗透蒸发，其去除率也相当低，实际应用也很少。

Camera-Roda 和 Santarelli（2007）的研究结果表明，当光催化和渗透蒸发在膜反应器中集成时，从反应器中可以连续去除中间化合物（主要是对苯二酚和苯醌）。这减轻了中间化合物与 4-CP 在光催化剂表面的吸附和竞争反应，促进了光催化过程的进行，从而使得 4-CP 有机污染物降解率大大提高。光催化和渗透蒸发两个过程之间建立的协同作用具有过程强化效果（Camera-Roda and Santarelli，2007；Camera-Roda et al.，2011a；Satuf et al.，2008；Theurich et al.，1996）。同时，苯醌的渗透性比 4-CP 更强，因此渗透蒸发去除有机污染物的效率更高，此外，对苯醌的连续去除减缓了苯二酚的生成。光催化反应和膜分离的相互优势使降解速率增加，综合过程中有机污染物的消失速率甚至高于非集成过程中有机污染物消失速率的总和。引入强化因子 E_i 来说明测量过程中的强化程度。E_i 定义为:

$$E_i=\frac{\text{污染物在综合系统中消失的速率}}{\text{每个非集成过程中污染物消失的特征速率之和}}$$

分母上的特征速率是在给定的 4-CP 浓度下评估的速率，显然，这些速率在某种程度上高于按顺序进行反应和分离所能达到的速率，因为在后一种集成情况下，在这个系列的第二个过程中，4-CP 的浓度会更低。因此，虽然 E_i 是一个有意义的过程强化指标，但它也具有保守性。

这种考虑强化因素来衡量过程强化程度的性能标准，可以在每次集成过程完成与非集成过程同样的情况时应用，它也被用于光催化臭氧氧化（Parrino et al.，2015）。在此过程中，光催化、臭氧氧化和吸附实现了有机结合（Cataldo et al.，2016）。

因反应和分离之间的协同作用，实验实测值证实 E_i 大于 1。预计 δ 会影响 E_i，分离和反应的相对作用的大小（或相反）影响协同作用。具体来说，针对给定的污染物（4-CP）和特定的光催化剂（Degussa P25），控制光催化反应器和膜的类型这两个变量并进行了实验。研究结果表明，当某种协同机制激活时，E_i 只依赖于 δ。很明显，当 $\delta\to0$（无分离）或 $\delta\to\infty$（无反应）时，E_i 定义中的分子和分母相等且 $E_i\to1$。

因此，合理假设 E_i 随 δ 连续变化，罗尔斯定理证明了 E_i 在 δ 的最优值处存在极大值。对于 Camera-Roda 和 Santarelli（2007）所研究的系统，当渗透蒸发的特征速率仅为反应特征速率的十分之一，即 $\delta\approx0.1$ 时，得到增强因子的最大值约为 1.9。从中可以得出一个重要准则：能够完成相同的任务（如在目前的情况下水的解毒）并集成产生协同作用的结果是最好的强化过程。

其他有意义的观点如下：

① 采用一体化工艺，渗透液流速和污染物含量都比单纯靠渗透蒸发得到的要好得多，同时既解决了渗透液的处置问题，又降低了成本。

② 据观察，UV-A 辐射可破坏膜的聚合物材料。通过将膜组件与光催化反应器分离，可以很容易地克服这种负面现象，截留液的循环和适当的流速保证了反应和分离的有效集成。

③ 即使膜反应器长时间运行（超过 500h），性能也无显著变化，膜污染问题可忽略。

值得关注的是 Camera-Roda 和 Santarelli（2007）在循环中插入了一个混合槽，将截留液从膜组件再循环到光催化反应器，水箱的存在可以增加处理溶液的总体积，从而减缓 4-CP 从系统中去除的速度。因此，中间化合物浓度增加和抑制作用增强时，4-CP 的去除速率下降的趋势更明显。如果没有足够大的体积，这种现象（4-CP 消失速率下降）很容易被忽视。这突出了总容积与反应器容积之比 V_{tot}/V_r 的重要性，$V_{tot}\approx V_{tank}+V_r$，$V_{tot}/V_r$ 是一个混合槽引入反应器的再循环时的重要参数。实际上，在反应溶液再循环的光催化系统中，无论反应器是否集成膜分离装置，都经常使用混合槽（Cassano and Alfano，2000；Klausner et al.，1994；Davis and Hao，1991；Wolfrum and Turchi，1992），使用它有几个原因：

① 减慢反应物去除的速度，以便在实验中能仔细地观察发生的一些相对较快的现象。

② 提高不连续（或半连续，如果渗透液连续回流）系统的生产率。

③ 增强溶液的混合。

④ 悬浮液通过混合光催化粉末来维持。

⑤ 允许在能简单有效混合的设备中连续供应消耗的气体（如氧气）。

⑥ 研究不连续完全混合系统的行为。

对于最后一点，在一个有再循环的反应器中评估平均反应速率$\langle R\rangle$，可利用底物的质量平衡进行评价。在一个完全混合的整体系统中，质量平衡可由下式表示：

$$\langle R\rangle=-\frac{V_{tot}}{V_r}\times\frac{dc_S}{dt}\approx R(c_S)$$

式中，t 是时间；V_{tot} 是反应溶液的总体积；c_S 是底物的浓度。这个简单的模型在满足下列条件时足够精确：

$$Da\times V_r/V_{tot}\ll 1,\quad Da=\frac{R(c_{S,0})}{c_{S,0}}\times\frac{V_r}{\dot{V}}$$

式中，$\dot{V}$ 是体积流速。当反应器体积较大，Da 较低时，就满足了这一条件，光催化反应器通常是这样的。

前面列表中的第 1 点和第 2 点显然是相互矛盾的，对于给定的反应器体积，罐的体积增加，给定的处理物转换所需的反应时间增加。在此期间，仅在反应器中发生的反应以一定的速率继续降解底物，对应于当时的底物浓度。因此，对于固定的转化率χ，单位反应时间内的底物转化率几乎与 V_{tot}/V_r 的比值无关。这个表述可以很容易地被证明。生产量（即每单位反应器容积和每单位处理时间内的底物反应量）被描述为：

$$生产量=\frac{n_{S,0}\ \chi}{V_r(t_r|_\chi+t_{sd})}=\frac{V_{tot}c_{S,0}\ \chi}{V_r(t_r|_\chi+t_{sd})}$$

式中，$n_{S,0}=V_{tot}c_{S,0}$，是系统中底物的初始物质的量；$t_r|_\chi$ 是达到预期转化率χ的反应时间；t_{sd} 为出料、清洗反应器、上料的停机时间。$t_r|_\chi$ 由之前的质量平衡得到：

$$t_r|_\chi\approx\frac{V_{tot}}{V_r}\int_{c_{S,0(1-\chi)}}^{c_{S,0}}\frac{dc_S}{R(c_S)}$$

这个方程展示了列表中的第一点，当 V_{tot}/V_r 增加时，表明需要更长的反应时间来得到一个给定的转换。

替换后：

$$产品量=\frac{c_{S,0}\ \chi}{\int_{c_{S,0(1-\chi)}}^{c_{S,0}}\frac{dc_S}{R(c_S)}+\frac{t_{sd}}{V_{tot}/V_r}}$$

看这个方程，很明显，如果只考虑反应时间（仅当 $t_{sd}\rightarrow 0$ 时），生产量与 V_{tot}/V_r 无关。然而，在通过不断重复生产周期进行的批量生产中，生产量必须考虑到生产周期的总时间，($t_{tot}=t_r|_\chi+t_{sd}$)，除了反应时间外，还包括关闭时间。当 V_{tot}/V_r 增大时，关闭时间对总时间的权重减小，因此，即使实现给定转换的反应时间变长，生产量也会随着 V_{tot}/V_r 而增加。

很明显，以反应时间为基础来比较不同体系的光催化效果是没有意义的，因为这是得到给定转化率的必要条件，或者以一定反应时间后得到的转化率为基础。实际上，它们都依赖于其他参数，如 V_{tot}/V_r，因此，反应时间或转化率不能用于不同体系的比较。

绿色化学在可持续性方面发挥着重要作用，从经济、社会和环境角度来看，这是当今社会工业发展的一个关键目标。此外，工业发展不能忽视人们在过去几年中迅速增加的对环保产品的偏爱（Straughan and Roberts，1999；Laroche et al.，2001；Pickett-Baker and Ozaki，2008），考虑到光催化不需要化学添加剂，采用的光催化剂（一般来说是二氧化钛）是一种无毒物质，操作条件温和，能源需求较低（太阳辐射即可满足），这些重要特征满足绿色化学的原则，这是光催化合成精细化学品的主要原因。然而，提高光催化合成的产率是十分重要的，因为光催化本身的低效率是实际应用的瓶颈，工艺集成似乎是获得更高性能的最可行的解决方案。

在光催化中，系统的经济性要求底物（即反应物）以相对较低的浓度存在。因此，提出的膜工艺必须能够在低浓度下提取产品。在这方面，渗透蒸发似乎特别适合于集成，如果膜组件与光催化反应器分开，可避免 UV-A 对膜的辐射。在不超过 60~70℃的相对较高的温度下，必须确保有足够的渗透通量，并且减少对光催化反应的损害。光催化不是热激活的，温度对反应速率影响不大，只有在相当高的温度下吸附性能和氧溶解度才受到影响。因此，渗透蒸发在操作温度的选择上有较大的空间。

以悬浮（纳米）粉末形式存在的光催化剂对聚合 PV 膜没有损伤，而且这些粉末造成的污染不会改变它们的性能（Camera Roda et al.，2011a），另一方面，由于在真实反应器中要获得较高的反应速率（De Lasa et al.，2005），光催化剂粉末比固定化光催化剂更可取，但通常涉及回收后处理的问题。光催化剂在反应溶液中的保留和产物的回收可以避免对反应的抑制作用和其在反应器中的进一步降解，这是集成的预期好处之一。此外，在渗透蒸发光催化反应器中，可实现对太阳能的补充利用。事实上，光催化可以利用太阳光谱的 UV-A 部分，而大部分热被用来加热底物和蒸发渗透。

在此基础上，渗透蒸发 PMR 已被应用于光催化合成大量重要的精细化学品（芳香醛）（Camera-Roda et al.，2011b），该工艺为 AROMA（高级醛类回收氧化法）。其中，包含许多积极和有趣的特性，如具有产率高、操作简单、条件温和、利用天然物质和太阳能等优点，这些醛类物质被广泛用于不同类型的香料产品，环保型香料的利用还会给最终产品带来额外的价值。通过调查一些重要的香料，如香草醛、苯甲醛、茴香醛等，发现它们的市场前景巨大。原则上，许多其他芳香醛可以通过部分氧化在水溶液中的相应的伯醇来光催化合成。这些产物是一系列反应体系中的中间化合物。

值得注意的是，根据现有的规则，从天然底物产生的光催化气味是否可以被标记为天然的，目前还不完全清楚。同时，关于天然香料成分的规定既复杂又不明确，所以它们仍有不同的解释（Paterson，2010；Bomgardner，2016）。此外，光催化是一种创新的过程，它模拟了自然，呈现了催化反应的不寻常特征（Childs and Ollis，1980；Serpone et al.，2000；Parmon，1997；Serpone，2007）。在这一框架内，对规则的解释不应忽视光催化过程的积极特性，如安全性、可持续性和生态友好性。因此，在这些观点下，光催化的产物不差于其他的自然产物。

反应和渗透蒸发的有效整合，即这两种操作同时进行，获得了预期改进的基本基础。正如前面所讨论的，利用独立的单元是可能的，其优点是每个设备的设计可以得到优化，从而获得最大的性能。渗透蒸发过程使用高分子有机致密膜，在一体化的过程中，膜的作用是选择性地从反应器中回收产生的醛，避免其进一步氧化降解。底物保留在反应器中，其渗透的损失可以忽略不计，有增加转化率的积极作用。产品的去除对产量产生积极影响，因为产品与原始底物在利用光催化活性位点和光生成氧化剂方面的竞争减少。在已知浓度中间体化合物存在的情况下，才能利用实验量化中间体存在对底物转化率的不利影响，通过保持底物的初始浓度不变，并将给定中间体化合物的初始浓度从 0 变化到可能的值，底物转变的初始速率说明速率衰减的重要性。渗透液中的醛浓度比反应溶液中的醛浓度高得多，甚至不需要进一步提纯。以香草醛为例，由于其运行控制温度和渗透压力十分温和（温度 60~70℃，渗透液中有足够的真空度），部分渗透产物在略低于环境温度下直接沉积成几乎纯的晶体（Camera-Roda et al.，2014）。

该装置的运行非常简单和安全。总之，流程集成带来的优点包括以下几点：

① 产量和选择性的大幅度提高。

② 产品得到满意的纯化，在某些情况下不需要进一步分离。

③ 产品液中没有光催化粉末。

这个过程的其他优点：

① 分离步骤能耗要求低。

② 模块性（光催化和膜分离装置的容量都可以通过添加或移除模块来改变）。

③ 可以从连续处理转变为半连续（批处理）处理。

④ 由于温和的操作条件和对水溶液的利用，具有安全的环境。

⑤ 控制简单，对操作人员的要求和劳动强度低。

当然，膜的选择是基于通量和选择性，这是由特定的反应溶液决定的。在苯甲醛和茴香醛存在的情况下，聚辛基甲基硅氧烷膜的性能十分高效；而在香草醛存在的情况下，聚醚共聚酰胺（PEBA）膜的通量和选择性更佳。香草醛是一种高沸物（Böddeker et al.，1993；Böddeker，2008），它的沸点比水的沸点高。实际上，香草醛的沸点（T_b=285℃）比水的沸点（100℃）高很多，在温度适中（50~70℃）的条件下，香草醛蒸气压很低，渗透主要是由于香草醛在水溶液（无限稀释大于 100）中的高活性系数，渗透液中香草醛的富集是由于水在聚合物基质中的可溶性比香草醛低几个数量级（即使水的扩散率比香草醛的扩散率高），使水通过膜受到干扰（Bo ddeker，2008；Camera-Roda et al.，2017c）。截留的大多数其他有机化合物（底物阿魏酸和其他产品）浓度高，Camera-Roda 等人（2014）的研究表明，高截留率是由于这些化合物的挥发性很差，而不是像 Brazinha 等人（2011）所假设的那样，与分子在水溶液中的离解有关 Brazinha 等人（2011）。

香草醛在水溶液中的渗透蒸发表现出一些不同寻常的行为：一是香草醛透过膜的分压梯度可以忽略，香草醛对水的分离系数随膜厚度 d 的增大而增大；二是香草醛通量随厚度 d 的变化而在 1%范围变动，而水通量符合溶液扩散模型，因为它的衰减与厚度 d 成比例（见图 5.6）。

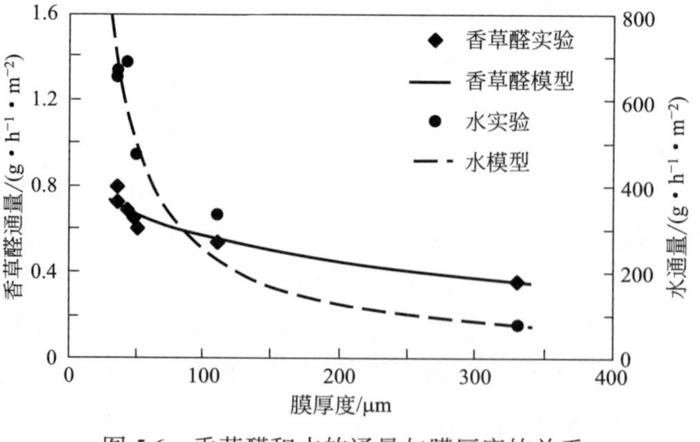

图 5.6　香草醛和水的通量与膜厚度的关系

香草醛原液浓度 420mg·L^{-1}；温度 60℃；渗透压力 0.7mbar

1bar=10^5Pa，1mbar=10^2Pa

采用膜传质和黏性传质的溶液扩散模型和 Knudsen 扩散模型来描述多孔支撑膜的传输过程的数学模拟结果，与实验数据完全一致（图 5.6 中香草醛与水的模型曲线）。在实验中，当观察到膜厚度变厚时，膜与渗透界面侧压力的变化很小，这对水通量有很大的影响，但对香草醛的影响很小。根据实验结果，该模型还预测了香草醛的分压梯度很低（Böddeker and Bengston，1990；Böddeker et al.，1997）。在实验中，只有非常小部分香草醛的理论最大驱动力（即保持膜下游的香草醛分压为 0 时所产生的驱动力）对渗透起作用，这个比例约为 1%，且随 d 的增加而略有增加。综上所述，我们观察到：①水渗透的理论最大驱动力比香草醛高出 100 倍以上；②香草醛渗透的驱动力很差；③水在膜中的扩散系数（$D_{水}=3.5\times10^{-9}m^2\cdot s^{-1}$）远高于香草醛的扩散系数（$D_{香草醛}=9\times10^{-11}m^2\cdot s^{-1}$），依据这些数字，香草醛比水更优先渗透是令人惊讶的。

5.3 光催化与透析集成

5.3.1 透析原理

透析中的传质机制与渗透蒸发中的传质机制相似，都在非多孔膜的情况下进行，渗透剂溶解到膜内并通过膜扩散。主要的区别在于，膜上游和下游的两相都是液体，所以渗透液不会蒸发。由于没有气相，挥发性并不显著影响，驱动力由两液相间渗透物质的活性差异提供。在稀释的水溶液中，给定的两液相活度系数值非常相似，在这种情况下，组分渗透的驱动力可以简单地用其浓度差来表示。因此，高沸点化合物如香草醛，很明显不受渗透蒸发遇到的限制（低挥发性和弱驱动力）的影响。

5.3.2 透析光催化反应器的应用

Camera-Roda 等人（2017c）研究了膜反应器中集成透析替代光催化渗透蒸发的可能性。阿魏酸被部分氧化生成香草醛，该膜将光催化反应器一侧（侧 1）的反应溶液与另一侧（侧 2）的水溶液分离，光催化反应器侧面的布置与渗透蒸发几乎相同，通过一个完全混合槽，泵将截留物从膜组件循环到环形光催化反应器。同样的 PEBA 膜既用于渗透蒸发，也用于透析。对膜组件重新设计以适应平面膜在两侧有逆流切向流动，侧 2 处的流体通过混合槽后不断循环到膜组件。初始的透析测试单独进行，绕过使用稀释的香草醛或阿魏酸水溶液的光催化反应器，这些初始实验证实，透析克服了渗透蒸发存在的大多数限制，在相同的上游浓度，即使在常温下，香草醛通量也比渗透蒸发高 10 倍以上，同时不排斥底物阿魏酸的生成。一般来说，所有芳香族有机物底物和各种产物的渗透性都很高，同时考虑两液相质量输运的溶液扩散模型能够准确预测实验数据（图 5.7），该模型的唯一可调参数是香草醛在聚合物基体中的扩散率，其值是通过对不同初始香草醛浓度和改变膜上游流速下进行的多次实验的数据的最佳拟合得到的。香草醛在膜中的扩散系数几乎与香草醛浓度无关（至少在研究浓度范围内），其值等于 $9\times10^{-11}m^2\cdot s^{-1}$，香草醛的扩散率和溶解度的高值证明了膜的高渗透性，由于香草醛的通量相对较高，浓度极化不再像渗透蒸发时那样可以忽略（图 5.8）。因此，建议在足够高的切向速度下操作，以限制这种现象发生。底物的高渗透性不允许产品从底物分离，但可以利用它来不断地替代在光催化反应器中消耗的底物，为了达到这个目的，在侧 1 和侧 2 处最初都有相同浓度的底物溶液，通过这种方法，香草醛在反应溶液中被回收，而阿魏酸在相反的方向渗透，从而完全取代反应消耗的反应物。

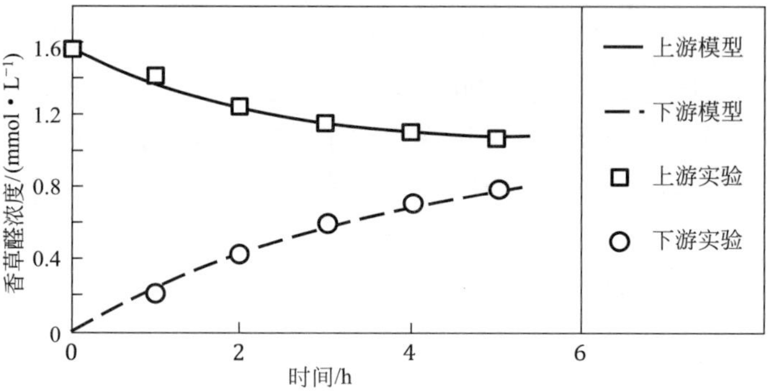

图 5.7　在反应容器上游和下游膜中香草醛浓度与时间关系

温度 60℃；上游反应容积 1L；下游反应容积 1L；膜面积 $9.6\times10^{-3}m^2$；膜厚 50μm

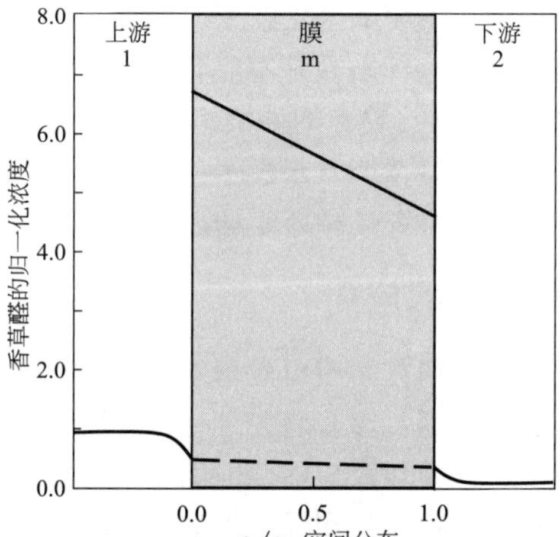

图 5.8　图 5.7 中同一透析实验 1h 后归一化香草醛浓度（c_S/c_{S0}）的空间分布（连续线）

虚线表示局部平衡的理想水溶液中香草醛的浓度

在透析膜反应器中，膜工艺能够连续回收生产的香草醛，连续地进料底物，并保留光催化粉末，污染可以忽略不计。相反，由于透析中没有有效屏障来阻止其他芳香族化合物的渗透，香草醛的后处理纯化比渗透蒸发的要求更复杂。Azrague 等（2005；2007）研究了透析与光催化反应相结合的方法对浑浊水的净化。由于没有输出流，所研究的系统是不连续的，膜被定位在底物之间，底物最初是由浑浊的水和污染物（2,4-二羟基苯甲酸）组成，反应溶液在渗透侧，循环装置将反应器与膜组件连接在一个回路中，膜对污染物是可渗透的，但能够完美地截留悬浮在反应溶液中的光催化粉末和造成浑浊的膨润土粉末，通过这种方式，渗透污染物在光催化反应器中被降解。集成的优点还有更多，它们包括以下内容：

① 由于可吸收和散射辐射光的膨润土粉末被限制在膜的另一边，在反应侧只有光催化剂吸收光子。

② 由于渗透，污染物源源不断地流入反应侧。

③ 光催化降解降低了渗透液中污染物的浓度，增强了集成过程中渗透的驱动力。

④ 光催化剂粉末留在反应器中。

⑤ 在水得到充分净化后，在不更换光催化剂的情况下，可以循环重复处理。

正如 5.2.2 节所讨论的，其中一些优点是用于反应，另一个优点是用于分离。建议满足一定的膜面积条件，以平衡光降解速率和传质速率，从而提高过程的效率，实际上，这个条件仅代表 δ 的最优值，即 $\delta=1$。目前还不完全清楚哪一个是主要的产品流，膜上游的纯化水更有可能代表产品流，在运行结束时，对含有低含量膨润土粉末的清水需进行过滤处理。

Lekelefac 等人（2014）研究了利用透析回收光催化降解木质素磺酸盐形成的中间产物，目标有两方面，减少木质素以减少纸浆和造纸厂废水对环境的影响，以及可能生产有价值的化学品作为光催化降解的中间产品。在所研究的系统中，光催化反应器连接到透析过滤器中，在反应器水溶液介质中优先渗透芳香化合物，然后由吸附筒萃取渗透液中的有机化合物。实际上，这项研究似乎更像是一个初步尝试，而不是全面的研究，因此，“萃取是在反应后还是反应中进行并不重要”可能是偶然的结果，这是膜面积过低的结果。

5.4　光催化与膜接触器集成

5.4.1　膜接触器原理

膜接触器的分离是与传统的萃取单元操作相类似的膜分离。正如在萃取过程中一样，分离是通过一种组分在两个不互溶相之间的分布实现的，其中该组分的溶解度不同。对于膜接触器，高分配系数既有利于提高传质驱动力，也有利于提高选择性，膜的功能是控制两相之间的界面，同时允许两相之间的组分通过，这是由接近热力学平衡的必要性驱动的。在传统的萃取器中，两相通过界面直接接触，同样的情况也发生在膜接触器中，但不需要通过混合进行相分散，因为膜成为相之间的质量交换的界面，通常，一相（润湿相）穿过膜孔并与另一相接触，与传统的分散相接触器相比，使用中空纤维和毛细管组件所获得的每体积的界面面积要大得多，这是膜接触器的优势。膜的存在使萃取过程增加了一个相，除进料相传质和渗透相传质外，膜接触器内的膜传质是串联的，这是膜接触器的弱点，因为通过膜传质的阻力对整体阻力产生额外贡献。有气液、液液和液气膜接触器的情况，其中第一项表示进料相，第二项表示渗透相，该过程不是压力驱动的，但一般情况下，必须调节压力，以保持孔隙被润湿相填充，从而既避免了润湿相从一个方向泄漏进入另一个方向，又避免了润湿相在相反方向的位移。

5.4.2 光催化反应器与膜接触器的集成应用

Molinari 等人（2009）采用集成和没有集成光催化的膜接触器配备聚丙烯膜对苯部分氧化合成苯酚进行了研究，反应溶液为水相，苯浓度接近溶解度极限，光催化剂粉末悬浮在其中，有机萃取剂为同一底物苯，苯通过毛细管力填充聚丙烯膜的孔隙，因此，必须使水相的压力略高于有机相的压力，以防止有机相直接进入反应溶液，无论如何，压力保持在临界突破压力以下，从膜孔中置换有机相。

该研究是全面的，因为对许多操作条件和因素的影响进行了研究：光催化剂的浓度、pH 值、金属盐的存在、光催化剂的类型、用于降低 pH 值的酸性化合物等。在适当的操作条件下，苯转化为苯酚的速度确实令人满意，但反应混合物中苯酚因容易进一步氧化而迅速降解。结果表明，苯酚是由苯光催化生成的，但光催化进一步以较高的速率氧化成不需要的化合物。

作者论证了平面聚丙烯膜接触器具有若干优点：该膜接触器从反应溶液中连续回收苯酚，光催化粉体完全保留；当苯的浓度低于溶解度极限时，它从有机相进入反应溶液对其进行连续补充；由于苯酚的分配系数（2.1）相对较低，因此苯可能不是最佳萃取剂，但是，它避免了在体系中引入另一种又需要分离的有机溶剂，它能起到萃取剂和底物的双重作用。因此，它的选择看起来确实有利可图，在光催化剂浓度不是太高的情况下，污染似乎是一个小问题，结果表明，膜接触器在光催化合成中的应用是一项值得进一步研究的技术。

Molinari 等人（2015）在精细化学品的化学合成领域提出了杂化光催化膜接触器的另一个应用工艺，即苯乙酮光催化加氢制苯乙醇的反应。苯乙醇是一种附加值高的化学物质，由于它具有宜人的玫瑰花香，被广泛应用于香料和香水行业。有趣的是，这种合成是一种还原，因此，在光催化反应器中采取各种预防措施，有利于苯乙酮的还原而不是氧化。在确定了最佳操作条件后，研究人员调查了膜接触器对反应溶液作用的能力，反应溶液为苯乙酮的水相，实验装置的布置与 Molinari 等人（2009）所采用的相似，膜接触器以相同的方式与同一类型的平面聚丙烯膜配置，在这个合成过程中采用了有两种不同辐照类型的不同反应器，一种紫外灯或具有可见发射光谱的发光二极管（LED）辐照，作者对不同的加料方式和萃取剂进行了测试，但最终选择了使用底物（苯乙酮）作为萃取剂，因为这样可以获得最佳的反应相增溶性和更有效的苯乙醇萃取。另一个好处是避免了引入另一种化合物，通过对加膜接触器和不加膜接触器的试验结果的比较，加膜接触器的综合工艺效果更好。实际上，产品的回收避免了后续的还原，并将加氢反应转移到产品上，即使加氢反应的转移还没有明确的证明，膜接触器毫无疑问是有益的。当同样的合成在可见光下进行时，其反应机理是相同。通过掺杂钯，获得了光催化剂在可见光下的活性，在可见光照射下或在紫外线照射下，该光催化剂的产物和萃取的苯乙醇比未掺杂的光催化剂的产物和萃取的苯乙醇量要高得多。很明显，尽管研究考虑了许多参数和因素的影响，但还远未得出全部结论，例如，基本参数 δ 对采用膜接触器的反应影响在这些研究中还没有研究过。无论如何，这些有趣的结果是有前景的，并为进一步地发展研究奠定了基础。

Kumakiri 等人在有机酸降解过程中，利用气液膜接触器向光催化膜连续供应氧气，在两种不同的多孔 A -氧化铝载体表面分别沉积一层有铂或无铂的二氧化钛。在实验室的仪器中，由于在气相一侧保持超压，氧气充满了孔隙，通过这种方式，氧直接与光催化层接触，并可以溶解到以甲酸、草酸和腐殖酸为底物的水溶液中而不形成气泡，研究了铂的存在、无光照和缺氧对底物降解速率的影响，结果表明，在紫外线照射下，当膜接触器向光催化层中注入氧气时，反应速率最高，特别是当 Pt 存在时。因此，作者认为膜接触器是将反应所需的氧气直接供给光催化层的一种合适的方式，通过这种方式，氧与光催化剂的接触比通过传统的充氧技术（如在大量的溶液中鼓泡氧气）获得的接触更直接，其他有趣的发现如下：铂与光催化剂的结合提高了它的使用寿命，化学物质对膜没有造成污染，铂在空气中储存几个月后并经过测试，它的初始催化活性得以保持。

最后，值得一提的是在 Sciubba 等人（2009）的工作中，他们评估了使用膜接触器从发酵液中提取香草醛的潜力，最终确定用于集成的生物转化分离过程。结果表明，相同的膜接触器技术可以应用于 PMR 中回收香草醛，其优点已在 5.2.3 节中讨论。

5.5　光催化与膜蒸馏集成

5.5.1　膜蒸馏原理

在膜蒸馏中，膜的作用是阻止液体底物的通过，但允许产生的蒸汽通过。特别是在直接接触膜蒸馏（DCMD）中，膜直接与膜接触的两个水相分开，而孔隙中存在水蒸气气相。到目前为止，认为 DCMD 与光催化结合是有效的操作，液体底物温度保持在高于液体渗透的温度，通过这种方式，在底物侧产生蒸汽，通过孔洞扩散，并在渗透中冷凝，驱动力是由温差产生的蒸气压之差。膜必须是疏水性的，具有足够高的孔隙率和狭窄的孔径分布，以避免流体进入孔隙；膜越薄，水蒸气通过小孔的阻力就越低，但是膜也会使两种液相之间的隔热效果很差，孔隙大小通常在 0.1~1μm 范围内，特别是在有机溶剂存在下，疏水性随时间的延长而降低。

膜蒸馏的主要潜在优点是：

① 与传统的蒸馏或蒸发过程相比，在相对较低的温度下可以操作运行，有利于热敏性产品的处理和太阳能及废热的利用。

② 与压力驱动膜工艺相比，压力较低，因为驱动力主要由温差保持的分压差提供，不需要外部压力来保证渗透。

③ 也可以在高盐浓度下操作。

④ 膜污染比反渗透或纳滤更低。

液相内部的温度梯度（温度极化）和两液相之间的热传导对性能有不利影响，应采取预防措施限制这些现象，潜在的实际应用是水的脱盐、净化和果汁的浓缩。

5.5.2 光催化反应器与膜蒸馏集成的应用

有研究分析了同时采用膜蒸馏和光催化处理含有不同类型污染物的系统。在这些PMR中，光催化在膜的底物侧降解污染物，甚至矿化，而水蒸气通过疏水膜的孔隙到另一侧冷凝。由于污染物和光催化降解产生的中间化合物的低挥发性，其主要产品通常是蒸馏后的渗透液，它由纯水组成，光催化剂为悬浮粉末（Mozia et al.，2005，2007，2013；Mozia and Morawski，2012；Darowna et al.，2014）或涂覆在基材上的薄膜（Hou et al.，2017）。

研究了该光催化体系主要部分的几种变化：UV-A、UV-C或可见光，日光灯、放电灯或LED灯；商业或专门制备的光催化剂，悬浮粉末形式（Mozia的研究组）或者是负载在玻璃上的薄膜（Hou et al.，2017）；处理的水溶液含有偶氮染料、布洛芬、双氯芬酸、萘普生或苦酮酸等有机污染物；纯水是这些污染物通常溶解用的水。但在一些研究中，污染物也存在于自来水、一次或二次流出物中。大多数研究工作采用聚丙烯毛细管膜，而Hou等人（2017）使用的是平板聚四氟乙烯膜，运作方式也有所不同，在大多数情况下，研究对象既包括不连续系统，也包括连续系统（Mozia and Morawski，2012），从实际应用的角度来看，对连续系统的研究尤为重视。

即使污染物的类型和其他特征不同，现有的系统也具有以下共同特征：

① 通过在连接膜组件和光催化反应器的回路中连续循环反应溶液而集成。

② 光催化反应产生的污染物、中间化合物和底物的挥发性很低，它们几乎对膜不渗透。一些由光催化反应产生的中间化合物可以在渗透液中检测到，但浓度很低。只有含有高浓度氨氮的废水才能由于氨通过膜而产生质量较低的馏出物。

③ 膜对光催化粉体的截留率为100%。

④ 光催化粉末的污染很小，可以不考虑其污染。

鉴于未来的实际应用，膜蒸馏工艺不像其他非压力驱动的工艺，其是一个能源密集型工艺，因为潜热被用于渗透液的蒸发。无论渗透液和浓缩液之间的目标产物是什么，渗透液产量必须满足生产要求。为了达到这一目标，必须生产相对较高质量的馏分。同样，在渗透蒸发中，渗透液也会蒸发，但该过程的目标是通过（非常）低流量渗透来达到的，即低能量需求。关于膜蒸馏是否经济方便的争论仍然存在，一般来说，如果余热可用，那么膜蒸馏是合适的，但其他情况也可以盈利（Al-Obaidani et al.，2008；Kesieme et al.，2013）。因此，可以说在各种情况下，膜蒸馏在利用能量上是很方便。

为了建立集成过程的方便性，有必要回顾集成的原因。

理论上，先膜蒸馏、后光催化顺序操作能实现膜蒸馏（生产纯渗透液）和光催化（降解污染物）的功能，因此，同时进行这两个过程并不是必然的。如果光催化降解在膜蒸馏后连续发生，则蒸馏物的质量肯定能得到保证，因为与某些中间化合物不同，底物的挥发性很低，在蒸馏物中完全不存在。无论如何，混合系统在某些方面是有利的，集成的优点如下：①减小安装的尺寸（Mozia et al.，2007）；②在混合系统中，进料液中的污染物也被去除，这可以看作是单独进行DCMD时浓缩液污染问题的解决（Moziaet al.，

2013)。实际上，第①点还需要进一步研究，因为它还没有在已经发表的研究中得到最终的证明，而且很难从理论上量化最小安装尺寸的重要性。第②点是正确的，它适用于光催化前膜蒸馏的顺序安排工艺。

然而，光催化和 DCMD 集成系统的集成作用引起了人们的强烈兴趣。例如 Mozia 和 Morawski（2012）发现，通过集成光催化和 DCMD，在膜表面沉积了一层 TiO_2，从而防止 $CaCO_3$ 沉积在膜孔内，保护膜免受损伤，延长了其寿命。因此，将 DCMD 与光催化相结合对缓解结垢具有积极的影响，而结垢往往是一个严重的问题，会导致膜润湿或膜力学性能破坏。

此外，光源发出的热量可以用于加热底物（Mozia et al.，2005），同时减少或避免了对光源的冷却部分的使用。

最后，Hou 等人（2017）提出了 DCMD 与光催化集成的原因，他认为膜蒸馏的工艺促进了光催化效果，因为它可以通过把水输送到另一侧，而在降解过程中延缓苦酸浓度的降低，为了支持这一说法，他们表明，在集成过程中获得的对污染物的光催化降解速率比不使用膜蒸馏获得的要高，这种现象的原因是水不断去除，使反应物集中在反应溶液中，从而提高了反应速率。理论上，也可以采用顺序排列，在膜蒸馏装置中浓缩反应物，这样序贯式反应器就可以在较高初始（或入口）反应物浓度下运行，但是，一体化的过程更有利。事实上，很容易证明在半连续系统中，对于一个固定数量的馏分和一个固定的污染物消减，顺序排列工艺所需的总体时间（膜蒸馏+光催化时间之和）长于集成工艺所需的总体时间；在连续系统中，对停留时间也得出同样的结论。值得一提的是 Hou 等人（2017）的研究中光催化剂被固定在光催化反应器内，是催化剂薄膜沉积在发光的玻璃薄片上。

5.6 结论和未来趋势

采用非压力驱动膜工艺的 PMR 具有一些有趣的特性:

① 具有保留光催化剂的能力，即使以悬浮纳米粉末的形式，也没有明显的堵塞现象。

② 在许多情况下，可以选择性地从水溶液中去除或回收光催化反应的有机产物（相反，压力驱动过程优先渗透水），这种能力大大增加了反应分离集成的优势机会。

③ 因为不需要高压，膜组件更简单和更便宜。

④ 简单的工艺和安全的控制。

除此，它还具有与其他类型的 PMR 相同的优点：能源需求低、化学品的使用量少、温和的操作条件和模块化。此外，它们代表了最有希望的方法之一，既克服光催化的局限性，又填补了研究和工业利用之间的空白。一项关于使用不同膜工艺的应用调查显示了不同的研究解决方案所提供的优点和缺点以及机遇。

许多研究有助于实现过程强化的目标，即大幅度提高产量。大多数这些作用只有在反应和膜分离的集成时才会起作用，我们讨论了影响系统性能的参数，以及将反应与膜分离相结合的方法。Damkohler 数和特征分离速率与反应速率之比是 PMR 中必须考虑的两个主要基本参数，此外，还可以采用具有不同自由度的不同构型，一般来说，自由度越大，系统优化的可能性就越大，从而提高产量，从这个观点来看，如果它们有效地集成在一起，单独的设备是可取的。

实质上，PMR 已经在水处理和化学合成中得到应用。

就水处理而言，PMR 是最终减少新微污染物的最佳选择之一。这些微污染物包括药物、杀虫剂、激素和药品，有时即使浓度只有几纳克每升也会引起公共健康问题，使用 PMR 既可以保留光催化剂，又可减少污染或提高去除速率。

在化学合成方面，只要石油价格低廉，光催化和 PMR 就不可能比石油化学更经济地用于基本化学品的生产。然而，由于工业向绿色化学转移的需要，既需要满足消费者对环保产品的偏好，又要减少对环境的影响，这可使光催化技术成为高附加值精细化学品生产的有力竞争者。同样在这种情况下，无压力驱动的膜分离与光催化的集成是实现实际应用所需性能水平的最佳方法之一。PMR 也可以通过将不需要的化合物转化为化学物质或燃料，用于工业废物和副产物的价值化，这些应用虽然才刚刚开始，但很有前景。目前，来自农用食品工业的废物，如橄榄油加工厂废水和小麦或米糠的废渣，似乎是这种方法最可能的应用实例。

但是，PMR 存在某些问题，其中一些不是技术性的问题，仍然有待解决。

整个系统必须通过考虑综合反应和分离过程的特殊需要来重新检查。其中，器件的布置、集成的有效性、参数的优化、反应器模块和膜组件的设计是必须考虑的重点。在这方面，还有很大的发展空间。有时，膜组件的使用基本上是受反渗透应用的启发，很少或没有关注到含悬浮（纳米）粉末反应溶液提供的无压力驱动膜分离的必要性。此外，光催化反应器的优化设计是复杂的，主要原因是辐射能的最佳利用与反应器容积的充分利用形成对比，在实践中，最佳的光催化反应器是由资本和运营成本之间更有利可图的折中决定的。此外，已经证明光催化和膜分离的模块化均可以在 PMR 中得到有效利用，但目前它在很大程度上还未得到开发。

针对 PMR 的具体应用，开发合适的膜的力度还远远不够，一旦得到更多的资源投入，这一方面有望得到显著的改进。在实践中，对于非压力驱动的工艺，几种类型的膜已经在实验室规模上被研究，对这些膜分离的兴趣正在增长，但它们的大规模制造和实际应用的发展还处于起步阶段。此外，为数不多的商业化膜仍然相对昂贵，这对 PMR 推广是一个严重的限制。实际上，与反渗透膜较低的价格比较，反渗透膜的材料和制造费用并不贵，本质上，这种膜缺乏真正的市场，直到现在还不能降低它们的生产成本，另一方面，在削减成本的过程中，工业部门不太愿意投资新工艺，主要的改进应从减少膜选择层的厚度，开发具有更高孔隙率的支撑体，筛选对有机化合物选择性较强的材料方面开始。一般来说，亲有机质的膜在 PMR 中使用更有优势。

光催化生产精细化学品也受到当前食品行业监管规则的限制。根据欧盟和美国的严格规定，以香草醛为例，它代表着许多重要气味，如果以光催化的方式生产，就不能被天然物标记。相反，对于天然香料的生产，法规允许其他过程，如焙烧、加热、蒸馏和溶剂提取。这些工艺可能不环保，在某些未经严格控制的情况下，甚至会产生微量有毒物质。另一方面，与其他行业相比，管理食品行业的规则在某种程度上是非典型的，事实上，在食品行业，法规并不关注产品的最终属性，这是合乎逻辑和正常的，但确定了获得给定产品的配方，虽然这种方法保留了传统的食品加工方法，但它限制了创新的机会，而创新可以提高产品质量和工艺，包括安全性、可持续性和生态友好性。

毕竟，光催化与非压力驱动膜分离的集成是非常可行的，许多工艺可以提高产量。因此，其过程强化的可能性比压力驱动过程高，集成通常更简单。然而，非压力驱动的膜分离没有反渗透或超滤膜分离的应用成熟，这是目前的一种短板，但对未来的改进仍有很多可能性。

参考文献

Ahmed, S., Rasulm, M.G., Brown, R., Hashib, M.A., 2011. Influence of parameters on the heterogeneous photocatalytic degradation of pesticides and phenolic contaminants in wastewater: a short review. J. Environ. Manag. 92, 311−330.

Al-Obaidani, S., Curcio, E., Macedonio, F., Di Profio, G., Al-Hinai, H., Drioli, E., 2008. Potential of membrane distillation in seawater desalination: thermal efficiency, sensitivity study and cost estimation. J. Membr. Sci. 323, 85−98.

Assabumrungrat, S., Phongpatthanapanich, J., Praserthdam, P., Tagawa, T., Goto, S., 2003. Theoretical study on the synthesis of methyl acetate from methanol and acetic acid in pervaporation membrane reactors: effect of continuous-flow modes. Chem. Eng. J. 95, 57−65.

Augugliaro, V., El Nazerb, H.A., Loddo, V., Mele, A., Palmisano, G., Palmisano, L., Yurdakal, S., 2010. Partial photocatalytic oxidation of glycerol in TiO_2 water suspensions. Catal. Today 151, 21−28.

Augugliaro, V., Camera-Roda, G., Loddo, V., Palmisano, G., Palmisano, L., Parrino, F., Puma, M.A., 2012. Synthesis ofvanillin water by TiO_2 photocatalysis. Appl. Catal. B Environ. 111-112, 555−561.

Azrague, K., Puech-Costes, E., Aimar, P., Maurette, M.T., Benoit-Marquié, F., 2005. Membrane photoreactor (MPR) for the mineralisation of organic pollutants from turbid effluents. J. Memb. Sci. 258, 71−77.

Azrague, K., Aimar, P., Benoit-Marquié, F., Maurette, M.T., 2007. A new combination of a membrane and a photocatalytic reactor for the depollution of turbid water. Appl. Catal. B Environ. 72, 197−204.

Babi, D.K., Cruz, M.S., Ganiet, R., 2016. Chapter 2, Fundamentals of process intensification: a process systems engineering view. In: Segovia-Hernández, J.G., Bonilla-Petriciolet, A. (Eds.), Process Intensification in Chemical Engineering. Springer International Publishing, Switzerland.

Battersby, S., Teixeira, P.W., Beltramini, J., Duke, M.C., Rudolph, V., Diniz Da Costa, J.C., 2006. An analysis of the Péclet and Damköhler numbers for dehydrogenation reactions using molecular sieve silica (MSS) membrane reactors. Catal. Today 116, 12−17.

Baudot, A., Marin, M., June 1997. Pervaporation of aroma compounds: comparison of membrane performances with vapour-liquid equilibria and engineering aspects of process improvement. Trans. IChemE 75 (Part C), 117−142.

Belgiorno, V., Rizzo, L., Fatta, D., Della Rocca, C., Lofrano, G., Nikolaou, A., Naddeo, V., Merica, S., 2007. Review on endocrine disrupting-emerging compounds in urban wastewater: Occurrence and removal by photocatalysis and ultrasonic irradiation for wastewater reuse. Desalination 215, 166−176.

Blanco-Galvez, J., Fernández-Ibáñez, P., Malato-Rodríguez, S., 2007. Solar photocatalytic detoxification and disinfection of water: recent overview. J. Sol. Energy Eng. 129, 4−15.

Böddeker, K.W., 1990. Terminology in pervaporation. J. Membr. Sci. 51, 259−272.

Böddeker, K.W., 2008. Liquid Separations With Membranes: An Introduction to Barrier Interference. Springer-Verlag, Berlin Heidelberg.

Böddeker, K.W., Bengston, G., 1990. Pervaporation of low volatility aromatics from water. J. Membr. Sci. 53, 143−158.

Böddeker, K.W., Bengtson, G., Pingel, H., Dozel, S., 1993. Pervaporation of high boilers using heated membranes. Desalination 90, 249—257.
Böddeker, K.W., Gatfield, I.L., Jähnig, J., Schorm, C., 1997. Pervaporation at the vapor pressure limit: Vanillin. J. Membr. Sci. 137, 155—158.
Bomgardner, M.M., 2016. The problem with vanilla. Chem. Eng. News 94, 38—42.
Brazinha, C., Barbosa, D.S., Crespo, J.G., 2011. Sustainable recovery of pure natural vanillin from fermentation media in a single pervaporation step. Green Chem. 13, 2197—2203.
Camera-Roda, G., Santarelli, F., 2007. Intensification of water detoxification by integrating photocatalysis and pervaporation. J. Sol. Energy Eng. 129, 68—73.
Camera-Roda, G., Santarelli, F., Martin, C.A., 2005. Design of photocatalytic reactors made easy by considering the photons as immaterial reactants. Sol. Energy 79, 343—352.
Camera-Roda, G., Santarelli, F., Panico, M., 2009. Study and optimization of an annular photocatalytic slurry reactor. Photochem. Photobiol. Sci. 8, 712—718.
Camera-Roda, G., Santarelli, F., Augugliaro, V., Loddo, V., Palmisano, G., Palmisano, L., Yurdakal, S., 2011a. Photocatalytic process intensification by coupling with pervaporation. Catal. Today 161, 209—213.
Camera-Roda, G., Augugliaro, V., Loddo, V., Palmisano, G., Palmisano, L.., 2011b. Production of aldehydes by oxidation in aqueous medium with recovery of the product by means of pervaporation. US Patent WO2011154925 A1.
Camera-Roda, G., Augugliaro, V., Cardillo, A., Loddo, V., Palmisano, G., Palmisano, L., 2013a. A pervaporation photocatalytic reactor for the green synthesis of vanillin. Chem. Eng. J. 224, 136—143.
Camera-Roda, G., Augugliaro, V., Loddo, V., Palmisano, L., 2013b. Pervaporation membrane reactors. In: Basile, A. (Ed.), Handbook of Membrane Reactors, Reactor Types and Industrial Applications, vol. 2. Woodhead Publishing Series in Energy, Cambridge, UK, pp. 107—151.
Camera-Roda, G., Cardillo, A., Loddo, V., Palmisano, L., Parrino, F., 2014. Improvement of membrane performance to enhance the yield of vanillin in a pervaporation reactor. Membranes 4, 96—112.
Camera-Roda, G., Loddo, V., Palmisano, L., Parrino, F., Santarelli, F., 2017a. Process intensification in a photocatalytic membrane reactor: analysis of the techniques to integrate reaction and separation. Chem. Eng. J. 310, 352—359.
Camera-Roda, G., Loddo, V., Palmisano, L., Parrino, F., 2017b. Guidelines for the assessment of the rate law of slurry photocatalytic reactions. Catal. Today 281, 221—230.
Camera-Roda, G., Loddo, V., Palmisano, L. and Parrino, F.., 2017c. A comparison of pervaporation and dialysis for the production of vanillin in a membrane reactor. To be submitted to J. Membr. Sci.
Cassano, A.E., Alfano, O.M., 2000. Reaction engineering of suspended solid heterogeneous photocatalytic reactors. Catal. Today 58, 167—197.
Cataldo, S., Iannì, A., Loddo, V., Mirenda, E., Palmisano, L., Parrino, F., Piazzese, D., 2016. Combination of advanced oxidation processes and active carbons adsorption for the treatment of simulated saline wastewater. Sep. Purif. Technol. 171, 101—111.
Charpentier, J.C., 2012. Did you say "Reactor Design & Process Intensification", or how to produce much more and better while consuming much less? Chem. Eng. Technol. 35, 1118—1119.
Childs, L.P., Ollis, D.F., 1980. Is photocatalysis catalytic? J. Catal. 66, 383—390.
Chong, M.N., Jin, B., Chow, C.W.K., Saint, C., 2010. Recent developments in photocatalytic water treatment technology: a review. Water Res. 44, 2997—3027.
Darowna, D., Grondzewska, S., Morawski, A.W., Mozia, S., 2014. Removal of non-steroidal anti-inflammatory drugs from primary and secondary effluents in a photocatalytic membrane reactor. J. Chem. Technol. Biotechnol. 89, 1265—1273.
Davis, A.P., Hao, O.J., 1991. Reactor dynamics in the evaluation of photocatalytic oxidation kinetics. J. Catal. 131, 285—288.
De Lasa, H., Serrano, B., Salaices, M., 2005. Photocatalytic Reaction Engineering. Springer Science+Business Media, New York. Chapter 2.
Dotremont, C., Goethaert, S., Vandecasteele, C., 1993. Pervaporation behaviour of chlorinated hydrocarbons through organophilic membranes. Desalination 91, 177—186.
Gaya, U.I., Abdullah, A.H., 2008. Heterogeneous photocatalytic degradation of organic contaminants over titanium dioxide: a review of fundamentals, progress and problems. J. Photochem. Photobiol. C 9, 1—12.
Gómez-García, M.Á., Dobrosz-Gómez, I., Fontalvo, J., Rynkowski, J.M., 2012. Membrane reactor design guidelines for ammonia decomposition. Catal. Today 191, 165—168.

Hermann, J.-M., Lacroix, M., 2010. Environmental photocatalysis for green chemistry. Kinet. Catal. 51, 793−800.

Hou, R., Gao, Y., Zhu, H., Yang, G., Liu, W., Huo, Y., Xie, Z., Li, H., 2017. Coupling system of Ag/BiOBr photocatalysis and direct contact membrane distillation for complete purification of N-containing dye wastewater. Chem. Eng. J. 317, 386−393.

Iglesias, O., Rivero, M.J., Urtiaga, A.M., Ortiz, I., 2016. Membrane-based photocatalytic systems for process intensification. Chem. Eng. J. 305, 136−148.

Karlsson, H.O., Trägårdh, G., 1993. Pervaporation of dilute organic-waters mixtures. A literature review on modelling studies and applications to aroma compound recovery. J. Membr. Sci. 76, 121−146.

Kesieme, U.K., Milne, N., Aral, H., Cheng, C.H., Duke, M., 2013. Economic analysis of desalination technologies in the context of carbon pricing, and opportunities for membrane distillation. Desalination 323, 66−74.

Klausner, J.F., Martin, A.R., Goswami, D.Y., Schanze, K.S., 1994. On the accurate determination of reaction rate constants in batch-type solar photocatalytic oxidation facilities. J. Sol. Energy Eng. 116, 19−24.

Konieczny, K., Bodzek, M., Panek, D., 2008. Removal of volatile compounds from the wastewaters by use of pervaporation. Desalination 223, 344−348.

Kumakiri, I., Diplas, S., Simon, C., Nowak, P., 2011. Photocatalytic membrane contactors for water treatment. Ind. Eng. Chem. Res. 50, 6000−6008.

Laroche, M., Bergeron, J., Barbaro-Forleo, G., 2001. Targeting consumers who are willing to pay more for environmentally friendly products. J. Consum. Mark. 18, 503−520.

Lekelefac, C.A., Hild, J., Czermak, P., Herrenbauer, M., 2014. Photocatalytic active coatings for lignin degradation in a continuous packed bed reactor. Int. J. Photoen. 10. Article ID 502326.

Leong, S., Razmjou, A., Wang, K., Hapgood, K., Zhang, X., Wang, H., 2014. TiO_2 based photocatalytic membranes: a review. J. Membr. Sci. 472, 167−184.

Lim, S.Y., Park, B., Hunga, F., Sahimi, M., Tsotsis, T.T., 2002. Design issues of pervaporation membrane reactors for esterification. Chem. Eng. Sci. 57, 4933−4946.

Lipnizki, F., Field, R.W., 2002. Hydrophobic pervaporation for environmental applications: process optimization and integration. Environ. Prog. 21, 265−272.

Martin, C.A., Camera-Roda, G., Santarelli, F., 1999. Effective design of photocatalytic reactors: influence of radiative transfer on their performance. Catal. Today 48, 307−313.

Maurino, V., Bedini, A., Minella, M., Rubertelli, F., Pelizzetti, E., Minero, C., 2008. Glycerol transformation through photocatalysis: a possible route to value-added chemicals. J. Adv. Oxid. Technol. 11, 184−192.

Mishima, S., Kaneoka, H., Nakagawa, T., 1999. Characterization and pervaporation of chlorinated hydrocarbon−water mixtures with fluoroalkyl methacrylate-grafted PDMS membrane. J. Appl. Polym. Sci. 71, 273−287.

Mohan, K., Govind, R., 1988. Effect of temperature on equilibrium shift in reactors with a permselective wall. Ind. Eng. Chem. Res. 27, 2064−2070.

Molinari, R., Caruso, A., Poerio, T., 2009. Direct benzene conversion to phenol in a hybrid photocatalytic membrane reactor. Catal. Today 144, 81−86.

Molinari, R., Lavorato, C., Argurio, P., 2015. Photocatalytic reduction of acetophenone in membrane reactors under UV and visible light using TiO_2 and Pd/TiO_2 catalysts. Chem. Eng. J. 274, 307−316.

Molinari, R., Lavorato, C., Argurio, P., 2017. Recent progress of photocatalytic membrane reactors in water treatment and in synthesis of organic compounds. A review. Catal. Today 281, 144−164.

Moon, W.S., Park, S.B., 2000. Design guide of a membrane for a membrane reactor in terms of permeability and selectivity. J. Membr. Sci. 170, 43−51.

Mozia, S., 2010. Photocatalytic membrane reactors (PMRs) in water and wastewater treatment. A review. Sep. Pur. Technol. 73, 71−91.

Mozia, S., Morawski, A.W., 2012. The performance of a hybrid photocatalysis−MD system for the treatment of tap water contaminated with ibuprofen. Catal. Today 193, 213−220.

Mozia, S., Tomaszewska, M., Morawski, A.W., 2005. A new photocatalytic membrane reactor (PMR) for removal of azo-dye Acid Red 18 from water. Appl. Catal. B Environ. 59, 131−137.

Mozia, S., Tomaszewska, M., Morawski, A.W., 2007. Photocatalytic membrane reactor (PMR) coupling photocatalysis and membrane distillation—effectiveness of removal of three azo dyes from water. Catal. Today 129, 3−8.

Mozia, S., Darowna, D., Przepiórski, J., Morawski, A.W., 2013. Evaluation of performance of hybrid photolysis-DCMD and photocatalysis-DCMD systems utilizing UV-C radiation for removal of diclofenac sodium salt from water. Pol. J. Chem. Tech. 15, 51−60.

Occulti, F., Camera-Roda, G., Berselli, S., Fava, F., 2008. Sustainable decontamination of an actual-site aged PCB-polluted soil through a biosurfactant-based washing followed by a photocatalytic treatment. Biotechnol. Bioeng. 99, 1525−1534.

Palmisano, G., Augugliaro, V., Pagliaro, M., Palmisano, L., 2007. Photocatalysis: a promising route for 21st century organic chemistry. Chem. Commun. 2007 (33), 3425−3437.

Parmon, V.N., 1997. Photocatalysis as a phenomenon: aspects of terminology. Catal. Today 39, 137−144.

Parrino, F., Camera-Roda, G., Loddo, V., Augugliaro, V., Palmisano, L., 2015. Photocatalytic ozonation: Maximization of the reaction rate and control of undesired by-products. Appl. Catal. B Environ. 178, 37−43.

Paterson, D., 2010. Vanilla: natural or not? Chem. Educ. N. Z. 118, 2−6.

Pattabhi Ramaiah, K., Satyasri, D., Sridhar, S., Krishnaiah, A., 2013. Removal of hazardous chlorinated VOCs from aqueous solutions using novel ZSM-5 loaded PDMS/PVDF composite membrane consisting of three hydrophobic layers. J. Hazard. Mat. 261, 362−371.

Pelaez, M., Nolan, N., Pillai, S., Seery, M., Falaras, P., 2012. A review on the visible light active titanium dioxide photocatalysts for environmental applications. Appl. Catal. B Environ. 125, 331−349.

Peng, M., Vane, L.M., Liu, S.X., 2003. Recent advances in VOCs removal from water by pervaporation. J. Hazard. Mater. B98, 69−90.

Pera-Titus, M., García-Molina, V., Baños, M.A., Giménez, J., Esplugas, S., 2004. Degradation of chlorophenols by means of advanced oxidation processes: a general review. Appl. Catal. B: Environ. 47, 219−256.

Pereira, C.C., Habert, A.C., Nobrega, R., Borges, C.P., 1998. New insights in the removal of diluted volatile organic compounds from dilute aqueous solution by pervaporation process. J. Memb. Sci. 138, 227−235.

Pereira, C.C., Ribeiro, C.P., Nobrega, R., Borges, C.P., 2006. Pervaporative recovery of volatile aroma compounds from fruit juices: review. J. Membr. Sci. 274, 1−23.

Pickett-Baker, J., Ozaki, R., 2008. Pro-environmental products: marketing influence on consumer purchase decision. J. Consum. Mark. 25, 281−293.

Ray, A.K., 2009. Photocatalytic reactor configurations for water purification: experimentation and modeling. Adv. Chem. Eng. 36, 145−184.

Satuf, M.L., Brandi, R.J., Cassano, A.E., Alfano, O.M., 2008. Photocatalytic degradation of 4-chlorophenol: a kinetic study. Appl. Catal. B Environ. 82, 37−49.

Schaetzel, P., Vauclair, C., Luo, G., Nguyen, Q.T., 2001. The solution−diffusion model. Order of magnitude calculation of coupling between the fluxes in pervaporation. J. Memb. Sci. 191, 103−108.

Schmidt-Traub, H., Górak, A. (Eds.), 2006. Integrated Reaction and Separation Operations. Springer-Verlag, Berlin/Heidelberg.

Sciubba, L., Di Gioia, D., Fava, F., Gostoli, C., 2009. Membrane-based solvent extraction of vanillin in hollow fiber contactors. Desalination 241, 357−364.

Serpone, N., Salinaro, A., Emeline, A., Ryabchuk, V., 2000. Turnovers and photocatalysis: a mathematical description. J. Photochem. Photobiol. A: Chem. 130, 83−94.

Serpone, N., 2007. Some remarks on so-called heterogeneous photocatalysis and on the mechanical application of the Langmuir-Hinshelwood kinetic model. J. Adv. Oxid. Technol. 10, 111−115.

Shiraishi, Y., Hirai, T., 2008. Selective organic transformations on titanium oxide-based photocatalysts. J. Photochem. Photobiol. C 9, 157−170.

Stankiewicz, A., Moulijn, J.A., 2000. Process intensification: transforming chemical engineering. Chem. Eng. Progr. 96, 22−34.

Stankiewicz, A., 2003. Reactive separations for process intensification: an industrial perspective. Chem. Eng. Proc. 42, 137−144.

Straughan, R.D., Roberts, J.A., 1999. Environmental segmentation alternatives: a look at green consumer behavior in the new millennium. J. Consum. Market. 16, 558−575.

Thakur, R.S., Chaudhary, R., Singh, C., 2010. Fundamentals and applications of the photocatalytic treatment for the removal of industrial organic pollutants and effects of operational parameters: a review. J. Renew. Sustain. Energy 2, 37, 042701.

Theurich, J., Linder, M., Bahnemann, D.W., 1996. Photocatalytic degradation of 4-chlorophenol in aerated aqueous titanium dioxide suspensions: a kinetic and mechanistic study. Langmuir 12, 6368−6376.

Thiruvenkatachari, R., Vigneswaran, S., Moon, I.S., 2008. A review on UV/TiO_2 photocatalytic oxidation process. Korean J. Chem. Eng. 25, 64−72.

Trifunović, O., Lipnizki, F., Trägårdh, G., 2006. The influence of process parameters on aroma recovery by hydrophobic pervaporation. Desalination 189, 1−12.

Urkiaga, A., Bolaño, N., De Las Fuentes, L., 2002. Removal of micropollutant in aqueous streams by organophilic pervaporation. Desalination 149, 55−60.

Wijmans, J.G., Baker, R.W., Athayde, A.L., 1994. Pervaporation: Removal of organics from water and organic/organic separations. In: Crespo, J.G., Böddeker, K.W. (Eds.), Membrane Processes in Separation and Purification. Spinger-Science+Business Media Dordrecht, pp. 283−316.

Wijmans, J.G., Baker, R.W., 1995. The solution-diffusion model: a review. J. Memb. Sci. 107, 1−21.

Wolfrumm, E.J., Turchi, C.S., 1992. Comments on "Reactor dynamics in the evaluation of photocatalytic oxidation kinetics". J. Catal. 136, 626−628.

Zhang, J., Nosaka, Y., 2014. Mechanism of the OH radical generation in photocatalysis with TiO_2 of different crystalline types. J. Phys. Chem. C 118, 10824−11083.

Zhang, W., Ding, L., Luo, J., Jaffrin, M.Y., Tang, B., 2016. Membrane fouling in photocatalytic membrane reactors (PMRs) for water and wastewater treatment: a critical review. Chem. Eng. J. 302, 446−458.

第6章 PM 反应器的性能

Mohammad R. Rahimpour，Leila Mahmoodi
Shiraz University，Shiraz，Iran

6.1 简介

在过去几十年中，水和废水中有机物的光催化降解技术备受关注。如图 6.1 所示，文献中报道的光催化膜反应器（PMR）可分为两种结构：①光催化剂悬浮在反应混合物中；②光催化剂固定在载体上（Molinari et al，2013a）。虽然悬浮态光催化剂的比表面积比固定化光催化剂的比表面积大得多，但反应后的光催化剂粉体颗粒需要分离回收。在①结构中，PMR（Mozia，2010）作为集成膜和光催化的混合系统，既能分离反应器中溶液的副产物和降解产物，又可以实现光催化剂的有效分离。在②结构中，膜对降解分子起到选择性截留作用，对光催化剂起到载体作用（Molinari et al，2002a，b）。

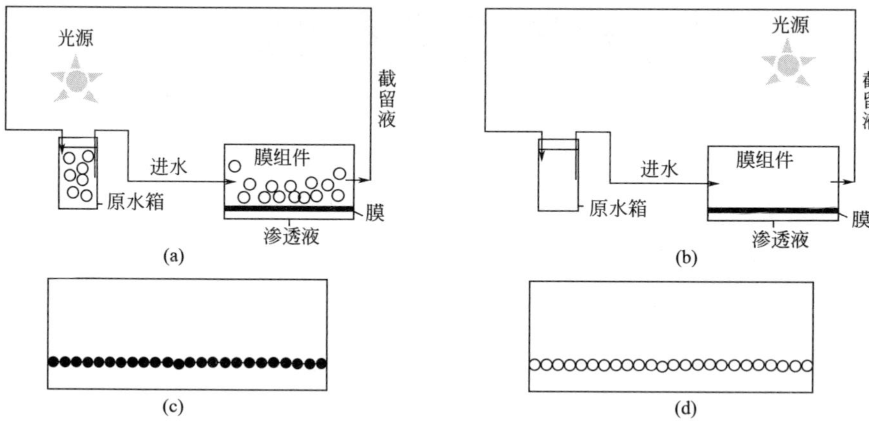

图 6.1　光催化膜反应器（Mozia，2010）

（a）悬浮态光催化剂；（b）固定化光催化剂；（c）光催化剂在膜表面；（d）光催化剂在膜内

由于光催化反应的非选择性，PMR 在水/废水处理中的研究已有大量报道。用于处理各种有机和无机物质，如苯酚和氯酚（Barni et al.，1995）、4-硝基苯酚（Molinari et al.，2001）、染料（Wang et al.，2006）等，在液相和气相中完全分解为无害成分。最近一些研究报道了光催化在有机合成中的应用，例如选择性氧化还原（还原和氧化）反应，包括降解乙醇和甲醇（Tsuru et al.，2003），苯酚（Colon et al.，2006），烷烃［庚烷、乙烷和甲烷（Bellobono et al.，2006）等］，三氯乙烯（Puma Li et al.，2009）。这些研究表明，与传统方法相比，通过选择或改进一些光催化参数，例如催化剂激发波长或半导体表面结构，可以获得更高选择性的光催化氧化/还原反应（Gazi and Ananthakrishnan, 2011; Flores et al.，2007）。此外，二氧化碳还原是 PMR 的另一个有前景的应用方向，在 TiO_2、ZnO、CdS、GaP、WO_3 等半导体的光催化作用下，二氧化碳将转化为甲醇、甲醛和甲酸（Adachi et al.，1994；Varghese et al.，2009）。而且，与水处理工艺相比，用于产氢的 PMR 仍处于早期研究阶段（Iglesias et al.，2016）。

对于 PMR 研制，在实现设备工业化和商业化应用之前，膜污染都是一个应该考虑的重要问题。膜污染是膜和料液成分之间复杂相互作用的结果（Lin et al.，2014），会降低渗透通量，增加能耗和清洗频率，缩短膜寿命，从而导致更高的运行和维护成本（Pidou et al.，2009）。尽管已有大量涉及 PMR 中膜污染的研究，但目前仅限于概述膜污染机理、膜污染和光催化反应的关系（Ganiyu e.tal e.tal，2015；Leong e.tal，2014；Mozia，2010；Zhang e.tal，2016），以及在 PMR 中膜污染的控制方法。因此，研究 PMR 的结垢机理、特性和控制策略是十分必要的。

本章旨在帮助了解采用光催化膜（PM）的 PMR 的性能。

6.2　PM 反应器的结构和设计

PM 有两种主要结构，如图 6.2 所示。第一种是最常见的结构，它是一种具有光催化活性层的膜，光催化活性层同时充当分离层，多孔非光催化活性载体作为活性层的支撑。第二种是在多孔光催化活性载体上增加一层非光催化活性分离层。在某些情况下，作为光源的浸没式紫外灯可以放置在膜组件的内侧或外侧，或根据膜的类型，置于渗透侧或进水侧。值得注意的是，目标降解物的物理和化学性质、光催化降解效率和膜的分离特性是直接影响渗透液组成的三个重要参数。

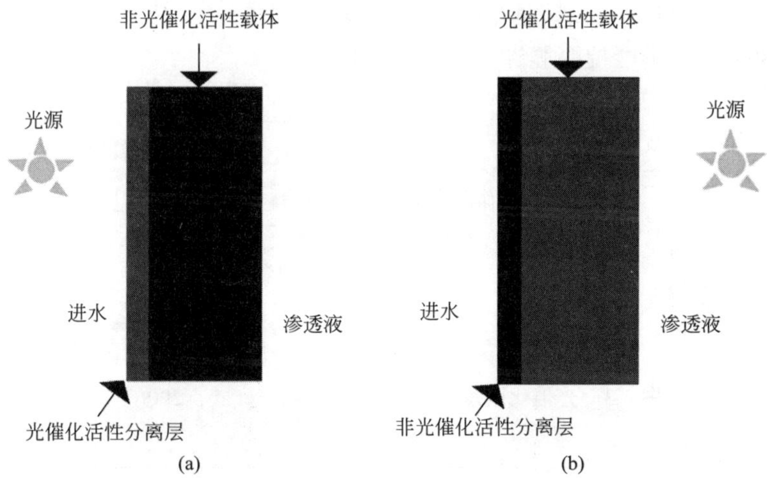

图 6.2　不对称光催化膜（Molinari et al.，2013a）

（a）将光催化活性分离层置于非光催化活性多孔支架上；（b）将非光催化活性分离层置于光催化活性多孔载体上

在第一种结构中，位于进水侧的光催化材料受紫外辐射激发降解膜表面或膜孔内进料侧的有机化合物，而渗透液包含最终产物、副产物和未降解物质。

在水/废水处理过程中，由于有机化合物降解形成的凝胶层和滤饼层，能够减少膜污染，提高渗透通量，这是第一种结构的主要优点。

第二种结构较第一种不常见，采用了一种具有光催化活性载体的 PM，在这种情况下，光源位于渗透侧，光催化反应发生在同一侧，而膜只是一个分离器。这种结构的主要缺点是光催化反应仅净化产水，膜截留的污染物富集到浓水中（Molinari et al.，2013a）。

采用 PM 的 PMR 和膜装置之间最大的区别在于膜组件的结构。膜组件的设计必须确保光完全照射到膜表面，以进行光催化反应。表 6.1 总结了 PM 的优缺点。

表 6.1　PM 的优缺点

优点	缺点
① 无需分离和回收光催化剂 ② 光催化剂和膜更换可同时进行 ③ 由于光催化剂改性，增强膜的亲水性，从而减轻膜污染 ④ 由于有机污染物降解，难形成凝胶层和/或滤饼层，减轻了膜污染 ⑤ 污染物可在进料或渗透液中分解 ⑥ 与无孔载体上负载光催化剂的传统光催化反应器相比，气相反应的降解率更高	① 如果是水相反应，降解效率通常低于悬浮光催化剂的情况 ② 需要后处理以提高渗透液水质质量 ③ 紫外线或羟基自由基对聚合物膜造成损坏的风险存在 ④ 光催化膜在降解过程中失去活性时，必须更换膜 ⑤ 如果污染物浓度过高，不能及时降解，则会发生膜污染

资料来源：Mozia, S., 2010. Photocatalytic membrane reactors (PMRs) in water and wastewater treatment, a review. Sep. Purif. Technol. 73, 71-91；Zhang, W., Ding, L., Luo, J., Jaffrin, M.Y., Tang, B., 2016. Membrane fouling in photocatalytic membrane reactors (PMRs) for water and wastewater treatment: a critical review. Chem. Eng. J. 302, 446—458。

Tsuru 等使用负载 TiO_2 的管状 PM 的 PMR，管状 PM 周围安装了四个或八个紫外线灯，用于乙醇和甲醇的气相氧化（图 6.3）。与无膜光催化相比，观察到在 100~120℃下，甲醇降解率（作为停留时间的函数）更高（Tsuru et al.，2003，2006）。另一个实验案例（Zhang et al.，2006）使用错流式 PMR 和二氧化硅/钛纳米棒/纳米管光催化复合膜（在膜上方放置紫外灯）来分解十二烷基苯磺酸钠（SDBS）（图 6.4）。结果表明，尽管液相 SDBS 的降解率为 89%，但仍能提高膜通量，减少膜污染。

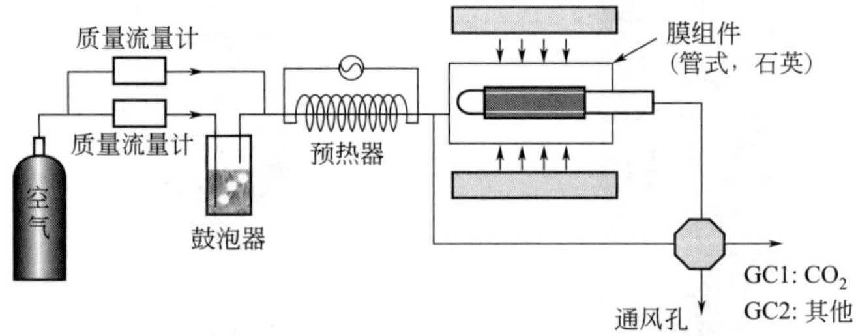

图 6.3　光催化膜反应器示意图（Tsuru et al.，2006）

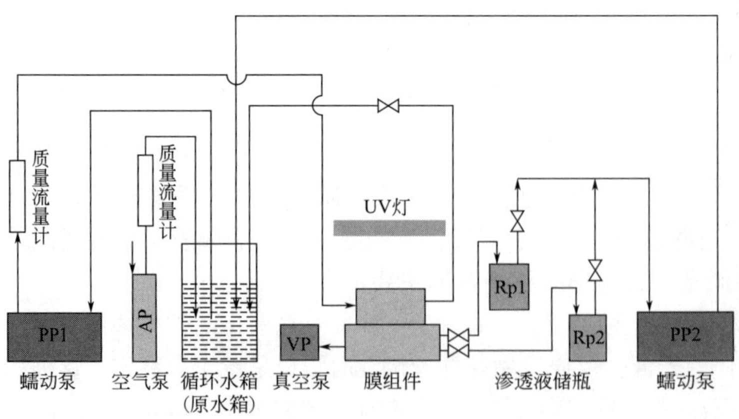

图 6.4　光催化膜反应器示意图（Zhang et al.，2006）

其中光催化膜用于液相反应，采用错流过滤

上述实验案例主要用于化学合成和水处理，PM 反应器的更多应用将在以下内容中详细讨论。

6.3　PM 反应器中的膜污染

如第 4 章所述，光催化和压力驱动膜［如微滤（MF）、超滤（UF）和纳滤（NF）］的结合是文献中报道的最常见的 PMR 结构。事实上，特别是在 MF 和 UF 膜中，使用悬浮态光催化剂可以观察到膜污染（Mozia，2010）。

膜污染是由于渗透通量和生产率降低，操作时间、能耗和清洗频率增加，导致膜寿命缩短和更换成本增加的不良现象，严重降低了处理效率（Pidou et al.，2009；Fernández et al.，2014；Choo et al.，2008；Wang et al.，2006；Patsios et al.，2013）。因此，研究 PMR 膜污染的形成、机理、控制和预防方法是十分必要的。

光催化被称为“高级氧化技术”（AOPs），即产生羟基自由基（•OH）等活性物质，并可快速非选择性地氧化各种有机物（Mozia，2010）。本质上，光催化剂和有机污染物之间存在一些复杂的光催化反应，通过料液组分的分析发现，它与膜表面的相互作用对 PM 的污染起着重要作用（Lin et al.，2014）。不同污染物的不同组分表现出不同的污染方式。例如，有机污染物过滤会形成滤饼层，在采用 UF 和 MF 时会观察到孔隙堵塞，这会显著降低通量（Gao et al.，2011）。此外，在降解过程中产生的无机污染物（如 NH_4^+、SO_4^{2-}、Na^+、NO_3^-等）可与光催化剂颗粒结合并增加滤饼层的厚度（Damodar et al.，2010）。两种膜污染机制，即滤饼层和孔隙堵塞，如图 6.5 所示。

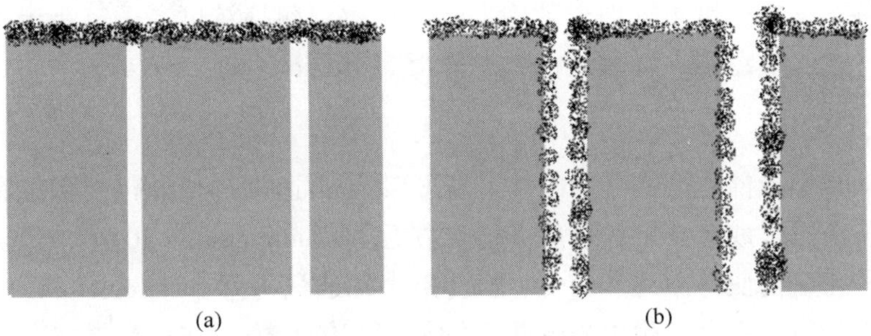

图 6.5　两种膜污染机理示意图（Bowen et al.，1995）

（a）滤饼层；（b）孔隙堵塞

Langmuire-Hinshelwood 模型适用于不同初始浓度下有机污染物的降解速率（Mozia，2010）：

$$-\frac{\mathrm{d}c}{\mathrm{d}t}=\frac{k_1Kc}{HKc} \tag{6.1}$$

式中，c 是光催化降解反应时间 t 时污染物的浓度；K 是吸附平衡常数；k_1 是真实速率常数。考虑了有效光子流量、光催化剂质量、TiO_2 层特性等参数（Mozia，2010）。在一定范围内，随着有机污染物初始浓度的增加，氧化物种（$\cdot O_2^-$和•OH）与有机污染物发生反应的概率增大，导致污染物降解速率增大。然而，在以下三种情况下，降解率因浓度过高而降低，并且不能控制结垢（Konstantinou and Albanis，2004）。第一种是在高浓度下，由于活性中心被有机污染物覆盖，光催化剂表面的•OH 生成减少。其次，在高浓度下，有机污染物比光催化剂粒子（主要是 TiO_2）吸收更多的 UV，从而减少了$\cdot O_2^-$和•OH 的形成。最后也是最重要的情况是，在高浓度下，弱光照射增加（Huang et al.，2008），从而导致污染物降解率降低。此外，高浓度有机污染物表现出膜孔吸附或膜表面附着的强烈趋势（Pidou et al.，2009；Fernández et al.，2014）。因此，为了避免高污染的形成，应保持适当的有机污染物浓度。

6.3.1 污染类型

为了有效控制 PMR 中的膜污染，应根据污染源的类型对其进行分类。根据现有知识，下面详述膜污染分类（Zhang et al.，2016）。

6.3.1.1 有机物污染

从“有机”一词可以明显看出，有机物污染是由胶体、多糖、蛋白质、腐殖酸和黄腐酸等有机物降解而形成的污染。这意味着有机物被吸附在光催化剂上，并在膜表面形成致密的凝胶或滤饼层。除了形成污染层外，系统中存在的有机污染物也会堵塞膜孔，附着在膜孔表面形成孔堵塞（图 6.5）（Lee et al.，2001）。

有机物污染的特性和浓度直接影响膜污染。例如，疏水性较高的有机物比疏水性较低的有机物更容易黏附在膜表面，并导致更严重的膜污染（Fernández et al.，2014）。此外，在与 PMR 集成的废水处理工艺中，一级出水（包括浓度高于二级出水的有机污染物）造成更严重的膜污染，导致运行效率降低（Mozia et al.，2014）。

6.3.1.2 无机物污染

在采用悬浮态光催化剂的 PMR 中，无机物污染通常与光催化剂颗粒有关，光催化剂颗粒将在膜表面形成有一定厚度的多孔滤饼层（Zhang et al.，2016）。事实上，由于这类滤饼层的多孔结构使得渗透非常低、膜污染小和通量下降少（Lee et al.，2001）。但是，在采用 PM 的 PMR 不会发生由光催化剂滤饼引起的污染，在这种情况下，无机污染物（结垢）与无机盐［如 $CaSO_4$、$CaCO_3$、$Ca_3(PO_4)_2$、$Mg(OH)_2$、CaF_2、$BaSO_4$、$SrSO_4$ 等］的沉淀有关。此外，无机离子可以和一些有机污染物相互作用，进入凝胶或滤饼层，并形成交联结构，从而导致更严重的污染。例如，在 $CaCl_2$ 和 $NaHCO_3$ 的存在下，三氯乙烯会导致严重的膜污染（Choo et al.，2008）。

6.3.1.3 生物污染

与传统的膜系统相比，PMR 中没有生物污染的发生和存在。特别是在水/废水处理过程中（Zhang et al.，2016），未出现生物污染可能是因为•OH 具有很强的氧化和杀灭微生物的能力。在连续运行条件下，微生物在膜表面的积累和生长，会出现微量的生物污染。

6.3.2 膜污染控制方法

为了控制 PMR 中的膜污染，须采用适当的膜污染控制方法和有效的膜清洗方法，这些方法分为七类：①自清洁或光催化氧化工艺；②料液预处理；③膜改性；④曝气；⑤外加电场；⑥操作参数优化；⑦膜清洗（Zhang et al.，2016）。其中部分方法将在以下内容中定义。

6.3.2.1 自清洁工艺（光催化氧化）

通常在 PMR 中，光催化反应产生的氧化剂（如•OH 自由基和$•O_2^-$自由基）可以降解有机污染物从而减少污染。此外，还应优化光照强度、pH 值和离子浓度等操作条件，以改善光催化氧化工艺，减少膜污染。据报道，辐照时间的延长会使有机污染物降解效率提高，从而减少污垢（Pidou et al.，2009）。此外，有机污染物的分子特性变化［例如去除主要造成污垢的高疏水性分子（Huang et al.，2008）］可以减少光催化反应中的膜污染。

6.3.2.2 料液预处理

很明显，料液的化学、物理和生物特性会直接影响膜污染。主要是通过调节 pH 值和投加混凝剂来改善料液的性质，优化膜与污染物的相互作用，减少污染。在 PMR 中，光催化剂的特性（如表面电荷和亲水性）将通过 pH 值调整得到改善（Damodar et al.，2012）。此外，在料液预处理步骤中添加混凝剂能够吸附胶体和悬浮颗粒，并将其混合形成较大的颗粒，以增强固液分离，从而减少污染（Erdei et al.，2008）。

6.3.2.3 曝气

在采用 PM 的 PMR 中，浓差极化和膜污染可能被曝气产生的不稳定流和气泡冲走。由于曝气速率的增加，曝气过程中气泡使传质增强而光衰减，必须进行调整和优化，以产生最大的光催化效率（Chin et al.，2007）。虽然曝气显著缓解了膜污染，避免了 PMR 中膜通量的严重降低，但高能耗和气泡的复杂影响是其发展的瓶颈和缺点（Zhang et al.，2016）。因此，对 PMR 中的工业曝气工艺进行进一步的研究是十分必要的。

6.3.2.4 膜清洗

根据 PMR 的除垢机理分类，膜清洗工艺分为物理清洗和化学清洗两种类型（Zhan et al.，2016）。物理清洗通常能去除可逆污染，如滤饼层和沉积的固体，不需要任何化学试剂，但不如化学清洗有效。与物理清洗不同，化学清洗是一种不可逆的污染去除方法。使用的化学试剂，包括酸性溶液、生物酸溶液［生物酸包括有机短链脂肪酸（SCFA），如乳酸、丙酸和甲酸，其在食品工业可降低水中细菌含量］，以及碱性溶液，这都能有效去除无机和有机污垢（Zhang et al.，2016）。虽然化学清洗有助于渗透性的恢复，但这种方法成本高，化学清洗不当会损坏膜。

有必要指出的是，在大多数化学清洗的情况下，单一化学药剂不能有效地解决膜污染问题。因此，在化学清洗方法中使用不同的清洗剂可以恢复膜的渗透性，并去除膜表面的任何种类的污染物。

6.4 PM 反应器应用概述

PMR 已应用于水/废水处理和化工生产。在第一种情况下，PM 产生强氧化性自由基来破坏有机污染物。然而，在化工生产中，PM 有助于分离两种或两种以上的组分。

6.4.1 水处理

在当前常用的水回用净化技术中，PMR 主要用于氧化水中的有机物。光催化的目的是将有机物矿化为无毒化合物，如 H_2O、CO_2，以及无机盐，如硫酸盐、硝酸盐、氯化物等。在大量水/废水处理应用试验中，PMR 主要优势在于膜的防污性能和良好的渗透通量（Brunetti et al.，2018）。到目前为止，有研究报告了采用膜表面 TiO_2 沉积或包埋的 PM（Molinari et al.，2000，2002a，b；Choi et al.，2006，2007），特别是在水和废水处理方面还进行了一些中试试验，以降解其他有机物（Bellobono et al.，1995；Barni et al.，1995；Choi et al.，2009；Dzinun et al.，2015）。

PMR 中的水/废水处理应用将在第 7 章中详细说明。

6.4.2 制氢

氢作为燃料在空气中燃烧时不产生大气污染物和温室气体，而且具有很高的能量容量，因此被认为是一种环境友好能源。

水分解制氢气极大地吸引了从事太阳能-转化的研究人员（Pathak et al., 2005; Kothari et al.，2010）。在这一具有挑战性的研究中，选用合适的膜结构和膜材料是分解水制氢的两个关键因素。用于制氢的 PMR 尚未工业化和商业化，这意味着它们目前的研究仍处于实验室阶段。

在实验室规模制氢中，使用了用于水氧化还原反应（产氧和制氢）的双光催化系统，并通过膜改性实现离子传输。尽管有各种不同的方案可供选择，但仍应努力构建一种整体转换效率和稳定性更高的系统。光催化剂结构可以是 TiO_2/膜/Pt 或 TiO_2/金属基板/Pt，金属作为氢还原和氢析出的阴极（Gurunahan，2004），如图 6.6 所示。

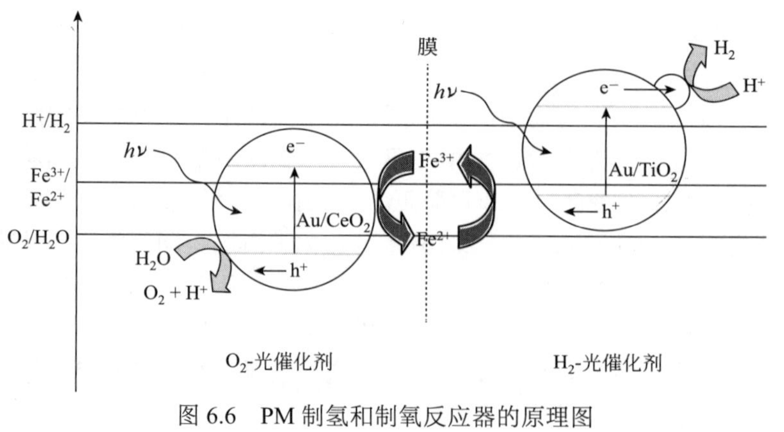

图 6.6　PM 制氢和制氧反应器的原理图

Tsuru 等（2003，2006）研究了通过分解甲醇和乙醇等醇类实现制氢（图 6.3）。Molinari 等（2014）发表的综述中对用于制 H_2 的 PMR 的最新进展、结构、潜力和局限性进行了广泛的阐述。

6.4.3　CO_2 还原

全球变暖是环境面临的主要问题之一。CO_2 是大气中主要的温室气体之一，对气候变化起着重要的作用。目前，从烟气、沼气和天然气中回收二氧化碳引起了广泛关注（Brunetti et al.，2010，2014）。解决全球变暖和能源短缺问题的最好办法似乎是将 CO_2 转换为有价值的碳氢化合物。从环境和经济角度来看，光催化还原 CO_2 生产燃料是最有前景的新研究之一，也是一条有吸引力的路线（Demestere et al.，2007；Molinari et al.，2013a，b；Palmisano et al.，2007；Tsuru et al.，2006）。特别是甲醇可用于汽油添加剂和其他化学品，且易于运输和储存（Wu，2009）。在室温和常压条件，通过紫外线照射可以实现 CO_2 转换（Wu，2009；Koci et al.，2009）（图 6.7）。

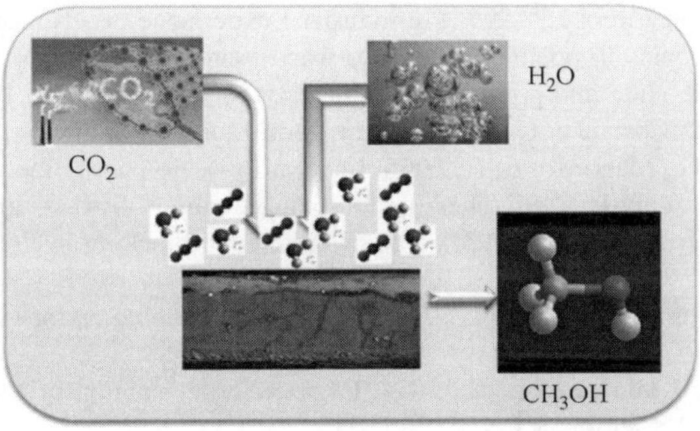

图 6.7　通过 PM 实现 CO_2 还原的方案

最近，Sellaro 等（2015）报道了采用基于 TiO_2 光催化剂的 PMR 用于稳态条件下实验室规模的 CO_2 连续转换，甲醇的生产速率 $0.75\mu mol \cdot g^{-1} \cdot min^{-1}$，无 CH_4 和 CO 产生。此外，在 PMR 体系中光催化剂在 PM 上的最佳分布是实现甲醇制备的关键。目前正在研发一些方法来改善光催化剂的不均匀分布（Brunetti et al.，2018）。

然而，作为 PMR 的一种应用，CO_2 转换的产业化构想还有许多工作要做。

6.5　结论和未来趋势

PMR 与传统的光催化反应器相比具有很大的优势，在有机合成和水处理等领域被认为是一种有实用价值的“绿色”技术。但其产业化能力仍需进一步研究。

由于膜的选择性，在能够回收光催化剂和提高停留时间的系统中 PMR 可实现连续操作。此外，可以选择不同结构的 PMR 来调控 PM 的性能和一些主要问题，如光催化活性、选择性、污染和膜截留。

本章介绍了膜污染机理、影响膜污染的参数以及控制膜污染的方法。事实上，污垢是由颗粒物和料液中有机或无机成分之间的复杂相互作用产生的。因此，膜污染导致跨膜压力增加、通量降低、有效过滤面积减小，从而缩短膜寿命。此外，还提出了几种膜污染控制方法，包括曝气、膜清洗、料液预处理和自清洗工艺。

此外，由于有关天然水和实际废水的报道数量仍然较少，而且大多数结论都是通过模型得到的，因此有必要对实际系统进行研究。对有机合成等其他可能的 PMR 应用进行更多的研究也是必不可少的。太阳光源是一种清洁和廉价的光源，但在 PMR 应用中仍需克服许多难题。

参考文献

Adachi, K., Ohta, K., Mizuno, T., 1994. Photocatalytic reduction of carbon dioxide to hydrocarbon using copper-loaded titanium dioxide. Sol. Energy 53 (2), 187–190.

Barni, B., Cavicchioli, A., Riva, E., Zanoni, L., Bignoli, F., Bellobono, I.R., Gianturco, F., De Giorgi, A., Muntau, H., Montanarella, L., Facchetti, S., Castellano, L., 1995. Pilot-plant-scale photodegradation of phenol in aqueous solution by photocatalytic membranes immobilizing titanium dioxide (PHOTOPERM® process). Chemosphere 30, 1861–1874.

Bellobono, I.R., Barni, B., Gianturco, F., 1995. Pre-industrial experience in advanced oxidation and integral photodegradation of organics in potable waters and waste waters by PHOTOPERM™ membranes immobilizing titanium dioxide and promoting photocatalysts. J. Membr. Sci. 102, 139–147.

Bellobono, I.R., Stanescu, R., Costache, C., Canevali, C., Morazzoni, F., Scotti, R., Bianchi, R., Simona Mangone, E., Martini, G., Maria Tozzi, P., 2006. Laboratory-scale photomineralization of n-alkanes in gaseous phase by photocatalytic membranes immobilizing titanium dioxide. Int. J. Photoenergy 1, 1–8.

Bowen, W.R., Calvo, J.I., Hernández, A., 1995. Steps of membrane blocking in flux decline during protein microfiltration. J. Membr. Sci. 101, 153–165.

Brunetti, A., Scura, F., Barbieri, G., Drioli, E., 2010. Membrane technologies for CO_2 separation. J. Membr. Sci. 359, 115–125.

Brunetti, A., Drioli, E., Lee, Y.M., Barbieri, G., 2014. Engineering evaluation of CO_2 separation by membrane gas separation systems. J. Membr. Sci. 454, 305–315.

Brunetti, A., Zito, P.F., Giorno, L., Drioli, E., Barbieri, G., 2018. Membrane reactors for low temperature applications: an overview. Chem. Eng. Process 124, 282–307.

Chin, S.S., Lim, T.M., Chiang, K., Fane, A.G., 2007. Factors affecting the performance of a low-pressure submerged membrane photocatalytic reactor. Chem. Eng. J. 130, 53–63.

Choi, H., Sofranko, A.C., Dionysiou, D.D., 2006. Nanocrystalline TiO_2 photocatalytic membranes with a hierarchical mesoporous multilayer structure: synthesis, characterization and multifunction. Adv. Funct. Mater. 16, 1067–1074.

Choi, H., Stathatos, E., Dionysiou, D., 2007. Photocatalytic TiO_2 films and membranes for the development of efficient wastewater treatment and reuse systems. Desalination 202, 199–206.

Choi, S.H., Scura, F., Barbieri, G., Mazzei, R., Giorno, L., Drioli, E., Kim, J.H., 2009. Bio-degradation of phenol in wastewater by enzyme-loaded membrane reactor: numerical approach. Korean Membr. J. 19, 72–82.

Choo, K.H., Chang, D.I., Park, W.I., Kim, M.H., 2008. Use of an integrated photocatalysis/hollow fiber microfiltration system for the removal of trichloroethylene in water. J. Hazard. Mater. 152, 183–190.

Colon, G., Sanchez-Espana, J.M., Hidalgo, M.C., Navio, J.A., 2006. Effect of TiO_2 acidic pre-treatment on the photocatalytic properties for phenol degradation. J. Photochem. Photobiol. A Chem. 179 (1–2), 20–27.

Damodar, R.A., You, S.J., Ou, S.H., 2010. Coupling of membrane separation with photocatalytic slurry reactor for advanced dye wastewater treatment. Sep. Purif. Technol. 76, 64–71.

Damodar, R.A., You, S.J., Chiou, G.W., 2012. Investigation on the conditions mitigating membrane fouling caused by TiO_2 deposition in a membrane photocatalytic reactor (MPR) used for dye wastewater treatment. J. Hazard. Mater. 203, 348–356.

Demeestere, K., Dewulf, J., Van Langenhove, H., 2007. Heterogeneous photocatalysis as an advanced oxidation process for the abatement of chlorinated, monocyclic aromatic and sulfurous volatile organic compounds in the air: state of the art. Crit. Rev. Environ. Sci. Technol. 37, 489–538.

Dzinun, H., Othman, M.H.D., Ismail, A.F., Puteh, M.H., Rahman, M.A., Jaafar, J., 2015. Photocatalytic degradation of nonylphenol by immobilized TiO_2 in dual layer hollow-fibre membranes. Chem. Eng. J. 269, 255–261.

Erdei, E., Arecrachakul, A., Vigneswaran, S., 2008. A combined photocatalytic slurry reactor-immersed membrane module system for advanced wastewater treatment. Sep. Purif. Technol. 62, 382–388.

Fernández, R.L., McDonald, J.A., Khan, S.J., Le-Clech, P., 2014. Removal of pharmaceuticals and endocrine disrupting chemicals by a submerged membrane photocatalysis reactor (mpr). Sep. Purif. Technol. 127, 131–139.

Flores, S.O., Rios-Bernij, O., Valenzuela, M.A., Cordova, I., Gomez, R., Gutierrez, R., 2007. Photocatalytic reduction of nitrobenzene over titanium dioxide: by-product identification and possible pathways. Top. Catal. 44, 507–511.

Ganiyu, S.O., Hullebusch, E.D., van Cretin, M., Esposito, G., Oturan, M.A., 2015. Coupling of membrane filtration and advanced oxidation processes for removal of pharmaceutical residues: a critical review. Sep. Purif. Technol. 156, 891–914.

Gao, W., Liang, H., Ma, J., Han, M., Chen, Z., Han, Z., Li, G., 2011. Membrane fouling control in ultrafiltration technology for drinking water production: a review. Desalination 272, 1–8.

Gazi, S., Ananthakrishnan, R., 2011. Metal-free-photocatalytic reduction of 4-nitrophenol by resin-supported dye under the visible irradiation. Appl. Catal. B Environ. 105, 317–325.

Gurunathan, K., 2004. Photocatalytic hydrogen production using transition metal ions-doped γ-Bi_2O_3 semiconductor particles. Int. J. Hydrogen Energy 29, 933–940.

Huang, X., Leal, M., Li, Q., 2008. Degradation of natural organic matter by TiO_2 photocatalytic oxidation and its effect on fouling of low-pressure membranes. Water Res. 42, 1142–1150.

Iglesias, O., Rivero, M.J., Urtiaga, A.M., Ortiz, I., 2016. Membrane-based photocatalytic systems for process intensification. Chem. Eng. J. 305, 36–148.

Koci, K., Obalová, L., Matějová, L., Plachá, D., Lacný, Z., Jirkovský, J., Ŝolcová, O., 2009. Effect of TiO_2 particle size on the photocatalytic reduction of CO_2. Appl. Catal. B Environ. 89, 494–502.

Konstantinou, I.K., Albanis, T.A., 2004. TiO_2-assisted photocatalytic degradation of azo dyes in aqueous solution: kinetic and mechanistic investigations: a review. Appl. Catal. B Environ. 49, 1–14.

Kothari, R., Tyagi, V.V., Pathak, A., 2010. Waste-to-energy: a way from renewable energy sources to sustainable development. Renew. Sustain. Energy Rev. 14, 3164–3170.

Lee, S.A., Choo, K.H., Lee, C.H., Lee, H.I., Hyeon, T., Choi, W., Kwon, H.H., 2001. Use of ultrafiltration membranes for the separation of TiO_2 photocatalysts in drinking water treatment. Ind. Eng. Chem. Res. 40, 1712–1719.

Leong, S., Razmjou, A., Wang, K., Hapgood, K., Zhang, X., Wang, H., 2014. TiO_2 based photocatalytic membranes: a review. J. Membr. Sci. 472, 167–184.

Lin, H., Zhang, M., Wang, F., Meng, F., Liao, B., Hong, H., Chen, J., Gao, W., 2014. A critical review of extracellular polymeric substances (EPSs) in membrane bioreactors: characteristics, roles in membrane fouling and control strategies. J. Membr. Sci. 460, 110–125.

Molinari, R., Mungari, M., Drioli, E., Di Paola, A., Loddo, V., Palmisano, L., Schiavello, M., 2000. Study on a photocatalytic MR for water purification. Catal. Today 55, 71–78.

Molinari, R., Grande, C., Drioli, E., Palmisano, L., Schiavello, M., 2001. Photocatalytic membrane reactors for degradation of organic pollutants in water. Catal. Today 67, 273–279.

Molinari, R., Borgese, M., Drioli, E., Palmisano, L., Schiavello, M., 2002a. Hybrid processes coupling photocatalysis and membranes for degradation of organic pollutants in water. Catal. Today 75, 77–85.

Molinari, R., Palmisano, L., Drioli, E., Schiavello, M., 2002b. Studies on various reactor configurations for coupling photocatalysis and membrane processes in water purification. J. Membr. Sci. 206, 399–415.

Molinari, R., Palmisano, L., Loddo, V., Mozia, S., Morawski, A.W., 2013a. Photocatalytic membrane reactors: configurations, performance and applications in water treatment and chemical production. In: Basile, A. (Ed.), Handbook of Membrane Reactors, vol. 2. Woodhead Publishing Limited, pp. 808–845 (Chapter 21).

Molinari, A., Maldotti, A., Amadelli, R., 2013b. Heterogeneous photocatalytic systems for partial and selective oxidation of alcohols and polyols. Curr. Org. Chem. 17, 2382–2405.

Molinari, R., Marino, T., Argurio, P., 2014. Photocatalytic MRs for hydrogen production from water. Int. J. Hydrogen Energy 39, 7247–7261.

Mozia, S., 2010. Photocatalytic membrane reactors (PMRs) in water and wastewater treatment, a review. Sep. Purif. Technol. 73, 71–91.

Mozia, S., Darowna, D., Szymański, K., Grondzewska, S., Borchert, K., Wróbel, R., Morawski, A.W., 2014. Performance of two photocatalytic membrane reactors for treatment of primary and secondary effluents. Catal. Today 236, 135–145.

Palmisano, G., Augugliaro, V., Pagliaro, M., Palmisano, L., 2007. Photocatalysis: a promising route for 21st century organic chemistry. Chem. Commun. 3425–3437.

Pathak, P., Meziani, M.J., Castillo, L., Sun, Y.P., 2005. Metal-coated nanoscale TiO_2 catalysts for enhanced CO_2 photoreduction. Green Chem. 7, 667–670.

Patsios, S., Sarasidis, V., Karabelas, A., 2013. A hybrid photocatalysis–ultrafiltration continuous process for humic acids degradation. Sep. Purif. Technol. 104, 333–341.

Pidou, M., Parsons, M.A., Raymond, G., Jeffrey, P., Stephenson, T., Jefferson, B., 2009. Fouling control of a membrane coupled photocatalytic process treating grey water. Water Res. 43, 3932–3939.

Puma Li, G., Salvado-Estivill, I., Obee, T.N., Hays, S.O., 2009. Kinetics rate model of the photocatalytic oxidation of trichloroethylene in air over TiO_2 thin films. Sep. Purif. Technol. 67 (2), 226–232.

Sellaro, M., Fontananova, E., Brunetti, A., Palmisano, L., Bellardita, M., Drioli, E., Barbieri, G., 2015. Photocatalytic membranes based on TiO_2 catalysts and fluorinated polymers for CO_2 conversion. In: 12th International Conference on Catalysis in MRs (ICCMR12), Szczecin, Poland (Oral).

Tsuru, T., Kan-no, T., Yoshioka, T., Asaeda, M., 2003. Photocatalytic membrane reactor for gas-phase reaction using porous titanium oxide membranes. Catal. Today 82, 41–48.

Tsuru, T., Kan-no, T., Yoshioka, T., Asaeda, M., 2006. A photocatalytic MR for VOC decomposition using Pt-modified titanium oxide porous membranes. J. Membr. Sci. 280, 156–162.

Varghese, O.K., Paulose, M., LaTempa, T.J., Grimes, C.A.A., 2009. High-rate solar photocatalytic conversion of CO_2 and water vapor to hydrocarbon fuels. Nano Lett. 9 (2), 731–737.

Wang, J., Wen, F.-Y., Zhang, Z.-H., Zhang, X.-D., Pan, Z.-J., Zhang, P., Kang, P.-L., Tong, J., Wang, L., Xu, L., 2006. Investigation on degradation of dyestuff wastewater using visible light in the presence of a novel nano TiO_2 catalyst doped with upconversion luminescence agent. J. Photochem. Photobiol. A Chem. 180 (1–2), 189–195.

Wu, J.C.S., 2009. Photocatalytic reduction of greenhouse Gas CO_2 to fuel. Catal. Surv. Asia 13, 30–40.

Zhang, H., Quan, X., Chen, S., Zhao, H., 2006. The removal of sodium dodecylbenzene sulfonate surfactant from water using silica/titania nanorods/nanotubes composite membrane with photocatalytic capability. Appl. Surf. Sci. 24, 8598–8604.

Zhang, W., Ding, L., Luo, J., Jaffrin, M.Y., Tang, B., 2016. Membrane fouling in photocatalytic membrane reactors (PMRs) for water and wastewater treatment: a critical review. Chem. Eng. J. 302, 446–458.

扩展阅读

Drab, D.M., Willauer, H.D., Olsen, M.T., Ananth, R., Mushrush, G.W., Baldwin, J.W., Hardy, D.R., Williams, F.W., 2013. Hydrocarbon synthesis from carbon dioxide and hydrogen: a two-step process. Energy Fuel 27, 6348–6354.

Fu, J., Ji, M., Wang, Z., Jin, L., An, D., 2006. A new submerged membrane photocatalysis rector (SMPR) for fulvic acid removal using a nano structured photocatalyst. J. Hazard. Mater. 131, 238–242.

Kertèsz, S., Cakl, J., Jiránková, H., 2014. Submerged hollow fiber microfiltration as a part of hybrid photocatalytic process for dye wastewater treatment. Desalination 343, 106–112.

Koci, K., Obalová, L., Lacný, Z., 2008. Photocatalytic reduction of CO_2 over TiO_2 based catalysts. Chem. Pap. 62, 1–9.

Martino, G., 2000. Catalysis for oil refining and petrochemistry, recent developments and future trends. Stud. Surf. Sci. Catal. 130, 83–103.

Qu, A., Xie, H., Xu, X., Zhang, Y., Wen, S., Cui, Y., 2016. High quantum yield graphene quantum dots decorated TiO_2 nanotubes for enhancing photocatalytic activity. Appl. Surf. Sci. 375, 230–241.

Sarasidis, V.C., Plakas, K.V., Patsios, S.I., Karabelas, A.J., 2014. Investigation of diclofenac degradation in a continuous photo-catalytic membrane reactor. Influence of operating parameters. Chem. Eng. J. 239, 299–311.

Zhang, X., Du, A.J., Lee, P., Sun, D.D., Leckie, J.O., 2008. Grafted multifunctional titanium dioxide nanotube membrane: separation and photodegradation of aquatic pollutant. Appl. Catal. B Environ. 84, 262–267.

第7章 PMR 在水和有机污染物废水处理中的应用

Ali Moslehyani[1,3,4]，Siti K. Hubadillah[1,2]，Mohd Hafiz Dzarfan Othman[1,2]，Ahmad F. Ismail[1,2]，Takeshi Matsuura[2,4]

[1] Advanced Membrane Technology Research Center(AMTEC)，Universiti Teknologi Malaysia, Johor Bahru, Malaysia; [2] Faculty of Chemical & Energy Engineering(FCEE), Universiti Teknologi Malaysia, Johor Bahru, Malaysia; [3] University of Ottawa，Ottawa，ON，Canada；[4] University of Toronto，Toronto，ON，Canada

7.1 简介

“水”是仅次于空气的重要自然资源之一。但是，水资源短缺问题日益加剧，水质恶化和对清洁水源日益增长的需求成为世界各地的重大挑战（McInerney，2009；Hoekstra，2014；Ridoutt，Pfister，2010；Enright，2000），世界上普遍认为这是一个非常严重的警报（Jairath，2010；McInerney，2009）。根据世界卫生组织（WHO）的报告（Organization，2015；Hotez et al.，2016；Ismail et al.，2013；Mobaraki et al.，2015），地球上近 7.5 亿人正面临着安全饮用水缺乏，由工业化、人口增长和其他活动造成的水资源短缺将加剧地球恶化（Hotez et al.，2016；Mekonnen，Hoekstra，2016；Moslehyani，Ismail，2013；Mobaraki et al.，2016）。因此，在饮用水和废水中都可以检测到大量的新型污染物，如无机污染物（重金属、硼等）和有机污染物（药品、杀虫剂、油类、染料等）（Han et al.，2017）。一般来说，这些污染物的长期存在会造成严重的环境和健康问题。例如，最常研究的无机污染物是重金属，它们对人体的健康影响很大，甚至会导致死亡（Hubadillah et al.，2017）。有机污染物如内分泌干扰化合物（EDCs），包括杀虫剂、卤代芳香族化合物和烷基酚类化合物，也受到了广泛的关注，因为它们可以改变内源性激素活性和体内激素平衡，扰乱人类各个阶段性行为的发育和其他正常激素的分泌（Moosa et al.，2017）。

因此，在文献中已经报道了几种关于处理有机和无机污染物的先进技术，例如离子交换、混凝/絮凝和吸附。在 Golbaz 等人（2014）的研究中，采用混凝沉淀法去除水中的苯酚、铬和氰化物。混凝法对铬的去除效果较好，对氰化物的去除效果较差，对水中的有机苯酚不能去除。苯酚等有毒有机污染物来源于生活污水、污水处理厂、农业废水和工业废水，会引起一系列的环境和健康问题。

考虑到这些有机污染物需要从水和废水中去除，研究人员正在开发一项新技术，其处理废水效率高、制水成本低。在过去的几十年里，人们对应用二氧化钛作为光催化剂降解废水中的有机污染物表现出极大的兴趣。1972 年，藤岛和本田首次发现了在二氧化钛电极上可进行光催化分解水这种有前景的应用（Coronado，2013）。在过去的 40 年里，二氧化钛作为一种半导体光催化剂，具有无毒、稳定、易得、便宜等特点，尤其是在水处理方面引起了人们的广泛关注。

然而，污水处理完成后，光催化剂必须从水中分离出来，这意味着还需要其他步骤来完成该过程。光催化膜反应器是一个非常有应用前景的方法，能够解决光催化剂以及光解产物和副产物从反应混合物中分离的问题。相对于传统的光催化反应器，PMR 具有以下优势（Molinari，Palmisano，2005）：

① 通过膜将光催化剂限制在反应环境中。

② 控制分子在反应器中的停留时间。

③ 实现连续运行，同时从反应环境中分离光催化剂和产物。

此外，应用 PMR 代替传统的光催化反应器可以避免一些额外的工作，如混凝、絮凝、沉淀，这些操作是从处理过的溶液中去除光催化剂所必需的工作。另一个优点是节约能源和减小反应器安装尺寸。

7.2 光催化降解有机污染物的光催化膜反应器

目前，由于光催化在降解有机物时不使用任何化学物质，不产生有害副产物，光催化技术应用于水处理和空气净化已被广泛接受。因此，PMR 被认为是有效的废水处理装置。现在，我们使用不同光源提供光催化降解能量，已经进行了多种废水的光催化降解实验，表 7.1 总结了光催化膜和 PMR 的光催化应用情况。一些含油、染料、酚类、病原体、医院废水和重金属的废水可以通过光催化降解（Bahnemann, 2004; Bhatkhande et al., 2002；Qu et al.，2013）。

7.2.1 油和油脂

冶金、交通等许多行业都会造成水污染。根据美国《清洁水法》（CWA）、欧洲联盟（EU）和《亚洲污水和工业废水排放标准条例》等废水排放标准，排放的含油废水中的有机化合物（主要是碳氢化合物）浓度为 $50mg \cdot L^{-1}$ 时，需要考虑对其进行净化处理（Lyon and Stein，2009；Rincon and La Motta，2014；Loehr and Navarra，1969；Issariyakul et al., 2007）。因此，人们提出了许多技术来解决这一问题，主要包括化学吸附、混凝、蒸馏、化学破乳、生物降解、膜分离和 PMR。最近，学者们对光催化降解与膜结合比较感兴趣（Moslehyani et al.，2016）。

Moslehyani 等人（2015b）应用了多种 PMR 来光催化降解水中的油和分离光催化剂悬浮液。PMR 分别采用平板膜、中空纤维膜和纳米纤维膜，膜的孔径基本在超滤范围内。在降解有毒碳氢化合物和净化含油废水方面，PMR 表现出优异的性能（Moslehyani et al., 2015c，2015d）。Cheng 等人（2017）介绍了在紫外线下氧化钨（WO_3）光催化处理棕榈油厂废水（POME）。

Ong 等人（2014）研究了二氧化钛/聚偏氟乙烯（TiO_2-PVDF）中空纤维膜浸没式 PMR 在紫外线下降解含合成油废水的性能。这项工作主要研究二氧化钛负载（嵌入膜基质中）、组件填充密度、初始进料浓度和气泡流速（ABFR）等几个关键操作参数，来评估浸没式 PMR 处理合成切削油废水的性能。结果表明，TiO_2-PVDF 膜对总有机碳（TOC）的降解明显高于纯 PVDF 膜。此外，还发现二氧化钛负载过量和模块填充密度过大时，TOC 降解量和膜通量都迅速减小。尽管在高进料浓度下容易形成较厚的油层，会对光催化降解和水通量产生不利影响，但是引入较高的 ABFR 可以在一定程度上减少这种影响。关于 TOC 降解和除油方法，如图 7.1 所示，在最优条件下运行时，该反应器的 TOC 降解率可达 80%，排油率可达 90%。

表 7.1　光催化膜和悬浮态光催化膜反应器对水中有机污染物光降解的汇总表

污染物种类	PMR 设置	膜	催化剂	辐射源	污染物名称	效率	缺点	参考文献
油类	悬浮态	聚偏氟乙烯	多壁碳纳米管	UVC	马来西亚炼油厂	>90%	形成滤饼层膜	Moslehyani et al.（2015a）
染料	悬浮态	聚醚砜 NF	TiO_2-P25	UV	刚果红 专利蓝	99%	膜污染	Molinari et al.（2004）
	悬浮态	NF/UF	ZnO	UV	印刷厂废水	100%	膜污染、超滤渗透率低	Hairom et al.（2015）
	悬浮态	UF	TiO_2-P25	UV	亚甲基蓝	95%	TiO_2 凝聚会影响性能	Sopajaree et al.（1999）
	固定床	UF（陶瓷）	TiO_2	UV	直接黑 168	72%	染料不完全降解	Zhang et al.（2006）
	固定床	UF（陶瓷）	N 掺杂 TiO_2 氧化石墨烯改性 TiO_2	UV 可见光	亚甲基蓝 甲基橙	57% 29%	失效 过滤模式	Athanasekou et al.（2015a）
	固定床	UF（陶瓷）	N 掺杂 TiO_2	UV	4BS	99%	形成滤饼层	Sopajaree et al.（1999）
药类	悬浮态	NF	TiO_2-P25	太阳光	林可霉素	93.64%~97.78%	TOC 累积	Augugliaro et al.（2005）
	悬浮态	NF	TiO_2-P25	UV	呋塞米	5%~30%	在光催化测试中无节流	Molinari et al.（2006）
	固定床	UF	TiO_2-P25 实验室制备 TiO_2	UV 可见光	苯海拉明	73% 28%	失效 过滤模式	Pastrana and Martinez et al.（2015）
	固定床	MF	TiO_2	紫外灯	布洛芬	50%	通量低、膜污染	Fischer et al.（2015）

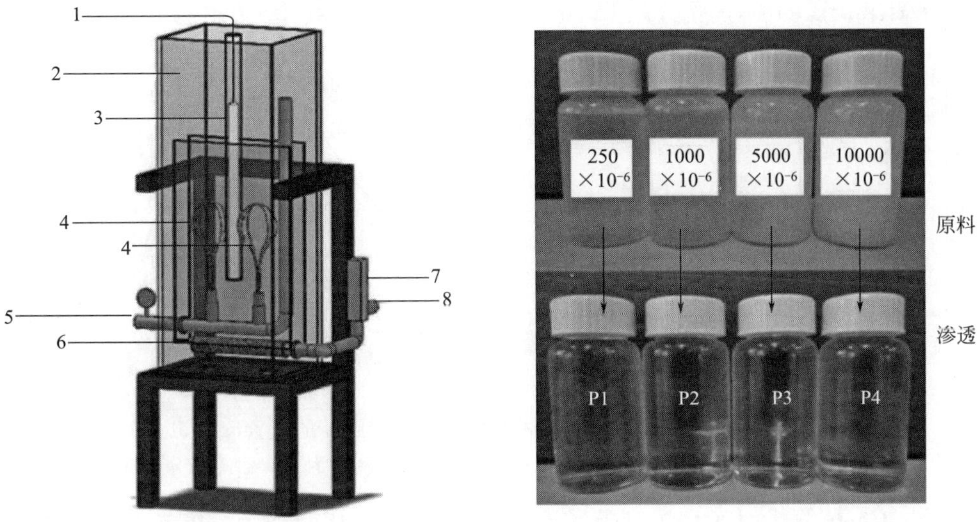

(a)　　　　(b)

图 7.1　光催化膜反应器实验装置图和含油废水处理前后的对比图（Ong et al.，2014）

1—连接到紫外灯控制面板上；2—进料溶液罐；3—紫外灯；4—不同堆积密度的膜组件；
5—连接蠕动泵和渗透液收集罐；6—空气分布器；7—空气流量计；8—空气压缩机

7.2.2　酚类

许多工业生产部门，如制药、树脂制造、塑料工业等广泛使用酚类化合物，造成含酚废水。双酚 A（BPA）和壬基酚（NP）是典型的例子，二者为有毒且普遍存在的内分泌干扰物（Dzinun et al.，2015）。酚类化合物污染的废水可对野生动物和人类造成不利影响，它会形成多余的雌性器官、增大副性腺形态和功能性生殖腺功能障碍以及干扰内分泌系统的功能。世界上任何河流的内陆地表水流的苯酚排放标准不超过 $1\sim5mg\cdot L^{-1}$。然而，许多行业正在逐步使用酚类化合物并产生酚类废水，为了避免上述诸多问题，处理这种类型的废水已迫在眉睫。许多研究人员建议通过 PMR 技术利用光催化降解对含酚废水进行全面处理（Dzinun et al.，2015）。

Yang 等人（2011）对光催化膜反应器中的聚丙烯（PP）膜进行表面改性［通过可逆加成-断裂链转移（RAFT）接枝聚合的方法］并负载 TiO_2 光催化剂以降解苯酚。据报道，通过表面亲水改性，二氧化钛光催化剂的附着性和过滤性能得到增强。从图 7.2（a）和（b）可以发现，在紫外线照射 6h 的情况下，聚丙烯酸（PAAc）接枝度（GDs）为 2.9%（质量分数）和 12.9%（质量分数）的膜表面降解苯酚的效率分别为 12.4%和 32.5%。由于 3/4 的紫外线被反应器中聚甲基丙烯酸甲酯板所吸收，苯酚的降解率较低。此外，紫外-可见光谱中观察到峰随照射时间红移，可能是由苯酚降解的副产物引起的。接枝率分别为 2.9%（质量分数）和 12.9%（质量分数）的膜在反应 4h 和 2h 后，中间体浓度达到最大值。二羟基苯、苯醌（BQ）、4,4′-二羟基联苯和马来酸酐等中间体的吸收带（250 ~ 360nm）高于苯酚（270nm），中间体最终降解为 CO_2。

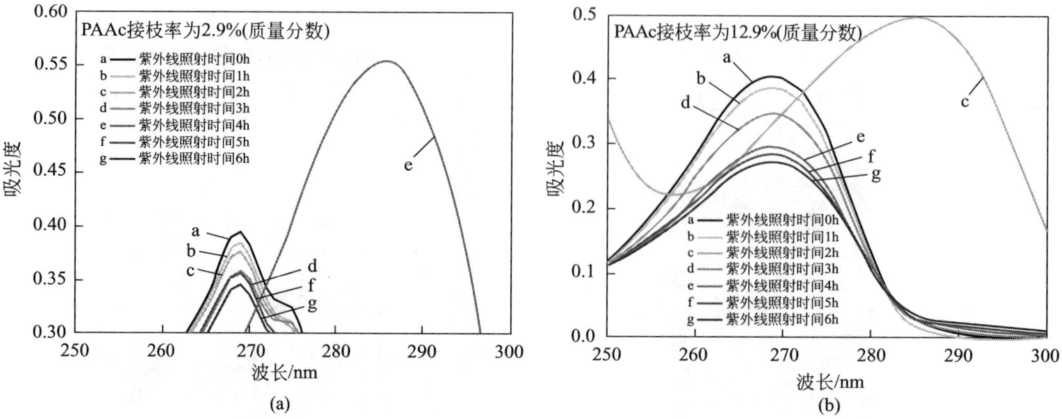

图 7.2　二氧化钛固定在膜表面的光催化膜反应器降解苯酚（Yang et al.，2011）

（a）PAAc 接枝率为 2.9%（质量分数）；（b）PAAc 接枝率为 12.9%（质量分数）

然而，Chen 等人（2016）制备了电纺 ZnS 负载杂化碳纳米纤维光催化膜用于苯酚去除。由于硫化锌的光催化活性与氧化石墨烯纳米纤维（GO-CNFs）优异吸附能力之间协同作用，所得氧化石墨烯/硫化锌纳米纤维（GO/ZnS-CNFs）在温和条件下对 4-氨基甲苯和苯酚的氧化表现出优异的光催化活性。在紫外线下，苯酚光催化转化的活性物种主要是 h^+、$\cdot O^{2-}$和$\cdot OH$。据报道，由于$\cdot OH$ 自由基可被 OH^-清除而形成$\cdot O^{2-}$，因此，氧化 4-氨基甲苯的主要途径是直接氧化。图 7.3 显示了使用 500W 灯测试苯酚降解的一级反应曲线随时间的变化。在一个典型的实验中，苯酚的未改性吸收峰集中在 270nm。在苯酚溶液中加入 GO/ZnS-CNFs 后，随着辐照时间的延长，270nm 处的峰降低。照射约 60min 后，峰几乎完全消失。检测到三种主要的芳香类中间体：邻二羟基苯、对二羟基苯和 1,4-苯醌。根据速率方程 $\ln\frac{c_t}{c_0}=-k_{\text{app}}t$ 计算可得，一级动力学速率常数 $k_{\text{app}}=3.0\times10^{-2}\text{s}^{-1}$。式中，$c_0$ 为苯酚的初始浓度；c_t 为时间 t 时苯酚的浓度。

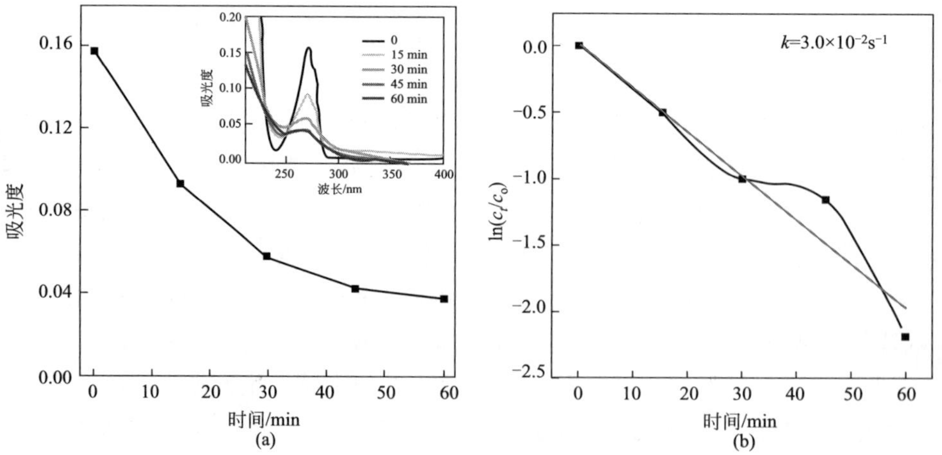

图 7.3　GO/ZnS-CNFs 降解苯酚溶液光吸收随时间的变化（a）及光催化降解苯酚的一级动力学曲线（b）（Chen et al.，2016）

7.2.3 染料

日常生活中，染料用于各种行业，但有一些副作用。据统计数据，大约 20%的染料废水进入河流，因此，在染料废水排放之前需要对其进行净化。PMR 是最有前景的染料废水处理技术之一，由于光催化剂的作用，PMR 技术可以将大分子染料降解成小分子，最终将它们矿化为水、二氧化碳和无机盐。Mozia 等人（2005）基于膜蒸馏，设计了一款用于染料降解的间歇式 PMR，将二氧化钛光催化剂（P25）分散在染料溶液中，浓度为 $0.3g\cdot L^{-1}$，实验温度 60℃，运行 5h 时，染料被完全去除，TOC 降解率为 80%。

Hairom 等人（2014）研究了光催化膜反应器中不同氧化锌纳米颗粒对刚果红（CR）染料处理的影响。本研究采用聚哌嗪酰胺纳滤膜，如图 7.4 所示，用场发射扫描电子显微镜（FESEM）观察膜表面和横截面的形态。在剧烈搅拌下应用聚乙烯吡咯烷酮合成的纳米粒子（称为 ZnO-PVP-St）表现出最高的光降解效率，并且在所有测试的氧化锌样品中，它们对膜通量下降的影响最小。在染料初始浓度为 $20mg\cdot L^{-1}$、pH =7 时，发现光催化剂的最佳负载量为 $0.3g\cdot L^{-1}$，这可以通过 ZnO-PVP-St 的有效表面积和对紫外线的吸收来解释。

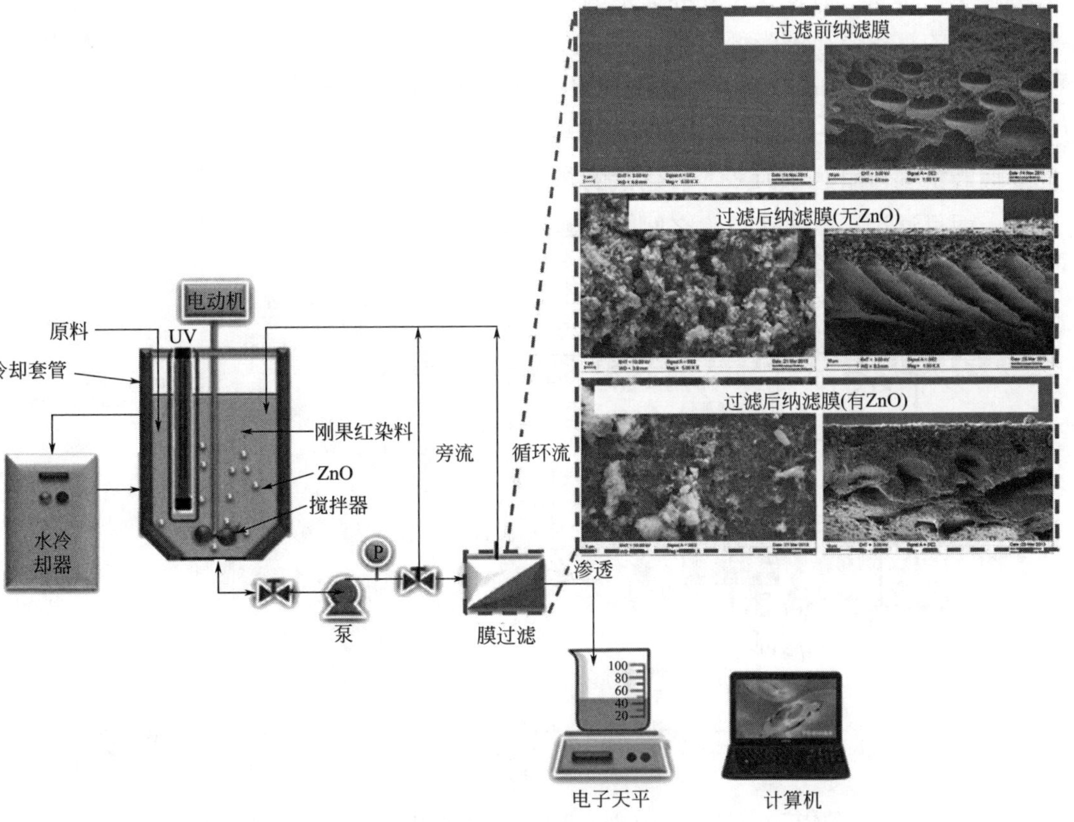

图 7.4　光催化膜反应器示意图和光催化膜的扫描电镜图（Hairom et al.，2014）

Mozia 等人（2007）在光催化膜反应器中将光催化与直接接触膜蒸馏相结合（DCMD），对未改性的二氧化钛和碳包覆型二氧化钛降解亚甲基蓝的效果进行了比较。研究发现使用未改性的二氧化钛时，渗透通量不受二氧化钛浓度的影响，而在使用碳包覆的二氧化钛时，渗透通量减小，且在光催化剂负载量最大时，渗透通量最小，而且，在光催化剂浓度较低的范围（$<0.5g\cdot L^{-1}$）内，碳包覆的二氧化钛去除亚甲基蓝的活性比未改性二氧化钛高，更重要的是，PMR 的优点是能够将染料和其他非挥发性化合物与光催化剂颗粒完全分离，得到高品质的产物（馏出物）。

2013 年，Zhang 等人（2013）研究了偶氮染料二氧化钛在光催化-超滤（UF）复合工艺中对过滤性能的影响。实验装置如图 7.5 所示。在 pH=4.0、6.0 和 10.0 条件下，分析了聚丙烯腈超滤膜的渗透通量和染料截留情况。由于染料间的相互作用，二氧化钛团聚体的尺寸在 pH=4.0 和 pH=6.0 时显著增加，在 pH=10.0 时略有减小，但在所有的酸碱度条件下，二氧化钛聚集体的分形维数降低。这些相互作用导致沉积层数量和结构的变化。通过卡曼-科兹尼（Carman-Kozeny）方程进一步利用二氧化钛团聚体的分形维数和尺寸来估算沉积层的滤饼阻力。结果表明，二氧化钛团聚体的尺寸和分形维数是决定渗透通量和比滤饼阻力的因素，但不是唯一的因素。沉积层的亲水性也对膜的性能起着重要的作用。由于二氧化钛在膜界面上的自组装和电子行为产生的架桥效应，染料和二氧化钛组成的沉积层显著降低了染料的排斥反应，在二氧化钛的存在下，图 7.6 提出了减少染料排斥的可能机制。染料排斥率的降低可归因于膜界面和染料之间的二氧化钛架桥。—COOH、—OH、—SO_2OH、—O—和═O 对通过氢键和/或配位作用，在二氧化钛和界面之间观察到自组装行为。二氧化钛的架桥效应不仅通过结合染料降低了过滤界面的亲水性，而且通过二氧化钛与膜之间的氢键减弱了电子排斥。

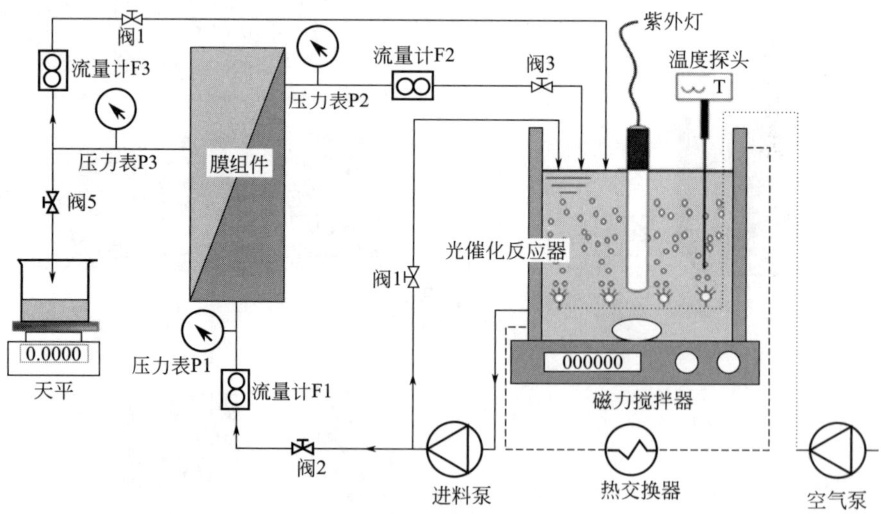

图 7.5　光催化与超滤集成的光催化膜反应器实验室装置图（Zhang et al.，2013）

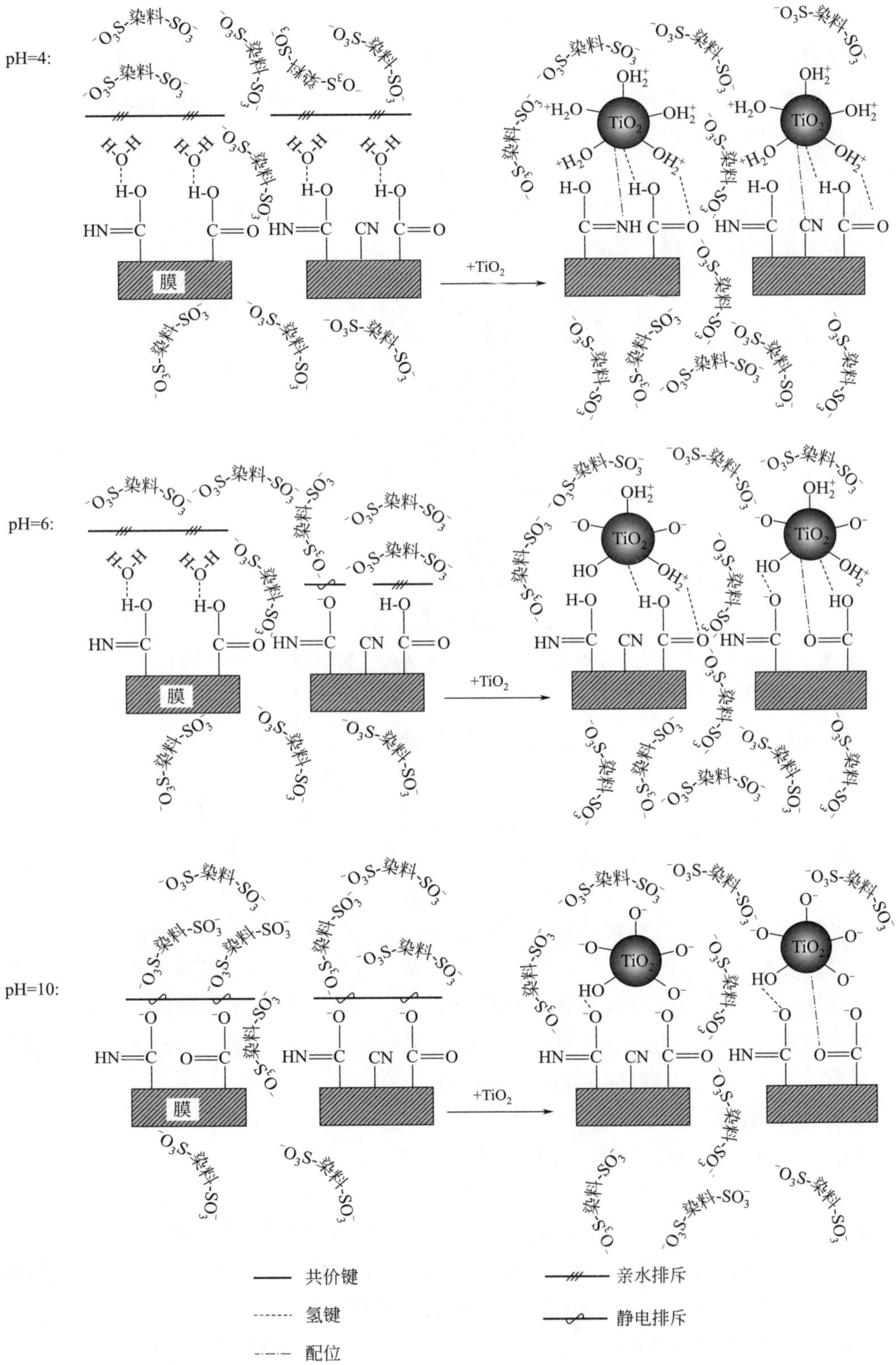

图 7.6　不同 PH 下，二氧化钛存在时染料截留率降低的机理（Zhang et al.，2013）

Damodar 等人（2010）提出了一种用于染料废水处理的光催化悬浮态膜反应器。图 7.7 为集成系统的实验室装置。在该研究中，使用了孔径和接触角分别为 0.22μm 和 120°的商用聚四氟乙烯膜（PTFE），对颜色的去除率可达 100%，TOC 和 COD 的去除率达到 80%。据报道，使用 PMR 可以有效地分离和再利用光催化剂，并且它可以长时间使用并保持其活性，二氧化钛颗粒的粒径分布在连续过滤过程中表现出显著的变化。此外，本研究还展示了不同曝气器和搅拌器设置的优势，以及它们长期运行并减少频繁的膜清洗要求的操作条件。

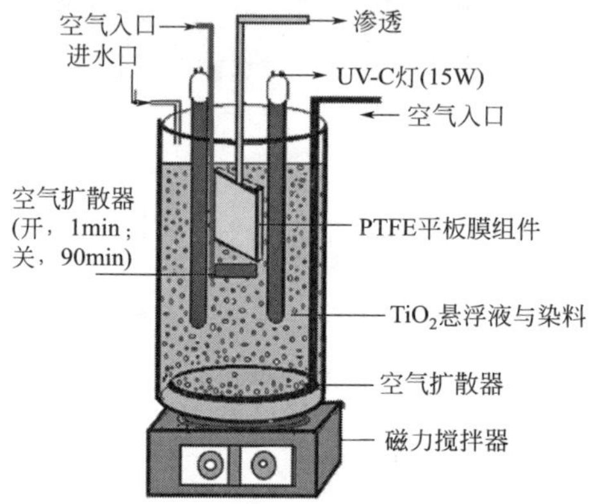

图 7.7 聚合物膜集成悬浮态光催化膜反应器实验室装置图（Damodar et al.，2010）

反应器：体积，3L；水力停留时间，4h；流量，12mL·min^{-1}；流量，49L·m^{-2}·h^{-1}；压力，1in Hg（1inHg=3386.39Pa）；空气流量，1.5L·min^{-1}

Athanasekou 等人（2015b）制备了可用于紫外光和可见光下进行水净化过滤的陶瓷光催化膜。这项工作证实了光催化-超滤工艺消除或降低水中合成染料含量的效果，该工艺通过在单通道超滤膜的外表面和内（孔）表面沉积各种光催化剂来制备一种高活性光催化陶瓷超滤（UF）膜。从传统的悬浮态型光催化净化技术转换到一种新型的光催化膜过滤技术，主要的挑战是使用最新的二氧化钛基纳米材料。为此，采用溶胶凝胶（浸涂）技术将高羟基化锐钛矿二氧化钛沉积在陶瓷单体上，合成了包含有机壳层包覆的二氧化钛纳米晶体和部分还原的氧化石墨烯二氧化钛新型复合材料，并将其负载在整块陶瓷材料上，开发出可见光响应光催化膜。研究表明，当处理含有纺织染料的废水时，所有陶瓷膜都能有效解决传统的高流量复合聚合物纳米过滤系统所面临的易污染、高能耗和难处理有毒污染物浓缩废水的常见问题。

最近 Kuvarega 等人研究了 N-Pd-TiO_2 改性的复合聚砜膜用于光催化降解染料（Kuvarega et al.，2018），将 N-Pd-TiO_2 包覆在聚砜（PSF）膜中以提高膜的理化性能，以适用于光催化应用。在不影响 N-Pd-TiO_2 膜完整性的前提下，提高了其亲水性、孔隙率、可见光吸收和光催化活性，而且，应用这种膜在可见光照射 4h 后，曙红黄色染料的降解率高达 97%。由图 7.8 可知，纯聚砜（PSF）膜的速率常数（0.00497min^{-1}）比负载纳米颗粒的膜要低。其中 CM-5（带隙=3.37eV）显示出最高的降解速率常数（0.01693min^{-1}），CM-5 是一种将 7% N-Pd-TiO_2 分散在 1-甲基-2-吡咯烷酮上的膜，因此，N、Pd 共掺杂 TiO_2 将 PSF 膜的光催化性能提高到可与可见光照射下 N 掺杂的 TiO_2 相媲美。PMR 在这项研究中非常有趣的部分是，与游离的光催化纳米颗粒不同，该膜可以很容易地从反应器中取出并重复利用，从而大大降低了后处理成本。

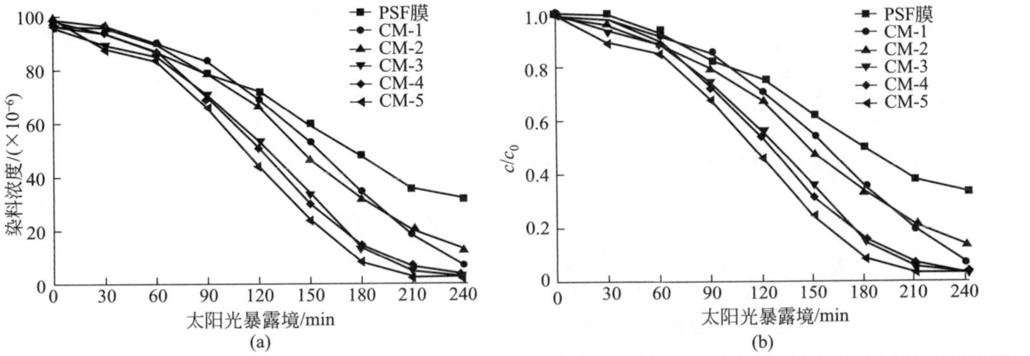

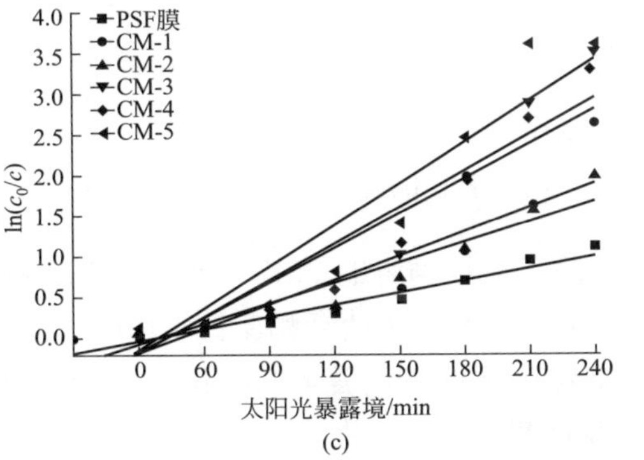

样品	染料降解率/%	k_{app}/min
PSF膜	67.3	0.00497
CM-1	92.7	0.00984
CM-2	86.7	0.00839
CM-3	97.0	0.01490
CM-4	96.3	0.01422
CM-5	97.3	0.01693

(d)

图 7.8　膜的光催化活性（Kuvarega et al.，2018）

(a) 染料降解；(b) 染料归一化降解；(c) 降解动力学；(d) 降解率和速率常数表

7.2.4　其他污染物

药物污染或制药物污染是指药物及其代谢物对环境的污染，最终通过废水进入水环境（地下水、河流、湖泊、海洋），因此，药物污染是水污染的一种形式。由于基础设施老化、污水溢出和农业径流，世界各地的水域中都检测到药物污染物，尽管废水在污水处理设施中进行了处理，但无法去除其中的药物。此外，这些化学物质目前没有受到水质标准的管制，这使得它们成为新兴污染物（Farre et al.，2008）。Martinez 等人（2013）对集成膜分离技术和高级氧化技术去除药物污染物进行了评估，用 NF 和 RO 膜分离药物，用 AOPs（如多相光催化或光芬顿过程）对截留物进一步纯化。选择了六种代表性药物：磺胺甲噁唑（SMX，抗生素），双氯芬酸钠（DCF，抗炎剂），氢氯噻嗪（HCT，利尿剂，治疗高血压的药物），4-乙酰氨基安替比林（4-AAA，退烧药），尼古丁（NCT，兴奋剂）和盐酸雷尼替丁（RNT，抑制胃酸的组胺 H_2-受体拮抗剂）作为模型污染物，以评估分离/氧化联合过程，这些污染物的结构如图 7.9 所示。它们通常在废水处理厂的进水和出水中发现，几乎不受常规处理过程的影响，通过使用纳滤膜和反渗透膜可有效分离污染物（纳滤膜和反渗透膜进料污染物浓度分别小于 0.5mg·L^{-1}，10mg·L^{-1}）。而且，光催化方法和光芬顿方法都能有效地降解截留物中的药物化合物，去除率在 80%~100% 之间。然而，对于折射率最高的化合物尼古丁，TiO_2 光催化降解效率较低。

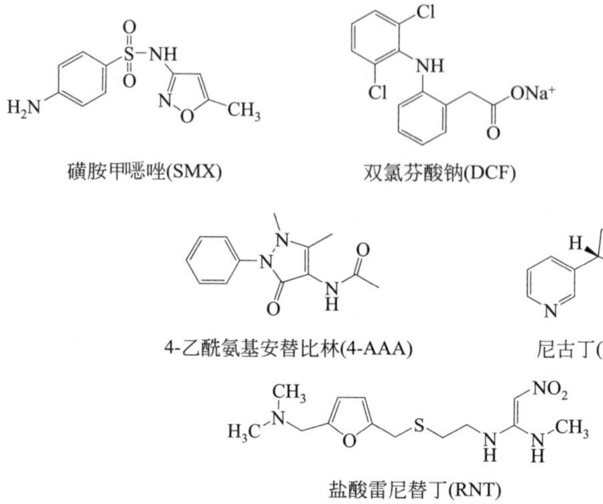

图 7.9　Martinez 等人所用药物污染物的结构示意图（Martinez et al.，2013）

Guo 等人（2015）开发了一种用于光催化去除和灭活病毒的 PMR，通过以 P22 噬菌体为模型病毒，将所提出的 PMR 技术与其组成工艺、紫外线消毒和微滤（MF）的性能进行了比较。在这项研究中，紫外灯和标准孔径为 0.8mm 的陶瓷 MF 膜位于两个相对的抛物面反射器之间，并且紫外光聚焦在膜的光催化剂涂层外表面上。如图 7.10，该膜

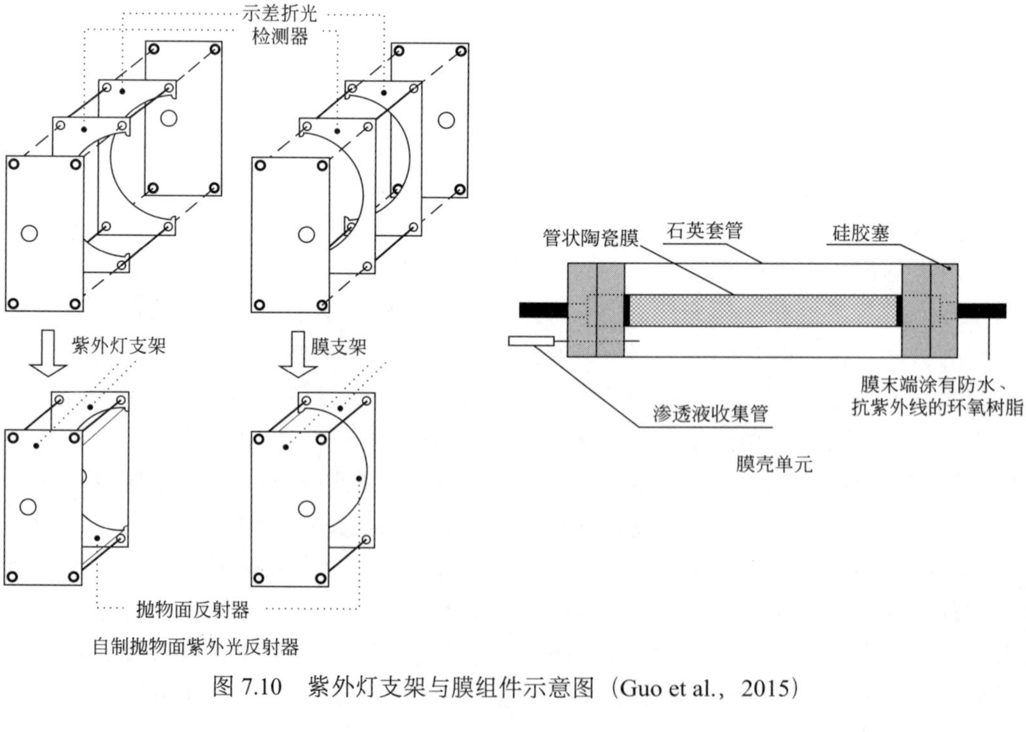

图 7.10　紫外灯支架与膜组件示意图（Guo et al.，2015）

由内进外出的方式运行，渗透侧被紫外线照射。据推测，所设计的混合工艺可以克服直接紫外线消毒的两个主要缺点，一是对紫外线免疫却对环境有重要影响的病原体，二是在水体高度浑浊情况下紫外线消毒效率低。该系统去除病毒和灭活性能可以通过选择膜、光催化涂层的形式以及控制施加到渗透物流上的紫外光强度来调节。

7.3　结论和未来趋势

如今，水和废水的污染，特别是有机污染已成为人们关注的焦点问题，迫切需要找到一种解决方案来对其进行处理。PMR 在有机污染物的光催化降解中效果显著而广为人知。通过 PMR 已成功处理了各种有机污染物，例如油、酚和染料，与其他常规方法相比，在水和废水处理中使用 PMR 的优势包括光催化剂的光子活化模式，该模式取代了热活化。此外，与分散光催化纳米粒子相比，PMR 技术简单高效，用于 PMR 的膜可以很容易地从反应器中取出并重复用于光催化降解，大大降低了后处理成本。但是，PMR 的主要缺点是形成危险的中间产物，如在苯酚降解过程中发现对苯二酚（HQ）和苯醌（BQ）。因此，应进行更多有关 PMR 过程中副产物形成和毒性的研究。此外，如果将来可以针对 PMR 在饮用水应用方面进行研究，将会更加有意义。

参考文献

Athanasekou, C.P., Moustakas, N.G., Morales-Torres, S., Pastrana-Martínez, L.M., Figueiredo, J.L., Faria, J.L., Silva, A.M.T., Dona-Rodriguez, J.M., Romanos, G.E., Falaras, P., 2015a. Ceramic photocatalytic membranes for water filtration under UV and visible light. Appl. Catal. B Environ. 178 (Suppl. C), 12−19.

Athanasekou, C.P., Moustakas, N.G., Morales-Torres, S., Pastrana-Martínez, L.M., Figueiredo, J.L., Faria, J.L., Silva, A.M.T., Dona-Rodriguez, J.M., Romanos, G.E., Falaras, P., 2015b. Ceramic photocatalytic membranes for water filtration under UV and visible light. Appl. Catal. B Environ. 178, 12−19.

Augugliaro, V., García-López, E., Loddo, V., Malato-Rodríguez, S., Maldonado, I., Marcì, G., Molinari, R., Palmisano, L., 2005. Degradation of lincomycin in aqueous medium: coupling of solar photocatalysis and membrane separation. Sol. Energy 79 (4), 402−408.

Bahnemann, D., 2004. Photocatalytic water treatment: solar energy applications. Sol. Energy 77 (5), 445−459.

Bhatkhande, D.S., Pangarkar, V.G., Beenackers, A.A., 2002. Photocatalytic degradation for environmental applications−a review. J. Chem. Technol. Biotechnol: 77 (1), 102−116.

Chen, H., Jiang, G., Yu, W., Liu, D., Liu, Y., Li, L., Huang, Q., Tong, Z., Chen, W., 2016. Preparation of electrospun ZnS-loaded hybrid carbon nanofiberic membranes for photocatalytic applications. Powder Technol. 298 (Suppl. C), 1−8.

Cheng, Y.W., Chang, Y.S., Ng, K.H., Wu, T.Y., Cheng, C.K., 2017. Photocatalytic restoration of liquid effluent from oil palm agroindustry in Malaysia using tungsten oxides catalyst. J. Clean. Prod. 162 (Suppl. C), 205−219.

Coronado, J.M., 2013. In: Coronado, J.M., Fresno, F., Hernández-Alonso, M.D., Portela, R. (Eds.), Design of Advanced Photocatalytic Materials for Energy and Environmental Applications. Springer London, London, pp. 1−4.

Damodar, R.A., You, S.-J., Ou, S.-H., 2010. Coupling of membrane separation with photocatalytic slurry reactor for advanced dye wastewater treatment. Separ. Purif. Technol. 76 (1), 64−71.

Dzinun, H., Othman, M.H.D., Ismail, A.F., Puteh, M.H., Rahman, M.A., Jaafar, J., 2015. Photocatalytic degradation of nonylphenol by immobilized TiO_2 in dual layer hollow fibre membranes. Chem. Eng. J. 269, 255−261.

Enright, W., 2000. The effect of terrestrial invasive alien plants on water scarcity in South Africa. Phys. Chem. Earth Part B Hydrol. Oceans Atmos. 25 (3), 237−242.

Farré, M.l., Pérez, S., Kantiani, L., Barceló, D., 2008. Fate and toxicity of emerging pollutants, their metabolites and transformation products in the aquatic environment. Trac. Trends Anal. Chem. 27 (11), 991−1007.

Fischer, K., Grimm, M., Meyers, J., Dietrich, C., Gläser, R., Schulze, A., 2015. Photoactive microfiltration membranes via directed synthesis of TiO2 nanoparticles on the polymer surface for removal of drugs from water. J. Membr. Sci. 478 (Suppl. C), 49−57.

Golbaz, S., Jafari, A.J., Rafiee, M., Kalantary, R.R., 2014. Separate and simultaneous removal of phenol, chromium, and cyanide from aqueous solution by coagulation/precipitation: mechanisms and theory. Chem. Eng. J. 253 (Suppl. C), 251−257.

Guo, B., Pasco, E.V., Xagoraraki, I., Tarabara, V.V., 2015. Virus removal and inactivation in a hybrid microfiltration−UV process with a photocatalytic membrane. Separ. Purif. Technol. 149, 245−254.

Hairom, N.H.H., Mohammad, A.W., Kadhum, A.A.H., 2014. Effect of various zinc oxide nanoparticles in membrane photocatalytic reactor for Congo red dye treatment. Separ. Purif. Technol. 137 (Suppl. C), 74−81.

Hairom, N.H.H., Mohammad, A.W., Ng, L.Y., Kadhum, A.A.H., 2015. Utilization of self-synthesized ZnO nanoparticles in MPR for industrial dye wastewater treatment using NF and UF membrane. Desalin. Water Treat. 54 (4−5), 944−955.

Han, L., Xiao, T., Tan, Y.Z., Fane, A.G., Chew, J.W., 2017. Contaminant rejection in the presence of humic acid by membrane distillation for surface water treatment. J. Membr. Sci. 541 (Suppl. C), 291−299.

Hoekstra, A.Y., 2014. Water scarcity challenges to business. Nat. Clim. Change 4 (5), 318−320.

Hotez, P.J., Pecoul, B., Rijal, S., Boehme, C., Aksoy, S., Malecela, M., Tapia-Conyer, R., Reeder, J.C., 2016. Eliminating the neglected tropical diseases: translational science and new technologies. PLoS Negl. Trop. Dis. 10 (3), e0003895.

Hubadillah, S.K., Othman, M.H.D., Harun, Z., Ismail, A.F., Rahman, M.A., Jaafar, J., 2017. A novel green ceramic hollow fiber membrane (CHFM) derived from rice husk ash as combined adsorbent-separator for efficient heavy metals removal. Ceram. Int. 43 (5), 4716−4720.

Ismail, A.F., Lau, W., Emadzadeh, D., Moslehyani, A., 2013. The Effect of SPEEK Additive on Polyethersulfonenanofiltration Membrane for Dye Removal.

Issariyakul, T., Kulkarni, M.G., Dalai, A.K., Bakhshi, N.N., 2007. Production of biodiesel from waste fryer grease using mixed methanol/ethanol system. Fuel Process. Technol. 88 (5), 429−436.

Jairath, J., 2010. Advocacy of Water Scarcity: Leakages in the Argument. The Limits to Scarcity: Contesting the Politics of Allocation, pp. 215−232.

Kuvarega, A.T., Khumalo, N., Dlamini, D., Mamba, B.B., 2018. Polysulfone/N,Pd co-doped TiO_2 composite membranes for photocatalytic dye degradation. Separ. Purif. Technol. 191 (Suppl. C), 122−133.

Loehr, R.C., Navarra Jr., C.T.D., 1969. Grease removal at a municipal treatment facility. J. Water Pollut. Cont. Fed. R142−R154.

Lyon, G.S., Stein, E.D., 2009. How effective has the Clean Water Act been at reducing pollutant mass emissions to the Southern California Bight over the past 35 years? Environ. Monit. Assess. 154 (1), 413−426.

Martínez, F., López-Muñoz, M.J., Aguado, J., Melero, J.A., Arsuaga, J., Sotto, A., Molina, R., Segura, Y., Pariente, M.I., Revilla, A., Cerro, L., Carenas, G., 2013. Coupling membrane separation and photocatalytic oxidation processes for the degradation of pharmaceutical pollutants. Water Res. 47 (15), 5647−5658.

McInerney, P., 2009. Toward a critical pedagogy of engagement for alienated youth: insights from Freire and school-based research. Crit. Stud. Educ. 50 (1), 23−35.

Mekonnen, M.M., Hoekstra, A.Y., 2016. Four billion people facing severe water scarcity. Sci. Adv. 2 (2), e1500323.

Mobaraki, M., Ismail, A.F., Moslehyani, A., 2015. Taguchi Experimental Design of Oily Wastewater Treatment in Photocatalytic Membrane Reactor Hybrid Process.

Mobaraki, M., Ismail, A.F., Yusof, N., Moslehyani, A., 2016. Taguchi optimization for nanocomposite PVDF ultrafiltration membrane for oily water treatment.

Molinari, R., Palmisano, L., 2005. Water Encyclopedia. John Wiley & Sons, Inc.

Molinari, R., Pirillo, F., Falco, M., Loddo, V., Palmisano, L., 2004. Photocatalytic degradation of dyes by using a membrane reactor. Chem. Eng. Process Process Intensif. 43 (9), 1103−1114.

Molinari, R., Pirillo, F., Loddo, V., Palmisano, L., 2006. Heterogeneous photocatalytic degradation of pharmaceuticals in water by using polycrystalline TiO_2 and a nanofiltration membrane reactor. Catal. Today 118 (1), 205–213.

Moosa, A., Shu, H., Sarachana, T., Hu, V.W., 2017. Are endocrine disrupting compounds environmental risk factors for autism spectrum disorder? Horm. Behav. In Press.

Moslehyani, A., Ismail, A.F., 2013. Effect of Silver ion Exchange Halloysite Nanotubes on the Performance of Polyethersulfone Mixed Matrix Membrane for Bacterial Removal.

Moslehyani, A., Ismail, A., Othman, M., Isloor, A.M., 2015d. Novel hybrid photocatalytic reactor-UF nanocomposite membrane system for bilge water degradation and separation. RSC Adv. 5 (56), 45331–45340.

Moslehyani, A., Ismail, A., Othman, M., Matsuura, T., 2015b. Design and performance study of hybrid photocatalytic reactor-PVDF/MWCNT nanocomposite membrane system for treatment of petroleum refinery wastewater. Desalination 363, 99–111.

Moslehyani, A., Ismail, A., Othman, M., Matsuura, T., 2015c. Hydrocarbon degradation and separation of bilge water via a novel TiO_2-HNTs/PVDF-based photocatalytic membrane reactor (PMR). RSC Adv. 5 (19), 14147–14155.

Moslehyani, A., Ismail, A.F., Othman, M.H.D., Matsuura, T., 2015a. Design and performance study of hybrid photocatalytic reactor-PVDF/MWCNT nanocomposite membrane system for treatment of petroleum refinery wastewater. Desalination 363 (Suppl. C), 99–111.

Moslehyani, A., Mobaraki, M., Matsuura, T., Ismail, A., Othman, M., Chowdhury, M., 2016. Novel green hybrid processes for oily water photooxidation and purification from merchant ship. Desalination 391, 98–104.

Mozia, S., Tomaszewska, M., Morawski, A.W., 2005. A new photocatalytic membrane reactor (PMR) for removal of azo-dye Acid Red 18 from water. Appl. Catal. B Environ. 59 (1), 131–137.

Mozia, S., Toyoda, M., Tsumura, T., Inagaki, M., Morawski, A.W., 2007. Comparison of effectiveness of methylene blue decomposition using pristine and carbon-coated TiO2 in a photocatalytic membrane reactor. Desalination 212 (1), 141–151.

Ong, C.S., Lau, W.J., Goh, P.S., Ng, B.C., Ismail, A.F., 2014. Investigation of submerged membrane photocatalytic reactor (sMPR) operating parameters during oily wastewater treatment process. Desalination 353 (Suppl. C), 48–56.

Organization, W.H., 2015. Investing to Overcome the Global Impact of Neglected Tropical Diseases: Third WHO Report on Neglected Tropical Diseases 2015. World Health Organization.

Pastrana-Martínez, L.M., Morales-Torres, S., Figueiredo, J.L., Faria, J.L., Silva, A.M.T., 2015. Graphene oxide based ultrafiltration membranes for photocatalytic degradation of organic pollutants in salty water. Water Res. 77 (Suppl. C), 179–190.

Qu, X., Alvarez, P.J., Li, Q., 2013. Applications of nanotechnology in water and wastewater treatment. Water Res. 47 (12), 3931–3946.

Ridoutt, B.G., Pfister, S., 2010. A revised approach to water footprinting to make transparent the impacts of consumption and production on global freshwater scarcity. Global Environ. Change 20 (1), 113–120.

Rincón, G.J., La Motta, E.J., 2014. Simultaneous removal of oil and grease, and heavy metals from artificial bilge water using electro-coagulation/flotation. J. Environ. Manag. 144, 42–50.

Sopajaree, K., Qasim, S.A., Basak, S., Rajeshwar, K., 1999. An integrated flow reactor-membrane filtration system for heterogeneous photocatalysis. Part II: experiments on the ultrafiltration unit and combined operation. J. Appl. Electrochem. 29 (9), 1111–1118.

Yang, S., Gu, J.-S., Yu, H.-Y., Zhou, J., Li, S.-F., Wu, X.-M., Wang, L., 2011. Polypropylene membrane surface modification by RAFT grafting polymerization and TiO_2 photocatalysts immobilization for phenol decomposition in a photocatalytic membrane reactor. Separ. Purif. Technol. 83 (Suppl. C), 157–165.

Zhang, H., Quan, X., Chen, S., Zhao, H., Zhao, Y., 2006. Fabrication of photocatalytic membrane and evaluation its efficiency in removal of organic pollutants from water. Separ. Purif. Technol. 50 (2), 147–155.

Zhang, J., Wang, L., Zhang, G., Wang, Z., Xu, L., Fan, Z., 2013. Influence of azo dye-TiO_2 interactions on the filtration performance in a hybrid photocatalysis/ultrafiltration process. J. Colloid Interface Sci. 389 (1), 273–283.

第8章 PMR 在光催化合成有机物中的应用

Raffaele Molinari，Pietro Argurio
University of Calabria，Rende (CS)，Italy

8.1 简介

由于环境和资源诸多问题的影响，传统化学产品的生产工艺不再符合可持续发展理念（Molinari et al.，2010，2013；Palmisano et al.，2007a；Li et al.，2011；Herrmann et al.，2007）。尽管过去几十年间化学工业在工艺效率方面取得了较大的进步，但是需要注意的是，增加可再生原料的使用，降低有毒性的、稀有催化剂的使用，减少有害废弃物的排放，这些问题依然没有得到有效解决，需要科研团队开发可持续发展的新技术。

目前，多相光催化技术（PC）在有机合成方面的应用引起了研究人员的广泛关注，特别是环境友好的合成过程（Molinari et al.，2015a）。多相光催化是基于固态半导体材料光催化产生氧化性和还原性物质的一种高级氧化技术。光催化过程和常规催化的主要不同之处在于光活化模式取代了常规的热活化模式（Herrmann，2005）。半导体的电子结构由价带和导带构成，中间区域为能带隙。当能量等于或高于能带隙（E_g）的光激发半导体时，电子由价带跃迁至导带形成电子和空穴。由于光催化反应没有选择性，能够使有机物和无机物完全氧化成为无毒无害的物质，因此被广泛应用于废水废气治理中（Wang et al.，2016；Ozawa et al.，2016；Konstantinou and Albanis，2004）。近十年来，人们开展了一些非均相光催化反应在有机合成方面的研究工作。研究表明通过调节光催化过程中的一些参数，如半导体表面、激发波长等，可以实现和常规方法相近的高选择性。由于大部分半导体的价带比有机官能团氧化电势更高，所以通过光催化氧化合成有机化合物的研究较为广泛（Gazi and Ananthakrishnan，2011）。然而，导带电子的还原能力远远低于价带上空穴的氧化能力，因此，光催化还原用于有机合成的研究很少（Palmisano et al.，2010；Flores et al.，2007）。

多相光催化技术的特点包括：①使用更为绿色安全的光催化剂；②使用较温和的氧化剂或还原剂；③反应条件温和；④需要较少的添加剂；⑤可以利用可再生能源太阳能。基于上述特征，多相光催化技术符合绿色环保的理念。

光催化技术在规模化应用时应该考虑的一个重要因素是反应体系中光催化剂的回收。光催化膜反应器（PMR）由膜分离系统和光催化反应系统构成，是一种能够实现光催化剂回收、具有良好应用前景的方法（Azrague et al.，2007；Molinari et al.，2000；Tang and Chen，2004；Chinet al.，2007）。光催化膜反应器通过光催化和膜分离两种技术的协同作用，提升了常规光催化反应器和膜分离过程（分子尺度的分离）的应用潜力，降低了环境和经济方面的不利影响（Molinari et al.，2008，2009）。光催化膜反应器系统以连续流动模式运行，光催化剂（固定床或者悬浮式）的回收、分离和光催化反应均同步进行。这种方法避免了副产物的形成，和其他分离技术相比，在材料回收利用、能源效率、降低环境影响等方面具有无可比拟的优点，光催化膜反应器的另一个潜在优势是易于模块化和规模化。尽管将光催化技术和膜分离系统整合具有广阔的应用潜力，但是将光催化膜反应器应用于光催化合成的研究依然不够充分。在这一章中，我们讨论了光催化膜反应器在光催化氧化和还原反应或单个氧化或还原反应中的研究报道。

光催化膜反应器进行光催化氧化反应的实例之一是采用一步法将苯转换为苯酚，结果显示通过将光催化反应和膜接触器（MC）相结合实现产物分离是可行的（Molinari et al.，2009）。苯酚的性质比苯更活泼，因此选择一种使苯酚顺利通过的渗透膜是非常重要的。反应体系中的苯酚可以通过渗透作用被分离出来，避免了苯酚的氧化降解。在阿魏酸部分氧化为香草醛（VA）的过程中使用了相似的方法（Camera-Roda et al.，2013），在这项工作中，高选择性的渗透蒸发膜（PV）被用于香草醛的连续回收。

光催化膜反应器在还原合成有机物方面的应用实例之一为苯乙醇的合成，苯乙醇是一种具有广泛工业价值的化合物，可通过光催化氢化还原苯乙酮制备（Molinari et al.，2015b）。研究结果显示，使用膜反应器的光催化反应速率高于间歇式反应器，而光催化反应效率的提高归因于通过有机相萃取作用使得反应体系中的产物苯乙醇及时去除。光催化膜反应器应用于有机合成的另外一些实例为还原 CO_2 制取甲醇（Barton et al.，2008；Sekizawa et al.，2013）和还原亚硝酸盐制取氨的反应（Ranjit et al.，1995；Pandikumar et al.，2012）。

上述工艺的共性优点是反应体系中光催化剂可以保持长久有效的催化效果，产品实现同步分离及提纯，进而提高系统的生产效率。在这些系统中，膜单元的选择主要基于光催化反应类型和膜的多功能性，比如光催化剂的回收、产品的分离、底物截留等。另外，当光催化过程被用于有机合成时，选择合适的膜在实现产品的选择性分离的同时，可以减少自身的降解（Coronas and Santamaria，1999；Armor，1998），后续将描述、讨论更多上述设计工艺的细节。

8.2　影响光催化膜反应器产品性能的因素

选择适当的运行条件对于保持光催化膜反应器良好的性能并最终实现应用是非常重要的。因此，当开发光催化膜反应器时，必须考虑影响系统性能的相关参数。

8.2.1　光催化剂浓度

光催化剂浓度是影响光催化膜反应器性能的主要运行参数之一。在多相光催化运行体系下，光催化剂表面的光激发过程是启动反应的首要步骤，反应速率与光催化剂用量呈正比。但是，当光催化剂用量达到一定值时，反应速率不再继续增加，达到平衡状态，此时光催化剂用量为最大值，光催化剂表面的所有活性位点被底物占据并受到光照射。另外，整个系统的反应活性也随着光催化剂用量增加而升高。所以，当光催化剂用量超过某一个数值时，可能会过度反应，使产物转变为其他物质。而且，光催化剂用量的增加容易导致光催化剂团聚和光散射现象加剧，从而导致较低的系统反应效率。因此，为了避免添加过量的光催化剂并同时保持理想的反应效率，必须选择最佳的光催化剂用量。

8.2.2　底物浓度

一般情况下，反应速率随着底物浓度的增加而升高，在饱和状态下达到最大值，此时光催化剂所有的活性位点被底物分子所占据，研究证实最佳光催化剂用量是底物浓度的函数。考虑到光催化过程应用于有机合成的特殊性，光催化剂对反应体系中其他化学物质包括产物产生竞争性吸附，保持较高的底物浓度对于提高反应体系中光催化剂对底物的吸附性能是非常重要的。Molinari 等（2009，2015b）通过部分氧化苯制取苯酚和还原苯乙酮制取苯乙醇时发现，在光催化膜反应系统中保持较高的底物浓度（接近饱和条件下的浓度）时具有最佳的性能。另外，需要注意的是液相底物的浓度应根据它在反应体系中的溶解度确定。通常情况下，高于溶解度限值运行时会产生底物微滴，从而降低自由反应分子的浓度。

8.2.3 pH 值

pH 值对于光催化过程中的两大基本步骤（对底物的吸附和产物的脱附作用）具有显著影响。研究（Konstantinou and Albanis，2004；Bekkouche et al.，2004）显示，在酸性条件下 TiO_2 的表面呈正电，在碱性条件下 TiO_2 的表面呈负电，如以下等式所述。

$$\text{表面-TiOH+H}^+ \rightleftharpoons \text{表面-TiOH}_2^+$$

$$\text{表面-TiOH+OH}^- \rightleftharpoons \text{表面-TiO}^-\text{+H}_2\text{O}$$

根据底物自身的性质，pH 值的升高可以升高或者降低反应速率。Bekkouche 在 TiO_2 对苯酚的吸附研究中发现（Bekkouche et al. 2004），由于光催化剂表面在碱性或酸性体系下呈现出不同的离子态，光催化剂对于阴离子物质的吸附性能在碱性 pH 值下较差，在酸性 pH 值下较强。以 TiO_2 作为光催化剂氧化苯制取苯酚时，在碱性 pH 值下，TiO_2 和苯酚（解离为酚氧离子）均呈负电，同号相斥使得苯酚更易于脱附，光催化剂表面对苯酚具有较差的吸附性能，降低苯酚自身的降解，从而得到浓度较高的苯酚。

体系的 pH 值也会对底物和产物穿过膜的渗透作用产生影响。需要注意的是通过调节反应体系的 pH 值可以改变底物和产物分子的解离状态，从而通过渗透作用实现分离。比如当通过一个憎水性渗透膜时，解离状态下的反应物则不能通过渗透作用穿过膜。Camera-Roda 等（2014）研究表明 VA 通过 PV 膜时的渗透作用受到 pH 值的影响。当 VA 没有解离时（$pH<6.5$），VA 的渗透作用相对较高，但是当 VA 部分解离时（$pH<7.9$），渗透作用显著下降，而当 pH 为 10.3 时，VA 完全解离，渗透作用变得微乎其微。

8.2.4 光波长和光强度

用能量（$h\nu$）等于或高于光催化剂的 E_g 的光照射光催化剂表面是驱动光催化反应的首要步骤。一些学者研究了光源的波长（λ）、强度以及光催化剂的吸收光谱对光催化反应速率的影响（Herrmann，2005；Emelineet al.，2000；Brosillon et al.，2008）。研究发现光催化剂的有效活化仅仅发生在光子波长小于或等于光催化剂的吸收带的条件下，这个现象在较低辐照强度时尤为重要，而在较高的辐照强度下应考虑电子和空穴的复合情况。

8.2.5　其他物质

反应体系中的其他物质可以通过不同的反应机制提高或者降低光催化反应速率。研究人员（Palmisano et al.，2007b；Zhang et al.，2006）报道了可溶性金属离子对光催化反应的影响，特别是金属阳离子，当它们以较高氧化态的形式存在时，可以作为光子接收体抑制载流子的复合，如下式所示。

$$M^{n+}+e^- \longrightarrow M^{(n-1)+}$$

还原性金属阳离子 $M^{(n-1)+}$还可以通过光芬顿反应和 H_2O_2 反应生成额外的•OH，通常的表达式如下所示。

$$M^{(n-1)+}+H_2O_2 \longrightarrow M^{n+}+\bullet OH+OH^-$$

8.2.6　膜特性

如前所述，膜和光催化反应相结合的主要目的是使光催化剂限制在反应环境中。另外，当光催化膜反应器应用于有机合成时，膜的具体作用是将产物从反应体系中分离出来。因此，选择一种对产物具有较高渗透作用的膜是非常重要的，可以实现产物的快速高效去除及回收。Molinari 等（2006）首次将光催化膜反应器用于氧化苯制取苯酚研究中，并提出反应过程的效率可根据底物和氧化剂转化为苯酚的量进行定量分析，反应过程的效率随着膜接触角（憎水膜的特性）的增大而升高。Augugliaro 等（2012）通过将 PC 和 PV 相结合，进行了光催化氧化反式阿魏酸制取 VA 的类似研究，结果证实选择无孔 PEBAX 2533 膜（成分为聚醚-聚酰胺共聚物）[一种对 VA 具有较高渗透作用的膜（膜通量为 $3.31g\cdot h^{-1}\cdot m^{-2}$）]，可以将产物从受光照射的悬浮体系中有效分离出来，避免进一步氧化，从而提高反应的选择性。影响该系统性能的另一个重要参数是膜厚度。Camera-Roda 等（2014）总结了 PEBAX 2533 膜厚度对 VA 的渗透作用的影响，研究显示增加膜厚度是提高 VA 浓缩因子（通过渗透浓缩的 VA 浓度/母液中的 VA 浓度）的一种可行方法，其原因是增加膜厚度对 VA 的渗透阻力较低，而对水的渗透阻力增加。

8.3　光催化膜反应器中有机物的部分氧化

此部分讲述了光催化膜反应器在有机合成、光催化反应和产品分离同步运行的集成系统方面的研究。

8.3.1　苯羟基化制取苯酚

苯酚是化工、农药生产中非常重要的化学中间体（Molinari et al.，2012；Liu et al.，2006），每年对苯酚的市场需求量超过 70000 万吨。目前，全世界超过 90%的苯酚生产采用异丙苯三步法合成，也称作凯洛格-布朗路特（Kellogg Brown & Root，KBR）苯酚制法，这种方法对于生态环境具有很大的破坏作用，中间产物过氧化氢异丙苯容易爆炸，同时产生大量的副产物丙酮，工艺流程烦琐，为此种方法制备苯酚的应用带来诸多限制（Molinari et al.，2015c；Niwa et al.，2002），迫切需要开发不同的工艺方法。在各种制备苯酚的方法中，将苯氧化为苯酚的一步法是一种有吸引力的替代方法，在过去的十几年里，为了寻求更有效、更环保的工艺，人们进行了很多研究（Molinari et al.，2006；Liptàkova et al.，2004；Yamaguchi et al.，2005；Dong et al.，2005）。在这样的背景下，利用光和光催化剂产生羟基自由基氧化苯制取苯酚的光催化方法被认为是一种绿色工艺，引起人们的关注（Shimizu et al.，2004；Park and Choi，2005）。由于苯酚比苯具有更高的活性，容易形成副产物，使得苯羟基化制取苯酚具有较差的选择性（Bellussi and Perego，2000；Bianchi et al.，2000，2007；Molinari and Poerio，2010；Itoh et al.，2003；Cai et al.，2005；Wang et al.，2010a，b）。通过膜对苯酚的渗透作用使光催化剂和苯酚实现完全分离是一种有效避免上述问题的解决方法，基于上述考虑，Molinari 等（2009）进行了以 TiO_2 作为悬浮态光催化剂在光催化膜反应器中将苯直接转化为苯酚的研究。作者通过在无渗透膜条件下的前期实验，确定了运行参数（pH、光催化剂用量、光强等）对光催化反应效率的影响。结果显示苯酚的产量取决于少量可溶性底物，证实了使用连续供给苯系统（两相 MC）以保持水溶液中苯浓度恒定的必要性。如图 8.1 所示，光催化反应速率随着光催化剂浓度的升高而升高。当 TiO_2 的投加量为 $1g \cdot L^{-1}$ 时，反应 180min 后，可以观察到苯酚的光催化降解现象。较低的光催化用量不易产生污垢沉积现象，因此应尽量降低光催化剂用量。pH 值对系统性能影响的研究结果显示，在碱性条件下，由于 TiO_2 和苯酚均带负电，光催化剂表面对苯酚显示出较低的吸附性能，进而降低了苯酚的降解，使得体系中苯酚的浓度较高，研究结果证实相对于酸性条件，在碱性条件下苯酚的浓度较高（$20.2mg \cdot L^{-1}$，相对于 $15.0mg \cdot L^{-1}$）。

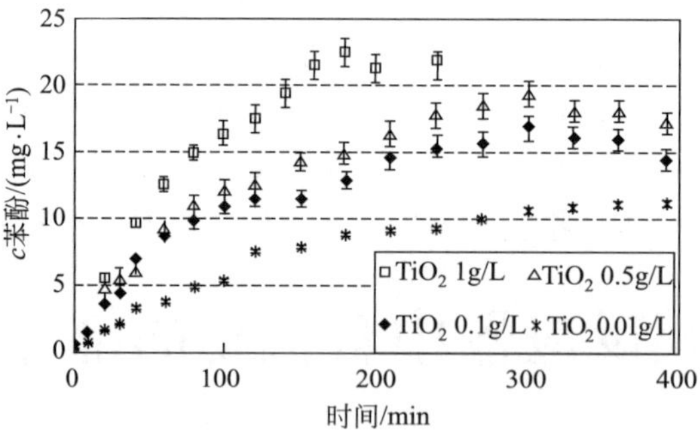

图 8.1　不同光催化剂用量下的苯酚浓度随时间变化曲线（Molinari et al.，2009）

pH：5.5；辐照强度：$6.0mW \cdot cm^{-2}$；温度：25℃

基于这些研究结果，研究人员设计了光催化膜反应器，如图 8.2 所示。苯酚的分离过程（b）和光催化反应过程（a）同步进行，其中苯作为反应物和萃取溶剂，聚丙烯膜被用来分离反应体系中的有机相。苯穿过膜并溶解在水相中，在光催化作用下苯被氧化为苯酚。所产生的苯酚扩散到有机相（苯）中，从而防止苯酚连续氧化为其他一些副产物，比如苯醌、对苯二酚及其他氧化产物。另外，通过在光催化膜反应器开展实验，研究了 pH 值对总效率的影响（光催化和膜渗透性能）。结果显示 pH 值由 5.5 降至 3.1 时不会明显影响苯酚的渗透通量（$1.27mmol \cdot h^{-1} \cdot m^{-2}$，相对于 pH=5.5 时的 $1.06mmol \cdot h^{-1} \cdot m^{-2}$）。然而，在大多数酸性条件下，形成较少的氧化副产物，有利于控制反应过程的选择性。为了提升系统的性能，研究人员将金属离子（Fe^{3+}、Cu^{2+}、V^{3+}）溶解在有机相中进行光催化实验。结果显示 Fe^{3+}对苯酚在有机相中的渗透通量具有促进作用，其渗透通量是没有添加金属离子的近 2 倍，其性能提高主要来源于离子强度的增强（Ku et al.，2004；Dey et al.，2004）。

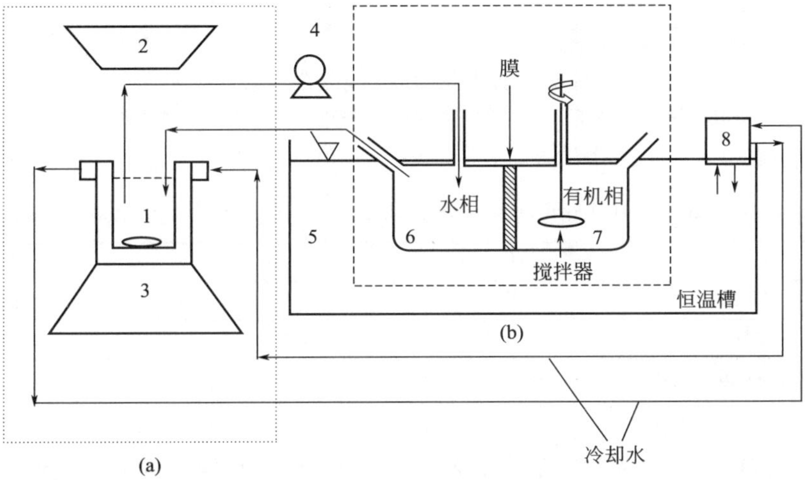

图 8.2　光催化膜反应器实验装置示意图（Molinari et al.，2009）

(a) 光催化反应器；(b) 膜接触器

1—悬浮态反应器；2—紫外灯；3—搅拌器；4—蠕动泵；5—恒温槽；6—水相；7—有机相；8—控温器

8.3.2　芳香醇转化为醛和阿魏酸转化为香草醛

Camera-Roda 等（2011）通过光催化作用将不同的有机醇（如苯甲醇、4-甲氧基苯甲醇）氧化为相应的醛。所采用的 PMR 系统的示意图如图 8.3 所示。非均相 PC 和 PV 集成系统是由 PV 单元到光催化反应单元，再回到 PV 单元构成的闭合循环系统，渗透液在循环过程中重复循环。PV 单元产生的蒸气受到冷凝得到产物，以自产 TiO_2 和商业化 TiO_2 作为光催化剂。该研究中关于光催化和渗透蒸发集成系统的实验结果如表 8.1 所示。通过与没有渗透膜的悬浮体系的相关参数相比较，结果表明光催化氧化和 PV 单元相组合提高了苯甲醛的产率（产生的苯甲醛物质的量/反应的苯甲醇物质的量）和苯甲醇的转化率（反应的苯甲醇物质的量/初始苯甲醇物质的量），由于苯甲醇转变为苯甲醛的选择性略有降低，其产率和转化率的升高主要归因于产物的持续回收。

多相光催化和渗透膜集成系统具有诸多优点，如可回收醛类的纯度较高，可完全去除光催化剂，为温和条件下由醇类转变为醛类的实现提供可能性。相同的方法被用于由阿魏酸部分氧化制备 VA，VA 是一种重要的芳香族化合物，每年全世界的产量高达 12000t（Walton et al.，2003；Korthou and Verpoorte，2007；Rao and Ravishankar，2000），被广

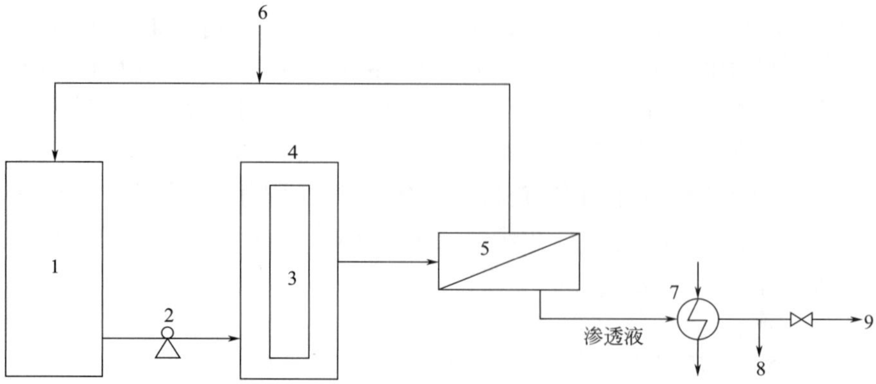

图 8.3　光催化渗透蒸发装置示意图

1—恒温水箱；2—循环泵；3—紫外灯；4—环形光催化反应器；5—渗透蒸发单元；
6—进料口；7—液氮捕获器；8—出料口；9—真空制冷

表 8.1　有渗透蒸发装置和无渗透蒸发装置光催化苯甲醇转化为苯甲醛的结果比较

运行模式	转化率/%	选择性/%	产率/%
无渗透蒸发装置	约 22	约 18	约 3.9
有渗透蒸发装置	约 35	约 17	约 6

资料来源：Camera-Roda, 2011, Catal. Today Off, 161, 209—213。

运行条件：光催化剂，TiO_2；光催化剂浓度，$0.27g \cdot L^{-1}$；温度，60℃；光照时间，8h。

泛用作调味品、食品、化妆品、药品和营养保健品中重要的功能性组分（Sinha et al., 2008）。目前，一些作者研究表明通过某些前驱体的光催化反应可以得到 VA（Camera-Roda, 2011, 2013；Augugliaro et al.，2012），但是 VA 容易被降解为其他化学物质。为了解决这一问题，研究人员研究了一种将光催化反应和 PV 单元中的膜分离相结合的系统，使产物 VA 在合成过程中被快速回收，从而抑制 VA 本身的降解（Camera-Roda et al.，2011，2013；Barton et al.，2008；Camera Roda and Santarelli，2012；Böddeker et al.，1990，1993，1997）。

Augugliaro 等（2012）研究了以不同 TiO_2 作为光催化剂，以反式-阿魏酸、异丁香酚、丁香酚、香草醇作为原料，通过光催化氧化作用使其在水相中生成 VA。光催化实验在两种不同的悬浮体系中进行，其中一种为圆柱状，另一种为环形光催化反应器（APR）。在室温下 VA 的选择性在 1.4%~21%（摩尔分数）之间。在 APR 反应器中进行的光催化反应结束时，选用一种无孔膜 PEBAX 2533 通过渗透作用回收 VA，同时该系统还使多相光催化剂完全保持在水相反应环境中。另外，实验显示 PEBAX 2533 膜对 VA 具有很好的选择性，在 PC-PV 系统中，将所合成的 VA 持续从光照悬浮体系中分离可避免 VA 后续被氧化，进而提高反应过程的选择性。而且，在该设计系统中，通过渗透膜的 VA 蒸气在液氮阱中冷却为晶体从而实现回收，纯度高达 99.8%，在该系统中没有使用任何复杂的萃取和再结晶步骤。

Camera-Roda 等（2014）研究了通过提升 PV 反应器的膜性能（富集因子、渗透通量）以提高 VA 产率的可能性。通过研究 PEBAX 2533 膜的渗透蒸发性能，作者发现提高 VA 富集因子的一种有效方法是增加膜厚度。随着膜厚度的增加，膜对水的渗透阻力增加，同时对于 VA 的渗透阻力依然较低。通过升高温度、提高 VA 流量可以进一步提高富集因子。另外，穿过 PEBAX 2533 膜的 VA 渗透性能还受到体系 pH 值的影响。需要特别注意的是，由于 VA 在 pH 值<6.5 时不解离，此时 VA 的渗透作用相对较高。但是，当 pH 值升高至 7.9 时，由于 VA 部分解离，使得 VA 的渗透作用有所降低，当 pH 值为 10.3 时，VA 完全解离使其渗透作用变得非常低。然而，底物（阿魏酸）及大部分副产物的挥发性较低是 VA 实现高分离度的主要原因。

总之，该部分的研究结果清晰地表明通过集成 PV 单元和光催化反应器能够显著提高光催化部分氧化制备一些有机物的生产能力，PV 单元可以直接从反应体系中回收目标产物，抑制了目标产物进一步降解。

8.4　光催化膜反应器中的还原反应

8.4.1　酮的光催化氢化

近年来，Molinari 等（2015b）探索了在光催化膜反应器中进行还原反应的可行性。以在紫外光和可见光下光催化氢化苯乙酮生成苯乙醇的反应作为测试反应。苯乙酮的还原产物苯乙醇是合成生物活性类化合物如农药、医用药物、天然产物等的重要组成部分（Molinari et al.，2016），因此，选择苯乙酮作为含酮芳香环化合物氢化反应的模型底物（Kohtani et al.，2010）。为了寻求绿色、经济的反应流程，水被用作溶剂，甲酸（FA）被用作氢和电子给体，将反应体系中的 FA 转变为 CO_2 和 H_2（Imamura et al.，2011；Wehbe et al.，2009；Molinari et al.，2017）。

该实验的反应方程式写作：

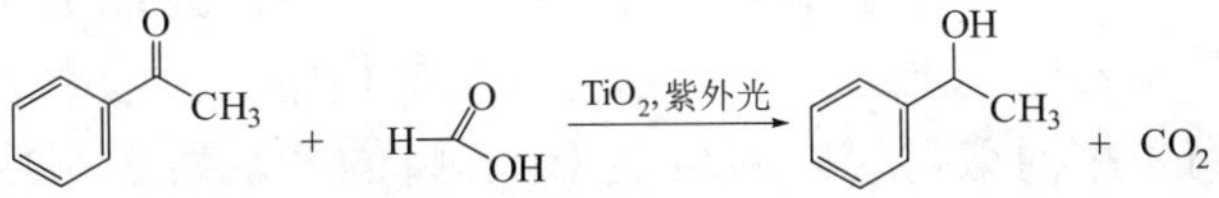

首先，在悬浮式光催化反应器中研究了一些运行条件对系统性能的影响，为后期实验提供依据。实验显示苯乙醇的最佳产率为 4.7%，此时的反应条件为：①TiO_2 的用量为 $1.5g\cdot L^{-1}$；②pH 值为 7.5；③[HCOOH]=1.97mol/L。在明确了最佳光催化反应条件后，在 PMR 中进行了苯乙酮的还原反应，其示意图如图 8.4 所示。由一个 APR 单元和一个 MC 单元组合构成 PMR 系统，在该系统中光催化和分离步骤同步进行。首先，通过蠕动泵吸取 APR 中的反应液至 MC 中，然后，MC 中的液体由于自身重力回到 APR 中。APR 的体积是 500mL，MC 由两个单元构成（每个单元体积为 130mL），通过一个平板聚丙烯膜（膜比表面积为 $28.3cm^2$）将两个单元隔离，将 MC 浸渍在恒温槽中保持和光催化反应器同样的温度。其中一个单元含有来源于光催化反应器中的水相反应物，另一单元含有有机萃取相，通过机械搅拌使其有机相混合均匀，反应体系的总体积为 725mL。在 PMR 的光催化实验中，水相反应体系中的苯乙醇被萃取至有机相中，抑制苯乙醇被连续过度还原。

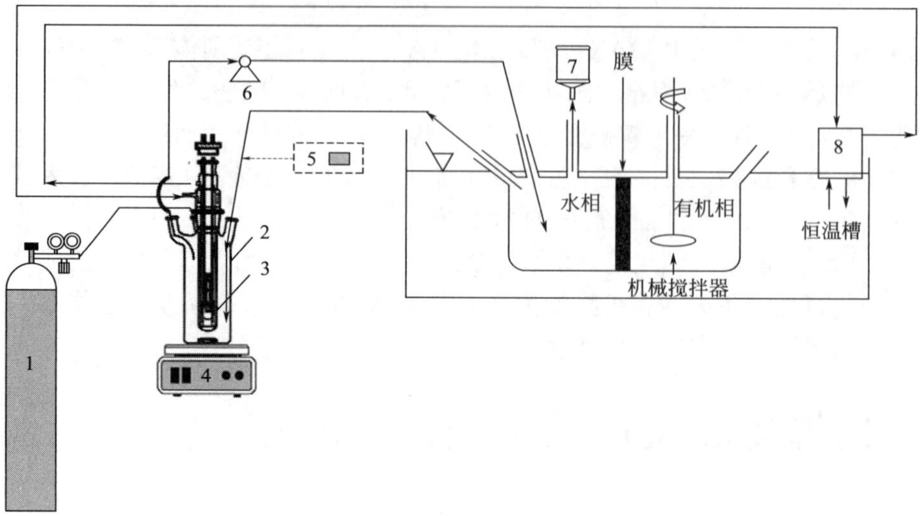

图 8.4 与环形光催化反应器的膜接触器示意图（Molinari et al.，2015b）

1—氩气瓶；2—环形光催化反应器；3—含有冷却水夹层的中压汞灯；4—磁力搅拌器；5—加料注射泵；6—蠕动泵；7—排气系统；8—温控器

研究成果证实 PMR 的光催化效率和相同测试条件下悬浮态光催化反应器（没有 MC 的 APR 反应器）相比有所提高。特别是，在 PMR 反应器中可以获得较高的苯乙醇产量（276.20mmol）和总酚生成速率（$4.44mg \cdot g^{-1} \cdot h^{-1}$），高于没有 MC 的悬浮态光催化反应的苯乙醇产量（184.23mmol）和总酚生成速率（$2.96mg \cdot g^{-1} \cdot h^{-1}$）。其原因为产物苯乙醇的萃取过程和光催化反应同步发生，反应水相中的苯乙醇被连续萃取至有机相，使得体系中苯乙醇浓度降低，反应向正向偏移，而且萃取产物可以避免进一步被还原，提高了整个过程的选择性。另外，考察了不同底物进料方式对紫外光照下 PMR 反应器系统性能的影响，用以提升苯乙醇生产能力和苯乙醇在有机相中的萃取率。实验显示使用苯乙酮同时作为底物和有机相时取得较好的结果（苯乙醇的产量为 276.20mmol，苯乙醇的生成速率为 $4.44mg \cdot g^{-1} \cdot h^{-1}$，萃取率为 21.91%）。该系统既可以增加底物在反应相中的溶解度，又可以使产物在有机相中的萃取呈现最佳性能（图 8.5）。

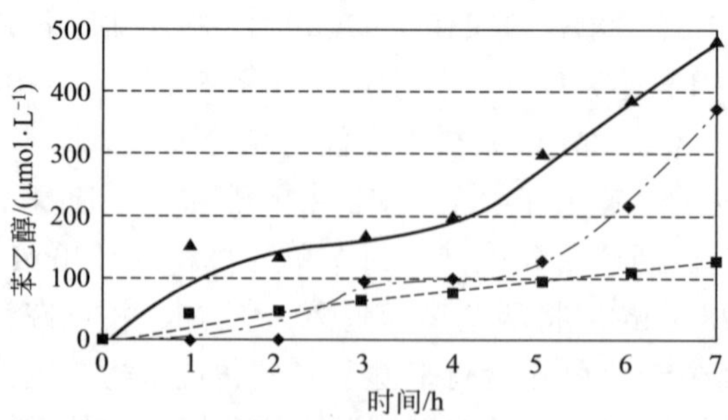

图 8.5 不同进料方式下使用光催化膜反应器时有机相中的苯乙醇浓度随时间变化曲线（Molinari et al.，2015b）

◆—注射泵；■—溶于庚烷中苯乙酮；▲—苯乙酮作为反应物和萃取剂

由于太阳光中仅含有 5%紫外光，为了得到更为绿色环保的工艺，必须考虑使用可见光光源的可能性。实验结果显示纯 TiO_2 在可见光照射下没有活性，金属掺杂 TiO_2 是增强 TiO_2 可见光活性的一种手段。研究人员采用金属沉积法制备了 Pd 掺杂 TiO_2，并测试了 Pd/TiO_2 在可见光下的性能。结果显示 Pd/TiO_2 在可见光下具有光催化活性，苯乙醇的产量达到 1371mmol，生成速率为 $22.02mg \cdot g^{-1} \cdot h^{-1}$，是紫外线下使用纯 TiO_2 作为催化剂时性能的 5 倍以上，而且萃取至有机相的苯乙醇浓度在光催化实验过程中呈线性增长（图 8.6）。

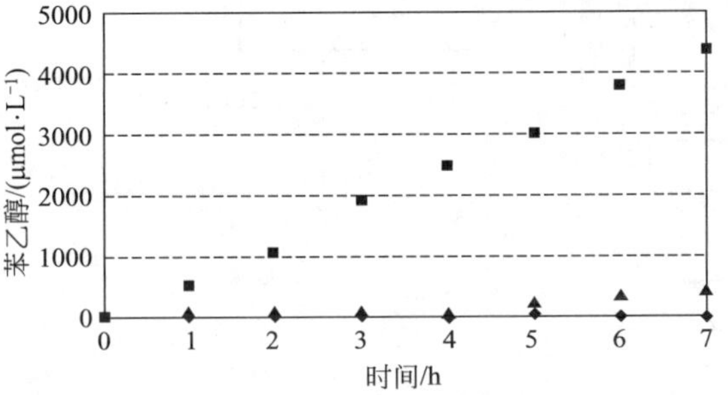

图 8.6 苯乙醇在有机相中的萃取随着时间的变化曲线（Molinari et al.，2015b）

▲—可见光照射下催化剂为纯 TiO_2；■—可见光照射下催化剂为 Pd/TiO_2；◆—紫外线照射下催化剂为纯 TiO_2

8.4.2 光催化还原二氧化碳制甲醇

以 CO_2 为主的气体每年排放量达到 360 亿吨，随之带来的温室效应引起全球气候变暖。伴随着降低环境中 CO_2 排放量和发展可再生新能源的需要，在过去的几年里，人们致力于研发将 CO_2 转变为有用化学品和燃料的新型绿色技术（Roy et al.，2010；Dhakshinamoorthy et al.，2012）。

光催化还原 CO_2 制备甲醇被认为是最具应用潜力的方法之一。从经济和环境的角度考虑，这是一种有吸引力的绿色环保方法。然而，这种技术仍存在光催化剂效率低、产率低、选择性差等问题。将光催化剂固载在高分子膜并应用于 PMR 反应器上是应对这些问题有效的解决方案。基于这样的考虑，Sellaro 等（2016）测试了在连续式 PMR 反应器上温和条件下光催化还原 CO_2 的可行性。作者通过将纯 TiO_2 负载在全氟磺酸基材上构成光催化膜并进行了表征，测试了光催化膜的光催化反应效率。光催化实验在紫外-可见光照射下在液相中进行，以水作为还原剂。光催化膜放置在一种平板膜单元中，平板膜单元上配备一个石英窗口用于光照射。这个膜单元持续使用流量控制器通入 CO_2 气体，以高效液相色谱泵通入水中，保持 H_2O 和 CO_2 的摩尔比为 5∶1。跨膜压力设定在 2bar。图 8.7 为实验装置的示意图。

实验结果证实光催化性能和光催化剂在光催化膜的分布状态上有着紧密的联系，而和光催化剂的含量没有直接的关系。使用 TiO_2 分布较好的光催化膜得到较高的甲醇产量，反应过程中没有 CH_4 或 CO 的形成，主要光还原产物为甲醇。在温和条件下使用光催化膜合成甲醇的生成速率为 $45\mu mol \cdot g^{-1} \cdot h^{-1}$。这样良好的结果源于光催化膜的使用，甲醇连续不断地从反应体系中去除，避免了甲醇的过度反应，使 CO_2 持续通过光催化转化为甲醇。

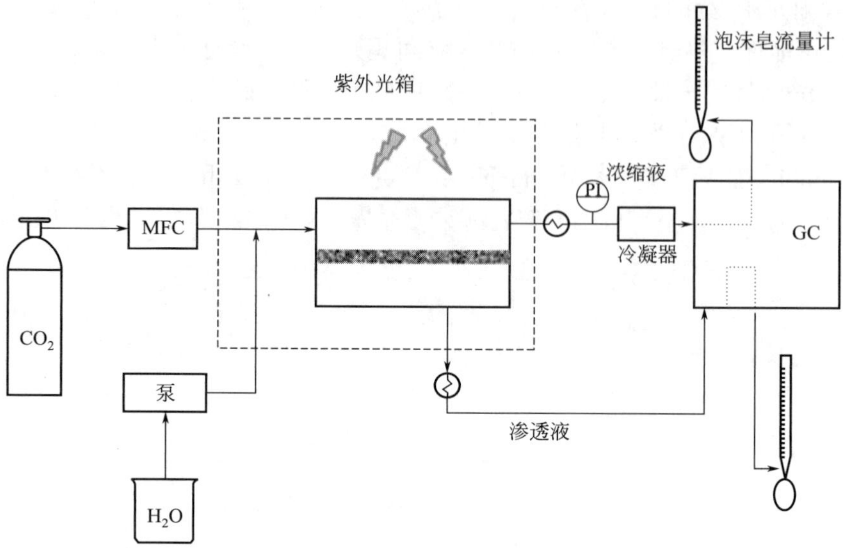

图 8.7　光催化还原二氧化碳实验装置示意图（Sellaro et al.，2016）

Cheng 等（2016）报道了类似的工作，他们提出了一种具有较高表面积/体积比的光微流光催化膜反应器，有利于提高 CO_2 和液态水光催化还原过程中光子和物质的传输，并促进光的均匀分散。光微流光催化膜反应器的示意图如图 8.8 所示。在这个系统中，两个反应微腔（液体微腔和气体微腔）通过一个光催化膜实现分离。将 TiO_2 涂覆在碳布上，然后通过聚四氟乙烯（PTFE）疏水处理构成光催化膜，PTFE 处理后的光催化膜具有较好的憎水性，从而抑制水由液体微腔到气体微腔过程中的渗漏。在光催化实验中，通过泵将蒸馏水吸取至液体微腔，同时 CO_2 被通入气体微腔中。光照射液体微腔使 TiO_2 受到激发产生电子和空穴，CO_2 分子穿过膜最终到达 TiO_2 层，在 TiO_2 的作用下被还原，并和水反应生成碳氢燃料。作者考察了不同运行参数如水流速、光强度、光催化剂负载量对甲醇产率的影响。在流速为 $25mL \cdot min^{-1}$，光强为 $8mW \cdot cm^{-2}$，光催化剂负载量为 $4.5mg \cdot cm^{-2}$ 时，具有最大的甲醇生成速率，达到 $111.0\mu mol \cdot g^{-1} \cdot h^{-1}$。作者将他们得到的数据和文献报道中的数据相比较，认为他们开发的光微流光催化膜反应器的性能处于领先水平。

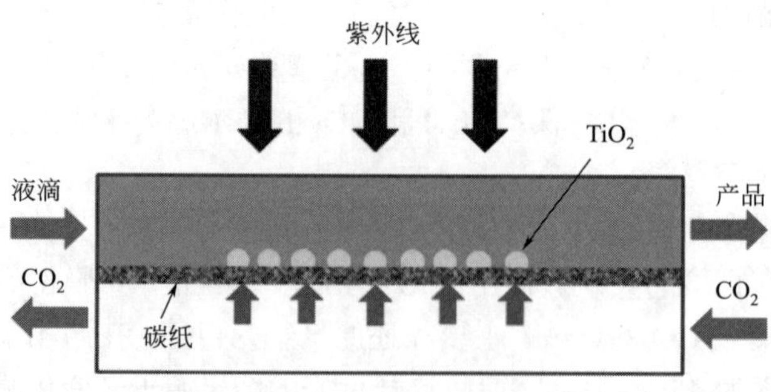

图 8.8　光微流光催化膜反应器光催化还原 CO_2 示意图（Cheng et al.，2016）

最近，Tan 等（2017）采用静电纺丝法和水热处理相结合的方法制备了含有单一 TiO_2 晶型、两种或三种 TiO_2 晶型的聚偏氟乙烯（PVDF）膜-TiO_2 膜，并测试了该材料光催化还原 CO_2 制备燃料甲烷（CH_4）的性能。结果显示所制备的 PVDF-TiO_2 膜的光催化还原 CO_2 制取甲烷性能受到光催化剂晶相组成和微观结构的影响。特别是，由 55%锐钛矿（含有潜在 CO_2 活化位点）和 45%金红石（含有有效还原位点）两种晶型构成的材料具有较高的光催化还原 CO_2 制取甲烷性能，CO_2 转变为甲烷的最高生成速率为 19.8μmol·g^{-1}·h^{-1}。

Li 等设计了新型双反应器，用于光催化还原 CO_2 产生燃料和分解水制取 H_2。通过改性离子交换全氟磺酸膜可将该光催化反应器分为两部分。由水解离产生的 H^+ 通过全氟磺酸膜渗透并形成 H_2，H_2 和 CO_2 反应主要生成甲醇，最高生成速率为 0.98μmol·g^{-1}·h^{-1}。

8.4.3　光催化还原亚硝酸盐制氨

饮用水（主要来源为地下水和井水）中存在的亚硝酸盐（NO_2^-）对生物具有一定的危害从而带来诸多问题，高浓度亚硝酸盐可引起高铁血红蛋白症，增加患肠胃癌症的风险。鉴于这些健康风险，寻求降低亚硝酸盐浓度至安全水平的有效处理方法受到人们的重视。

光还原亚硝酸盐法在治理废水和固氮制备高附加值化合物方面具有广阔应用潜力。Pandikumar 等（2012）制备了 TiO_2-Au 纳米复合材料［$(TiO_2\text{-Au})_{nps}$］，并将 $(TiO_2\text{-Au})_{nps}$ 镶嵌在甲基官能化硅酸盐溶胶-凝胶［甲基三甲氧基硅烷（MTMOS）］和全氟磺酸基体中形成光催化膜，该光催化膜被用于光催化还原硝酸盐生成氨水反应中，草酸被用作空穴的捕获剂。实验显示，随着 TiO_2 表面上的 Au 纳米颗粒数量的增加，由 $(TiO_2\text{-Au})_{nps}$ 和共聚物基体构成的光催化膜光催化还原亚硝酸根离子为氨水的性能逐渐提高。主要原因为：①Au 纳米颗粒增强了光照下 TiO_2 到底物间的界面电子转移，避免电子和空穴间的复合。②$(TiO_2\text{-Au})_{nps}$ 分散在全氟磺酸聚合物基体中形成的多孔结构。使用同样呈胶体状的光催化剂时则获得较低的 NH_3 产量，证实了光催化膜反应器的优点。另外，将 $(TiO_2\text{-Au})_{nps}$ 固载在全氟磺酸基体中相对于胶体状光催化剂体系，在光催化剂的固液分离方面显示出更多的优势。

8.5　结论和未来趋势

综上所述，PMR 的使用无论在工业应用还是在研究水平上均具有广阔的发展前景。由于膜本身良好的选择性，PMR 可以实现在一个系统中连续运行，不仅达到光催化剂的回收和再利用，而且还有助于产品的选择性分离。苯酚、苯乙醇、香草醛、甲醇、氨水等有机化合物的合成实验结果表明，PMR 可以作为绿色环保的有机合成系统，PMR 系统的共性优点是能够将光催化剂保持在反应体系中，使得产物同步分离的同时保持较高的纯度。但是，实现 PMR 的工业化应用尚需要开展进一步的研究工作。

参考文献

Armor, J.N., 1998. Applications of catalytic inorganic membrane reactors to refinery products. J. Membr. Sci. 147, 217−233.

Augugliaro, V., Camera-Roda, G., Loddo, V., Palmisano, G., Palmisano, L., Parrino, F., Puma, M.A., 2012. Synthesis of vanillin in water by TiO_2 photocatalysis. Appl. Catal. B Environ. 111, 555–561.

Azrague, K., Aimar, P., Benoit-Marquie, F., Maurette, M.T., 2007. A new Combination of a membrane and a photocatalytic reactor for the Depollution of Turbid water. Appl. Catal. B Environ. 72, 197–204.

Barton, E.E., Rampulla, D.M., Bocarsly, A.B., 2008. Selective solar-Driven reduction of CO_2 to methanol using a Catalyzed p-gap based Photoelectrochemical cell. J. Am. Chem. Soc. 130, 6342–6344.

Bekkouche, S., Bouhelassa, M., Hadj Salah, N., Meghlaoui, F.Z., 2004. Study of adsorption of phenol on titanium oxide (TiO_2). Desalination 166, 355–362.

Bellussi, G., Perego, C., 2000. Industrial catalytic aspects of the synthesis of monomers for nylon production. CATTECH 4, 4–16.

Bianchi, D., Bortolo, R., Tassinari, R., Ricci, M., Vignola, R., 2000. A novel iron-based catalyst for the biphasic oxidation of benzene to phenol with hydrogen peroxide. Angew. Chem. Int. Ed. 39, 4321–4323.

Bianchi, D., Balducci, L., Bortolo, R., D'Aloisio, R., Ricci, M., Span, G., Tassinari, R., Tonini, C., Ungarelli, R., 2007. Oxidation of benzene to phenol with hydrogen peroxide catalyzed by a modified titanium silicalite (TS-1B). Adv. Synth. Catal. 349, 979–986.

Böddeker, K.W., Bengston, G., Bode, E., 1990. Pervaporation of low volatility aromatics from water. J. Membr. Sci. 53, 143–158.

Böddeker, K.W., Bengston, G., Pingel, H., Dozel, S., 1993. Pervaporation of high boilers using heated membranes. Desalination 90, 249–257.

Böddeker, K.W., Gatfield, I.L., Jähnig, J., Schorm, C., 1997. Pervaporation at the vapor pressure limit: vanillin. J. Membr. Sci. 137, 155–158.

Brosillon, S., Lhomme, L., Vallet, C., Bouzaza, A., Wolbert, D., 2008. Gas phase photocatalysis and liquid phase photocatalysis: interdependence and influence of substrate concentration and photon flow on degradation reaction kinetics. Appl. Catal. B Environ. 78, 232–241.

Cai, R., Song, S., Ji, B., Yang, W., Sun, G., Xin, Q., 2005. Phenol cogeneration with electricity by using in situ generated H_2O_2 in a H_2–O_2 PEMFC reactor. Catal. Today 104, 200–204.

Camera Roda, G., Santarelli, F., 2012. Design of a pervaporation photocatalytic reactor for process intensification. Chem. Eng. Technol. 35, 1221–1228.

Camera-Roda, G., Santarelli, F., Augugliaro, V., Loddo, V., Palmisano, G., Palmisano, L., Yurdakal, S., 2011. Photocatalytic process intensification by coupling with pervaporation. Catal. Today 161, 209–213.

Camera-Roda, G., Augugliaro, V., Cardillo, A., Loddo, V., Palmisano, G., Palmisano, L., 2013. A pervaporation photocatalytic reactor for the green synthesis of vanillin. Chem. Eng. J. 224, 136–143.

Camera-Roda, G., Cardillo, A., Loddo, V., Palmisano, L., Parrino, F., 2014. Improvement of membrane performances to enhance the yield of vanillin in a pervaporation reactor. Membranes 4, 96–112.

Cheng, X., Chen, R., Zhu, X., Liao, Q., He, X., Li, S., Li, L., 2016. Optofluidic membrane microreactor for photocatalytic reduction of CO_2. Int. J. Hydrogen Energ. 41, 2457–2465.

Chin, S.S., Lim, T.M., Chiang, K., Fane, A.G., 2007. Factors affecting the performance of a low-pressure submerged membrane photocatalytic reactor. Chem. Eng. J. 130, 53–63.

Coronas, J., Santamaria, J., 1999. Catalytic reactors based on porous ceramic membranes. Catal. Today 51, 377–389.

Dey, G.R., Belapurkar, A.D., Kishore, K., 2004. Photo-catalytic reduction of carbon dioxide to methane using TiO_2 as suspension in water. J. Photochem. Photobiol. A Chem. 163, 503–508.

Dhakshinamoorthy, A., Navalon, S., Corma, A., Garcia, H., 2012. Photocatalytic CO_2 reduction by TiO_2 and related titanium containing solids. Energy Environ. Sci. 5, 9217–9233.

Dong, T., Li, J., Huang, F., Wang, L., Tu, J., Torimoto, Y., Li, M.S.Q., 2005. One-step synthesis of phenol by O^- and OH^- emission material. Chem. Commun. 2724–2726.

Emeline, A.V., Ryabchuk, V., Serpone, N., 2000. Factors affecting the efficiency of a photocatalyzed process in aqueous metal-oxide dispersions: prospect of distinguishing between two kinetic models. J. Photochem. Photobiol. Chem. 133, 89–97.

Flores, S.O., Rios-Bernij, O., Valenzuela, M.A., Cordova, I., Gomez, R., Gutierrez, R., 2007. Photocatalytic reduction of nitrobenzene over titanium dioxide: by-product identification and possible pathways. Top. Catal. 44, 507–511.

Gazi, S., Ananthakrishnan, R., 2011. Metal-free-photocatalytic reduction of 4-nitrophenol by resin-supported dye under the visible irradiation. Appl. Catal. B Environ. 105, 317–325.

Herrmann, J.-M., 2005. Heterogeneous photocatalysis: state of the art and present applications. Top. Catal. 34,

49–65.

Herrmann, J.-M., Duchamp, C., Karkmaz, M., Thu Hoai, B., Lachheb, H., Puzenat, E., Guillard, C., 2007. Environmental green chemistry as defined by photocatalysis. J. Hazard Mater. 146, 624–629.

Imamura, K., Iwasaki, S., Maeda, T., Hashimoto, K., Ohtani, B., Kominami, H., 2011. Photocatalytic reduction of nitrobenzenes to aminobenzenes in aqueous suspensions of titanium(IV) oxide in the presence of hole scavengers under deaerated and aerated conditions. Phys. Chem. Chem. Phys. 13, 5114–5119.

Itoh, N., Niwa, S., Mizukami, F., Lnoue, T., Igarashi, A., Namba, T., 2003. Catalytic palladium membrane for reductive oxidation of benzene to phenol. Catal. Commun. 4, 243–246.

Kohtani, S., Yoshioka, E., Saito, K., Kudo, A., Miya, H., 2010. Photocatalytic hydrogenation of acetophenone derivatives and diaryl ketones on polycrystalline titanium dioxide. Catal. Commun. 11, 1049–1053.

Konstantinou, I.K., Albanis, T.A., 2004. TiO_2-Assisted photocatalytic degradation of azo dyes in aqueous solution: kinetic and mechanistic investigations: a review. Appl. Catal. B Environ. 49, 1–14.

Korthou, H., Verpoorte, R., 2007. Vanilla. In: Berger, R.G. (Ed.), Flavours and Fragrances. Springer-Verlag, Berlin, Heidelberg, pp. 203–217.

Ku, Y., Lee, W.H., Wang, W.Y., 2004. Photocatalytic reduction of carbonate in aqueous solution by UV/TiO_2 process. J. Mol. Catal. Chem. 212, 191–196.

Li, J., Yang, J., Wen, F., Li, C., 2011. A visible-light-driven transfer hydrogenation on CdS nanoparticles combined with iridium complexes. Chem. Commun. 47, 7080–7082.

Li, S., Yang, L., Ola, O., Maroto-Valer, M., Du, X., Yang, Y., 2016. Photocatalytic reduction of CO_2 by CO co-feed combined with photocatalytic water splitting in a novel twin reactor. Energ. Convers. Manage. 116, 184–193.

Liptàkova, B., Bàhidsky, M., Hronec, M., 2004. Preparation of phenol from benzene by one-step reaction. Appl. Catal. A Gen. 263, 33–38.

Liu, Y., Murata, K., Inaba, M., 2006. Direct oxidation of benzene to phenol by molecular oxygen over catalytic systems containing $Pd(OAc)_2$ and heteropolyacid immobilized on HMS or PIM. J. Mol. Catal. A Chem. 256, 247–255.

Molinari, R., Poerio, T., 2010. Remarks on studies for direct production of phenol in conventional and membrane reactors. Asia Pac. J. Chem. Eng. 5, 191–206.

Molinari, R., Mungari, M., Drioli, E., Di Paola, A., Loddo, V., Palmisano, L., Schiavello, M., 2000. Study on a photocatalytic membrane reactor for water purification. Catal. Today 55, 71–78.

Molinari, R., Grande, C., Drioli, E., Palmisano, L., Schiavello, M., 2001. Photocatalytic membrane reactors for degradation of organic pollutants in water. Catal. Today 67, 273–279.

Molinari, R., Poerio, T., Argurio, P., 2006. One-step production of phenol by selective oxidation of benzene in a biphasic system. Catal. Today 118, 52–56.

Molinari, R., Caruso, A., Argurio, P., Poerio, T., 2008. Degradation of the drugs gemfibrozil and tamoxifen in pressurized and de-pressurized membrane photoreactors using suspended polycrystalline TiO_2 as catalyst. J. Membr. Sci. 319, 54–63.

Molinari, R., Caruso, A., Poerio, T., 2009. Direct benzene conversion to phenol in a hybrid photocatalytic membrane reactor. Catal. Today 144, 81–86.

Molinari, R., Caruso, A., Palmisano, L., 2010. Photocatalytic processes in membrane reactors. In: Drioli, E., Giorno, L. (Eds.), Comprehensive Membrane Science and Engineering, vol. 3. Elsevier Science B.V, Oxford, pp. 165–193.

Molinari, R., Lavorato, C., Poerio, T., 2012. Performance of vanadium based catalyst in a membrane contactor for the benzene hydroxylation to phenol. Appl. Catal. A Gen. 417, 87–92.

Molinari, R., Argurio, P., Lavorato, C., 2013. Review on reduction and partial oxidation of organics in photocatalytic (membrane) reactors. Curr. Org. Chem. 17, 2516–2537.

Molinari, R., Argurio, P., Palmisano, L., 2015a. Photocatalytic membrane reactors for water treatment. In: Basile, A., Cassano, A., Rastogi, N.K. (Eds.), Advances in Membrane Technologies for Water Treatment-Materials, Processes and Applications, Woodhead Publishing Series in Energy: Number 75. Woodhead Publishing Limited, Cambridge, pp. 205–238.

Molinari, R., Lavorato, C., Argurio, P., 2015b. Photocatalytic reduction of acetophenone in membrane reactors under UV and visible light using TiO_2 and Pd/TiO_2 catalysts. Chem. Eng. J. 274, 307–316.

Molinari, R., Argurio, P., Poerio, T., 2015c. Vanadyl acetylacetonate filled PVDF membranes as the core of a liquid phase continuous process for pure phenol production from benzene. J. Membr. Sci. 476, 490–499.

Molinari, R., Lavorato, C., Mastropietro, T.F., Argurio, P., Drioli, E., Poerio, T., 2016. Preparation of Pd-loaded hierarchical FAU membranes and testing in acetophenone hydrogenation. Molecules 21, 394. https://doi.org/10.3390/molecules21030394.

Molinari, R., Lavorato, C., Argurio, P., 2017. Recent progress of photocatalytic membrane reactors in water treatment and in synthesis of organic compounds. A Review. Catal. Today 281, 144−164.

Niwa, S., Eswaramoorthy, M., Nair, J., Raj, A., Itoh, N., Shoji, H., Namba, T., Mizuka, F., 2002. A one-step conversion of benzene to phenol with a palladium membrane. Science 295, 105−107.

Ozawa, M., Matui, H., Suzuki, S., 2016. Preparation and photocatalytic properties of TiO_2/mica composite for acetaldehyde degradation. Jpn. J. Appl. Phys. 55. Art. No. 01AG04.

Palmisano, G., Augugliaro, V., Pagliaro, M., Palmisano, L., 2007a. Photocatalysis: a promising route for 21st century organic chemistry. Chem. Commun. 3425−3437.

Palmisano, G., Yurdakal, S., Augugliaro, V., Loddo, V., Palmisano, L., 2007b. Photocatalytic selective oxidation of 4-methoxybenzyl alcohol to aldehyde in aqueous suspension of home-prepared titanium dioxide catalyst. Adv. Synth. Catal. 349, 964−970.

Palmisano, G., Garcıa-Lopez, E., Marcì, G., Loddo, V., Yurdakal, S., Augugliaro, V., Palmisano, L., 2010. Advances in selective conversions by heterogeneous photocatalysis. Chem. Commun. 46, 7074−7089.

Pandikumar, A., Manonmani, S., Ramaraj, R., 2012. TiO_2−Au nanocomposite materials embedded in polymer matrices and their application in the photocatalytic reduction of nitrite to ammonia. Catal. Sci. Technol. 2, 345−353.

Park, H., Choi, W., 2005. Photocatalytic conversion of benzene to phenol using modified TiO_2 and polyoxometalates. Catal. Today 101, 291−297.

Ranjit, K.T., Varadarajan, T.K., Viswanathan, B., 1995. Photocatalytic reduction of nitrite and nitrate ions to ammonia on Ru/TiO_2 catalysts. J. Photoch. Photobio. A 89, 67−68.

Rao, S.R., Ravishankar, G.A., 2000. Vanilla flavour: production by conventional and biotechnological routes. J. Sci. Food Agric. 80, 289−304.

Roy, S.C., Varghese, O.K., Paulose, M., Grimes, C.A., 2010. Toward solar fuels: photocatalytic conversion of carbon dioxide to hydrocarbons. ACS Nano 4, 1259−1278.

Sekizawa, K., Maeda, K., Domen, K., Koike, K., Ishitani, O., 2013. Artificial Z-scheme constructed with a supramolecular metal complex and semiconductor for the photocatalytic reduction of CO_2. J. Am. Chem. Soc. 135, 4596−4599.

Sellaro, M., Bellardita, M., Brunetti, A., Fontananova, E., Palmisano, L., Drioli, E., Barbieri, G., 2016. CO_2 conversion in a photocatalytic continuous membrane reactor. RSC Adv. 6, 67418−67427.

Shimizu, K., Akahane, H., Kodama, T., Kitayama, Y., 2004. Selective photo-oxidation of benzene over transition metal-exchanged BEA zeolite. Appl. Catal. Gen. 269, 75−80.

Sinha, A.K., Sharma, U.K., Sharma, N., 2008. A comprehensive review on vanilla flavor: extraction, isolation and ouantification of vanillin and others constituents. Int. J. Food Sci. Nutr. 59, 299−326.

Tan, J.Z.Y., Nursam, N.M., Xia, F., Truong, Y.B., Kyratzis, I.L., Wang, X., Caruso, R.A., 2017. Electrospun PVDF−TiO_2 with tuneable TiO_2 crystal phases: synthesis and application in photocatalytic redox reactions. J. Mater. Chem. 5, 641−648.

Tang, C., Chen, V., 2004. The photocatalytic degradation of reactive black 5 using TiO_2/UV in an annular photoreactor. Water Res. 38, 2775−2781.

Walton, N.J., Mayer, M.J., Narbad, A., 2003. Vanillin. Phytochemistry 63, 505−515.

Wang, X.B., Guo, Y., Zhang, X.F., Liu, H., Wang, J., Yeung, K.L., 2010a. Catalytic properties of benzene hydroxylation by TS-1 film reactor and Pd-TS-1 composite membrane reactor. Catal. Today 156, 288−294.

Wang, X.B., Zhang, X.F., Liu, H., Yeung, K.L., Wang, J.Q., 2010b. Preparation of titanium silicalite-1 catalytic films and application as catalytic membrane reactors. Chem. Eng. J. 156, 562−570.

Wang, W.-K., Chen, J.-J., Gao, M., Huang, Y.-X., Zhang, X., Yu, H.-Q., 2016. Photocatalytic degradation of atrazine by boron-doped TiO_2 with a tunable rutile/anatase ratio. Appl. Catal. B Environ. 195, 69−76.

Wehbe, N., Jaafar, M., Guillard, C., Herrmann, J.-M., Miachon, S., Puzenat, E., Guilhaume, N., 2009. Comparative study of photocatalytic and non-photocatalytic reduction of nitrates in water. Appl. Catal. Gen. 368, 1−8.

Yamaguchi, S., Sumimoto, S., Ichihashi, Y., Nishiyama, S., Tsuruya, S., 2005. Liquid-phase oxidation of benzene to phenol over V-Substituted heteropolyacid catalysts. Ind. Eng. Chem. Res. 44, 1−7.

Zhang, T., You, L., Zhang, Y., 2006. Photocatalytic reduction of p-chloronitrobenzene on illuminated nano-titanium dioxide particles. Dyes Pigments 68, 95−100.

第9章

PMR 大规模应用离我们还有多远?

Anastasios J. Karabelas, Konstantinos V. Plakas, Vasileios C. Sarasidis
Centre for Research and Technology e Hellas (CERTH), Thessaloniki, Greece

9.1 光催化膜反应器发展方向

1972 年成功使用二氧化钛（TiO_2）实现光催化分解水（Fujishima and Honda，1972）以来，多相光催化作为一种具有应用前景的绿色能源技术引起了科学界的高度关注。科研人员围绕去除水中有害污染物［有机物（Kanakaraju et al.，2014；Ribeiro et al.，2015；Kaur et al.，2016）、无机物（Cappelletti et al.，2008；Litter，2017）］和杀菌（Kikuchi et al.，1997；Rincón and Pulgarin，2004；McCullagh et al.，2007），以及工业化学品合成（Lu and Yao，2014；Friedmann et al.，2016）和制氢（Ahmad et al.，2015）进行了大量研究。

使用 TiO_2 光催化对实现水溶液中氰化物离子的氧化（Frank and Bard，1977）和卤代烃的矿化［包括三氯乙烯、二氯甲烷、氯仿和四氯化碳（Bard，1980；Pruden and Ollis，1983）］后，人们开始更加关注半导体光催化技术在水和废水处理中的应用。从此，在实验室中广泛开展了非均相光催化降解和矿化溶解性有机化合物的有效性研究，已有很多综述文献（Blake，1997；Gaya and Abdullah，2008；Klavarioti et al.，2009；Malato et al.，2009；Bora and Mewada，2017；Szczepanik，2017）、特刊（Pillai et al.，2015）、书籍（Pichat，2013；Pawar and Lee，2015；Dionysiou et al.，2016；Quintero et al.，2016）进行了总结。特别是对于难生物降解和在环境中长期存在的物质，即“顽固性”有机物，进行了重要研究。这类有机化合物是为特定应用场景而设计的合成化学品，如杀虫剂、药品、洗涤剂和染料，以及天然物质，如腐殖酸物质、木质素、天然抗生素或海洋藻类和动物产生的卤化代谢物（Alexander，1975）。

除了光源和合适的光催化剂，在本章中讨论的光催化膜反应器（PMR）集成系统的基本组成部分是膜。它既是净化水生产所需要的，也可作为光催化剂颗粒载体，或用于回收分离分散的光催化剂颗粒（Mozia，2010）。PMR 集成系统有许多优点，包括反应条件温和、强氧化性、无选择性以及使用的光催化剂（可不添加氧化剂）廉价且无害。尽管具有上述优点，并进行了大量的实验室研究，但尚未开发出一种实际应用的水处理 PMR 系统。从小型实验室研究到大规模应用，还需要解决以下几个技术问题，包括：①量子产率最大化、光催化剂的稳定性和重复使用性；②光催化剂的高利用率，包括膜的抗污染性能，确保悬浮光催化剂颗粒的全部分离回收和重复使用；③适用大规模工业应用需要的高效节能光催化反应器的优化设计。在过去二十年中，研究活动主要沿着三个方向进行，特别是①更具挑战性。

大多数研究集中在该技术的“心脏”，即光催化材料，特别是开发出具有更高效率、宽激发波长（在可见光/太阳光下激发）、光生电子空穴对的低复合率、高吸附性和低失活率的光催化剂。TiO_2 是最常被研究的半导体，其可以是单分散纳米颗粒（Hernandez-Alonso et al.，2009）、纳米结构（纳米管、纳米棒、纳米线、纳米带、纳米针）（Nah et al.，2010；Grover et al.，2017；Hwang et al.，2017）或石墨烯纳米复合物（Chowdhury and Balasubramanian，2014），或负载在各种基材上（Shan et al.，2010），如玻璃（Daneshvar et al.，2005；Shen et al.，2017）、聚合物薄膜（Cámara et al.，2016）、沙子（Tokarskyét et al.，2013）、含碳纳米材料（Leary and Westwood，2011；Martins et al.，2017）和黏土（Szczepanik，2017）。尽管已经采用了多种方法来改善 TiO_2 和其他广泛使用的半导体及其复合材料（ZnO、CuS、WO_3、Fe_2O_3、Fe-$ZnIn_2S_4$、BiOBr、$BiFeO_3$ 等）的光催化性能，包括金属颗粒负载、助催化剂、染料敏化、金属掺杂和非金属掺杂，但大规模应用开发高效且商业上可行的光催化剂仍然是一个重大挑战（Leary and Westwood，2011；Pelaez et al.，2012）。

另一个研究方向是光催化剂的有效利用或回收再利用。为了满足这一要求，研究采用了两种方法。第一种是通过混凝和沉淀（Lee and Choo，2014）或膜过滤（Mozia，2010；Iglesias et al.，2016）进行光催化剂颗粒分离。通过压力驱动膜分离光催化剂引起广泛关注，例如微滤（MF）（Chin et al.，2007；Choo et al.，2008；Bai et al.，2013a；Khan et al.，2015）、超滤（UF）（Sarasidis et al.，2011、2014；Fernández et al.，2014a；Plakas et al.，2016a）和纳滤（NF）（Molinari et al.，2006；Grzechulska-Damszel et al.，2010），其最大的优点是能够实现连续运行（Plakas et al.，2016a，2016b）。第二种方法是用负载型半导体材料制备膜（光催化膜），这在光催化应用中具有广阔的前景，可以一步实现光催化反应和分离（Leong et al.，2014；Iglesias et al.，2016）。自 2003 年以来，已经发表了一些关于光催化-膜分离集成工艺的综述（Ollis，2003）。表 9.1 总结了过去十年发表的重要综述，其中包括有关 PMR 设计的信息以及该领域的实验条件和主要发现的概要。附录（表 A1）中还提供了相关专利清单以及发明人专利摘要。PMR 拥有相当多的专利，具有广阔的应用前景，但因其技术成熟度不够，未实现大规模应用。事实上，虽然在光催化基础机理方面取得了重大进展（Dionysiou et al.，2016），但是仍有一些关键技术和应用性问题有待解决，如提高 PMR 技术成熟度（TRL），从目前小规模示范（TRL 估计为 4~5）到工业应用（TRL 为 8~9）。

表 9.1　PMR 系统的最新综述及其内容简述

参考文献	范围/内容
Molinari et al.，2017	综述了不同 PMR 结构（包括加压膜或浸没膜、光催化膜、光催化反应器与膜蒸馏、膜透析和渗透蒸发膜相结合）用于水处理的实验研究，旨在降解各种有机污染物（如染料、药品、其他污染物）以及有机化合物（如苯酚、香兰素和苯乙醇）的合成
Iglesias et al.，2016	重点综述了光催化技术工艺，包括膜、光催化膜过滤（PMF）和 PMR 及其主要应用（即废水处理和制氢）。文中分析了特定结构的优缺点，包括确定相应的强化指数和讨论未来的发展前景
Zhang et al.，2016a	综述了 PMR 膜污染的研究进展，总结了不同类型水和废水处理的 PMR 膜污染演变、污染类型和污染后果。考虑到主要的污染机理、类型，考察了光催化工艺条件与膜污染之间的关系，并对每种污染类型的不同控制策略进行了评述
Ong et al.，2015	介绍了几种关键操作参数对浸没式膜光催化反应器（SMPR）降解有机污染物效率的影响，并对其结构、光催化膜性能和膜在 UV 辐射下的性能稳定性进行了讨论。建议采取措施克服持续存在的问题，促进 SMPR 的进一步研发
Zangeneh et al.，2015	比较了纯 TiO_2 和改性 TiO_2 对不同有机物的光催化降解效果，阐明了改性 TiO_2 在可见光下具有光活性的优点。此外，探讨了重要参数对光催化反应器性能的影响；描述并分类了迄今为止测试的不同类型的光催化反应器

续表

参考文献	范围/内容
Mozia，2010	综述了光催化-膜集成技术及其在水和废水处理中的可能应用。讨论了影响光催化过程的因素，包括对 PMR 结构的评价。评述了集成光催化膜工艺在渗透通量、膜污染和渗透质量方面的优缺点，以及压力驱动膜工艺的优缺点
Chong et al.，2010	综述了光催化剂和光催化反应器系统水处理工程化的研究进展，包括优化反应动力学和模拟。从矿化和消毒两个方面评价了光催化反应器操作参数的影响。并简要讨论了改造光催化系统作为废水处理工艺的 LCA
Ray，2009	重点评价了悬浮态 TiO_2 体系中苯甲酸光催化降解速率的关键影响参数（光催化剂负载量、循环速率、污染物初始浓度、光照强度）。概述了光催化技术和用于水处理的大型光催化反应器的设计、开发面临的主要挑战，包括对反应器形态的讨论

注：LCA 为生命周期评价；PMR 为光催化膜反应器。

还有一个研究方向是提高光催化技术的稳定性。在全面的可持续性评估中，最大限度地减少环境负担和单位水处理成本，以及最大限度地提高工艺可靠性，以满足社会需求的问题（Pires et al.，2017；Tufa，2015）。就 PMR 而言，尽管这一研究与开发（R&D）工作意义重大，但它受到的关注度（与其他领域相比）较低。尽管如此，在 PMR 系统的设计和优化，以及利用太阳能进行氧化还原反应方面，尤其是能源循环系统，仍有令人关注的持续研究（Malato et al.，2009；Athanasiou et al.，2016）。此外，一些研究致力于开发可见光活性光催化剂（Pelaez et al.，2012；Bora and Mewada，2017）、绿色光催化剂（Ma et al.，2017），以及提高光催化剂的稳定性（Lin et al.，2013；Zhang et al.，2016b）。这些研究有可能开发出技术更先进、更能满足现代工艺要求的 PMR 设备，同时具有经济性、能耗低、无废物或低废物等优点。

上述“PMR 技术现状”的概述，就产生了一个问题——我们离大规模 PMR 应用还有多远？显然，这个问题无法直接回答。事实上，应该对有前景的替代技术的发展现状，以及 PMR 工艺的三个主要结构部件［光催化材料（悬浮颗粒形态或负载到膜上）、人工或太阳辐射、膜分离］和可预见的进展进行仔细评估。

PMR 系统性能（如出水质量、运行稳定性、能源效率，尤其资本和运营费用的减少）的不断提高，比新型复合材料对污染物的吸附（Wan Ngah et al.，2011；Sweetman et al.，2017；Thakur et al.，2017）和膜工艺的截留（NF，超低压反渗透）（Plakas and Karabelas，2012；Mohammad et al.，2015；Le and Nunes，2016）等技术，更具竞争力。

应该强调的是，已有技术也同时在努力提高其性能，以应对环境和其他压力（Santhosh et al.，2016；Al Aani et al.，2017）。因此，开发 PMR 商业化技术，使其满足更严格的标准要求和相关指标，是一项艰巨的任务。

关于本章提出的关于 PMR 的问题，如图 9.1 所示，涉及技术成熟度、研究成果转化难以及满足不了市场需求三个方面。PMR 系统在水处理行业成功应用的基本要素是生产高品质水的能力，保障充分的公共卫生保护，同时满足环境和社会经济效益目标。因此，在下文中，首先讨论 PMR 技术问题，然后对相关的经济和总体稳定性问题进行科学评估。

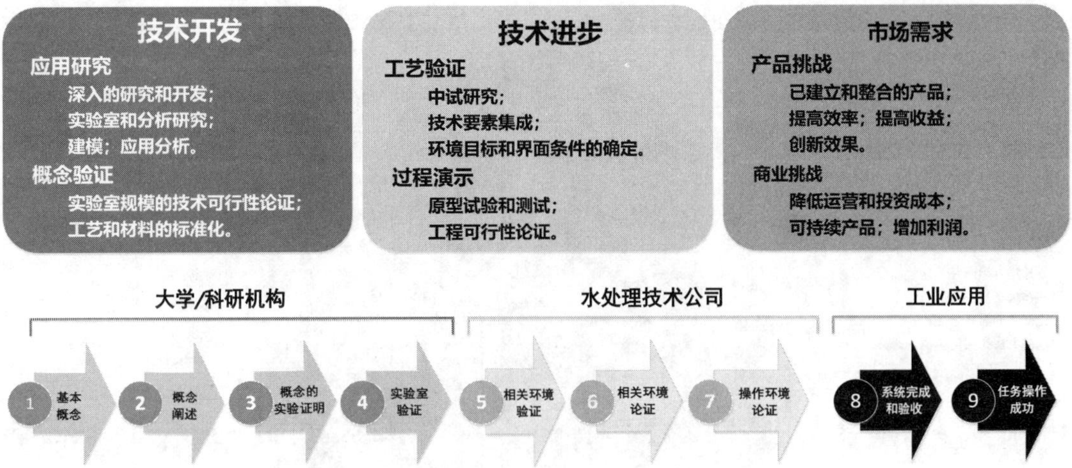

图 9.1　光催化膜反应器技术的价值链与成熟度

9.2　光催化膜反应器技术问题

9.2.1　技术问题的类别和相互关系

为了全面地评估 PMR 系统，包括经济和环境问题，应优先考虑对关键技术问题进行详细分析，这些问题对技术完善和预先确定应用范围起着决定性作用。继续通过 PMR 系统的开发、优化和结构拓展（利用人工和/或太阳辐射），实现更高的 TRL，如图 9.1。这可以通过克服各种设计和放大中的挑战，并有效验证工业应用中的生态创新 PMR 工艺来实现。在这方面，研究领域已经处理了许多重大的科学/技术问题，然而还没有标准的解决方案/策略。图 9.2 中的维恩图描述了 PMR 工艺的三个主要部件（膜、人工/太阳辐射、光催化剂）之间的相互关系；主要技术问题与各部件相关，这些问题涉及材料科学、过程建模和工程的科学/技术领域，其解决方案跨学科，具有挑战性。

随后讨论的技术问题如图 9.2 所示，重点是系统设计、光催化剂、PM、人工/太阳辐射、膜分离光催化剂、操作问题和相关参数。首先，将设置一些基本前提，便于评估水/废水处理应用文献中报道的各种 PMR 系统。具体而言，在讨论本节提出的技术问题时，PMR 系统为：

① 中试规模；

② 可连续运行；

③ 可处理低浓度有机物、中等硬度水/废水（如用于生产饮用水的地下水或地表水、二级市政污水回用的三级处理等）；

④ 适用于处理目标，有效去除/矿化难降解有机物；

⑤ 不添加额外氧化剂（例如 H_2O_2、O_3）。

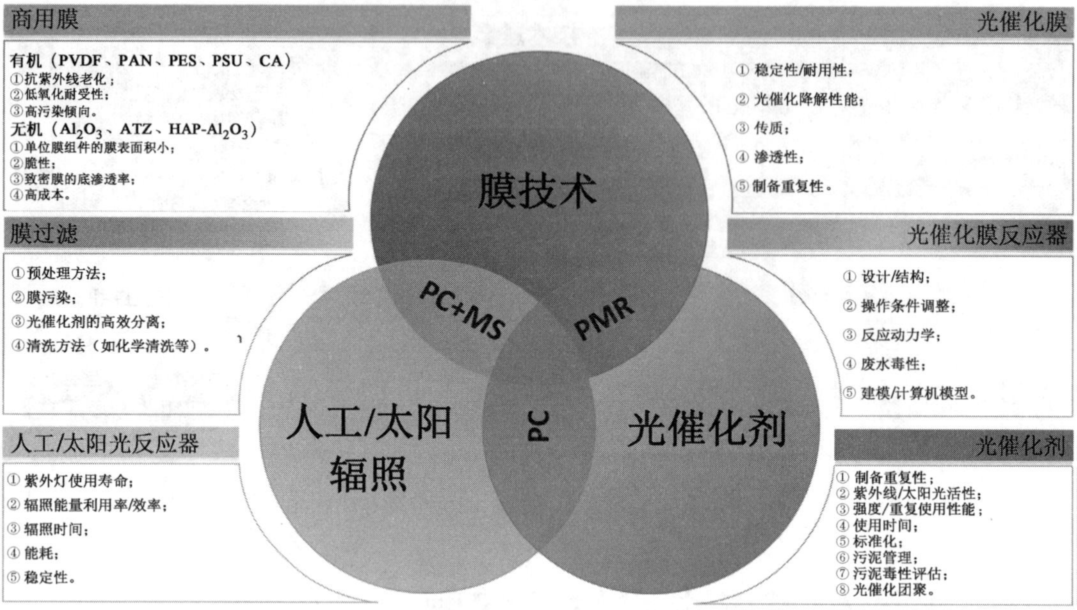

图 9.2 光催化膜反应器（PMR）技术的关键技术问题及其主要组成部分之间的相互关系

CA 为醋酸纤维素；MS 为膜分离；PAN 为聚丙烯腈；PC 为光催化；PES 为聚醚砜；PSU 为聚砜；PVDF 为聚偏氟乙烯

值得注意的是，大多数符合上述考虑的已发表的研究主要是针对模拟废水进行的，而针对自然水体和实际废水的 PMR 试验研究有限。此外，据报道，低浓度污染物的处理效果最好，因为在太阳光和人工照明下，紫外线（UV）辐射量对处理的污染物浓度有明显的限制。因此，对于严重污染的河流，光催化应该是生物处理（Fujishima et al., 2007）或其他更有效的高级氧化处理（AOPs）的后续处理工艺。

9.2.2 技术问题评估

9.2.2.1 光催化系统结构与设计

PMR 工艺设计的主要目标是降低单位能耗（SEC）和处理成本（单位产水体积）以及整体环境的影响，这关键取决于系统结构。事实上，系统结构直接影响（人工光源和太阳光源）能源效率、投资和运营费用。因此，选择最佳的光催化系统结构是技术研发中的一项基本任务，也是工艺设计中的优先步骤。在本章中，将考虑上述两种类型的 PMR 系统，这取决于光催化剂的使用方式，即采用分散的粉末光催化剂的 PMR（I型）和 PM 的 PMR，包括固定在基材（例如陶瓷、聚合物、不锈钢）上的光催化剂（II型）。

I型 PMR 结构是文献中最常见的系统。与II型系统相比，光催化剂具有大的有效比表面积，使得其反应效率更高。值得注意的是，通常使用不恰当的术语“悬浮态（PMR）反应器”来描述这种类型的 PMR，而“悬浮态”是指浓缩了的固体/液体悬浮态。通常，PMR 系统使用的分散光催化剂浓度为 $1g\cdot L^{-1}$，分散在待净化水中的光催化剂颗粒通过一个隔间或容器循环，由光源照射，然后通过膜分离得以再循环/再利用，同时产生干净的渗透水。图 9.3 和图 9.4 展示了两种具有代表性的Ⅰ型 PMR 结构的中试系统。图 9.3 所示的装置是由 Purifics ES Inc.（加拿大）自主开发的商业化 PMR 系统（Photo-Cat），描述并评估了用于药物降解（Benotti et al.，2009）、六价铬去除（Stancl et al.，2015）和病毒灭活（Gerrity et al.，2008）的光催化试验系统，该系统包括串联排列的紫外灯和用于光催化剂分离的错流式陶瓷膜，每只紫外灯可以单独打开，并且 UV 辐射周期可以根据运行紫外灯的数量而改变，即 Benotti 等（2009）进行的周期为 1~30s 的试验。通过膜反冲洗，防止光催化剂的沉积。据厂家介绍，Photo-Cat 基本上是一种稳定自动装置，可实现无人值守运行，灯具寿命和使用周期超过 20000h。图 9.4 展示了在作者实验室设计和建造的实验室规模中试 PMR（Plakas et al.，2016a）。PMR 中试单元总有效容积 25L，UVC 总功率 52W，处理能力 $1.2m^3 \cdot d^{-1}$。中试系统的主要部件是膜容器和紫外线处理系统，实现了液位控制、定期膜反冲洗、紫外灯石英套管机械清洗系统和原位清洗（CIP）的全自动运行。中试系统特性的更多细节可在其他文献中找到（Plakas et al.，2016a）。

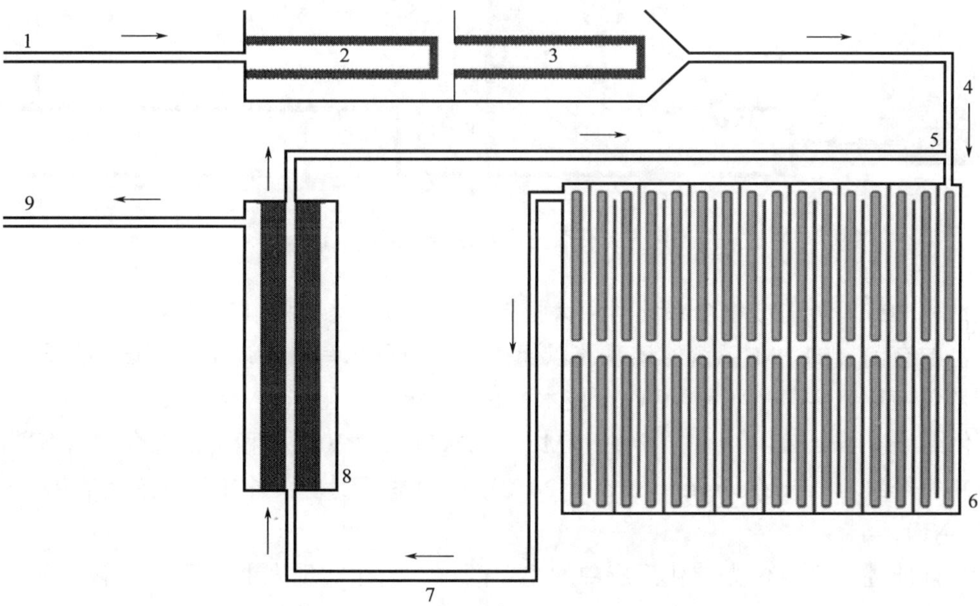

图 9.3　光催化膜反应器中试系统（Photo-Cat）的总体示意图（Benotti et al.，2009）

1—原水；2—袋式过滤器；3—线轴过滤器；4—进水取样点（注：对于 UV/H_2O_2 实验，在该点之后立即添加 H_2O_2）；5—TiO_2 悬浮液添加点；6—UV 反应器；7—UV 和 UV/H_2O_2 实验取样点；8—TiO_2 回收单元；9—流出物取样处

Ⅱ型 PMR 结构采用膜负载光催化剂，从而解决了与液相分离/回收光催化剂颗粒的相关技术问题。在这种 PMR 中，光催化反应主要在膜表面进行，而处理后的水被连续排放，光催化剂的损失可以忽略不计。在这类 PMR 中，有两个问题需要解决，即光的均匀分布和污染物向光催化表面的传质。针对后一种情况，在制备孔隙率适当、光催化剂颗粒分散性好的 PM 方面进行了大量的研究工作。由于反应环境具有氧化性，无机膜比传统的聚合物材料更适合作为基膜（Molinari et al.，2017），同时需要注意，光催化

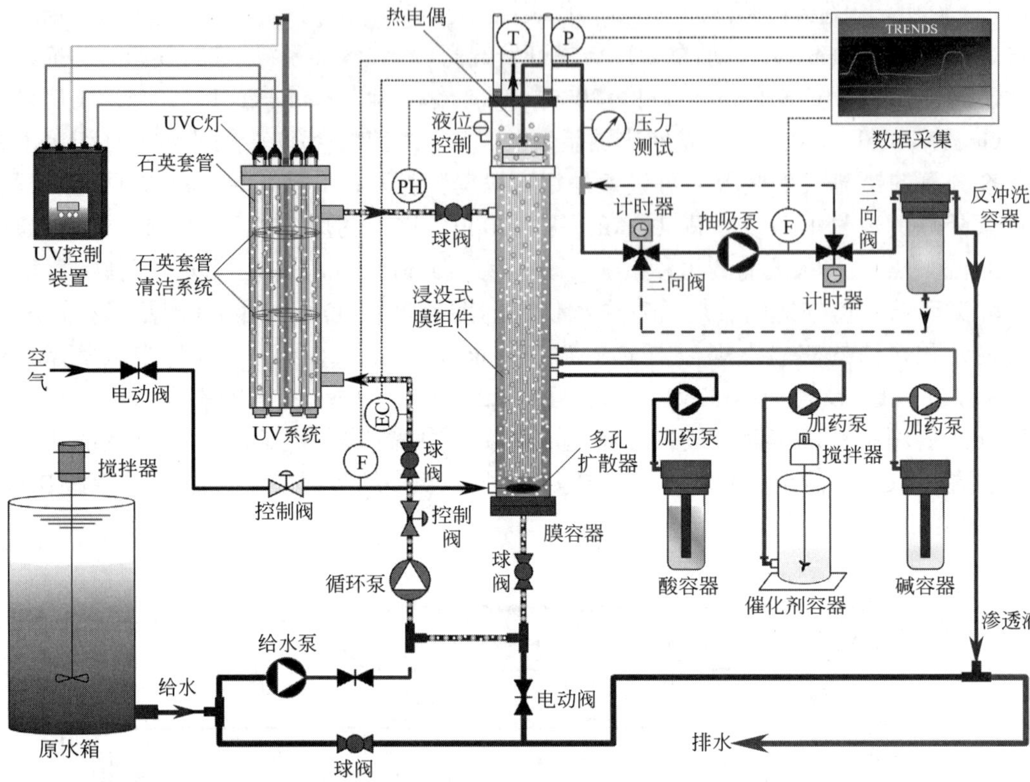

图 9.4　中试规模连续光催化膜反应器系统示意图（Plakas et al.，2016a）

剂失活和冲刷可能造成整个系统寿命大幅降低。图 9.5 是一种（Falaras et al.，2012）获得专利的有前景的 PM 系统。该系统以偶氮染料为目标有机物，成功测试了几种 PM。该课题组使用化学气相沉积（CVD）技术，使用管状二氧化硅（Athanasekou et al.，2012）、g-氧化铝（Athanasekou et al.，2012；Moustakas et al.，2014）和生物聚合物（海藻酸钙多孔中空纤维）（Papageorgiou et al.，2012）作为基膜制备紫外光激发的光催化 TiO_2 膜（UF、NF）。

如前所述，半导体光催化反应中的主要问题之一是实现光催化反应器中光的均匀分布。当半导体光催化剂以粉末颗粒形式分散在反应体系中或涂覆在惰性载体材料上时，由于载体和光催化剂涂层的吸收、反射和散射，整个反应容器中的光分布可能是不均匀的。显然，紫外光在半导体光催化反应器中的不均匀分布将导致整体效率降低。因此，在这两种结构中，光源分布（无论光催化剂是循环分散体系还是负载在固定的膜上）是确保光传输效率最大化和分布对称性的关键问题。固定床反应器与Ⅱ型 PMR 一样，确定了两种不同的辐照结构：从支撑侧或溶液侧引入光辐照。在第一种情况下，在最佳膜厚度下可产生最大反应速率。当膜厚度超过最佳值时，会对反应器的性能产生不利影响。在第二种结构中，反应速率随膜厚度的增加而增加。而薄膜厚度达到一个特定值，进一步增加不会提高反应速率（Vezzoli et al.，2013）。

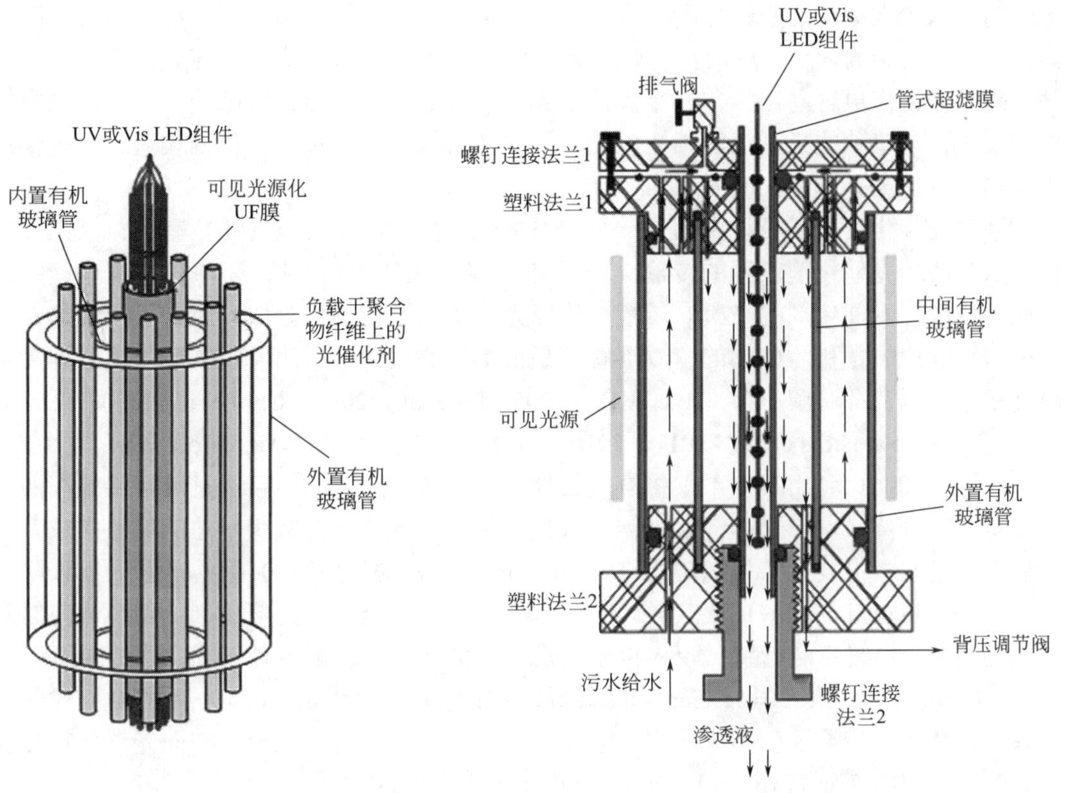

(a)　　(b)

图 9.5　光催化膜反应器单元侧视图（a）和描述膜单元流道的反应器横截面示意图（b）（Moustakas et al.，2014）

对于通常考虑的人工紫外光源（如圆柱形套筒中的汞灯）和悬浮光催化剂的情况，设计目标是在固有物理化学约束的范围内使量子产率最大化［光催化剂浓度的增加引起光子透射率降低和光催化剂团聚（Manassero et al.，2017）］，进而提高整体辐照效率。因此，光催化剂颗粒的光吸收和光子散射现象以及紫外灯的空间分布（灯之间光催化剂悬浮态流动的精确横截面积）具有重要意义。这是因为在距离灯/套管边界数毫米范围内，紫外线强度会急剧（指数级）降低（Ray，2009）。在这种紫外光源结构中，确保光催化剂悬浮液均匀分布在灯周围，以充分利用光辐射。

对于理想连续运行过程，紫外灯分布中另一个具有实际限制性的因素是玻璃灯套需要定期自动清洁，以去除光催化剂颗粒和其他容易黏附在玻璃表面的污垢（Lin et al.，1999a，b）。这些污垢会降低紫外线透射率、光催化氧化效率和灯寿命（光催化剂吸收紫外线导致热量增加引起的）。为了缓解这种现象，可以采用化学或机械清洗。最近，在一种新型 PMR 中试研究（Plakas et al.，2016a）中，在不影响设备长期连续运行的情况下，提出通过使用自动操作的玻璃套清洁器成功解决了这一问题。然而，在光催化反应器的具体几何尺寸设计中，需要考虑清洁器（沿玻璃套筒移动）范围。需要注意的是，永久性污垢无法通过常规清洁方法完全清除，它可能仍会留在石英套管上。Peng 等（2005）

进行的一项令人关注的研究显示，经过长期的常规化学和机械清洁后，清洁系统的刮水器往往会损伤套筒表面，形成具有较大表面积的划痕或孔洞。无机污染物如铝、铁、镁、钙和磷的化合物更容易富集，并牢固地附着在这些划痕的表面或缝隙中。对于所研究的具体案例，与单独的机械清洗相比，化学清洗加机械清洗在去除沉积物和避免永久性污染物积聚方面更有效（Peng et al.，2005）。

高效光催化反应器设计中的另一个重要参数与流体动力学（传质）有关，因为反应物从水溶液到光催化剂表面的传输决定了溶液-光催化剂接触的持续时间和总转化率。对于使用悬浮态光催化剂的 PMR 装置，确保光催化剂颗粒均匀分散、避免团聚现象，同时在水溶液中氧气和污染物的有效溶解都是很重要的。通常采用可控的曝气用于混合悬浮态和氧气以及抑制膜污染（Ryu et al.，2005；Fu et al.，2006；Chin et al.，2007；Horng et al.，2009；Sarasidis et al.，2011，2014；Plakas et al.，2016a；Vatanpour et al.，2017）。Rivero 等（2006）利用曝气不仅将氧气和处理液引入反应中，而且通过气浮将处理液从储罐转移到分离模块。这样，就不需要额外的泵来供水，从而减少了总的能源需求。另一种方法是机械搅拌，它可以防止 TiO_2 颗粒团聚，并提供将 TiO_2 颗粒从膜表面移除的剪切力（Chin et al.，2007）。在连续循环 PMR 单元中，悬浮态光催化剂的循环流速以及光催化剂颗粒在罐壁和管壁或反应区上的沉积可能会严重影响流体动力学（Choo et al.，2008；Damodar et al.，2010；Sarasidis et al.，2011，2014；Plakas et al.，2016a）。对于错流膜过滤装置，错流速度不仅决定了紊流状态，而且可显著增强反应物向光催化剂和膜表面的传质（Doll and Frimmel，2005；Shon et al.，2008）。

采用太阳能这种经济和环境上具有吸引力的光源来激发多相光催化净化和消毒过程，在过去已经得到了相当广泛的研究，并且仍然是一个活跃的研究领域（Malato et al.，2013），大量用于水净化和消毒的太阳能光催化反应器被报道（Malato et al.，2013）。通常在地球表面附近的紫外辐射通量范围约 $20\sim30W\cdot m^{-2}$（Bahnemann，2004），为了利用直射和散射的太阳光，大多数这样的系统是非聚光的。然而，有关太阳能 PMR 装置的文献很少，大多数使用氙灯模拟太阳光源（9.2.2.4 节）。图 9.6 所示为一个中试规模的太阳能膜集成光催化反应器，其利用的是复合抛物面聚光器（CPC）（Augugliaro et al.，2005）。在这个系统中，一个活塞流式光催化反应器（PFP）被集成到一个完全循环的 NF 膜组件上。悬浮态通过离心泵从储液罐连续输送至 PFP。高循环流速（$3.34\times10^{-4}m^3\cdot s^{-1}$）可导致雷诺数值为 1.7×10^4，表明反应管内处于湍流状态。尽管这种特殊系统的形态是模块化的，但它的构造并不简单，因为它需要大面积的耐候、化学惰性、廉价的紫外透光玻璃。此外，需要注意控制反应溶液，特别是如果光催化剂以悬浮形式使用，而不是以 PM 形式时，这种系统的关键因素应该是光源利用率和聚光反应管内水力停留时间太长可能会导致溶解的氧耗尽。一个现实的假设是太阳能聚光器和光催化剂的效率分别为 75%和 1%，仅 0.04%的初始太阳辐射被有效利用。从太阳能聚光技术来看，即使具有高应用附加值，这也是一个相当低效的过程（Malato et al.，2009）。然而，开发能充分利用太阳能的新型高效的光催化剂更有应用前景，为未来的工业应用奠定基础。

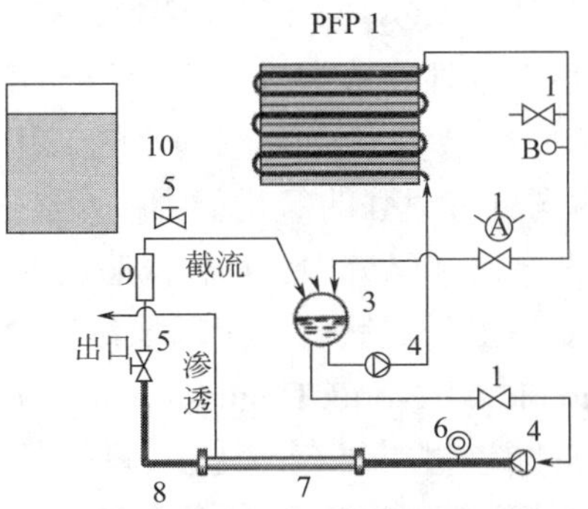

图 9.6　PFP 方案的三个 CPC 模块串联在纳滤膜组件上（Augugliaro et al.，2005）

1—开关阀；2—热电偶；3—循环罐；4—泵；5—调节阀；6—压力计；7—膜容器；8—带压管路；9—转子流量计；10—进料罐

9.2.2.2　光催化剂

自从 Fujishima 和 Honda（1972）、Schrauzer 和 Guth（1977）进行了开创性工作以来，各种半导体光催化材料一直是众多研究人员的研究重点（Schneider et al.，2014）。多种材料研究并评估为潜在的光催化剂，包括金属氧化物［例如二氧化钛（TiO_2）、氧化锌（ZnO）、氧化锡（Ⅳ）（SnO_2）、铁（Ⅲ）氧化物（Fe_2O_3）、氧化锆（ZrO_2）、钒（Ⅴ）氧化物（V_2O_5）、五氧化二铌（Nb_2O_5）、三氧化钨（WO_3）、三氧化钼（MoO_3）］以及硫化锌（ZnS）、硫化镉（CdS）、硒化镉（CdSe）、二硫化钨（WS_2）和二硫化钼（MoS_2）等金属硫化物（Hoffmann et al.，1995；Kudo and Miseki，2009；Vinu and Madras，2010；Schneider et al.，2014；Lee et al.，2016；al-Hamdi et al.，2017；Lee and Wu，2017）。

这些材料的光催化活性是大量影响因素相互作用的结果，例如光吸收（与带隙有关）、相组成、电子结构、粒径、比表面积、污染物吸附性、聚集度、电荷载体的迁移率、杂质的存在、缺陷的数量和种类、气体或水相中分子的吸附、吸附物种之间的相互作用、溶剂的性质等。其他值得关注的特征是机械和化学稳定性、光腐蚀性以及每种光催化材料的可重复使用性（Hoffmann et al.，1995；Hisatomi et al.，2014）。

与其他材料相比，TiO_2、ZnO、WO_3、$SrTiO_3$、α-Fe_2O_3和 ZrO_2 表现出良好的带隙位置。虽然一些半导体光催化剂［如赤铁矿（Fe_2O_3）］成本低，具有合适的带隙能吸收可见光，但它们受到各种限制。例如，据 Fox 和 Dulay（1993）报道，与 TiO_2 和 ZnO 相比，Fe_2O_3 表现出较低的光活性，这是因为光腐蚀形成短寿命的配体-金属或金属-配体电荷转移状态。据报道，金属硫族半导体（如 CdS、PbS、CdSe 等）在水介质中稳定性低，且容易受到光腐蚀（Mills and Le Hunte，1997）。在溶液中加入硫化物或亚硫酸盐可以抑制光腐蚀。据报道，这些半导体也显示出一些毒性（Beydoun et al.，1999）。Bahnemann 等人（1987）报道了半导体 ZnO 表面 $Zn(OH)_2$ 的形成。随着时间的延长，水溶液中 $Zn(OH)_2$ 的溶解会引起 ZnO 不稳定和失活。此外，ZnO 表面的空位也会导致 ZnO 的光腐蚀（Bai et al.，2013b；Chen et al.，2013）。另一方面，TiO_2 具有良好的耐腐蚀性和化学稳定性（Carp et al.，2004）。

与其他半导体光催化剂相比，TiO_2 因其高光活性、低成本、无毒性（环境友好）、易于合成以及良好的化学和热稳定性而成为迄今为止用于降解有机污染物的“首选光催化剂”（Schneider et al.，2014）。一般来说，考虑到水的氧化电位约为 1.2V，氢参考电位约为 3.0V，不同的 TiO_2 结构均具有很强的氧化能力（金红石带隙能为 3.0eV，锐钛矿带隙能为 3.2eV）。在光催化和光电化学研究中，人们普遍认为锐钛矿在两种 TiO_2 相中更有活性。这种光活性的增强可能是由于锐钛矿的费米能级比金红石的费米能级高约 0.1 eV（Bickley et al.，1991）。Aeroxide P25（Evonik Degussa GmbH 注册商标）制备工艺与 Aerosil 类似，并经常用于光催化研究。该材料具有高比表面积（约 $50m^2 \cdot g^{-1}$），主要为锐钛矿型，含少量金红石（质量分数约 80%~20%）。Hurum 等（2003）曾阐明 Aeroxide P25 中金红石的结构将光活性延伸至可见光波段，排列在金红石-锐钛矿界面上同样大小的 TiO_2 微晶结构产生了催化热点。Aeroxide P25 由几百纳米大小的初级聚集颗粒组成，为细白色粉末，初级颗粒的平均直径约为 21nm（AEROSIL，2017）。它具有由羟基引起的亲水性和高光活性，同时由于两相之间的紧密接触，增强了光生电子和空穴的分离，从而抑制了载流子的复合（Yu et al.，2006）。这就是为什么 Aeroxide P25 被认为是光催化领域的“金标准”（Mills and Lee，2002）。

尽管 TiO_2 光催化剂具有上述显著特征，但似乎紫外光源的高能耗阻碍了其在水体修复中的大规模应用。锐钛矿 TiO_2 的高能带隙只能在紫外光照射（$\lambda<387nm$）下被激发，因此排除了太阳能作为光源（紫外光占太阳光的 2%~5%）。TiO_2 的另一特点是量子产率低（即电子转移率低），导致光生电子空穴对的快速复合，从而终止光催化反应（Pelaez et al.，2012）。载流子的复合可以通过非辐照途径释放热量，或通过辐射方式的光发射（Ohtani，2013）。Serpone 等（1995）发现，以 Ti^{3+}形式捕获激发电子的时间尺度约为 30ps，约 90%或更多的光生电子在 10 ns 内重新复合。Pelaez 等（2012）和 Fang 等（2017）最近对减少复合和提高 TiO_2 光催化效率的策略进行了综述，包括表面改性/络合（例如增加表面积和孔隙率）或化学改性，通过在 TiO_2 结构中加入额外的组分、杂质掺杂以及与具有类似带隙的半导体的异质结、敏化等。此外，制备氧化铁光催化剂是可能的，它不仅能够吸收紫外线，而且能够吸收可见光（占太阳光谱的 45%），从而在自然光照射下有效运行（Malato et al.，2009；Pelaez et al.，2012；Schneider et al.，2014）。

光催化材料已被广泛应用于各种反应系统，从悬浮态到壁面涂层反应器和填充床反应器，这取决于特定反应器类型的要求。例如，为填充床反应器选择的光催化剂颗粒（如下面讨论的 PM 的情况）需要能够吸附有机化合物以及具有光活性。另一方面，适用于悬浮态反应器的光催化剂需要具有高光活性，而由于连续混合，吸附性能不太受关注。在后一种情况下，应注意尽量减少光催化剂的团聚现象（内部传质阻力），这会降低光催化剂的有效表面积，从而导致光催化活性降低。这些现象受几个参数的影响，包括光催化剂投加量、pH 值、离子强度、水组分和循环速率（Yaremko et al.，2006；French et al.，2009；Ray，2009；Li et al.，2010）。例如，为了提高光催化反应速率而加大光催化剂浓度会促进颗粒团聚并使处理液浑浊，从而增加污染物的吸附和光散射，导致表观量子效率降低。因此，为了获得最佳的光催化活性，必须对每个体系的光催化剂投加量进行优化。溶液的 pH 值也很重要，它影响着光催化剂粒子的表面电荷。事实上，需要 pH 值远离零电荷点（PZC）来防止团聚并保持稳定分散（Bora and Mewada，2017）。对于胶体 TiO_2（PZC 5.5~6.8）（Kosmulski，2011），酸性 pH 值更适合获得带电粒子表面，从而产生静电斥力和分散稳定性（如 Li et al.，2010）。值得注意的是，TiO_2 纳米颗粒的表面电荷密度可能因离子强度和颗粒大小而异（Holmberg et al.，2013）。关于进水的离子强度和组分，据 Song 等（2016）报道，Cl^-的存在可以通过抑制静电排斥的稳定作用导致悬浮态中 TiO_2 颗粒的团聚，还可以减少光催化剂和污染物之间的有效接触面积。French 等（2009）研究表明，与具有类似离子强度和 pH 值的 NaCl 悬浮液相比，土壤和地表水中的二价阳离子会明显加速纳米 TiO_2 团聚。

最后，应该注重新型光催化剂的标准制定，根据标准测量其特性并与类似材料进行比较。标准的制定有助于制造商开发符合客户需求的产品，如活性、稳定性和外观。因此，对于行业而言，标准可以确保其产品被广泛接受并具有竞争力；而对于消费者而言，标准则确保产品质量和可靠性（Mills et al.，2012）。考虑到一些半导体光催化商品的出现，国际标准化组织（ISO）已经开始通过发布一系列标准来解决对其性能量化的需要。在近期一篇文章中，Mills 等（2012）回顾了半导体光催化相关的 ISO 标准，并提出了改进建议。表 9.2 概述了这些标准，特别是在水净化和消毒领域。CEN/TC 386（CEN，2017）是欧洲标准化委员会（CEN，Comité Éuropeén de Normalisation）的光催化标准技术委员会。旨在制定适用于不同构件和建筑结构的通用标准，主要涉及测试和分析方法、协议。在水净化方面，CEN/TC 386/WG 3 工作计划最近制定了参考号为 prEN 17120 的欧洲标准。

表 9.2　已发布的水净化和消毒领域光催化材料 ISO 标准汇总表

ISO	标题	说明/评论
10676：2010	精细陶瓷（高级陶瓷、高级工业陶瓷）半导体光催化材料净水性能试验方法活性氧形成能力测定法	ISO 10676：2010 描述了一种试验方法，包括在另一种材料表面上形成或附着光催化材料，以便利用光催化性能分解并消除水中的污染物。本试验方法适用于紫外光照射下的光催化材料，不适用于可见光照射下的光催化材料
10678：2010（DIN 52980）	精细陶瓷（高级陶瓷、高级工业陶瓷）通过降解亚甲基蓝测定水介质中表面的光催化活性	ISO 10678：2010 规定了通过使用人工紫外线辐射降解水溶液中的染料分子亚甲基蓝来测定表面光催化活性的方法，并描述了光活性表面在紫外线辐射下降解溶解有机分子的能力。规定的试验方法也适用于评估被相应涂层覆盖的表面的特定光催化自清洁活性。该方法不适用于表征表面在可见光照下的光活性，包括直接污染、气体分子降解和表面抗菌光活性的测定
10677：2011	精细陶瓷（高级陶瓷、高级工业陶瓷）半导体光催化材料测试用紫外光源	ISO 10677：2011 描述了紫外线光源并规定了测量辐射强度的方法，该方法用于在实验室测试半导体光催化材料的性能
27447：2009	精细陶瓷（高级陶瓷、高级工业陶瓷）半导体光催化材料抗菌活性试验方法	ISO 27447：2009 规定了通过测量紫外光照射下的细菌计数，测定含有光催化剂或表面有光催化膜的材料抗菌活性的试验方法。它适用于不同种类的半导体光催化材料，用于建筑材料、平板、板材、板形或纺织品，这些材料是各种应用的基本形式。它不包括粉末、颗粒或多孔光催化材料。本试验方法通常适用于产生抗菌效果的光催化材料。光催化材料的其他类型的性能，即水污染物的分解、自清洁、防雾和空气净化，不由该方法确定

注：ISO 为国际标准组织。

该标准描述了一种试验方法，适用于在紫外线照射下以粉末（水悬浮态、泥浆）形式存在的光催化材料，包括在规定的试验条件下，使用高效液相色谱法（HPLC）（CEN, 2017）通过测定苯酚降解评估光催化性能。

今后，应继续扩充现有标准，以评估光催化剂在潜在应用领域的实际寿命。例如，材料的净水性能应在非实验室条件下进行长时间的测试，即在实际废水中进行测试。这项工作将揭示新型光催化材料的优缺点，有助于鉴别那些具有长寿命的材料，进而有望实现商业应用（Mills et al.，2012）。

9.2.2.3 光催化膜

近几十年出现的 PM 比载体固定床系统更具应用前景，能解决与光催化剂悬浮态相关的技术问题，如 TiO_2 纳米颗粒的团聚倾向和入射光散射，光催化剂回收/分离的后处理，以及光催化剂的再生等问题。基膜的孔隙率和大比表面积有助于补偿负载（例如玻璃、沸石、二氧化硅等固体载体）造成的光活性损失（Shan et al.，2010）]，从而实现水/废水处理的光催化降解和过滤联用。PM 具有多种特性，如减少潜在的膜污染和提高过滤质量，因而成为传统膜工艺的重要替代技术（Leong et al.，2014）。特别是在紫外光照射下 PM 产生的活性氧自由基降解有机污染物可以防止膜孔阻塞和滤饼层形成，渗透液中污染物浓度也可显著降低。显而易见，在有机污染物浓度相对较低的情况下，当光催化膜表面的有机物覆盖速率明显小于有机污染物的降解速率时，PM 的作用就会体现出来。因此，不可降解污染物（包括无机胶体）引起的 PM 表面缓慢失活问题应该受到重视。

聚合物（Leong et al.，2014）、陶瓷（Athanasekou et al.，2015）和金属（Adán et al.，2017）等多种材料已被用作载体，而 TiO_2-PM 有 TiO_2 纳米纤维（Zhang et al.，2017）、纳米线（Hu et al.，2011）或纳米管（Liao et al.，2012）多种形貌。在任何情况下，膜的制备都需要使用一定量的光催化剂，特别要注意膜的孔径分布和膜的光催化活性。有关材料、制造工艺、PM 设计及其反应器（PMR）系统性能的更多细节，可分别在本书第 3 章和第 6 章中找到。

一般认为，TiO_2-PM 过滤性能比传统膜要强，但在实际应用中，PM 的光催化活性、稳定性、耐久性和成本都存在不确定性。尽管在水/废水净化和消毒领域对膜的制备、表征和测试进行了深入的理论/实验室研究，但 PM 技术还不成熟，不推荐水处理公司使用。PM 的商业化将取决于高效膜反应器的设计和膜表面辐射通量优化，而且应特别注意膜维护问题，如果光催化剂活性显著下降，会严重影响 PM 的再生和更换频率，从而增加处理成本。

用于 PM 与光催化材料比较的标准是十分重要的，用以确保这些材料和相应的技术（PMR 结构）根据确定的方法和标准进行规范地测试/评估。表 9.3 总结了欧洲标准化委员会就饮用水处理装置制定的一些欧洲标准，其中包括了可满足目前市场应用的处理系统和技术。值得注意的是，与其他标准（如 NSF/ANSI 标准）不同，欧洲标准未评估材料安全性。然而，它们有效地解决了结构完整性测试以及污染物降解试验的方法和标准。

最近，由 CEN/TC 165 “Wastewater engineering” 技术委员会编制的 EN 12566-7：2016，适用于市场上通过生物、物理、化学、电气工艺对生活污水进行三级处理的成套装置，包括符合 EN 12566-3 或 EN 12566-6 要求的装置和根据 CEN/TR 12566-5 设计和建造的装置。这个标准支持欧盟指令的基本要求，可作为将 PMR 系统标记和评估为三级处理装置的实用工具。

表 9.3　欧洲饮用水处理装置标准

ISO	名称	范围	要求
EN 14652: 2005+A1: 2007	建筑物内的水处理设备——膜分离装置	MF、UF、NF 和 RO，入口处(POE)和使用处(POU)；如果包含前置和后过滤器，则必须符合相关标准	污染物减少 ① 有机分子截留——分子截留（UF、NF、RO 如有要求）：在特定浓度和制造商规定的其他试验条件下，所需特定有机物截留率为宣称截留率的 90% ② 回收率（MF、UF、NF、RO 错流式）：在测试相关截留率时计算；计算的回收率应至少为宣称值的 95% ③ 日产量应至少为宣称值的 95%；在第 1 天和第 7 天测量 1h，并取平均值
EN 14897: 2006+A1: 2007	建筑物内的水处理设备——使用低压汞灯紫外辐照装置	POU 和 POE，LP 汞灯在 254nm 处辐射强度占 85%	试验生物体：枯草芽孢杆菌 紫外线剂量：$40mJ\cdot cm^{-2}$ 试验条件 ① 消毒装置：测量的紫外透过范围内 3 个点的辐照度数据（用装置传感器测量） 硫代硫酸钠用于降低透射率；在制造商推荐流速范围内再收集 6 个数据点，3 个是通过添加硫代硫酸钠而变化的辐照度，3 个是通过降低灯输出而变化的辐照度；由于系统启动时必须显示已达到最低辐照度的信号，因此不会采集启动样本 ② 杀菌处理装置：在改变流速和紫外线透射率的情况下收集 3 个数据点；是在制造商规定的流速范围和紫外线透射率的最低点、最高点和中点收集的
EN 14898: 2006+A1: 2007	建筑物内的水处理设备——活性介质过滤器	POU 和 POE，仅采用垂直插入式的“活性”介质过滤器	有机化学还原： ① 限定范围内的最大废水浓度（欧盟饮用水指令 98/83/EC，如果污染物未规定，则为世卫组织指南） ② 未规定 TOC 浓度 ③ 循环 60min，50%开/50%关，每天 16h ④ 根据制造商说明对两台机组进行测试、安装和预处理 ⑤ 验收：每个过滤器对每种化学品的平均还原效率应不低于要求的效率或标准中规定的最低值(90%)，且单个结果不得低于最低值的 90% 除嗅： 分别测试去除土味素和 2,4,6-三氯酚（分别从 $0.15mg\cdot L^{-1}$ 和 $20mg\cdot L^{-1}$ 的剂量减少 90%）。按照上述有机化学还原试验程序

注：LP 为低压；MF 为微滤；NF 为纳滤；RO 为反渗透；UF 为超滤。

9.2.2.4　人工光源/太阳辐射

大多数 PMR 研究采用人工紫外辐射光源，因为紫外光拥有足够的能量，能使光催化剂产生电子-空穴对（e^{-}-h^{+}），从而触发自由基的形成和污染物的氧化降解。研究小组通常使用汞灯，其在 253.7 nm 辐射波长具有杀菌能力，也称为光谱中的 UVC 部分，还包括波长小于 185nm 的紫外线（Doll and Frimmel，2005；Meng et al.，2005；Rivero et al.，2006；Lee et al.，2006；Huang et al.，2007；Benotti et al.，2009；Zheng et al.，2015；Plakas et al.，2016a；Rajca，2016；Vatanpour et al.，2017）。考虑到 TiO_2 可在 λ<387nm 的紫外线照射下被激发，许多研究人员或使用最大发射波长为 365nm 的汞灯，其属于光谱的 UVA 部分（Ryu et al.，2005；Shon et al.，2008；Horng et al.，2009；Sarasidis et al.，2011，2014；Fernández et al.，2014a，b；Lee et al.，2015）。

汞灯可以是低压（LP）或中压（MP）（即灯内气体压力），标称功率分别在 4~115W 和 400~17000W 范围内变化（Philips，2017）。紫外辐射功率可高达标称功率的 30%左右。据了解，一盏 MP 汞灯的输出量远高于 LP 汞灯；因此，在特定场合可使用更少的灯具，从而降低了整体占地面积、维护费用和耗材。然而，中压汞灯（与低压汞灯相比）的效率较低，并且在提供相同的辐射剂量时消耗更多的能量。此外，由于 MP 系统的单盏灯输出功率高，在设备工艺设计时，消除灯产生的热量以控制处理后的水温。因此，光照系统的选择在很大程度上取决于特定的工艺和应用。这些灯的平均寿命从 5000h 到 17000h 不等；但是，在其寿命期间，其辐射输出可能会急剧下降 15%~40%（American Air Water® Inc.，2017）。

上述问题促使研究人员探索替代辐射源。最近，直接将电能转换为光的发光二极管（LED）半导体器件已成为光催化的可能替代光源（Wang et al.，2013；Jo and Tayade，2014）。LED 可以根据半导体材料的组成和条件发射不同波长的光（红外、可见光或近紫外），例如砷化镓（GaAs）、磷化砷化镓（GaAsP）、磷化镓（GaP）或氮化铟镓（InGaN）。与传统汞灯相比，使用紫外线 LED 的优势如下（Crawford et al.，2005；Eskandarian et al.，2016）：

① 无汞处理问题（LED 不含汞）；

② 设计紧凑坚固：在运输和搬运中更耐用（无玻璃或灯丝）；

③ 启动快；

④ 可更高频率开启和关闭；

⑤ 工作电压和功率要求更低；

⑥ 更长的使用寿命（35000~50000h）减少更换频率。

根据驱动电流的不同，UVA LED 可输出最大的有效辐射通量或输出功率（1~4000mW）。相反，目前市场上可用的 UVB 和 UVC LED 的输出功率和效率仍然较低，即分别低于 2mW 和 1mW（Galbraith，2016）。LED 光源对环境友好、可靠和节能，能够满足杀菌和消毒的需要，引起 LED 制造商的特别关注。最近发表的在悬浮态光催化（Wang et al.，2013）和 PM 型（Athanasekou et al.，2015）膜光催化反应器上，使用可见光 LED 的 PMR 研究，显示了未来实际应用的前景。值得一提的是，Falaras 等（2012）的 PMR 专利使用了 UVB LED 阵列，其中描述了能够与太阳能光伏发电装置结合的新型 PM 设备，并开发了一个经济高效的饮用水生产自主系统（Athanasiou et al.，2016）。

最便宜的紫外线辐射源是太阳光源，它占电磁光谱中紫外线区域辐射的 4%和 5%。地表附近的平均紫外辐射量为 20~30W·m^{-2}。这相当于太阳提供的 300~400nm 范围内光子辐射强度的 0.2~0.3mol·m^{-2}·h^{-1}（Mozia，2010），这被认为足以产生反应性自由基（Thompson and Yates，2006）。太阳光催化技术的应用已经引起了广泛的关注，并在其他领域进行了综述（Malato et al.，2009；Bora and Mewada，2017）。大量研究致力于太阳能光催化研究，包括聚光型（称为复合抛物面聚光器的低聚光度聚光器）和非聚光型聚光器；而对太阳能 PMR 的研究十分有限（Augugliaro et al.，2005；Horovitz et al.，2016）。尽管相关文献报道令人欣慰，但在太阳能光催化与膜过滤集成技术应用的不足表明，实现该技术的应用开发需要做出巨大努力。未来的研究还应考虑到太阳光源在强度、光谱含量和分布方面的日变化和季节变化，以及由于气象条件和应用地点地理纬度造成的影响。

使用氙灯（高压电离氙气）和可见光活性光催化剂的太阳光源模拟器同样已用于多项 PMR 研究（Liu et al.，2012；Horovitz et al.，2016；Wang et al.，2017）。在所有人造光源中，氙灯在质量上最接近太阳光。其在整个可见光范围内（大约 400~700nm）辐射强度近似相等的连续光谱，近似于自然日光的中性白色。氙灯的功率为 5~32000W，光源寿命因其设计和功耗而异，一家主要制造商报告的平均寿命为 500h（7kW）至 1500h（1kW）（USHIO，2017）。

9.2.2.5 膜工艺

膜是 PMR 系统的关键部件，与膜相关的设计和工艺问题阻碍了该技术的发展。在各种操作条件下，膜污染是主要问题，这是膜的基本分离功能所固有的，它会降低膜的性能。在过去的几十年中已经进行了广泛的相关研究，积累了大量的相关文献（如，Le-Clech et al.，2006；Tang et al.，2011；Sioutopoulos and Karabelas，2016；Meng et al.，2017；Jiang et al.，2017），因此需要特别注意这个问题，本书第 4 章对此进行了论述。还应注意的是，最近对水和废水处理中 PMR 的膜污染进行了相当全面的综述（Zhang et al.，2016a）。然而，在谈到 PMR 时，他们得出的结论是“目前，阻碍其商业化的主要技术障碍是膜污染，这通常会增加运行成本，降低处理效率”。考虑到这一问题的重要性和文献中的争议（如上述评估），下面对预测的大规模 PMR 系统中的膜性能进行了评估。本文概述了近几十年来在饮用水超滤膜处理（Allgeier et al.，2005）和 PMR 潜在应用类似的给水处理（如 Pearce，2007；Henthorne and Boysen，2015）方面取得的丰富实践经验。

在光催化悬浮系统中，膜的双重功能和理想属性是指完全分离/截留光催化剂颗粒从而实现回收，并将不需要的胶体和其他溶解的组分保留在 PMR 系统内来提高污染物的总去除率。这些要求与低压膜系统（通常包括 UF 膜和少量 MF 膜）的要求没有区别。过去 20 年中，低压膜分离系统在各种水处理厂的应用和作为预处理工艺的用于给水预处理的反渗透（RO）海水淡化装置，可靠性高，处理能力强，技术发展成熟（Voutchkov，2009；Pearce，2010a，b）。同时，类似特性的膜工艺也非常成功，如膜生物反应器（MBR）

在高污染水处理（Judd，2014；Patsios and Karabelas，2011）和其他类似的工业应用（Judd and Jefferson，2003）。这种低压膜系统设计是可以根据分离任务要求和给水成分相关的渗透液质量标准，选择标称孔径的超滤膜（Baker，2000）。应进一步注意的是，在微粒和其他胶体物质浓度较高的情况下，膜组件的优选结构是浸没式中空纤维或管状膜，其在相当温和的吸力下以“外-内”模式运行。此外，用渗透液以固定频率进行反冲洗，通常采用的反向通量接近正向通量，以便实现连续稳定运行（Sarasidis et al.，2011，2014；Plakas et al.，2016a）。

通常膜化学清洗采用相对简单的CIP自动操作系统，如果监测压力趋向于超过预定值，则采用恒定通量回收工艺。许多研究（在实践中实施的）得出结论，适度施加渗透通量（如 $10 \sim 20L \cdot m^{-2} \cdot h^{-1}$）可控制不可逆膜污染（如 Judd，2014；Patsios and Karabelas，2011）；同样，这些研究对理想的反冲洗方案有很好的理解，包括短时间（每次 1min）的回流和同数量级较长时间的过滤（Sarasidis et al.，2011，2014；Plakas et al.，2016a）。通常用相对简单的中试试验确定上述操作参数和特定分离任务的清洗规程。

未来 PMR 大规模应用将包括使用分散的光催化剂颗粒，如 TiO_2 和其他尺寸范围为 20~40nm 的复合材料（Gupta and Tripathi，2011；AEROSIL，2017）。然而，因为不可避免的团聚，PMR 体系中平均光催化剂粒径通常更大，如 9.2.2 节所述。对于这种分离任务，市场上提供了几种类型的超滤膜，并在应用中性能突出（如 AMI® Applied Members Inc.，2017）。最佳超滤膜孔径分布（或平均孔径）的问题通常通过平衡所需压力（即能耗）和理想的截留率来解决；然而，特别是在 PMR 系统中，这需要（用待处理溶液的真实组分）进行中试试验以提供接近最佳膜的指导性选择。在足够大规模的中试试验的前提下，此类试验对于新型 PMR 系统来说是必要的，以便在连续操作条件下检验膜性能以及污染物去除率和透过液的整体质量。需要补充的是，在这里讨论的 PMR 应用中，孔径比 UF 大得多、操作压力要求小得多的 MF 膜并不受欢迎，因为它容易发生严重的不可逆污染。对于连续系统运行，未进行定期化学清洗引起的膜污染很难通过定期反冲洗消除（Katsoufidou et al.，2008）。

就膜孔隙率而言，通用的评价标准同样适用于负载在膜（主要是无机膜）表面的光催化剂颗粒，确保对胶体颗粒和其他溶解污染物的分离效果。事实上，基于实验室研发和实践经验（Burggraaf and Cot，1996），管式 UF 膜在这种情况下被认为是适用的，尽管在实际应用中悬浮态光催化剂膜系统采用的有机中空纤维膜。然而，需要特别注意负载光催化剂的膜表面污染问题，如果（到达膜表面的）污染物的氧化降解速率不能与这些污染物沉积速率相匹配，则可能导致光催化剂失活，这一问题需要进一步研究（Zhang et al.，2016a）来确定特定净水工艺的最佳运行条件。

基于以上综述，我们可以得出以下结论。在分散光催化剂系统中，成熟的低压膜技术的现有设计和操作规则，可直接放大到大型 PMR 容量。然而，在负载光催化剂颗粒的膜的情况下，膜的设计和放大比较复杂，应该特别注意。关于 PMR 系统膜组件的经济问题，将在下一节中采用前面的膜技术评估结果进行讨论。

9.2.3　运行问题评估

9.2.3.1　运行模式

工程应用的 PMR 系统运行的理想模式是连续式的，主要运行参数几乎不变（即处理水量、污染物去除率、能源需求）。在某些实际情况下（尤其是处理能力相对较小时），可能会使用半间歇式甚至间歇式工艺。膜污染和材料老化（例如针孔形成）分别导致操作压力增加和分离效率降低，这种膜性能退化是影响 PMR 连续稳定运行的主要问题，需要采取缓解和控制此类问题的措施及可靠的性能监测技术。关于膜污染控制（至少对于使用 UF 有机膜的I型系统)，在工业实践中有成熟的措施（如，Judd and Jefferson, 2003；Allgeieret al.，2005)，包括根据需要使用渗透液进行自动定期反洗，以及根据需要（通常几天或几周一次）使用较温和的化学品执行 CIP 协议；这些技术已成功应用于 PMR 中试研究（Ryu et al.，2005；Sarasidis et al.，2011；Plakas et al.，2016a，b，etc.)。类似地，可利用各种技术定期检查 UF 中空纤维膜的完整性（Allgeier et al.，2005；Pearce，2010a)。对于浸没式膜恒速产水的常规运行模式，监测参数为吸入压力和产水质量，在此基础上确定清洗（通过 CIP 协议）或更换故障膜。

曝气或鼓泡是 PMR 系统运行中的另一个重要问题。空气鼓泡有两个主要功能，即维持处理水中的溶解氧饱和度和在膜表面附近提供流体搅拌（尤其是浸没式)，从而产生流体剪切应力，以减轻污染（Judd，2003；Allgeier et al.，2005)。过量曝气会显著增加 SEC 和单位水处理成本；同样，有一些实践经验可用于浸没式超滤膜优化曝气量，在一些研究中使用喷射氧气代替空气鼓泡，就纯氧增强光催化反应的效益值得商榷（Habibi et al.，2005)。

关于用于水处理的紫外光源，在市场上可买到的汞灯一般装在圆柱形玻璃套管中，有标准技术可用于自动清除这些套管外的沉积物（Schmelling et al.，2006)。最近的 PMR 试验（Plakas et al.，2016a，b）证明，这种周期性操作的清洁方法可有效地清除紫外线灯套上沉积的光催化剂颗粒，从而保持稳定的紫外辐射强度。与 PMR 系统 UV 功率相关的问题是放热和伴随的水温升高，长水力停留时间（HRT）时会产生总体负面影响。到目前为止，这些重大问题还没有得到充分解决，应该作为一个研发项目纳入实际中试研究。最后，监测光催化剂颗粒性能（以确定稳定性降解）十分复杂，可通过运行设备的关键运行参数随时间变化进行分析，主要通过渗透液定性和定量分析。

Ⅱ型 PMR 系统采用连续运行模式是可行的，但中试研究（Falaras et al.，2012）和经验十分有限。适用于有机中空纤维超滤膜的有关技术也有可能适用于Ⅱ型 PMR 系统，以控制由于难降解或不可降解沉积物造成的膜污染和光催化剂失活。然而，与I型情况相比，监测 PM 光催化和过滤性能以及再生问题要复杂得多，需要论证和开发相关技术。例如，在控制和恢复 PM 膜稳定性技术和有效性方面缺乏经验并存在不确定性；例如，无论需要原位技术还是现场技术，都需要避免使用能被光催化剂降解的化学品。

9.2.3.2 运行参数

PMR 系统中污染物的矿化速率与几个操作参数密切相关，特别是光催化剂投加量、紫外辐射强度、HRT、曝气率、pH 值和温度，如第 1 章和第 4 章所述。另一个（也影响膜污染的）重要参数是膜渗透通量。关于这些参数对运行效率的影响，已有大量研究报道（Chong et al.，2010；Mozia，2010；Ong et al.，2015）。然而，这些通过不同的操作规程和设备获得的结果参考价值十分有限。

如上所述，连续式运行适用于处理量较大的低有机污染物（如饮用水净化、二级市政污水回用）的工业设备。对于量少而有机负荷较高的废水，低渗透通量（增加 HRT 和处理成本）的半间歇或间歇式工艺结合可能更好。然而，对于给定的工艺目标，所有 PMR 系统应在最佳条件下运行，特别是光催化剂投加量、单位体积的紫外辐射强度和曝气速率。表 9.4 总结了文献报道中不同工艺条件下 PMR 系统的操作变量。这些操作变量数值往往因 PMR 中的设备结构和工作条件不同而发生显著变化；如与小容量反应器相比，大容量反应器的饱和光催化剂投加量和效率可能更低。因此，表 9.4 中的数据应视为指导性数据，在文献报道的数值范围内提供一个广泛性参考。

表 9.4 操作变量；实验室中试 PMR 系统以连续模式运行，处理有机物浓度相对较低的水/废水（从 $mg \cdot L^{-1}$ 到 $ng \cdot L^{-1}$），文献中使用的主要影响和数值范围

运行参数	范围值	评述
光催化剂投加量	$0.1\sim2g \cdot L^{-1}$（I型） 0.5%~12% TiO_2（质量分数）（II型）	取决于光催化反应器的几何形状和工作条件。在一定范围内，其值与整体光催化反应速率成正比。应在光催化剂饱和水平以下运行，以避免光催化剂过量、结块和光散射现象，并确保吸收光子效率
pH	4.5~8.5（I型和II型）	影响光催化剂粒子表面电荷、光催化剂聚集体的大小以及 CB 和 VB 的位置。根据溶质和工作 pH 值的不同，与相反电荷的光催化剂粒子的极性吸引促进光催化反应
温度	环境温度（I型和II型）	温度影响反应动力学和溶解氧的溶解度，溶解氧的溶解度随反应温度的升高而降低。据报道，有机污染物矿化的最佳反应温度为 20~80℃（Malato et al.，2009）。光催化反应温度>80℃（例如，在太阳能 PMR 的情况下）促进电荷载体的复合，从而不利于有机化合物在 TiO_2 表面的吸附（Gaya and Abdullah，2008）
溶解氧（曝气）	$1\sim33L \cdot min^{-1}$（I型） 无曝气（II型）	DO 影响氧化剂的形成、UVC 光照强度、自由基中间体的稳定性、矿化效率和催化剂粒子的悬浮状态。此外，氧分压可能会影响有机物的矿化速率（分压越高矿化速率越高）
水力停留时间（HTR）	0.5~50h（II型）	HRT 根据有机污染物的性质和初始浓度确定其有效降解/矿化。在实际废水中，由于通常实现缓慢的矿化动力学，高 HRT 是必要的
辐照强度	$6\sim30mW \cdot cm^{-2}$（I型） $1.4\sim2.1mW \cdot cm^{-2}$（II型）	光催化反应速率与辐射强度相关性强，在高辐射强度时，应考虑电子空穴对的复合的影响。由于电子空穴对的复合增加，光催化反应速率从线性降低到零

注：CB 为导带；DO 为溶解氧；PMR 为光催化膜反应器；VB 为价带。

确定 PMR 稳定运行的最佳运行参数是困难的，需要一个多目标优化程序（通常包括最低的处理成本和 SEC，以及最大的污染物降解/矿化速率），并考虑一些限制性因素。如第 9.5 节和第 10 章所述，此类优化前提是开发出整个 PMR 工艺的综合可靠模型，但这种模型目前还不能提供。根据给水成分的不同，必须对光催化剂浓度、pH 值和温度进行适当的控制，以实现对目标光催化污染物的有效降解。HRT 受到难降解性和待去除有机污染物浓度的负面影响，事实上，难降解污染物增加了 HRT 和 PMR 运营费用。

在实际水质的情况下，光照强度以及其他操作变量的影响与模型系统相比，可能会发生很大变化，因为目标有机污染物（例如杀虫剂、染料和药品等合成化学品）的光催化分解速率会受到水质中其他溶解有机和无机化合物的显著影响。具体而言，毒性较小的天然有机物（NOM）（例如腐殖酸和黄腐酸、多糖），其浓度可能是在水源（地下水和地表水）中检测到的目标合成污染物浓度的 10000 倍甚至更高，它们会竞争光催化剂表面的活性位点或使光催化剂失活，从而降低目标污染物的降解率（Autin et al.，2013；Drosos et al.，2015）。此外，NOM 会污染膜表面（Katsoufidou et al.，2010；Patsios et al.，2013），从而降低渗透通量和整个系统性能。与 NOM 类似，无机离子（如 Cl^-、NO_3^-、SO_4^{2-}、CO_3^{2-}、HCO_3^-）的存在可显著降低光催化降解效率，因为它们充当空穴（h^+）和羟基自由基的清除剂（Katsoufidou et al.，2010；Patsios et al.，2013）。在这种情况下，无机阴离子自由基（如 Cl•、NO_3•）的形成是可能的（Abdullah et al.，1990），虽然可以考虑这些自由基的反应性，但它们的反应性不如 h^+和•OH（Hu et al.，2003）。Autin 等（2013）的研究表明，由于 TiO_2 团聚体的形成，碱度的增加会大大降低 UV/TiO_2 氧化乙醛的效率，此外，作者还发现，对于给定的 NOM 浓度，其特性对微污染物的去除没有很大影响。然而，季节性增加的疏水性物质将比亲水性化合物具有更大的抑制作用（Autin et al.，2013）。对实际废水的研究显示出低矿化速率（Chong et al.，2010），验证了有机和无机物质的显著影响，这些不利影响将增加 HRT、增大反应器容积以及为了实现目标污染物去除的能量消耗，从而对处理成本和环境负担产生负面影响。

9.2.4 性能指标

适当的性能指标，对于特定 PMR 型式的评估以及与其他类似水处理工艺的比较至关重要。能源消耗是影响经济和环境效益的关键问题，要寻求一个与污染物降解程度相关且恰当的总能耗指标。

与大多数有关原位生成高效氧化剂的 AOPs 一样，PMR 系统也是电能驱动的，所以降低能耗是提高整个工艺效率的首要目标。因此，考虑到 PMR 工艺既可通过膜实现污染物去除/截留，也能够将污染物部分降解为简单有机分子或完全降解为 CO_2、H_2O（矿化）和各种无机离子，PMR 技术的能耗需要仔细评估。关于适当的指标，Bolton 等（2001）提出了一个效率指标，用于比较这些工艺的能源效率，即降解电耗（E_{EO}），定义为将 1m^3 水中的污染物降解一个数量级（降解率 90%）所需的电能（kW·h），即：

$$E_{Eo} = \frac{P}{F\lg\left(\frac{c_0}{c}\right)}$$

式中，P 为 PMR 系统的额定功率，kW；F 是水的体积流量，$m^3 \cdot h^{-1}$；c_0 和 c 是污染

物的初始（进水）浓度和最终（出水）浓度，$mg \cdot L^{-1}$。该定义适用于连续运行系统和低浓度污染物。Bolton 等（2001）认为，NF/RO 膜分离和活性炭吸附等传统方法，其特点是无限大的 E_{EO}。因为污染物未被降解，其总质量（主流和侧流中）在处理前后是相同的。

PMR 系统中的电能消耗可能根据结构和主要运行参数（包括待降解污染物的性质、水质参数和污染物的初始浓度）不同而变化很大。因此，回顾文献中报道的 PMR 研究试验的能量参数值及其基本特征是很有意义的。在表 9.5 中，计算的 E_{EO} 值能够满足 9.2.1 节中 PMR 文献中的试验数值和工艺参数。表 9.5 所列出考察的 PMR 中试示意图见图 9.3、图 9.4 和图 9.7。

表 9.5 中的中试研究采用悬浮态光催化反应器、浸没式膜组件和人工光源，完成了中试连续式运行。应当指出的是，表 9.5 中有相当多的参数值是根据研究报告中的数据计算得出的；然而，当得不到所需的数据，或相关的性能数据很少时，计算将基于合理的假设。在查看了表 9.5 的内容之后，下面的总结对于该介绍非常有意义。

① 在几乎所有情况下，都使用了 P25-商用 TiO_2 光催化剂颗粒。没有专门关于光催化剂颗粒性能（例如光催化活性、耐用性和老化问题）的研究报告。

② 尽管采用连续模式运行，但是未明确是否要定期反冲洗。

③ 一些 PMR 系统使用 MF（而不是 UF）膜，膜的不可逆污染问题尚未解决。相关膜污染的数据不充分。

④ 有关能源消耗的数据很少，在某些情况下难以进行核实；因此，对所列 E_{EV} 值计算进行了合理地假设。

⑤ E_{total} 是其他三项的总和：$E_{total}=E_{pump}+E_{air}+E_{lamps}$。

⑥ 列出的 E_{EO} 值很高（当然可能远不是最佳值），因为大多数 PMR 系统对单位体积的紫外线辐射功率参数 P_R（W/L）的设计都是过量的。

⑦ Benotti 等（2009）评估了 Photo-Cat（据报道是商用的）系统降解药物的能力。该系统采用了一种表面积未知的陶瓷 MF 膜。由于数据缺失，所列 E_{EO} 值的准确度不确定。

⑧ 对所列研究中不同污染物降解的 E_{EO} 值进行比较和评估是没有意义的。

综上所述，表 9.5 中列出的能源消耗有很大差异。根据所参考系统的大小和条件，预计净水耗电量在 0.2~55$kW \cdot h \cdot m^{-3}$。与中试和大型实验室系统相比，小型实验室系统的能效普遍较低。Benotti 等（2009）报告，E_{EO} 取决于待处理分子的难降解特性（在其特定情况下为药物活性化合物）和单位输入功率（即使用的紫外线灯的数量）的处理量。因此，E_{EO} 值之间存在很大差异。这种 E_{EO} 数值的差异并不令人意外，因为大多数文献中报道的系统很少注意降低能耗；事实上，此类实验室系统对于单位工作体积（L）采用的光源辐照功率（W）的设计通常都是过度的。最后，有限的文献中报道的关于中试研究（图 9.7）以及关键能源消耗指标估算的不确定性表明，需要进行系统的 PMR 开发工作，正如以下章节所述。

表 9.5　选定试点 PMR 的设计特征和能耗结果

项目	性能＼文献及年份	Ryu，2005	Meng，2005	Lee，2006	Rivero，2006	Sarasidis，2009	Sarasidis，2011	Plakas，2016	Doll，2005	Huang，2007
	形态	悬浮态，浸没式中空纤维膜	悬浮态，浸没式中空纤维膜	悬浮态，浸没式中空纤维膜	悬浮态，外置式中空纤维膜	光催化-陶瓷膜	悬浮态，浸没式中空纤维膜	悬浮态，浸没式中空纤维膜	悬浮态，外置式平板膜	悬浮态，浸没式中空纤维膜
膜	种类	MF	UF	UF	MF	MF	UF	UF	MF	MF
	面积/m^2	8	1.5	0.7	0.157	NA	0.47	4.19	0.01	0.8
	渗透通量/$(L\cdot m^{-2}\cdot h^{-1})$	15	54	140	55	NA	14	15	100	24
	反冲洗-暂停-脉冲/min	3/9	Yes①	NO	Yes②	0.0083/1③	1/9	1/9	Yes	1/10①
辐射	种类	UVA	UVC	UVC	UVC	UVC	UVA	UVC	UVC	UVC
	光源数量	10	36	6	4	4/32	3	4	1	11
	单光源额定功率/W	30	40	40	25	191	30	39	14	29
	总功率/W	300	1440	240	100	764/6112	90	156	14	319
光催化剂	种类	TiO_2-P25	TiO_2-P25	TiO_2-P25	TiO_2-UV100	TiO_2-P25	TiO_2-P25	TiO_2-P25	TiO_2-P25	TiO_2-P25
	制造商	Degussa	IHI Co	Degussa	Hombikat	Degussa	Degussa	Degussa	Degussa	Degussa
	锐钛矿/金红石/%	80~20	80~20	NA	100~0	80~20	75~25	75~25	75~25	75~25
	浓度/$(g\cdot L^{-1})$	0.5±0.1	0.4	1	10	0.05	0.75	0.5	1	0.4
运行参数	水质	TAP	NS	TAP	RWW	NS	TAP	TAP	DE	TAP
	污染物	HA	4-CBA	BPA	中水	DCF/ATR	SA	DCF	氯贝酸	4-CBA
	污染物浓度/$(mg\cdot L^{-1})$	3	70④	1	290④	0.00028/0.0001	2.23⑤	0.47	1.9	0.027
	工作体积/L	500	200	150	8	NA	9	25	15.9	100
	水力停留时间/h	5.6	3.0	2.5	0.9	NA	1.7	0.5	15.9	4.1
	产水速率/$(L\cdot L^{-1})$	120	81	98	8.6	1440	6.6	62.9	1.0	24.4
	平均产水速率/$(L\cdot h^{-1})$	90	73.3	60	8.6	1440	5.3	50.3	NA	19.2
结果	污染物去除率/%	90	—	95	—	99.7/87.5	—	90.5	98.6	50
	TOC/COD 去除率/%	61.4	78.5	—	74	—	74.4	52.4	—	—
能源数据	$E_{lamps}/(kW\cdot h\cdot m^{-3})$	3.33	19.64	4.0	11.57	0.53/4.24	17.10	3.10	14.0	13.8
	$E_{pumps}/(kW\cdot h\cdot m^{-3})$	1.88	NA	NA	NA	NA	19.38	3.15	NA	NA
	$E_{air}/(kW\cdot h\cdot m^{-3})$	4.44	NA	NA	NA	NA	4.94	5.16	NA	NA
	$E_{total}/(kW\cdot h\cdot m^{-3})$	9.65	NA	NA	NA	7.5/18.5	41.41	11.42	NA	NA
	$E_{EO}/(kW\cdot h\cdot m^{-3})$	3.33	29.43	3.07	19.78	0.21/4.70	28.89	3.04	7.55	55.19

① 间歇吸入。
② 脉冲式气升。
③ 空气反向脉冲。
④ COD。
⑤ TOC。

注：ATR 为阿特拉津；BPA 为双酚 A；COD 为化学需氧量；DCF 为双氯芬酸；DE 为去离子水；TAP 为自来水；HA 为腐殖酸；MF 为微滤；NA 为无此参数；NS 为自然地表水；PMR 为光催化膜反应器；RWW 为真实废水。

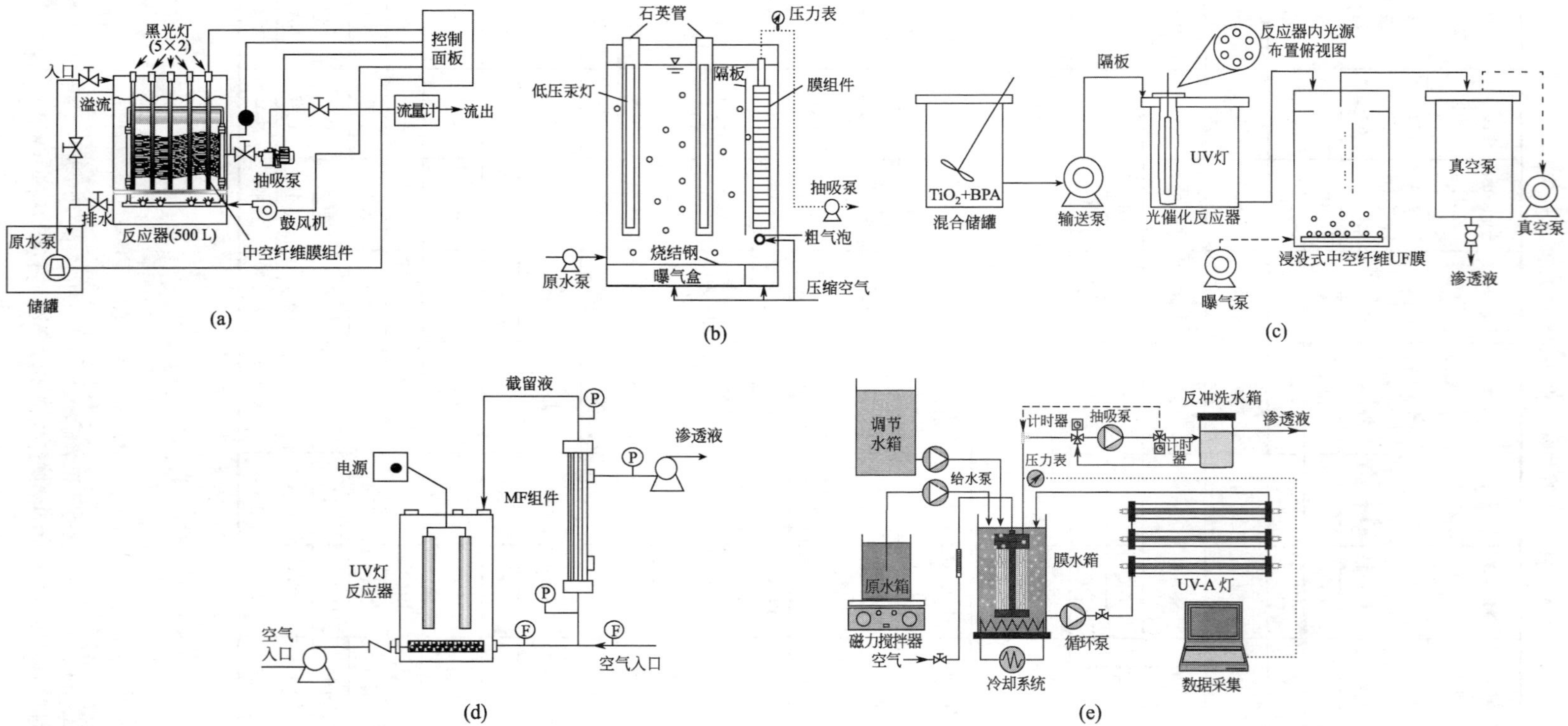

图 9.7　中试规模光催化膜混合反应器示意图

（a）转载自 Ryu et al.，2005；（b）转载自 Meng et al.，2005；（c）转载自 Lee et al.，2006；（d）转载自 Rivero et al.，2006；（e）转载自 Sarasidis et al.，2011

9.3 经济问题

9.3.1 设备投资费用

对工业的 PMR 系统设计进行详细和可靠的经济性分析，PMR 研发人员将工艺设备设计、施工和运行与各自的成本参数（主要是净化水单位成本）联系起来是必不可少的，因为这有助于对那些需要注意的方面和问题进行评估和优先排序，以期望实现理想的改进。新型 PMR 工艺采用常规方法，包括设备设计、规格和成本估算，所用设备的类型及其在市场上的可用性对于开发新工艺具有重要意义。

分散型光催化剂和 UF 膜组件组成的 PMR 系统，由以下几部分组成:

① 水箱：进水和产水;

② 泵：用于（水、光催化剂悬浮态）进料、循环、膜反洗;

③ 膜组件支架和水箱;

④ 空气压缩机;

⑤ 化学清洗系统，如 CIP;

⑥ 控制和测量仪表，监控仪器、可编程逻辑控制器（PLC）;

⑦ 紫外灯设备（紫外灯组或模块、LED）和容器。

应该注意的是，除了膜组件和紫外光源，以上设备均为行业标准产品。由于在饮用水中的大量应用膜和紫外灯这些设备类型已有大量相关数据，并已经进行了标准化，美国国家环境保护局出版的关于膜过滤（Allgeier et al.，2005）和紫外线消毒（Schmelling et al.，2006）的综合手册体现了这些领域成熟水平。特别是在过去二十年中，由于膜设备/标准化模块的广泛应用而获得的总体经验方面发展相当迅速（如 Allgeier et al., 2005; Pearce，2007）。尽管如此，对于新的 PMR 应用，UF 膜的长期性能参数和膜的有效寿命仍然存在一些不确定因素。此外，对于 PM（通常为无机，用于Ⅱ型 PMR），存在重要的设计问题和相关的不确定性，对成本估算产生负面影响。总之，在现有条件下（TRL 约 7, 图 9.1）新型 PMR 中试运行数据将有助于基本消除上述不确定性（至少对于Ⅰ类机组），并且可能帮助确切估算投资和运营费用，膜和紫外线设备的模块化将促使从中试到全尺寸的放大，从而大幅简化投资成本估算。

9.3.2 运行费用

关于运行费用，折算为单位水处理总成本（欧元·m^{-3}），具体成本项目的定义十分明确，例如资金、能源、人员（包括监督、维护）、化学品、膜和紫外灯更换的成本。

根据类似水处理工艺的经验（Pearce，2010b），预计Ⅰ型系统的主要项目成本将是能源和资产费用，与能源消耗相关的费用是最大的不确定性来源。同样的评估也适用于Ⅱ型 PMR 系统，其中膜更换和清洗可能是主要成本；在这些系统中，与膜性能稳定性相关的不确定性似乎是一个主要问题。在所有 PMR 结构中，与前面章节讨论的高效紫外光利用相关的系统最佳结构配置问题是技术开发工作中的主要问题，需要优先关注。第 11 章对 PMR 技术的经济方面进行了更详细的分析。

9.4 可持续性评估

近年来，普遍认为应根据可持续发展的“三重底线”（TBL）方法，即满足环境、经济和社会需求原则，和具体情况选择适当的水处理技术。在投资大规模生产时，这一点至关重要。因为在适当的空间和时间范围内，所应用的技术应满足定义明确和相互关联的可持续性“支柱”。PMR 作为一种绿色、可持续的水处理技术，可以与其他传统的先进水处理技术相竞争。在不考虑相关的经济和社会影响的前提下，这项评估主要基于该技术实验测试中的环境性能。然而，PMR 经济效益及其社会影响是可持续性评估不可分割的部分，在未来的研究中，对于有前景的 PMR 系统应进行全面评估，从而为可持续发展技术的选择提供科学的决策支持。

表 9.6 以目标的形式列出了一些关键的可持续性问题及其代表性指标和改进方向。水处理项目的可持续性评估应放在一个足够广阔的时空角度。从时间上，应考虑与项目相关的所有活动和方面，即规划、设计、施工、设备调试、运行，甚至报废。在空间上，应考虑对厂区外的影响，如能源消耗、工厂废水处理排放的“温室气体”。

表 9.6　水处理技术稳定性评估的目标、指标和方向

项目	目标	指标	方向
经济	降低成本	投资成本	−
		维护和运营成本	−
环境	减少能源消耗	能源消耗	−
	减少土地使用	土地面积要求	−
	减少污染物累积	有机物去除效率	+
	降低气味/噪声/视觉影响	气味影响	−
		噪声影响	−
		视觉影响	−
	减少全球变暖	全球变暖趋势	−
	降低机械故障概率	可靠性	+
	减少使用化学品	化学品的使用	−
	减少产生污泥/废物	产生的废液	−
	最佳资源利用/再利用	水回用潜力	+
社会	促进地方发展	就业	+
	提高公众接受度	公众接受	+
	降低技术复杂性	复杂性	−
	教育水平	操作员执照	+
	舒适度	臭气/噪声的测量滋扰水平	−

目前用于评估水（及废水）处理厂影响的方法包括环境影响评估（EIA）、生命周期评估（LCA）、最佳可用技术（BAT）和驱动力-压力-状态-影响-响应（DPSIR）方法。Lior（2017）对这些方法进行了综述，Zijp 等（2017）还报道了 30 种现有可持续性评估方法的数据库，其中包括生态足迹、欧盟生态标签、生命周期成本（LCC）、单位服务的物质投入（MIPS）、产品环境足迹（PEF）和技术稳定性评估（SAT）。这项工作提出了一个促进方法选择协议（Zijp et al.，2017），包括决策背景、利益相关者的不同观点，以及相关评估方法的选择。此外，基于协议步骤，以决策树的形式设计了一个支持利用方法特征知识的工具，并在一个网站上公布执行（www.sustainabilitymethod.com）。

另一种评估和比较过程可持续性的方法是基于综合可持续性指数（CSI），它用许多指标来描述各种影响，从而得出定量结果（Lior，2017）。CSI 将多维问题集合到一个索引中，从而提供全面的描述。然而，经常有人认为 CSI 过于主观，因为它们的结果过于依赖标准化方法、特定的加权方案和子指标聚合法。

然而，CSI 计算通常采用多准则分析技术（MCA）（Dodgson et al.，2009），这为处理上述问题产生的复杂效应和相互影响提供了理论框架。在能源领域（Amer and Daim，2011）、制造业（Voces et al.，2012）、二级污水处理（Molinos-Senante et al.，2014）和水循环三级处理工艺选择（Plakas et al.，2016b）中，使用此类方法进行可持续性评估的研究已有报道。

最近，作者实验室开发了一个用于评估四种城市污水三级处理回用技术的可持续性能（Plakas et al.，2016b）的 MCA 框架，建立了粉末活性炭吸附-超滤膜分离（PAC/UF）、反渗透（RO）、臭氧/紫外光氧化（O_3/UV）和浸没式 PMR 三种工艺。其中，浸没式 PMR 已在实验室中试中测试成功（Patsios et al.，2013；Sarasidis et al.，2014；Karabelas et al.，2014），最近在适用的终端用户设备上进行了放大实验（Plakas et al.，2016a）。为了加强 MCA 框架，采用了一种参与模型（采用等级加权技术的简单多属性评级技术，SMARTER）（Edwards and Barron，1994），该模型通过一项调查，以通过希腊技术标准的评估（13 个实施中水回用，为 200 多万人提供服务的污水处理厂运营商），从而为废水处理适用技术选择开发了一个支持工具，调查范围是所有指标的重要性判据。

根据文献综述、废水处理厂三级处理（PAC/UF、RO、O_3/UV）现有真实数据以及作者的专业经验（Plakas et al.，2016b），对个别可持续性指标进行了估计。表 9.7 总结了所有可持续性指标的数值。在分配数值权重后，对评价指标进行归一化，将每个指标重新表示为一维单元。最后，确定了每种废水处理技术的 CSI 数值，见表 9.8。

如表 9.8 所示，四种技术中综合指数为 81.04 的 PAC/UF 在经济和环境方面是最具可持续性的。而 RO、PMR 和 O_3/UV 的综合指数分别为 65.16、38.44 和 34.08。尽管 PMR 似乎降低了资本要求，但由于紫外灯的能源需求，运营和维护（O&M）成本很高，然而，由于后者是基于对现有不充分数据的估计，因此，PMR 位于 PAC/UF 之后。从环境角度，PAC/UF 仍然是最佳技术，因为其能耗最低，可靠性高，处理气味/噪声/视觉影响的效率高。然而，在社会领域，O_3/UV 所获得最好的成绩，与 PMR 和 RO 相比差异很小。

表 9.7　用四种三级废水处理技术选定指标的定量和定性数据，评估其在生产再生废水方面的稳定性表现

指标	O_3/UV	PMR	RO（MF 预处理）	活性炭（PAC/UF）
投资成本/(欧元·m^{-3}·d^{-1})	224.2	10	732.5	300
运行维护成本/(欧元·m^{-3})	0.483	0.4	0.204	0.054（PAC/砂滤）
能耗/(kW·h·m^{-3})	0.483	3.3	0.6①	0.2（PAC/超滤） 0.08（PAC/砂滤器）
所需土地面积/(m^2·m^{-3}·d^{-1})②	0.483	0.25	0.25	0.083
异性生物质去除效率	DCF 约 93%	DCF 约 99.5%	DCF>95%	DCF 79.5%
去除率	ATR 约 40%	ATR 约 87.8%	ATR>95%	ATR 74%
气味影响	很低	非常低	中等	不适用于 PAC 处理 无再生情况
噪声影响	非常低	非常低	中等	非常低
视觉影响	非常低	非常低	中等	非常低
可靠性	中等	中等	高	高
就业情况/(员工·m^{-3}·d^{-1})	0.00021	0.00046	0.00046	0.00033
公众接受度	中等	中等	低	中等
复杂性	中等	高	中等	高

① 不包括后处理。

② 基于现有变容量装置的估算。

注：数据基于作者实验室相关研究的分析计算和实验结果，以及科技文献综述。转载自 Plakas，K.V.，Georgiadis，A.A.，Karabelas A.J.，2016b. Sustainability assessment of tertiary wastewater treatment technologies： a multi-criteria analysis. Water Sci. Technol. 73（7），1532—1540，经 IWA 出版社许可。

ATR 为阿特拉津；DCF 为双氯芬酸；MF 为微滤；PAC 为粉末活性炭；PMR 为光催化膜反应器；RO 为反渗透；UF 为超滤；UV 为紫外线。

表 9.8　用四种三级废水处理技术的维度得分和综合稳定性指数（CSI）评估了其在生产再生废水方面的稳定性表现

维度	O_3/UV	PMR	RO（MF 预处理）	活性炭（PAC/UF）
经济	9.43	16.78	11.38	25.52
环境	13.55	14.15	43.78	49.61
社会	11.10	7.50	10.00	5.90
最终得分（综合指数）	34.08	38.44	65.16	81.04

转载自 Plakas，K.V.，Georgiadis，A.A.，Karabelas A.J.，2016b. Sustainability assessment of tertiary wastewater treatment technologies： a multi-criteria analysis. Water Sci. Technol. 73(7)，1532—1540，经 IWA 出版社许可。

注：MF 为微滤；PAC 为粉末活性炭；PMR 为光催化膜反应器；RO 为反渗透；UF 为超滤；UV 为紫外线。

最后通过情景分析，检查了每种技术 CSI 指数（Plakas et al.，2016b）的稳定性。通过多种方案，将经济、环境和社会的维度权重从 5%调整为 90%。图 9.8 显示了在不同维度（经济，环境和社会）分析 4 种废水处理技术的 CSI 数值范围。可以注意到，PMR 呈现的可持续性综合指数的变化范围最小，而 PAC/UF 和 O_3/UV 的可变性最大，可持续性综合指数的变化范围对最终方案的选择起着至关重要的作用，事实上，决策者（或通常的利益相关者）有时会排除最合适的方案（从分析中得出的方案），即使这些方案是最佳

备选方案，因为其不确定性会带来潜在风险（Shehabuddeen et al.，2006）。因此，在废水处理技术运行的不确定、复杂和不断发展的环境中，为了确保稳定的可持续性，PMR 技术可能是最合理的选择。

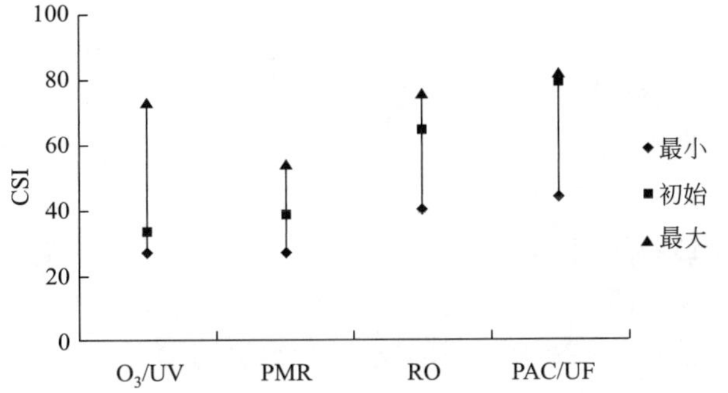

图 9.8　用四种三级废水处理技术的综合稳定性指数（CSI）的可变性评估其在生产再生废水方面的稳定性性能（Plakas et al.，2016b）

PAC 为粉末活性炭；PMR 为光催化膜反应器；RO 为反渗透；UV 为紫外线

9.5　结论和未来趋势

9.5.1　总体评价

PMR 是一种极具潜力的在开发水处理应用技术，特别是用于饮用水净化和三级废水回收。本章总结的技术评估旨在确定评价 PMR 成熟度和阻碍其发展的主要问题，并指出解决 PMR 商业化问题的研发重点。本文考虑了两种类型的 PMR 系统，即使用悬浮态光催化剂颗粒（类型I）的 PMR 系统和光催化剂负载膜的 PMR 系统（类型Ⅱ）。实现这两种类型的 PMR 由光催化剂、光源和膜 3 个主要单元组成，模块间交互作用相关的技术问题是本技术评估的核心。

一般来说，可以通过借助 TRL 的概念/指标，分析文献资料实现量化评估。然而，TRL 指数不能反映阻碍技术发展的必要细节。为了对所有可持续性问题进行综合评估，还需要确定技术、环境、经济和社会等关键指标。评估（处理特定任务的）PMR 系统稳定性能的最重要指标是 SEC 和单位水处理成本，单位分别为 $kW \cdot h \cdot m^{-3}$ 和欧元 $\cdot m^{-3}$。

PMR 设备结构至关重要，因为它直接影响（除其他参数外）系统的最关键参数，即总 SEC。尽管文献报道的这两种 PMR 结构类型应用前景广阔，但就表观量子效率的最大化（特别是对于I型 PMR）而言，仍有待进一步开发。采用人工光源时，光源周围的精确结构仍需优化，从而尽量减少光吸收和散射造成的能量损失和 HRT 对 SEC 造成的间接影响。

在光催化剂的开发方面已经进行了大量的实验室工作，并且成功制备了多种新型 UV-Vis 活性光催化剂。但对于分散体系（I型 PMR），由于其众所周知的特性，TiO_2 仍占主导地位，对于光催化剂性能稳定性，尤其是在实际条件下的研究还很缺乏。特别是对光催化剂的光催化活性、机械和化学稳定性、光腐蚀性和可重复性而言，应该用实际水/废水进行长时间测试，揭示新型光催化材料的优点和缺点，来帮助确定适合于商业应用的长寿命的光催化材料。

关于人工光源，低压或中压汞灯在 PMR 文献中占主导地位，因为在多相光催化剂（TiO_2、ZnO 等）中，它们能够提供足够的能量产生电子空穴对（e^--h^+）。由于相对较高的能耗、较短的使用寿命以及废弃灯具的环境影响，使用汞灯受到很多质疑。这种质疑当然是正确的，而且是有道理的。但是，我们应在 PMR 系统可持续性的大背景下考虑紫外线相关问题，应该将汞灯的使用作为在现实环境中大规模中试的长期运行效果的一部分进行全面评估，这种评估需要充足的数据和经验（包括紫外光源的性能数据），用于商业系统设计和与其他传统或高级处理技术进行比较。近年来，紫外发光二极管（UV-led）已成为光催化的一种潜在替代光源，尽管其有效辐射通量或输出功率（尤其是 UVB 和 UVC）仍然很低，考虑到其相对于汞灯的显著优势（即环保、长寿命、坚固、低功耗要求），以及对环境友好、可靠性和节能需求，包括杀菌和消毒，LED 制造商开展了大量的研究工作来提高其功率输出。值得注意的是，这一评估也涵盖了设计用于太阳辐射的系统，尽管这一技术问题的重要性与使用人工光源相比有所不同。

开发用于其他水处理的膜将有助于推动 PMR 走向商业化。事实上，对于Ⅰ型系统，低压 UF 膜技术已经很成熟，并可以在 PMR 中直接使用，丰富的操作经验和行之有效的技术能够保证此类膜保持长期良好性能，对于Ⅱ类系统，如果将膜（主要是无机膜）作为光催化剂载体，这个附加功能需要进一步开发。

就整体系统设计而言，如果上述问题能够得到有效处理，其他问题就可以迎刃而解。作为 PMR 的组成部分，膜和光源模块在工业设备放大实验的过程中通常不会出现明显的问题，Ⅰ型系统中所需的设备部件大多是现成的（膜组件、紫外线设备、泵、控制系统），很容易满足 PMR 要求。而在Ⅱ型设备中，特殊 PM 模块存在不确定性，这可能会给大规模生产带来困难。

PMR 的系统性能取决于一些操作参数，如光催化剂投料量、溶液 pH 值、光照强度、曝气量、HRT 和温度。根据几何形状、系统工作条件、给水成分（碱度、NOM 和无机离子的存在）、目标污染物的性质和浓度，以及处理目标，它们的值可能会有很大变化。在 PMR 的早期开发阶段，最佳操作参数很可能是在特定条件下得到的，并且通过精心设计的中试实验［例如，通过使用实验设计（DOE）和响应面分析（RSA）方法］来确定。

解决新型 PMR 的经济性问题不会出现任何难题。事实上，鉴于上述 PMR 相对简单的系统设计和可以直接购买到的关键部件，可以直接预估满足新系统的设备要求的费用。新型 PMR 运营费用的估算，相关的成本项目和方法似乎相当简单，但在实际应用中，光催化剂的长期性能以及光催化剂再生（在Ⅱ类情况下，使用昂贵且有害化学品）的相关费用存在很大的不确定性，如果这些不确定性能够得到解决，就有可能相当准确地估算总成本。

在整体可持续性评估方面，迄今为止还没有根据稳定性的三大支柱（环境、经济和社会）对 PMR 系统（类型Ⅰ或类型Ⅱ）的稳定性进行过全面评估。这主要是由于缺乏在相关环境中对 PMR 全面的研究，另一部分原因是缺乏全面的可持续性评估方法。在大规模生产投资之前，对有应用前景的 PMR 系统进行此类研究是至关重要的，因为新技术必须在一定的空间和时间范围内满足定量的和相互关联的可持续性指标。然而，本章概述的初步研究表明，在整个工艺的可持续性方面，新型 PMR 系统可能优于与其竞争的传统技术。

上述关键评估表明，目前有应用前景的 PMR 技术的 TRL 相对较低（4~5）；因此，解决上述所有问题仍需要进行大量的开发工作，使 PMR 系统具有可持续性、吸引力和适宜商业应用（TRL=9）。在上述 PMR 工艺商业化过程中，在实际环境中示范研究对其实现关键设计和操作参数（如表观量子效率、光催化剂浓度和 HRT）的优化十分重要。在示范阶段之后，确定工艺经济和环境指标（即总加工单位成本、二氧化碳/环境足迹）成为可能。然而，应该强调的是，新型 PMR 集成工艺将在一个相对保守的市场中与长期运行可靠的成熟传统工艺争夺一席之地。水行业越来越严格的环境标准对这项新技术提出了新的挑战。然而，与传统技术相比，一些 PMR 系统的明显优势，特别是在整体环境性能方面（即侧流的消除或最小化），可能在其实现商业化方面起决定性作用。在致力于上述开发的同时，应进一步加快 PMR 组件和系统标准化工作。希望欧盟在光催化剂标准化方面已经采取的相关重大措施（与膜和紫外光设备的一些现有标准相关）能够充分促进系统标准化，从而加快 PMR 商业化应用。

9.5.2　研发的重点

正在开发的 PMR 技术包括三个基本部件（光催化剂、光源和膜），它们在基础光催化反应的工艺设备中强烈的相互影响（如图 9.2 所示），通常还会伴随着一些现象同时发生，并影响光催化工艺。因此，预测实际条件下设备运行时的有机污染物的表观降解率是极其困难的。例如，对于Ⅰ型 PMR，这种现象包括溶液组分与光催化剂颗粒间发生团聚，以及处理液组分向光催化剂表面传质；光催化剂颗粒的浓度对反应动力学（有益）和光吸收与散射（有害）的作用方向相反；紫外灯附近的流态条件对局部颗粒浓度分布和上述现象的影响；有机化合物对光催化剂颗粒的吸附以及对上述机理的干扰；光催化剂颗粒的失活现象也受上述机理中主要污染物及其中间产物的浓度的影响。

上述涉及的基本机理和（发生在小空间尺度上的）现象必须综合起来，以开发适用于整个设备/系统规模的综合模型，这是一项极其困难的任务。

尽管其意义重大，但这方面的工作有限，Alfano 等（2013）和 Ray（2009）在光催化过程建模和 PMR 系统结构方面做出了显著贡献。大多数已发表的研究都涉及各种条件下的光催化剂制备和性能评估，并提供了有用的信息，这些都有助于 PMR 系统的开发。然而，如本章所述，在进行 PMR 商业系统开发时，面临着重大挑战，所以需要更多不同类型的数据（除了工艺基本原理和建模）来评估整个系统的技术、经济和环境性能。

为了应对这些挑战，需要应用典型的化工工程方法。通过一个综合模型，综合上述各种特定机制（基本上可用或有待补充）的信息，进行计算机辅助模拟。根据工艺目标，对实际 PMR 工艺进行可靠的参数研究和性能模拟。同时，该模拟器还可用于现有和新型设备的结构研究。无论能否进行模拟研究，都应采用典型的工程方法来建造和运行大型实验装置，该装置能够连续运行并具备提供上述所有关键系统参数详细数据的灵活性。相关报道（Plakas et al.，2016a，b）的数据应提供与主要 PMR 设计和运行参数的相关性函数。因此，这些中试研究被认为是 PMR 技术研发的重中之重，因为它们提供的数据能够阐明关键参数（特别是 SEC）的影响，以及评估（下文概述的）PMR 系统部件的长期性能。

在下文中，总结了目前的“PMR 技术现状”，并就主要 PMR 类型涉及的科学/技术问题提出了研发重点。

I型 PMR（光催化剂分散型系统）由三个独立的部分组成：

① 光催化剂。关于 TiO_2 以及其他新颖和有应用前景的光催化剂，我们可以查询到大量资料。尽管光催化剂仍有研发空间，但首要任务应是测试这些光催化剂的长期性能（光催化活性、老化/降解、力学性能），最好是在上述实际条件下的中试装置中测试。

② UF 膜分离组件。在类似的水处理工艺中，使用有机中空纤维膜（最好是浸没式）已经获得了丰富的实践经验。PMR 中试结果表明，UF 膜的应用经验可以很容易地应用到光催化集成系统中，并能够保持连续运行。然而，这些膜的长期性能稳定性需要在实际的中试实验中进行检验；这项工作应优先开展。

③ 紫外光源。考虑到丰富的操作经验和现有的标准化设备，目前最好采用商用汞灯。而 LED 光源仍需要大量的开发工作。对于某些类型的 PMR 应用，在建模/仿真和实际中试层面上所需的紫外灯类型和辐照功率的优化应被视为是最优先需要研发的课题（与紫外模块和总体系统配置在一起）。关于太阳能利用，首先考虑设备结构优化，以应对太阳辐射随时间的变化。

Ⅱ型 PMR（负载到膜上的光催化剂）比上述I型表现出更大程度的复杂性。

① 实验室测试了各种负载型光催化剂后，还需要在实际废水的中试试验中，对连续运行工艺中光催化剂性能稳定性进行更多的研究。这是需要解决的一个首要问题，最好在实际条件下进行中试研究。

② 负载光催化剂的无机膜明显优于有机膜，因为有机膜容易在紫外线照射和氧化环境中降解。同时难降解的污染物沉积在膜上，影响其光催化和分离功能（与第①项有关），是需要通过实际中试来解决的首要问题。

③ 紫外光源。同样存在如上所述的一般问题，此外尽管 PM 的直接照射给大型设备的设计带来了更多的复杂性，但在这些设计问题上的研发工作是绝对有必要的。

在所有 PMR 系统应用中都会遇到的一个重要问题是污染物的矿化程度和中间产物的类型及毒性。所以应高度重视基础和中试阶段的相关研发工作。最后，如前几节所述，应制定适当的 ISO 标准，以评估光催化剂的性能以及新型 PMR 系统的整体性能。

一旦上述科学/技术问题得到充分解决并消除了相关的不确定性，可以预见，设备放大和 PMR 的经济环境性能指标的确定将变得简单明了。

附录

表 A1　水/废水处理应用 PMR 技术专利清单

名称/专利号	发明人/日期	发明领域
光催化净水反应系统 US 20090148359 A1	Izumi Kumakiri，Rune Bredesen，Henrik Reader，Christian Simon 23/6/11	本发明涉及一种用于液体或气体处理的方法和反应器。该工艺基于与催化湿式空气氧化相同的原理，但它是通过多孔膜接触器、光催化剂和光源的组合使用来实现的。光催化膜接触器可用于液-气、液-液或气-气光催化应用。主要用于处理含有难降解有机物的水
光催化法处理污水 EP 0819649 A1	Pablo Arturo Venegas Cabello，Maria Christina Yeber Ortiz，Anna Lorena Narvaez Dinamarca et al. 31/7/08	本发明涉及一种基于紫外光源、负载型 TiO_2 光催化剂和用于产生羟基自由基的氧化技术，具有模块化结构的光催化反应器。其中光催化剂负载在其内部的玻璃板上，与紫外光源保持一定距离，废水处理采用间歇式往返循环。据报道，主要用于水产养殖废水回用过程中的净化和消毒
光催化净水系统 US 20090148359 A1	Hsin Shao，Min-hao Chang，Ren-Yang Horng 11/6/09	光催化反应池围绕光源采用多个光催化剂载体。每个光催化剂载体都携带多个光催化剂粒子。光催化剂分离槽连接到光催化反应池，所述光催化反应池至少有一个光源。光催化剂分离槽内设有非织造布膜过滤组件，滤除光催化剂
光催化污水处理方法 EP 1870379 A1	Makhmutov Fanilji Akhatovich，Tsareva Elena Ivanovna，Mishkin Roman Nikolaevich 21/1/98	本发明包括紫外线照射和由半导体材料制成的动态或陶瓷型光催化活性多孔膜。本发明适用于天然和废水净化及水处理领域，尤其适用于有毒且难降解的芳香族和氯化化合物的水净化
采用光催化工艺的净水系统 EP 1870379 A1	Claudio Dr. Terruzzi 26/12/07	本发明包括一种光催化工艺，包括一个盛有污水的水箱、一个净水装置和一个将污水从水箱输送到净水装置的管道系统；净化装置还包括容纳所述水的容器和多个光催化元件，所述光催化元件含有基本的基质，所述基质包括光催化剂颗粒和多个紫外光灯组成
光催化去污方法 EP 0697012 B1	Brian Edward Butters，Anthony Leonard Powell 2/6/99	本发明涉及一种连续高效的光催化污水净化方法和系统。该系统通过辐照使区域内的光催化剂悬浮液反应，从而使其中的污染物几乎全部去除，并实现悬浮液的紊流状态。此外，系统使用陶瓷膜分离净水，在相对较高的压力下进行反冲洗，去除陶瓷膜表面的光催化剂
光催化净化装置 EP 2409954 A1	Polycarpos Falaras，Georgios Romanos，Panagiotis Aloupogiannis 25/1/12	本发明涉及一种用于从诸如水的流体中去除有机污染物的光催化反应器。反应器包括用于接收来自入口装置的流体的第一流道、用于将流体输送到出口装置的第二流道、在第一和第二流道之间的选择渗透滤膜，具有接收来自所述第一流道的流体的第一表面和至少部分限定所述第二流道流体的相对的第二表面，以及布置在所述第一流道中的至少一个光催化剂载体。因此，流体在通过反应器的过程中经历了三个光催化处理阶段和一个过滤阶段
纳滤膜复合光催化氧化反应装置 CN 202430036 U	何文涛，侯志军 12/9/12	本发明涉及一种用于污水处理的纳滤膜复合光催化氧化反应装置，更具体地说，涉及采用紫外光催化和纳滤膜过滤结合的污水处理装置。该反应装置包括反应室、曝气装置，反应室底部设有曝气装置，还包括紫外灯、压力泵、纳米滤膜组件和回流系统。本发明具有反应温和、处理效率高、降解彻底、工艺清洁绿色和节省能源等优点

续表

名称/专利号	发明人/日期	发明领域
一种光催化-膜分离集成工艺装置及其运行方法 CN 103253728A	Song Hongchen，Wang Jianming 21/8/13	本发明提供了一种光催化-膜集成工艺装置，包括：光催化单元、膜分离组件。该装置既能快速高效分离净化水体，又能控制膜污染问题
光催化氧化-膜分离循环流化床反应装置 CN 101875001B	解立平，刘艳 25/12/12	本发明涉及一种光催化氧化-膜分离循环流化床反应装置。它包括光催化反应器和膜分离循环反应器，光催化反应器包括光催化反应器壳体，膜分离循环反应器包括设置在光催化反应器壳体侧面上部的膜分离循环反应器壳体。在光催化反应器壳体内设置有紫外光源，在膜分离循环反应器壳体内设置有浸没式膜组件，浸没式膜组件与出水口相连；光催化氧化-膜分离循环流化床反应装置具有较高的传质效率和光能利用率，大大提高了光催化氧化反应的效率
新型光催化滤池装置及水处理系统 CN 102701317A	张宏忠，王明花，杨艳琴，等 3/10/12	本发明公开一种采用玻璃珠负载 TiO_2 的光催化滤池装置。新型的光催化滤池装置将传统的生物膜滤池和先进的光催化处理工艺有机地结合起来，装置设计巧妙，布局紧凑，光源均匀分布在滤料的内部，水力条件好，能充分利用光能，无需曝气，无污泥产生和二次污染，操作方便，维护简单，水质净化效率高，灭菌杀毒能力强
膜分离浓水处理方法及一体化集成装置 CN 101786689 B	王俊川 9/5/12	本发明公开一种膜分离浓水处理方法及装置。膜分离浓水处理方法包括以下几个步骤：膜分离浓水经过预处理后进入悬浮型光催化反应器中，在紫外光的照射下进行光催化反应，同时还通过光催化及超声波的协同作用，提高污染物的降解速率及降解效果；经过光催化氧化和超声波降解处理的废水，进入浸没式超滤系统过滤后分成过滤水和浓水

参考文献

Abdullah, M., Low, G.K.C., Matthews, R.W., 1990. Effects of common inorganic ions on rates of photocatalytic oxidation of organic-carbon over illuminated titanium dioxide. J. Phys. Chem. 94, 6820–6825.

Adán, C., Marugán, J., Mesones, S., Casado, C., van Grieken, R., 2017. Bacterial inactivation and degradation of organic molecules by titanium dioxide supported on porous stainless steel photocatalytic membranes. Chem. Eng. J. 318, 29–38.

AEROSIL, 2017. http://www.aerosil.com/lpa-productfinder/page/productsbytext/detail.html?pid=1822&lang=en.

Ahmad, H., Kamarudin, S.K., Minggu, L.J., Kassim, M., 2015. Hydrogen from photocatalytic water splitting process: a review. Renew. Sustain. Energy Rev. 43, 599–610.

Al Aani, S., Wright, C.J., Atieh, M.A., Hilal, N., 2017. Engineering nanocomposite membranes: addressing current challenges and future opportunities. Desalination 401, 1–15.

Al-Hamdi, A.M., Rinner, U., Sillanpää, M., 2017. Tin dioxide as a photocatalyst for water treatment: a review. Process Saf. Environ. Prot. 107, 190–205.

Alexander, M., 1975. Environmental and microbiological problems arising from recalcitrant molecules. Microb. Ecol. 2 (1), 17–27.

Alfano, O.M., Cassano, A.E., Brandi, R.J., Satuf, M.L., 2013. A methodology for modeling slurry photocatalytic reactors for degradation of an organic pollutant in water. In: Pichat, P. (Ed.), Photocatalysis and Water Purification: From Fundamentals to Recent Applications. Wiley-VCH Verlag GmbH & Co, Weinheim, Germany.

Allgeier, S., Alspach, B., Vickers, J., 2005. Membrane Filtration Guidance Manual, USEPA, Office of Water. Report No EPA 815-R-06–009.

Amer, M., Daim, T.U., 2011. Selection of renewable energy technologies for a developing county: a case of Pakistan. Energy Sustain. Dev. 15, 420–435.

American Air & Water®, Inc., 2017. http://www.americanairandwater.com/lamps.htm.
AMI® Applied Membranes Inc., 2017. Ultrafiltration Membranes. http://www.appliedmembranes.com/ultrafiltration-membranes-uf-membranes.html.
Athanasekou, C.P., Romanos, G.E., Katsaros, F.K., Kordatos, K., Likodimos, V., Falaras, P., 2012. Very efficient composite titania membranes in hybrid ultrafiltration/photocatalysis water treatment processes. J. Membr. Sci. 392–393, 192–203.
Athanasekou, C.P., Moustakas, N.G., Morales-Torres, S., Pastrana-Martínez, L.M., Figueiredo, J.L., Faria, J.L., Silva, A.M.T., Dona-Rodriguez, J.M., Romanos, G.E., Falaras, P., 2015. Ceramic photocatalytic membranes for water filtration under UV and visible light. Appl. Catal. B Environ. 178, 12–19.
Athanasiou, D.A., Romanos, G.E., Falaras, P., 2016. Design and optimization of a photocatalytic reactor for water purification combining optical fiber and membrane technologies. Chem. Eng. J. 305, 92–103.
Augugliaro, V., García-López, E., Loddo, V., Malato-Rodríguez, S., Maldonado, I., Marcì, G., Molinari, R., Palmisano, L., 2005. Degradation of lincomycin in aqueous medium: coupling of solar photocatalysis and membrane separation. Sol. Energy 79, 402–408.
Autin, O., Hart, J., Jarvis, P., MacAdam, J., Parsons, S.A., Jefferson, B., 2013. The impact of background organic matter and alkalinity on the degradation of the pesticide metaldehyde by two advanced oxidation processes: UV/H_2O_2 and UV/TiO_2. Water Res. 47, 2041–2049.
Bahnemann, D., 2004. Photocatalytic water treatment: solar energy applications. Sol. Energy 77, 445–459.
Bahnemann, D.W., Kormann, C., Hofmann, M.R., 1987. Preparation and characterization of quantum size zinc oxide: a detailed spectroscopic study. J. Phys. Chem. 91, 3789–3798.
Bai, H., Liu, L., Liu, Z., Sun, D.D., 2013a. Hierarchical 3D dendritic TiO_2 nanospheres building with ultralong 1D nanoribbon/wires for high performance concurrent photocatalytic membrane water purification. Water Res. 47, 4126–4138.
Bai, X., Wang, L., Zong, R., Lv, Y., Sun, Y., Zhu, Y., 2013b. Performance enhancement of ZnO photocatalyst via synergic effect of surface oxygen defect and graphene hybridization. Langmuir 29 (9), 3097–3105.
Baker, R.W., 2000. Membrane Technology and Applications. McGraw Hill.
Bard, A.J., 1980. Photoelectrochemistry. Science 207, 139–144.
Benotti, M.J., Stanford, B.D., Wert, E.C., Snyder, S.A., 2009. Evaluation of a photocatalytic reactor membrane pilot system for the removal of pharmaceuticals and endocrine disrupting compounds from water. Water Res. 43, 1513–1522.
Beydoun, D., Amal, R., Low, G., McEvoy, S., 1999. Role of nanoparticles in photocatalysis. J. Nanopart. Res. 1, 439–458.
Bickley, R.I., Gonzalez-Carreno, T., Lee, J.S., Palmisano, L., Tilley, R.J.D., 1991. A structural investigation of titanium dioxide photocatalysts. J. Solid State Chem. 92, 178–190.
Blake, D.M., 1997. Bibliography of Work on Photocatalytic Removal of Hazardous Compounds from Water and Air. NREL/TP-430–22197. National Renewable Energy Laboratory, Golden.
Bolton, J.R., Bircger, K.G., Tumas, W., Tolman, C.A., 2001. Figure-of merit for the technical development and application of advanced oxidation technologies for both electric and solar-derived systems. Pure Appl. Chem. 73, 627–637.
Bora, L.V., Mewada, R.K., 2017. Visible/solar light active photocatalysts for organic effluent treatment: fundamentals, mechanisms and parametric review. Renew. Sustain. Energy Rev. 76, 1393–1421.
Burggraaf, A.J., Cot, L. (Eds.), 1996. Fundamentals of Inorganic Membrane Science and Technology, Membrane Science and Technology Series 4. Elsevier.
Cámara, R.M., Portela, R., Gutiérrez-Martín, F., Sánchez, B., 2016. Photocatalytic activity of TiO_2 films prepared by surfactant-mediated sol–gel methods over commercial polymer substrates. Chem. Eng. J. 283, 535–543.
Cappelletti, G., Bianchi, C.L., Ardizzone, S., 2008. Nano-titania assisted photoreduction of Cr(VI): the role of the different TiO_2 polymorphs. Appl. Catal. B Environ. 78 (3–4), 193–201.
Carp, O., Huisman, C.L., Reller, A., 2004. Photoinduced reactivity of titanium dioxide. Prog. Solid State Chem. 32 (1–2), 33–177.
CEN/TC 386 - Photocatalysis, 2017. https://standards.cen.eu/dyn/www/f?p=204:7:0::::FSP_ORG_ID:653744&cs=1F934586869740A2BF8530F361AE25EBA.
Chen, T.-T., Chang, I.-C., Yang, M.-H., Chiu, H.-T., Lee, C.-Y., 2013. The exceptional photo-catalytic activity of ZnO/RGO composite via metal and oxygen vacancies. Appl. Catal. B Environ. 142–143, 442–449.
Chin, S.S., Lim, T.M., Chiang, K., Fane, A.G., 2007. Hybrid low-pressure submerged membrane photoreactor for the removal of bisphenol A. Desalination 202, 253–261.

Chong, M.N., Jin, B., Chow, C.W.K., Saint, C., 2010. Recent developments in photocatalytic water treatment technology: a review. Water Res. 44, 2997−3027.
Choo, K.H., Tao, R., Kim, M.J., 2008. Use of a photocatalytic membrane reactor for the removal of natural organic matter in water: effect of photoinduced desorption and ferrihydrite adsorption. J. Membr. Sci. 322, 368−374.
Chowdhury, S., Balasubramanian, R., 2014. Graphene/semiconductor nanocomposites (GSNs) for heterogeneous photocatalytic decolorization of wastewaters contaminated with synthetic dyes: a review. Appl. Catal. B Environ. 160−161, 307−324.
Crawford, M.H., Banas, M.A., Ross, M.P., Ruby, D.S., Nelson, J.S., Boucher, R., Allerman, A.A., 2005. Final LDRD Report: Ultraviolet Water Purification Systems for Rural Environments and Mobile Applications. Sandria National Laboratories, Albuquerque, New Mexico.
Damodar, R.A., You, S.J., Ou, S.H., 2010. Coupling of membrane separation with photocatalytic slurry reactor for advanced dye wastewater treatment. Sep. Purif. Technol. 76, 64−71.
Daneshvar, N., Salari, D., Niaei, A., Rasoulifard, M.H., Khataee, A.R., 2005. Immobilization of TiO_2 nanopowder on glass beads for the photocatalytic decolorization of an azo dye C.I. direct red 23. J. Environ. Sci. Health Part A 40, 1605−1617.
Dionysiou, D.D., Li Puma, G., Ye, J., Schneider, J., Bahnemann, D., 2016. Photocatalysis Applications. The Royal Society of Chemistry, Cambridge, UK.
Dodgson, J.S., Spackman, M., Pearman, A., Phillips, L.D., 2009. Multi-Criteria Analysis: A Manual. Communities and Local Government Publications, Wetherby, UK, West Yorkshire.
Doll, T.E., Frimmel, F.H., 2005. Cross-flow microfiltration with periodical back-washing for photocatalytic degradation of pharmaceutical and diagnostic residues−evaluation of the long-term stability of the photocatalytic activity of TiO_2. Water Res. 39, 847−854.
Drosos, M., Ren, M., Frimmel, F.H., 2015. The effect of NOM to TiO_2: interactions and photocatalytic behavior. Appl. Catal. B Environ. 165, 328−334.
Edwards, W., Barron, H.F., 1994. SMARTS and SMARTER: improved simple methods for multi-attribute utility measurement. Organ. Behav. Hum. Decis. Process. 60, 306−325.
Eskandarian, M.R., Choi, H., Fazli, M., Rasoulifard, M.H., 2016. Effect of UV-LED wavelengths on direct photolytic and TiO_2 photocatalytic degradation of emerging contaminants in water. Chem. Eng. J. 300, 414−422.
Falaras, P., Romanos, G., Aloupogiannis, P., 2012. Photocatalytic Purification Device. European Patent, EP 2409954 (A1)−2012-01-25. National Center for Scientific Research Demokritos, Innovative Research & Technology Ltd.
Fang, W., Xing, M., Zhang, J., 2017. Modifications on reduced titanium dioxide photocatalysts: a review. J. Photochem. Photobiol. C Photochem. Rev. 32, 21−39.
Fernández, R.L., McDonald, J.A., Khan, S.J., Le-Clech, P., 2014a. Removal of pharmaceuticals and endocrine disrupting chemicals by a submerged membrane photocatalysis reactor (MPR). Sep. Purif. Technol. 127, 131−139.
Fernández, R.L., Coleman, H.M., Le-Clech, P., 2014b. Impact of operating conditions on the removal of endocrine disrupting chemicals by membrane photocatalytic reactor. Environ. Technol. 35 (16), 2068−2074.
Fox, M.A., Dulay, M.T., 1993. Heterogeneous photocatalysis. Chem. Rev. 93 (1), 341−357.
Frank, S.N., Bard, A.J., 1977. Heterogeneous photocatalytic oxidation of cyanide ion in aqueous solutions at titanium dioxide powder. J. Am. Chem. Soc. 99 (1), 303−304.
French, R.A., Jacobson, A.R., Kim, B., Isley, S.L., Lee Penn, R., Baveye, P.C., 2009. Influence of ionic strength, pH, and cation valence on aggregation kinetics of titanium dioxide nanoparticles. Environ. Sci. Technol. 43, 1354−1359.
Friedmann, D., Hakki, A., Kim, H., Choi, W., Bahnemann, D., 2016. Heterogeneous photocatalytic organic synthesis: state-of-the-art and future perspectives. Green Chem. 18, 5391−5411.
Fu, J., Ji, M., Wang, Z., Jin, L., An, D., 2006. A new submerged membrane photocatalysis reactor (SMPR) for fulvic acid removal using a nano-structured photocatalyst. J. Hazard. Mater. B131, 238−242.
Fujishima, A., Honda, K., 1972. Electrochemical photolysis of water at a semiconductor electrode. Nature 238, 37−38.
Fujishima, A., Zhang, X., Tryk, D.A., 2007. Heterogeneous photocatalysis: from water photolysis to applications in environmental cleanup. Int. J. Hydrogen Energy 32, 2664−2672.

Galbraith, J., 2016. Current State of UV LED Technology. http://www.koppglass.com/blog/current-state-of-uv-led-technology/.

Gaya, U.I., Abdullah, A.H., 2008. Heterogeneous photocatalytic degradation of organic contaminants over titanium dioxide: a review of fundamentals, progress and problems. J. Photochem. Photobiol. C Photochem. Rev. 9, 1−12.

Gerrity, D., Ryu, H., Crittenden, J., Abbaszadegan, M., 2008. Photocatalytic inactivation of viruses using titanium dioxide nanoparticles and low-pressure UV light. J. Environ. Sci. Health Part A 43, 1261−1270.

Grzechulska-Damszel, J., Mozia, S., Morawski, A.W., 2010. Integration of photocatalysis with membrane processes for purification of water contaminated with organic dyes. Catal. Today 156, 295−300.

Grover, I.S., Prajapat, R.C., Singh, S., Pal, B., 2017. Highly photoactive Au-TiO_2 nanowires for improved photo-degradation of propiconazole fungicide under UV/sunlight irradiation. Sol. Energy 144, 612−618.

Gupta, S.M., Tripathi, M., 2011. A review of TiO_2 nanoparticles. Chin. Sci. Bull. 56 (16), 1639−1657.

Habibi, M.H., Hassanzadeh, A., Mahdavi, S., 2005. The effect of operational parameters on the photocatalytic degradation of three textile azo dyes in aqueous TiO_2 suspensions. J. Photochem. Photobiol. A Chem. 172, 89−96.

Henthorne, L., Boysen, B., 2015. State-of-the-art of reverse osmosis desalination pretreatment. Desalination 356, 129−139.

Hernandez-Alonso, M.D., Fresno, F., Suarez, S., Coronado, J.M., 2009. Development of alternative photocatalysts to TiO_2: challenges and opportunities. Energy Environ. Sci. 2, 1231−1257.

Hisatomi, T., Kubota, J., Domen, K., 2014. Recent advances in semiconductors for photocatalytic and photoelectrochemical water splitting. Chem. Soc. Rev. 43, 7520−7535.

Hoffmann, M.R., Martin, S.T., Choi, W., Bahneman, D.W., 1995. Environmental applications of semiconductor photocatalysis. Chem. Rev. 95, 69−96.

Holmberg, J.P., Ahlberg, E., Bergenholtz, J., Hassellöv, M., Abbas, Z., 2013. Surface charge and interfacial potential of titanium dioxide nanoparticles: experimental and theoretical investigations. J. Colloid Interface Sci. 407, 168−176.

Horng, R.-Y., Huang, C., Chang, M.-C., Shao, H., Shiau, B.-L., Hu, Y.-J., 2009. Application of TiO_2 photocatalytic oxidation and non-woven membrane filtration hybrid system for degradation of 4-chlorophenol. Desalination 245, 169−182.

Horovitz, I., Avisar, D., Baker, M.A., Grilli, R., Lozzi, L., 2016. Carbamazepine degradation using a N-doped TiO_2 coated photocatalytic membrane reactor: influence of physical parameters. J. Hazard. Mater. 310, 98−107.

Hu, C., Yu, J.C., Hao, Z., Wong, P.K., 2003. Effects of acidity and inorganic ions on the photocatalytic degradation of different azo dyes. Appl. Catal. B Environ. 46 (1), 35−47.

Hu, A., Zhang, X., Oakes, K.D., Peng, P., Servos, M.R., 2011. Hydrothermal growth of free standing TiO_2 nanowire membranes for photocatalytic degradation of pharmaceuticals. J. Hazard. Mater. 189 (1−2), 278−285.

Huang, X., Meng, Y., Liang, P., Qian, Y., 2007. Operational conditions of a membrane filtration reactor coupled with photocatalytic oxidation. Sep. Purif. Technol. 55, 165−172.

Hurum, D.C., Agrios, A.G., Gray, K.A., Rajh, T., Thurnauer, M.C., 2003. Explaining the enhanced photocatalytic activity of Degussa P25 mixed-phase TiO_2 using EPR. J. Phys. Chem. B 107, 4545−4549.

Hwang, H.J., Yang, S., Lee, H., 2017. Surface analysis of N-doped TiO_2 nanorods and their enhanced photocatalytic oxidation activity. Appl. Catal. B Environ. 204, 209−215.

Iglesias, O., Rivero, M.J., Urtiaga, A.M., Ortiz, I., 2016. Membrane-based photocatalytic systems for process intensification. Chem. Eng. J. 305, 136−148.

Jiang, S., Li, Y., Ladewig, B.P., 2017. A review of reverse osmosis membrane fouling and control strategies. Sci. Total Environ. 595, 567−583.

Jo, W.-K., Tayade, R.J., 2014. New generation energy-efficient light source for photocatalysis: LEDs for environmental applications. Ind. Eng. Chem. Res. 53, 2073−2084.

Judd, S., Jefferson, B., 2003. Membranes for Industrial Wastewater Recovery and Reuse. Elsevier.

Judd, S., 2014. Industrial MBRs. Judd and Judd Ltd., Cranfield, UK.

Kanakaraju, D., Glass, B.D., Oelgemöller, M., 2014. Titanium dioxide photocatalysis for pharmaceutical wastewater treatment. Environ. Chem. Lett. 12 (1), 27−47.

Karabelas, A.J., Plakas, K.V., Sarasidis, V.C., Patsios, S.I., 2014. The effect of humic acids on the removal of atrazine from water in a continuous photocatalytic membrane reactor. Global NEST J. 16, 516−524.

Katsoufidou, K., Yiantsios, S.G., Karabelas, A.J., 2008. An experimental study of UF membrane fouling by humic acid and sodium alginate solutions: the effect of backwashing on flux recovery. Desalination 220 (1−3), 214−227.

Katsoufidou, K.S., Sioutopoulos, D.C., Yiantsios, S.G., Karabelas, A.J., 2010. UF membrane fouling by mixtures of humic acids and sodium alginate: fouling mechanisms and reversibility. Desalination 264 (3), 220−227.

Kaur, A., Umar, A., Kansal, S.K., 2016. Heterogeneous photocatalytic studies of analgesic and non-steroidal anti-inflammatory drugs. Appl. Catal. A General 510, 134−155.

Khan, S., Kim, J., Sotto, A., Van der Bruggen, B., 2015. Humic acid fouling in a submerged photocatalytic membrane reactor with binary TiO_2-ZrO_2 particles. J. Ind. Eng. Chem. 21, 779−786.

Kikuchi, Y., Sunada, K., Iyoda, T., Hashimoto, K., Fujishima, A., 1997. Photocatalytic bactericidal effect of TiO_2 thin films: dynamic view of the active oxygen species responsible for the effect. J. Photochem. Photobiol. A Chem. 106, 51−56.

Klavarioti, M., Mantzavinos, D., Kassinos, D., 2009. Removal of residual pharmaceuticals from aqueous systems by advanced oxidation processes. Environ. Int. 35, 402−417.

Konstantinou, I.K., Albanis, T.A., 2004. TiO_2-assisted photocatalytic degradation of azo dyes in aqueous solution: kinetic and mechanistic investigations: a review. Appl. Catal. B Environ. 49 (1), 1−14.

Kosmulski, M., 2011. The pH-dependent surface charging and points of zero charge V. Update. J. Colloid Interface Sci. 353, 1−15.

Kudo, A., Miseki, Y., 2009. Heterogeneous photocatalyst materials for water splitting. Chem. Soc. Rev. 38, 253−278.

Le, N.L., Nunes, S.P., 2016. Materials and membrane technologies for water and energy sustainability. Sustain. Mater. Technol. 7, 1−28.

Leary, R., Westwood, A., 2011. Carbonaceous nanomaterials for the enhancement of TiO_2 photocatalysis. Carbon 49 (3), 741−772.

Le-Clech, P., Chen, V., Fane, T.A.G., 2006. Fouling in membrane bioreactors used in wastewater treatment. J. Membr. Sci. 284 (1−2), 17−53.

Lee, J.-W., Kwon, T.-O., Thiruvenkatachari, R., Moon, I.-S., 2006. Adsorption and photocatalytic degradation of bisphenol A using TiO_2 and its separation by submerged hollow-fiber ultrafiltration membrane. J. Environ. Sci. 18 (1), 193−200.

Lee, K.C., Choo, K.H., 2014. Optimization of flocculation conditions for the separation of TiO_2 particles in coagulation−photocatalysis hybrid water treatment. Chem. Eng. Process. Process Intensif. 78, 11−16.

Lee, K.C., Beak, H.-J., Choo, K.-H., 2015. Membrane photoreactor treatment of 1,4-dioxane-containing textile wastewater effluent: performance, modeling, and fouling control. Water Res. 86, 58−65.

Lee, K.M., Lai, C.W., Ngai, K.S., Juan, J.C., 2016. Recent developments of zinc oxide based photocatalyst in water treatment technology: a review. Water Res. 88, 428−448.

Lee, G.-J., Wu, J.J., 2017. Recent developments in ZnS photocatalysts from synthesis to photocatalytic applications — a review. Powder Technol. 318, 8−22.

Leong, S., Razmjou, A., Wang, K., Hapgood, K., Zhang, X., Wang, H., 2014. TiO_2 based photocatalytic membranes: a review. J. Membr. Sci. 472, 167−184.

Li, G., Lv, L., Fan, H., Ma, J., Li, Y., Wan, Y., Zhao, X.S., 2010. Effect of the agglomeration of TiO_2 nanoparticles on their photocatalytic performance in the aqueous phase. J. Colloid Interface Sci. 348, 342−347.

Liao, J., Lin, S., Pan, N., Li, S., Cao, X., Cao, Y., 2012. Fabrication and photocatalytic properties of free-standing TiO_2 nanotube membranes with through-hole morphology. Mater. Charact. 66, 24−29.

Lin, L.-S., Johnston, C.T., Blatchley, E.R., 1999a. Inorganic foulant at quartz: water interfaces in ultraviolet photoreactors − I. Chemical characterization. Water Res. 33 (15), 3321−3329.

Lin, L.-S., Johnston, C.T., Blatchley, E.R., 1999b. Inorganic fouling at quartz: water interfaces in ultraviolet photoreactors − II. Temporal and spatial distributions. Water Res. 33 (15), 3330−3338.

Lin, L., Chai, Y., Yang, Y., Wang, X., He, D., Tang, Q., Ghoshroy, S., 2013. Hierarchical Gd-La codoped TiO_2 microspheres as robust photocatalysts. Int. J. Hydrogen Energy 38, 2634−2640.

Lior, N., 2017. Sustainability as the quantitative norm for water desalination impacts. Desalination 401, 99−111.

Litter, M., 2017. Last advances on TiO_2-photocatalytic removal of chromium, uranium and arsenic. Curr. Opin.

Green Sustain. Chem. 6, 150−158.

Liu, L., Liu, Z., Bai, H., Sun, D.D., 2012. Concurrent filtration and solar photocatalytic disinfection/degradation using high-performance Ag/TiO_2 nanofiber membrane. Water Res. 46, 1101−1112.

Lu, H., Yao, J., 2014. Recent advances in liquid-phase heterogeneous photocatalysis for organic synthesis by selective oxidation. Curr. Organ. Chem. 18 (10), 1365−1372.

Ma, R., Wang, L., Wang, S., Wang, C., Xiao, F.-S., 2017. Eco-friendly photocatalysts achieved by zeolite fixing. Appl. Catal. B Environ. 212, 193−200.

Malato, S., Fernández-Ibáñez, P., Maldonado, M.I., Blanco, J., Gernjak, W., 2009. Decontamination and disinfection of water by solar photocatalysis: recent overview and trends. Catal. Today 147, 1−59.

Malato, S., Fernández-Ibáñez, P., Maldonado, M.I., Oller, I., 2013. Solar photocatalytic processes: water decontamination and disinfection. In: Suib, S.L. (Ed.), New and Future Developments in Catalysis, Solar Photocatalysis. Elsevier B.V., Oxford, pp. 371−393.

Manassero, A., Satuf, M.L., Alfano, O.M., 2017. Photocatalytic reactors with suspended and immobilized TiO_2: comparative efficiency evaluation. Chem. Eng. J. 326, 29−36.

Martins, A.C., Cazetta, A.L., Pezoti, O., Souza, J.R.B., Zhang, T., Pilau, E.J., Asefa, T., Almeida, V.C., 2017. Sol-gel synthesis of new TiO_2/activated carbon photocatalyst and its application for degradation of tetracycline. Ceram. Int. 43, 4411−4418.

McCullagh, C., Robertson, J.M.C., Bahnemann, D.W., Robertson, P.K.J., 2007. The application of TiO_2 photocatalysis for disinfection of water contaminated with pathogenic micro-organisms: a review. Res. Chem. Intermed. 33, 359−375.

Meng, Y., Huang, X., Yang, Q., Qian, Y., Kubota, N., Fukunaga, S., 2005. Treatment of polluted river water with a photocatalytic slurry reactor using low-pressure mercury lamps coupled with a membrane. Desalination 181, 121−133.

Meng, F., Zhang, S., Oh, Y., Zhou, Z., Shin, H.-S., Chae, S.-R., 2017. Fouling in membrane bioreactors: an updated review. Water Res. 114, 151−180.

Mills, A., Le Hunte, S., 1997. An overview of semiconductor photocatalysis. J. Photochem. Photobiol. A 108 (1), 1−35.

Mills, A., Lee, S.-K., 2002. A web-based overview of semiconductor photochemistry-based current commercial applications. J. Photochem. Photobiol. A Chem. 152, 233−247.

Mills, A., Hill, C., Robertson, P.K.J., 2012. Overview of the current ISO tests for photocatalytic materials. J. Photochem. Photobiol. A Chem. 237, 7−23.

Mohammad, A.W., Teow, Y.H., Ang, W.L., Chung, Y.T., Oatley-Radcliffe, D.L., Hilal, N., 2015. Nanofiltration membranes review: recent advances and future prospects. Desalination 356, 226−254.

Molinari, R., Pirillo, F., Loddo, V., Palmisano, L., 2006. Heterogeneous photocatalytic degradation of pharmaceuticals in water by using polycrystalline TiO_2 and a nanofiltration membrane reactor. Catal. Today 118, 205−213.

Molinari, R., Lavorato, C., Argurio, P., 2017. Recent progress of photocatalytic membrane reactors in water treatment and in synthesis of organic compounds. Catal. Today 281, 144−164.

Molinos-Senante, M., Gómez, T., Garrido-Baserba, M., Caballero, R., Sala-Garrido, R., 2014. Assessing the sustainability of small wastewater treatment systems: a composite indicator approach. Sci. Total Environ. 497−498, 607−617.

Moustakas, N.G., Katsaros, F.K., Kontos, A.G., Romanos, G.E., Dionysiou, D.D., Falaras, P., 2014. Visible light active TiO_2 photocatalytic filtration membranes with improved permeability and low energy consumption. Catal. Today 224, 56−69.

Mozia, S., 2010. Photocatalytic membrane reactors (PMRs) in water and wastewater treatment. A review. Sep. Purif. Technol. 73, 71−91.

Nah, Y.-C., Paramasivam, I., Schmuki, P., 2010. Doped TiO_2 and TiO_2 nanotubes: synthesis and applications. ChemPhysChem 11, 2698−2713.

Ohtani, B., 2013. Titania photocatalysis beyond recombination: a critical review. Catalysts 3 (4), 942−953.

Ollis, D.F., 2003. Integrating photocatalysis and membrane technologies for water treatment. Ann. N.Y. Acad. Sci. 984, 65−84.

Ong, C., Goh, P.S., Lau, W.J., Ismail, A., Ng, B.C., Choo, C.M., 2015. The impacts of various operating conditions on submerged membrane photocatalytic reactor (SMPR) for organic pollutant separation and degradation: a review. RSC Adv. 5, 97335−97348.

Papageorgiou, S.K., Katsaros, F.K., Favvas, E.P., Romanos, G.E., Athanasekou, C.P., Beltsios, K.G.,

Tzialla, O.I., Falaras, P., 2012. Alginate fibers as photocatalyst immobilizing agents applied in hybrid photocatalytic/ultrafiltration water treatment processes. Water Res. 46, 1858–1872.
Patsios, S.I., Karabelas, A.J., 2011. An investigation of the long-term filtration performance of a membrane bioreactor (MBR): the role of specific organic fractions. J. Membr. Sci. 372, 102–115.
Patsios, S.I., Sarasidis, V.C., Karabelas, A.J., 2013. A hybrid photocatalysis–ultrafiltration continuous process for humic acids degradation. Sep. Purif. Technol. 103, 333–341.
Pawar, R., Lee, C.S., 2015. Heterogeneous Nanocomposite-photocatalysis for Water Purification. Elsevier Inc.
Pearce, G., 2007. The case for UF/MF pretreatment to RO in seawater applications. Desalination 203, 286–295.
Pearce, G.K., January/February 2010a. SWRO pre-treatment: integrity and disinfection. Filtr. Sep. 32–35.
Pearce, G.K., January/February 2010b. SWRO pre-treatment: cost and sustainability. Filtr. Sep. 36–38.
Pelaez, M., Nolan, N.T., Pillai, S.C., Seery, M.K., Falaras, P., Kontos, A.G., Dunlop, P.S.M., Hamilton, J.W.J., Byrne, J., O'Shea, K., Entezari, M.H., Dionysiou, D.D., 2012. A review on the visible light active titanium dioxide photocatalysts for environmental applications. Appl. Catal. B Environ. 125, 331–349.
Peng, J., Qiu, Y., Gehr, R., 2005. Characterization of permanent fouling on the surfaces of UV lamps used for wastewater disinfection. Water Environ. Res. 77 (4), 309–322.
Philips, 2017. http://www.lighting.philips.com/main/prof.
Pichat, P., 2013. Photocatalysis and Water Purification: From Fundamentals to Recent Applications. Wiley-VCH Verlag GmbH & Co. KGaA, Weinheim Germany.
Pillai, S.C., Štangar, U.L., Byrne, J.A., Perez-Larios, A., Dionysiou, D.D., 2015. Photocatalysis for disinfection and removal of contaminants of emerging concern. Chem. Eng. J. 261, 1–2.
Pires, A., Morato, J., Peixoto, H., Botero, V., Zuluaga, L., Figueroa, A., 2017. Sustainability assessment of indicators for integrated water resources management. Sci. Total Environ. 578, 139–147.
Plakas, K.V., Karabelas, A.J., 2012. Removal of pesticides from water by NF and RO membranes – a review. Desalination 287, 255–265.
Plakas, K.V., Sarasidis, V.C., Patsios, S.I., Lambropoulou, D.A., Karabelas, A.J., 2016a. Novel pilot scale continuous photocatalytic membrane reactor for removal of organic micropollutants from water. Chem. Eng. J. 304, 335–343.
Plakas, K.V., Georgiadis, A.A., Karabelas, A.J., 2016b. Sustainability assessment of tertiary wastewater treatment technologies: a multi-criteria analysis. Water Sci. Technol. 73 (7), 1532–1540.
Pruden, A.L., Ollis, D.F., 1983. Degradation of chloroform by photoassisted heterogeneous catalysis in dilute aqueous suspensions of titanium dioxide. Environ. Sci. Technol. 17, 628–631.
Quintero, C., Carlos, J., Xu, Y.-J., 2016. Heterogeneous Photocatalysis: From Fundamentals to Green Applications. Springer-Verlag Berlin Heidelberg.
Rajca, M., 2016. The effectiveness of removal of nom from natural water using photocatalytic membrane reactors in PMR-UF and PMR-MF modes. Chem. Eng. J. 305, 169–175.
Ray, A.K., 2009. Photocatalytic reactor configurations for water purification: experimentation and modeling. In: de Lasa, H.I., Rosales, B.S. (Eds.), Advances in Chemical Engineering, vol. 36. Elsevier Inc., pp. 145–184.
Ribeiro, A.R., Nunes, A.C., Pereira, M.F.R., Silva, A.M.T., 2015. An overview on the advanced oxidation processes applied for the treatment of water pollutants defined in the recently launched Directive 2013/39/EU. Environ. Int. 75, 33–51.
Rincón, A.-G., Pulgarin, C., 2004. Effect of pH, inorganic ions, organic matter and H_2O_2 on *E. coli* K12 photocatalytic inactivation by TiO_2: implications in solar water disinfection. Appl. Catal. B Environ. 51, 283–302.
Rivero, M.J., Parsons, S.A., Jeffrey, P., Pidou, M., Jefferson, B., 2006. Membrane chemical reactor (MCR) combining photocatalysis and microfiltration for grey water treatment. Water Sci. Technol. 53 (3), 173–180.
Ryu, J., Choi, W., Choo, K.-H., 2005. A pilot-scale photocatalyst-membrane hybrid reactor: performance and characterization. Water Sci. Technol. 51 (6), 491–497.
Santhosh, C., Velmurugan, V., Jacob, G., Jeong, S.K., Grace, A.N., Bhatnagar, A., 2016. Role of nanomaterials in water treatment applications: a review. Chem. Eng. J. 306, 1116–1137.
Sarasidis, V.C., Patsios, S.I., Karabelas, A.J., 2011. A hybrid photocatalysis ultrafiltration continuous process: the case of polysaccharide degradation. Sep. Purif. Technol. 80, 73–80.
Sarasidis, V.C., Plakas, K.V., Patsios, S.I., Karabelas, A.J., 2014. Investigation of diclofenac degradation in a

continuous photo-catalytic membrane reactor. Influence of operating parameters. Chem. Eng. J. 239, 299–311.

Schmelling, D., et al., 2006. Ultraviolet Disinfection Guidance Manual for the Long Term 2 Enhanced Surface Water Treatment Rule, USEPA, Office of Water (4601). Report No EPA 815-R-06–007.

Schneider, J., Matsuoka, M., Takeuchi, M., Zhang, J., Horiuchi, Y., Anpo, M., Bahnemann, D.W., 2014. Understanding TiO_2 photocatalysis: mechanisms and materials. Chem. Rev. 114, 9919–9986.

Schrauzer, G.N., Guth, T.D., 1977. Photocatalytic reactions. 1. Photolysis of water and photoreduction of nitrogen on titanium dioxide. J. Am. Chem. Soc. 99, 7189–7193.

Serpone, N., Lawless, D., Khairutdinov, R., Pelizetti, E., 1995. Size effects on the photophysical properties of colloidal anatase TiO_2 particles: size quantization versus direct transitions in this indirect semiconductor? J. Phys. Chem. 99 (45), 16646–16654.

Shan, A.Y., Mohd Ghazi, T.I., Rashid, S.A., 2010. Immobilisation of titanium dioxide onto supporting materials in heterogeneous photocatalysis: a review. Appl. Catal. A General 389, 1–8.

Shehabuddeen, N., Probert, D., Phaal, R., 2006. From theory to practice: challenges in operationalising a technology selection framework. Technovation 26, 324–335.

Shen, C., Pang, K., Du, L., Luo, G., 2017. Green synthesis and enhanced photocatalytic activity of Ce-doped TiO_2 nanoparticles supported on porous glass. Particuology 34, 103–109.

Shon, H.K., Phuntsho, S., Vigneswaran, S., 2008. Effect of photocatalysis on the membrane hybrid system for wastewater treatment. Desalination 225, 235–248.

Sioutopoulos, D.C., Karabelas, A.J., 2016. Evolution of organic gel fouling resistance in constant pressure and constant flux dead-end ultrafiltration: differences and similarities. J. Membr. Sci. 511, 265–277.

Song, L., Zhu, B., Gray, S., Duke, M., Muthukumaran, S., 2016. Hybrid processes combining photocatalysis and ceramic membrane filtration for degradation of humic acids in saline water. Membranes 6 (1), 18.

Stancl, H.O., Hristovski, K., Westerhoff, P., 2015. Hexavalent chromium removal using UV-TiO_2/ceramic membrane reactor. Environ. Eng. Sci. 32 (8), 676–683.

Sweetman, M.J., May, S., Mebberson, N., Pendleton, P., Vasilev, K., Plush, S.E., Haybal, J.D., 2017. Activated carbon, carbon nanotubes and graphene: materials and composites for advanced water purification. J. Carbon Res. C 3 (2), 18.

Szczepanik, B., 2017. Photocatalytic degradation of organic contaminants over clay-TiO_2 nanocomposites: a review. Appl. Clay Sci. 141, 227–239.

Tang, C.Y., Chong, T.H., Fane, A.G., 2011. Colloidal interactions and fouling of NF and RO membranes: a review. Adv. Colloid Interface Sci. 164 (1–2), 126–143.

Thakur, S., Govender, P.P., Mamo, M.A., Tamulevicius, S., Thakur, V.K., 2017. Recent progress in gelatin hydrogel nanocomposites for water purification and beyond. Vacuum. https://doi.org/10.1016/j.vacuum.2017.05.032.

Thompson, T.L., Yates, J.T., 2006. Surface science studies of the photoactivation of TiO_2 new photochemical processes. Chem. Rev. 106, 4428–4453.

Tokarský, J., Matějka, V., Neuwirthová, L., Vontorová, J., Kutláková, K.M., Kukutschová, J., Čapková, P., 2013. A low-cost photoactive composite quartz sand/TiO_2. Chem. Eng. J. 222, 488–497.

Tufa, R.A., 2015. Perspectives on environmental ethics in sustainability of membrane based technologies for water and energy production. Environ. Technol. Innov. 4, 182–193.

USHIO, 2017. https://www.ushio.com/product/uxl-xenon-short-arc/.

Vatanpour, V., Karami, A., Sheydaei, M., 2017. Central composite design optimization of rhodamine B degradation using TiO_2 nanoparticles/UV/PVDF process in continuous submerged membrane photoreactor. Chem. Eng. Process. 116, 68–75.

Vezzoli, M., Farrell, T., Baker, A., Psaltis, S., Martens, W.N., Bell, J.M., 2013. Optimal catalyst thickness in titanium dioxide fixed film reactors: mathematical modeling and experimental validation. Chem. Eng. J. 234, 57–65.

Vinu, R., Madras, G., 2010. Environmental remediation by photocatalysis. J. Indian Inst. Sci. 90, 189–229.

Voces, R., Diaz-Balteiro, L., Romero, C., 2012. Characterization and explanation of the sustainability of the European wood manufacturing industries: a quantitative approach. Expert Syst. Appl. 39 (7), 6618–6627.

Voutchkov, N., February 2009. SWRO pre-treatment system: choosing between conventional and membrane filtration. Filtr. Sep. 46.

Wan Ngah, W.S., Teong, L.C., Hanafiah, M.A.K.M., 2011. Adsorption of dyes and heavy metal ions by chitosan composites: a review. Carbohydr. Polym. 83, 1446–1456.

Wang, P., Fane, A.G., Lim, T.T., 2013. Evaluation of a submerged membrane vis-LED photoreactor (sMPR) for

carbamazepine degradation and TiO_2 separation. Chem. Eng. J. 215–216, 240–251.
Wang, Q., Yang, C., Zhang, G., Hu, L., Wang, P., 2017. Photocatalytic Fe-doped TiO_2/PSF composite UF membranes: characterization and performance on BPA removal under visible-light irradiation. Chem. Eng. J. 319, 39–47.
Yaremko, Z.M., Tkachenko, N.H., Bellmann, C., Pich, A., 2006. Redispergation of TiO_2 particles in aqueous solutions. J. Colloid Interface Sci. 296, 565–571.
Yu, J., Yu, H., Cheng, B., Zhou, M., Zhao, X., 2006. Enhanced photocatalytic activity of TiO_2 powder (P25) by hydrothermal treatment. J. Mol. Catal. A 253, 112–118.

第10章 光催化膜反应器的数学建模

Kwang-Ho Choo
Kyungpook National University，Daegu，Republic of Korea

10.1 简介

光催化膜反应器性能的数学建模和反应动力学在很多化学、环境工程工艺的设计和运行方面发挥着重要的作用（Lee et al.，2015；Shahrezaei et al.，2012；Sopajaree et al.，1999）。影响光催化膜工艺流程的因素很多，比如目标化合物、反应物的浓度和性质，反应器的构造和运行模式以及底物类型等。光催化反应是固相催化剂和液相的非均相反应，因此反应物由液相到固相之间的物料传质是一个重要的参数，与本体溶液的搅拌情况（对流）及反应物和光催化剂表面间的接触有关（Dijkstra et al.，2003）。另外，光催化剂上的光照情况对于光催化反应的活化和激发也很重要，光生活性物质（如•OH 和 O_2^-•）和目标物相互作用产生后续产物，并随着时间逐渐降解（Chong et al.，2010）。总之，准确建立光催化膜反应器及光催化反应模型必须考虑这些问题。

光催化膜反应器的数学模拟可分为两步：①反应动力学的评价；②物料平衡。动力学实验是在间歇式反应器中进行的，通过测试反应物浓度随时间的变化而变化来确定。根据间歇式反应器的实验数据，估算并确定反应动力学模型参数（如反应级数、反应速率常数）。在一个连续流动体系中，目标物的物料平衡如式（10.1）所示：

$$\text{累积量}=\text{投入量}-\text{产出量}-\text{消耗量} \tag{10.1}$$

通常，我们可以用关于时间的微分方程表述（只有一个独立的变量）。如果在光催化膜反应系统中考虑物料传质或反应物的具体位置变化，则可以用一个关于时间和方向（如 x、y 或 z）的偏微分方程进行表述。

关于光催化膜反应器的数学建模方面，本章主要重点关注不同类型反应器的工艺配置和流态变化规律。另外，根据动力学模型方程估算不同运行条件下光催化膜反应器系统的反应级数。依据一级和零级动力学模型，使用式（10.1）评价和建立分别在稳态和非稳态条件下的连续流动反应器模型。

10.2 反应器构型

10.2.1 光催化膜反应器

图 10.1 为应用于水处理及废水处理方面的几种不同构型的光催化膜反应器（Lee et al.，2001；Molinari et al.，2002；Mozia，2010；Mozia et al.，2007）。如图 10.1（a）所示，在一个平坦的超滤膜顶部覆盖一层光催化剂，通过紫外光照射涂覆有光催化剂的膜，实现水中有毒有机污染物（如 4-硝基苯酚）的降解（Molinari et al.，2000）。通过搅拌抽滤使光催化剂沉积在膜上面，但是，光催化剂在膜上面的沉积层不稳定，很容易脱落。另外，只有顶层的光催化剂能够有效进行光催化反应，也就是说沉积的光催化剂没有达到最佳的使用效果，增加膜上光催化剂的沉积量并不能有效提高光催化降解污染物的性

能。比如，具有不同含量的 TiO_2 光催化剂（0.76~4.08mg·cm^{-2}）对 4-硝基苯酚显示出几乎相同的降解率（约 50%），低于使用悬浮态光催化剂的效果（约 80%）。

需要关注的一个问题是含有光催化膜的光催化反应器在光催化过程中产生的活性物质或紫外光易加速膜的老化或对膜造成损坏。比如，在蒸馏水中由醋酸纤维素、聚丙烯腈、聚砜材质构成的一些聚合物膜在辐照强度为 6.2mW·cm^{-2} 的紫外光（365nm）直接照射下发生损坏（Molinari et al.，2000），但对聚偏氟乙烯或者聚四氟乙烯膜没有明显损坏（Chin et al.，2006；Molinari et al.，2000）。一般情况下，光催化剂层的厚度对膜的老化损坏影响较大，光催化剂层越厚，对膜的损坏越小。也就是说，紫外光不会直接照射到光催化剂层底部，从而起到保护膜基底的作用。虽然研究人员已成功制备出含有光催化活性表面层和 TiO_2 纳米管的无机复合膜，抑制了由光照射带来的膜损坏情况（Albu et al.，2007；Romanos et al.，2012；Wang et al.，2008；Zhang et al.，2006，2014）。但是，对于这种光催化膜反应器类型，催化膜表面的有效光辐射情况依然是需要解决的主要问题。

10.2.2　侧流式光催化膜反应器

侧流式光催化膜反应器中使用的光催化剂为悬浮态，通过膜实现光催化剂的分离［图 10.1（b）］（Jiang et al.，2010；Lee et al.，2001；Molinari et al.，2001）。含有光催化剂的截留液回到光催化反应器中，而催化剂浓度保持不变。需要说明的是，大部分悬浮在水中的 TiO_2 光催化剂（P25）的尺寸大于 0.4μm，因此，几乎所有光催化剂都能被 0.1μm 的微滤膜截留下来（Choo et al.，2008a）。这种构型使得悬浮光催化剂可以实现有效光辐射，从而达到最优光催化性能。尤为突出的是，悬浮光催化剂能够快速吸附有机物并逐渐降解（Choo et al.，2008b；Yao et al.，2009）。另外，由于未被吸附的有机物可能在光催化降解之前穿过膜孔，因此，光催化剂对有机物的吸附作用对于将有机物保留在反应器中具有重要作用。

10.2.3　浸没式光催化膜反应器

人们开发了更多具有悬浮态光催化剂和浸没膜的紧凑式工艺，如图 10.1（c）所示，这种工艺和一体式膜生物反应器具有类似的构型（Choo et al.，2008a；Fu et al.，2006；Ryu et al.，2005）。在这种方法中，光催化反应和光催化剂的分离均发生在同一个容器中，通过曝气或者搅拌装置使催化剂均匀混合，同时抑制催化剂在膜上的沉积（Choo et al.，2008b；Jiang and Choo，2016；Ryu et al.，2005）。通过渗透或者气体（氮气或者空气）定期冲洗可以抑制光催化剂在膜上的沉积，使膜保持相对较高的膜通量（Jiang and Choo，2016）。然而，由光照射引起的膜老化依然是该工艺中需要考虑的问题。和催化膜［图 10.1（a）］的构型不同，悬浮态光催化剂位于光源和膜之间，此外，在过滤过程中光催化剂逐渐累积在膜上并形成滤饼层，滤饼层和液体缓冲层可以抑制膜暴露在光照下。目前，尚没有关于这种构型的膜损坏的报道。

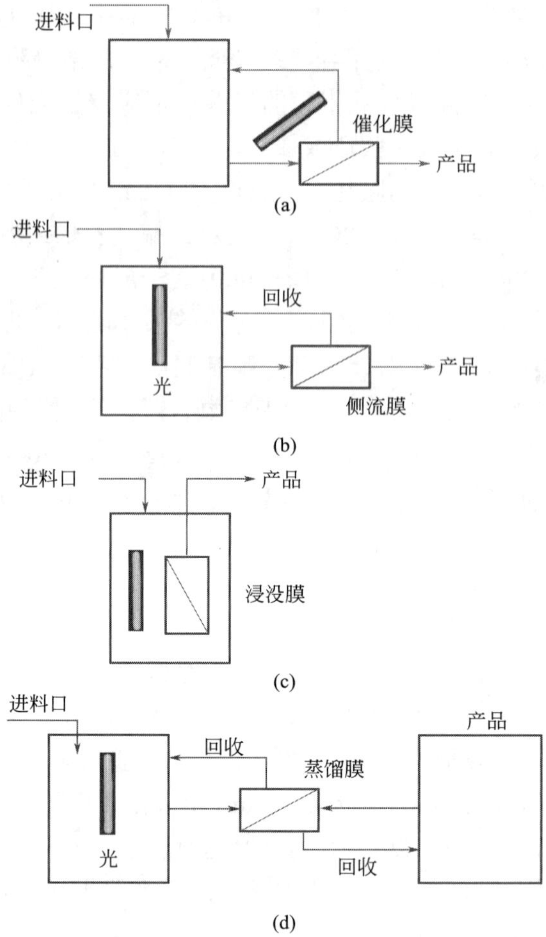

图 10.1　光催化膜反应器的类型

（a）催化膜；（b）侧流膜；（c）浸没膜；（d）蒸馏膜

10.2.4　光催化-膜蒸馏反应器

另一种气液分离的反应器由光催化和膜蒸馏装置构成［图 10.1（d）］，代替了需要有压力驱动的微滤、纳滤、超滤液液分离装置（Mozia et al.，2005，2007）。另外，人们改进了该反应器装置，在含有微波加热单元的光催化反应器中配备了浸没式膜蒸馏单元，用于去除染料以减少污染（Qu et al.，2014），在这种光催化和膜蒸馏相结合的构型中，汽化水分子没有和任何颗粒状物质（包括光催化剂）发生对流，直接穿过憎水膜到达膜的另一面，从而减少了对膜的污染。同时，穿过膜时的温度梯度在水的回收中发挥着重要的作用，通过光催化膜蒸馏器处理的水质具有较高的品质，但是，挥发性有机物也有可能通过膜（Mozia et al.，2007）。在工艺的稳定性方面，对膜的润湿性和加热进料液的能量需求也是需要克服的问题，较高的能耗是不可取的，但是对于生产高品质纯净水是必要的。

10.3　反应动力学模型

10.3.1　一级和零级反应动力学

光催化膜反应器中的反应遵循两相的非均相光催化反应机理。表述光催化降解污染物的反应速率（r）的最常用的动力学模型为朗缪尔方程（见图 10.2）。可用式（10.2）表述（Konstantinou and Albanis，2004；Sopajaree et al.，1999；Turchi and Ollis，1990）：

$$r=\frac{\mathrm{d}c}{\mathrm{d}t}=-\frac{k_0Kc}{1+Kc} \tag{10.2}$$

式中，c 为反应物浓度（如有机污染物）；t 为反应时间；k_0 为反应速率常数；K 是反应物在光催化剂上的吸附系数。该模型对于分析光催化膜反应器中有机物的光催化反应动力学非常有用（Sopajaree et al.，1999；Tahiri Alaoui et al.，2009）。该模型中的参数 k_0 和 K 可以通过式（10.2）的线性拟合估算得到，式（10.2）的倒数形式如图 10.2（b）所示。

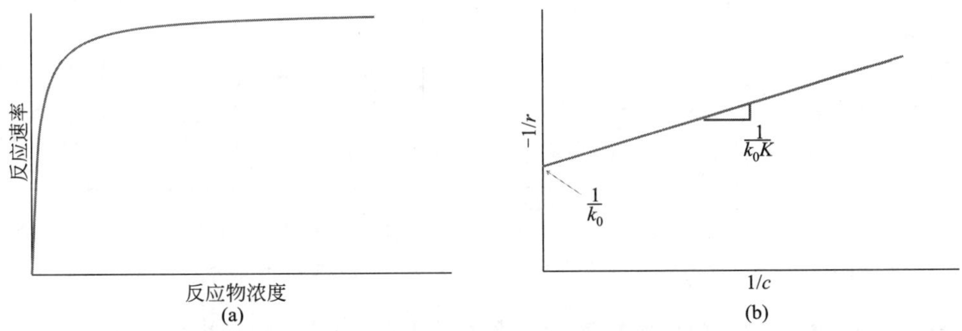

图 10.2　朗缪尔模型图形（a）和模型参数的估算（b）

另外，对式（10.2）进行非线性积分，可以得到式（10.3）。

$$\ln c_t + Kc_t = \ln c_0 + Kc_0 - k_0Kt \tag{10.3}$$

式中，k_0 和 K 可以通过式（10.3）在最佳线性回归系数下多次重复实验得到。另外，根据反应条件不同，式（10.2）可以写成其他形式。如果 Kc 远远小于 1，式（10.2）可以简化为准一级动力学方程式（10.4）。

$$r=\frac{\mathrm{d}c}{\mathrm{d}t}=-k_0Kc=-k_1c \tag{10.4}$$

式（10.4）适用于吸附平衡系数和反应物浓度均很小的情况下，式（10.4）的积分形式可以写作式（10.5）：

$$\ln\frac{c_t}{c_0}=-k_1t \tag{10.5}$$

式中，c_t和c_0分别为反应t时的浓度和初始浓度。图 10.3（a）为$\ln c_t$和t的线性拟合线。如图所示，TiO_2作为光催化剂的光催化膜反应器光催化降解水中或废水中有机污染物的速率方程符合准一级动力学方程（Fu et al.，2006；Huang et al.，2008；Lee et al.，2015；Molinari et al.，2006）。

在Kc远远大于 1 的情况下，式（10.2）可以转化为准零级反应方程，如式（10.6）所示。

$$r = \frac{dc}{dt} = -k_0 \tag{10.6}$$

式（10.6）的积分形式可以写作式（10.7）:

$$c_t = c_0 - k_0 t \tag{10.7}$$

在这种情况下，反应物的浓度随着时间逐渐呈线性下降，如图 10.3（b）所示。

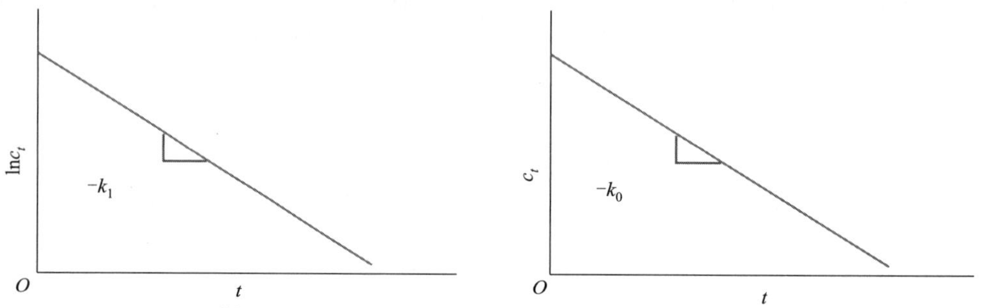

图 10.3　一级动力学模型积分形式（a）和零级动力学模型积分形式（b）

准零级动力学方程可以用来估算相对浓度较高的有机污染物的降解速率，如 2,4-二羟基苯甲酸（0.24~2.59mmol·L^{-1}）（Azrague et al.，2007）、4-乙酰氨基安替比林（10mg·L^{-1}）（Martínez et al.，2013）、烟酰胺（10mg·L^{-1}）（Martínez et al.，2013）和甲酸（50~370mg·L^{-1}）（Dijkstra et al.，2001）。图 10.3 描述了零级动力学方程和一级动力学方程中浓度和时间的函数关系。需要注意的是，由于光催化膜工艺主要应用在具有较低浓度的、难降解的有毒污染物中，因此，与一级动力学模型和朗缪尔方程相比，采用零级动力学模型分析光催化反应动力学的情况相对较少。

10.3.2　非整数幂反应动力学

除了上述基于朗缪尔方程的动力学模型，n级动力学方程的一般形式通常用来描述均相反应，可用于光催膜反应器中，如式（10.8）所示。

$$r = \frac{dc}{dt} = -k_n c^n \tag{10.8}$$

式（10.8）的积分形式可以表示为式（10.9）:

$$c_t^{1-n} = c_0^{1-n} - (1-n)k_n t \tag{10.9}$$

反应级数 n 和反应速率常数（k_n）可以根据实验数据的非线性拟合确定，见图 10.4。

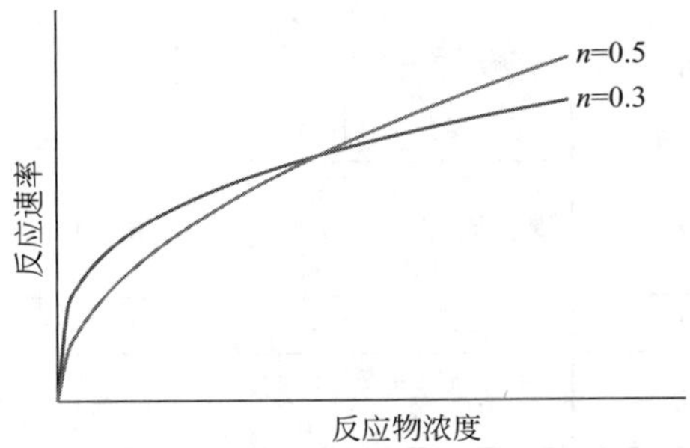

图 10.4 非整数反应动力学方程中的反应物浓度和反应速率的函数关系

非整数反应动力学级数被用来描述 Cr^{6+}被还原为 Cr^{3+}的反应（n=0.5）（Sabate et al.，1992）以及染料酸性红 4 的降解（n=0.3）（Wang et al.，2008）。结果显示，在三种动力学方程（零级、半级、一级反应方程）描述光催化还原 Cr 的反应中，半级（n=0.5）反应动力方程与实验数据的拟合度最好。研究发现光催化膜反应器降解酸性红 4 染料的反应速率常数和光强度（L，$mW\cdot cm^{-2}$）、催化剂负载量（W，g）有关（Wang et al.，2008）。根据试错法估算，染料初始浓度在 0.013~0.052mmol·L^{-1} 之间，光强度在 6mW·cm^{-2} 时的反应级数为 0.3。反应速率常数 $k_{0.3}$[$(mmol\cdot L^{-1})^{0.7}\cdot s^{-1}$]可以表述为光强度和催化剂负载量的函数，如式（10.10）所示。

$$k_{0.3} = \frac{0.0024WL^{0.5}}{1+18.1W} \tag{10.10}$$

一些光催化降解有机污染物的研究考察了光催化剂用量和光强度对光催化反应速率的影响，如三氯乙烯（Choo et al.，2008a）、1,4-环己烷（Lee et al.，2015；Lee and Choo，2013）、甲酸（Dijkstra et al.，2001）、双酚 A（Dijkstra et al.，2001）和二级出水中的有机物（Jiang and Choo，2016）。如式（10.10）所示，反应速率常数随着光强度的增加而持续增大。尽管在有机物降解中光催化剂用量确实存在最佳值，但是光催化剂用量过高，一方面容易覆盖在膜表面上降低膜通量，另一方面过量光催化剂容易和溶液中的其他组分相结合，因此，应该避免使用过量的光催化剂。表 10.1 总结了文献报道的各种目标物的反应动力学模型。

表 10.1 光催化膜反应器中目标物的反应动力学模型总结

动力学模型	催化剂	目标物	初始浓度	参考文献
朗缪尔方程	P25，TiO_2	亚甲基蓝	11~42mg·L^{-1}	Sopajaree et al.（1999）
朗缪尔方程	锐钛矿（98%），P25	靛蓝，荧光绿	20mg·L^{-1}	Tahiri Alaoui et al.（2009）
一级反应	纳米 TiO_2/硅凝胶	富里酸	11.95mg·L^{-1}	Fu et al.（2006）
一级反应	P25，TiO_2	萨旺尼运河中的天然有机物	10mg·L^{-1}	Huang et al.（2008）

续表

动力学模型	催化剂	目标物	初始浓度	参考文献
一级反应	P25，TiO_2	1,4 二噁烷	850μg·L^{-1}	Lee et al.（2015）
一级反应	P25，TiO_2	呋塞米，对氯苯氧异丁酸，萘普生，卡马西平，雷尼替丁，氧氟沙星，安替比林	5~10mg·L^{-1}	Molinari et al.（2006）
一级反应	P25，TiO_2	磺胺甲噁唑，双氯芬酸，氢氯噻嗪，盐酸雷尼替丁	10mg·L^{-1}	Martinze et al.（2013）
零级反应	P25，TiO_2	2,4 二羟基苯甲酸	37~400mg·L^{-1}	Azrague et al（2007）
零级反应	P25，TiO_2	4-乙酰氨基安替比林，尼古丁	10mg·L^{-1}	Martinze et al.（2013）
零级反应	P25，TiO_2	甲酸	50~370mg·L^{-1}	Dijkstra et al（2001）
非整数级数反应（n=0.5）	P25，TiO_2	Cr（VI）	17.5~33.4mg·L^{-1}	Sabate et al.（1992）
非整数级数反应（n=0.3）	P25，TiO_2	酸性红 4	4.94~19.8mg·L^{-1}	Wang et al.（2008）
两步反应	P25，TiO_2	腐殖酸	2~10mg·L^{-1}	Choo et al.（2008b）
两步反应	P25，TiO_2	天然有机物	1.3~5.9mg·L^{-1}	Yao et al.（2009）
两步反应	光敏剂 CPP313	苯酚，2,6-二甲基苯酚，1,2,3-苯三酚，4-氯苯酚，2,4 二氯苯酚	0.056~9.9mmol·L^{-1}	Rota et al.（1996）

10.3.3 两步反应动力学

光催化膜反应器降解大分子（如腐殖酸）的浓度曲线变化如图 10.5 所示，反应物浓度随着时间呈现先升高后降低的变化趋势（两步反应动力学）。随着光强度的减弱，这种特征变得更为明显（Choo et al.，2008b）。如果初始反应物在光催化作用下转变为中间产物，之后再矿化为 CO_2，则显示出两步反应动力学机制。理想状态下，光催化剂对于中间产物具有相对较差的吸附性能，以至于随着光催化反应的进行，中间产物易于脱附，使得反应物浓度随着时间呈现先升高后降低的变化趋势。因此，TiO_2 作为光催化剂的两步光催化反应（包括光催化剂上的逐步脱附过程）可以写作式（10.11）~式（10.14）。

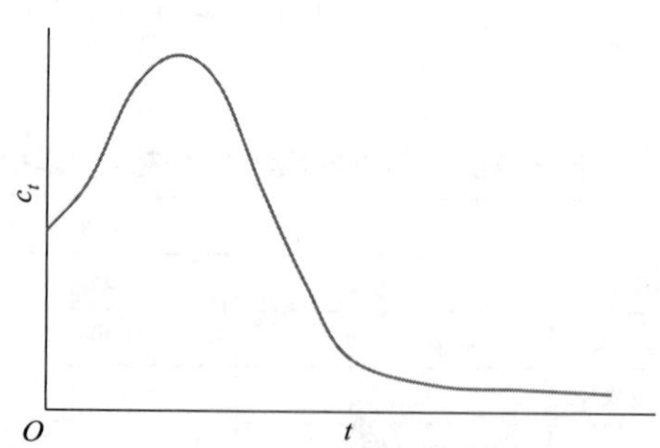

图 10.5　两步反应中时间和浓度的函数关系

$$TiO_2+R \underset{}{\overset{K'}{\rightleftharpoons}} TiO_2{-}R \tag{10.11}$$

$$TiO_2{-}R \underset{}{\overset{k'}{\rightleftharpoons}} TiO_2+I \tag{10.12}$$

$$TiO_2+I \underset{}{\overset{K''}{\rightleftharpoons}} TiO_2{-}I \tag{10.13}$$

$$TiO_2{-}I \underset{}{\overset{k''}{\rightleftharpoons}} TiO_2+CO_2 \tag{10.14}$$

式中，R 是反应物（初始底物）；I 是中间产物；K'是第一步吸附系数；k'是第一步反应速率常数；K''是第二步吸附系数；k''是第二步反应速率常数。由于初始反应物在光催化作用下转变为中间产物，中间产物易于破坏出水水质的品质，式（10.12）可以表示光驱动下的脱附过程。因此，将其他具有较高吸附性能的吸附剂涂覆在膜上（如氧化铁纳米颗粒），被认为有助于降低水中的中间产物（脱附过程）（Yao et al.，2009）。

10.3.4　背景物质的影响

体系中存在的一些物质，如碳酸氢根、氯离子，可以作为在光催化膜过程中产生的羟基自由基（•OH）的捕获剂，捕获•OH 生成具有较差氧化能力的碳酸自由基、氯原子。这些物质捕获来源于光催化剂的电子，最终分别产生碳酸根和氯离子。该链反应可以表达为式（10.15）~式（10.19）的形式：

$$HCO_3^- + \bullet OH \longrightarrow CO_3^-\bullet + H_2O \tag{10.15}$$

$$CO_3^{2-} + \bullet OH \longrightarrow CO_3^{\bullet -} + OH^- \tag{10.16}$$

$$CO_3^-\bullet + e^- \longrightarrow CO_3^{2-} \tag{10.17}$$

$$Cl^- + \bullet OH \longrightarrow Cl\bullet + OH^- \tag{10.18}$$

$$Cl\bullet + e^- \longrightarrow Cl^- \tag{10.19}$$

由上式可知，这些捕获反应降低了水中有机物的氧化效率。而研究报道也证实印染废水中含有的大量碳酸氢根使其反应速率常数明显降低（Lee et al.，2015）。但是，当碳酸氢根的浓度由 $300mg \cdot L^{-1}$ 降低至 $50mg \cdot L^{-1}$ 时，反应速率常数增加至原来的 4 倍。光催化膜反应器处理海水中的有机物时，由于海水中存在大量的氯离子，氯离子的捕获效应对光催化性能具有重要的影响（Kim et al.，2010）。尽管有机物被氧化，但是矿化程度很低，其原因很可能是氯离子引起的相对较低的氧化效率及其由捕获效应而发生的链反应。其他阴离子比如硝酸根和硫酸根，对光催化的影响相对较小。

影响光催化膜反应器反应动力学的其他因素有溶解氧含量、电子和空穴复合情况。溶解氧作为电子受体得到电子形成超氧自由基（$\bullet O_2^-$），有助于提高光催化性能，另外应降低电子和空穴的复合以达到最佳的性能。在使用光催化膜反应器处理富里酸时，当比气流速率（单位反应体积）由 $3.125m^3 \cdot m^{-3} \cdot h^{-1}$ 增至 $28.125m^3 \cdot m^{-3} \cdot h^{-1}$ 时（Fu et al., 2006），得到最佳的一级反应动力学常数。反应速率常数的增加得益于曝气带来的较好的传质以及氧气捕获光生电子的作用。但是，在气流很高时，气泡不利于光催化反应。在使用浸没式光催化膜反应器处理双酚 A（Chin et al.，2007）和二级出水中的有机物（Jiang and Choo，2016）时发现，气流起到了负面作用，其原因很可能为气流的存在使光散射而没有直接照射到光催化剂上，而且气流阻碍了光催化剂对有机物的吸附。另一个影响光催化膜反应器性能的重要原因是气流使进料溶液中形成一些聚集在反应器中阻挡光照射的悬浮物，需要注意的是，二级出水中残留的胶体状颗粒（浊度在几个 NTU 之内）不会对光催化速率造成明显的影响（Jiang and Choo，2016）。

10.4　连续流动反应器模型

10.4.1　连续搅拌槽式反应器一级动力学模型

图 10.1 中的反应器构型是一种可以连续搅拌的槽式反应器，该反应器中的反应溶液可以被回收或者在反应器中停留一定的时间。鉴于此，基于物料平衡发展了适合于这种反应器的一种数学模型。对于体积（V）恒定的光催化膜反应器的一般微分形式可以写作式（10.20）。

$$V\frac{\mathrm{d}c}{\mathrm{d}t}=Qc_0-Qc-rV \tag{10.20}$$

假如准一级反应动力学方程适用于这样的反应，结合式（10.3），式（10.20）则可以写成式（10.21）的形式：

$$V\frac{\mathrm{d}c}{\mathrm{d}t}=Qc_0-Qc-k_1cV \tag{10.21}$$

式（10.21）可以写作停留时间（θ）的函数形式：

$$\frac{\mathrm{d}c}{\mathrm{d}t}=\frac{c_0-c}{\theta}-k_1c \tag{10.22}$$

式（10.22）的积分形式可以写作：

$$c_t=\frac{c_0}{1+k_1\theta}\left[1+k_1\theta\mathrm{e}^{-\left(\frac{1}{\theta}+k_1\right)t}\right] \tag{10.23}$$

根据式（10.23），图 10.6（a）表明在不同水力停留时间下，浓度是时间的函数。假如时间趋于无穷大，这种非稳态模型形式还可以转化为稳态模型形式。在稳态下反应器中反应物的浓度（c_∞）可以表述为：

$$c_\infty=\frac{c_0}{1+k_1\theta} \tag{10.24}$$

此外，假设除了光催化降解，膜不截留任何反应物，最终膜渗透的反应物浓度可以被认为是 c_∞。在稳态下，光催化膜反应器中被去除的反应物分数可以写作：

$$1-\frac{c_{\infty}}{c_0}=\frac{k_1\theta}{1+k_1\theta} \tag{10.25}$$

但是，如果膜截留一些反应物，则最终的渗透液的情况可以根据残留在反应器中反应物的浓度乘以截留率估算。根据式（10.25），图 10.6（b）表明在稳态下反应物的去除量是水力停留时间的函数。在不考虑膜截留的情况下，式（10.23）和式（10.25）分别较好地符合光催化膜反应器处理印染废水中 1,4–二噁烷的浓度变化趋势，并较好地预测了稳态下的去除率（Lee et al.，2015）。但是，总有机碳的去除不符合模型预测，如上述所讨论的，其原因可能为在印染废水中的有机物大分子发生了多步反应（Choo et al.，2008b）。

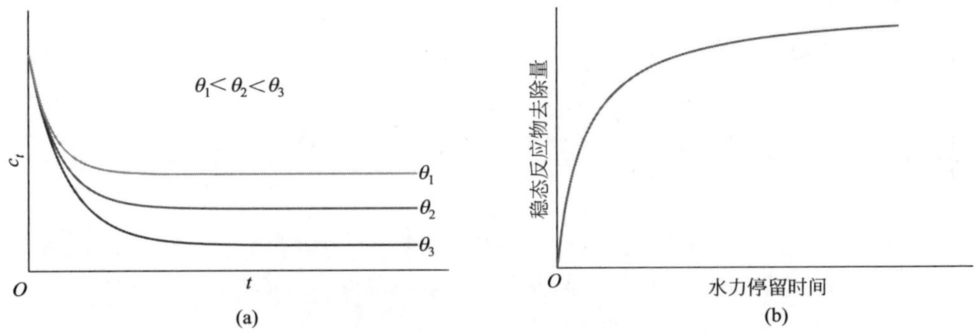

图 10.6　连续搅拌槽式反应器一级动力学模型

（a）非稳态下浓度随时间变化曲线；（b）稳态下反应物去除量和水力停留时间（θ）的函数关系

10.4.2　连续搅拌槽式反应器零级动力学模型

另一种具有零级反应动力学的连续搅拌槽式反应器的数学模型可以根据质量平衡推导出来。结合式（10.6）和式（10.20），得出如下光催化膜反应器的微分形式。

$$V\frac{\mathrm{d}c}{\mathrm{d}t}=Qc_0-Qc-k_0cV \tag{10.26}$$

式（10.26）可以写作水力停留时间（θ）的函数：

$$\frac{\mathrm{d}c}{\mathrm{d}t}=\frac{c_0-c}{\theta}-k_0 \tag{10.27}$$

式（10.27）的积分形式写作：

$$c_t=c_0-k_0\theta(1-\mathrm{e}^{-\frac{1}{\theta}t}) \tag{10.28}$$

根据式（10.28）得到图 10.7（a），结果表明在不同停留时间下浓度是时间的函数。在稳态下残留在反应器中反应物的浓度（c_{∞}）和在稳态下被去除的反应物分数可以表示为：

$$c_{\infty} = c_0 - k_0\theta \tag{10.29}$$

$$1 - \frac{c_{\infty}}{c_0} = \frac{k_0\theta}{c_0} \tag{10.30}$$

依据式（10.30）得到图 10.7（b），结果显示稳态下的反应物去除量是水力停留时间的函数。基于具有零级和一级反应动力学特征的连续搅拌槽式反应器，表 10.2 总结了适用于光催化膜反应器中非稳态和稳态反应物浓度的数学表达式。

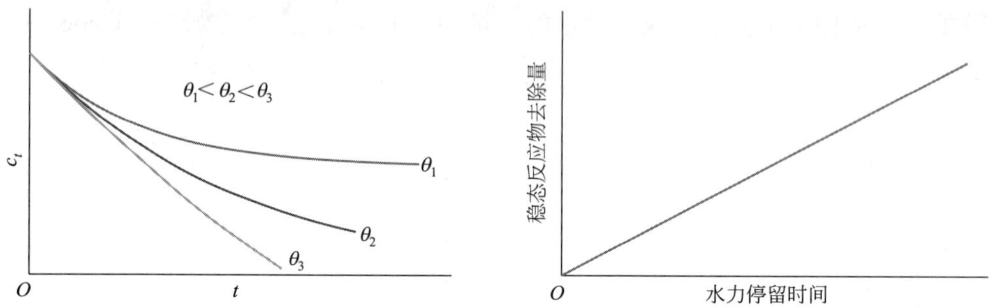

(a) (b)

图 10.7 连续搅拌槽式反应器零级动力学模型

（a）非稳态下浓度随时间变化曲线；（b）稳态下反应物去除量和水力停留时间（θ）的函数关系

表 10.2 连续搅拌槽式光催化膜反应器的常偏微方程的数学表达式

流动系统	动力学模型	非稳态浓度（c_t）	稳态浓度（c_{∞}）
连续搅拌槽式光催化膜反应器	一级反应	$\frac{c_0}{1+k_1\theta}[1+k_1 e^{-\left(\frac{1}{\theta}+k\right)t}]$	$\frac{c_0}{1+k_1\theta}$
连续搅拌槽式光催化膜反应器	零级反应	$c_0 - k_0\theta e^{-\frac{1}{\theta}t}$	$c_0 - k_0\theta$

10.4.3 复杂连续流动反应器的数值方法

根据反应器的类型和运行方式、光催化反应动力学不同，连续流动反应器模型可分为不同的类型。解决这类复杂的模型等式时，数值分析是非常有价值的方法（Brandi et al., 2000; Cassano, Alfano, 2000），各种各样的数值方法均适用于任何一种微分方程（Chapra, Canale，2010；Jenson，Jeffreys，1997）。式（10.20）相关的常规微分方程涉及初始值的问题（Come，1979），通常可以表述为如下形式：

$$\frac{\mathrm{d}c}{\mathrm{d}t} = f(c,t) \tag{10.31}$$

$$c(0)=c_0 \tag{10.32}$$

采用欧拉法即可以得到式（10.32）的数值解，采用时间间隔（Δt）的差分法，可以得到下式：

$$\frac{c_{i+1}+c_i}{\Delta t}=f(c_i,t_i) \tag{10.33}$$

$$c_{i+1}=c_i+(\Delta t)f(c_i,t_i) \tag{10.34}$$

尽管这种方法不太准确而且很少被使用，但是它可以解释如何使用数值方法解决常规微分方程，最常用的方法之一是龙格库塔法的四阶公式（Hoenbeck，1975）：

$$c_{i+1}=c_i+\frac{(\Delta t)}{6}\{g_1+2g_2+2g_3+g_4\} \tag{10.35}$$

式中：

$$g_1=f(c_i,t_i) \tag{10.36}$$

$$g_2=f\left(c_i+\frac{\Delta t}{2}g_1,\quad t_{i+1/2}\right) \tag{10.37}$$

$$g_3=f\left(c_i+\frac{\Delta t}{2}g_2,\quad t_{i+1/2}\right) \tag{10.38}$$

$$g_4=f(c_i+\Delta t g_3,\quad t_{i+1}) \tag{10.39}$$

$$t_{i+1/2}=t_i+\frac{\Delta t}{2} \tag{10.40}$$

这些推导和讨论这种方法的理论背景超出了本章的范围，有兴趣的读者可以参考其他的相关文献了解详细的细节（Iserles and NøRsett，1990；Munthe-Kaas，1999）。除了龙格库塔方法，还有很多其他方法可以被用来计算常微分方程的解，比如亚当斯多步公式和预测校正方法。事实上，一些计算机软件程序已经囊括了这些算法，可以直接用于此类问题的解决。

参考文献

Albu, S.P., Ghicov, A., Macak, J.M., Hahn, R., Schmuki, P., 2007. Self-organized, free-standing TiO_2 nanotube membrane for flow-through photocatalytic applications. Nano Lett. 7 (5), 1286−1289.

Azrague, K., Aimar, P., Benoit-Marquié, F., Maurette, M.T., 2007. A new combination of a membrane and a photocatalytic reactor for the depollution of turbid water. Appl. Catal. B Environ. 72 (3−4), 197−204.

Brandi, R.J., Alfano, O.M., Cassano, A.E., 2000. Evaluation of radiation absorption in slurry photocatalytic reactors. 1. Assessment of methods in use and new proposal. Environ. Sci. Technol. 34 (12), 2623−2630.

Cassano, A.E., Alfano, O.M., 2000. Reaction engineering of suspended solid heterogeneous photocatalytic reactors. Catal. Today 58 (2−3), 167−197.

Chapra, S.C., Canale, R.P., 2010. Numerical Methods for Engineers. McGraw-Hill, New York.

Chin, S.S., Chiang, K., Fane, A.G., 2006. The stability of polymeric membranes in a TiO_2 photocatalysis process. J. Membr. Sci. 275 (1−2), 202−211.

Chin, S.S., Lim, T.M., Chiang, K., Fane, A.G., 2007. Factors affecting the performance of a low-pressure submerged membrane photocatalytic reactor. Chem. Eng. J. 130 (1), 53−63.

Chong, M.N., Jin, B., Chow, C.W.K., Saint, C., 2010. Recent developments in photocatalytic water treatment

technology: a review. Water Res. 44 (10), 2997–3027.
Choo, K.-H., Chang, D.-I., Park, K.-W., Kim, M.-H., 2008a. Use of an integrated photocatalysis/hollow fiber microfiltration system for the removal of trichloroethylene in water. J. Hazard Mater. 152 (1), 183–190.
Choo, K.-H., Tao, R., Kim, M.-J., 2008b. Use of a photocatalytic membrane reactor for the removal of natural organic matter in water: effect of photoinduced desorption and ferrihydrite adsorption. J. Membr. Sci. 322 (2), 368–374.
Come, G.M., 1979. Mechanistic modelling of homogeneous reactors: a numerical method. Comput. Chem. Eng. 3 (1), 603–609.
Dijkstra, M.F.J., Buwalda, H., de Jong, A.W.F., Michorius, A., Winkelman, J.G.M., Beenackers, A.A.C.M., 2001. Experimental comparison of three reactor designs for photocatalytic water purification. Chem. Eng. Sci. 56 (2), 547–555.
Dijkstra, M.F.J., Koerts, E.C.B., Beenackers, A.A.C.M., Wesselingh, J.A., 2003. Performance of immobilized photocatalytic reactors in continuous mode. AlChE J. 49 (3), 734–744.
Fu, J., Ji, M., Wang, Z., Jin, L., An, D., 2006. A new submerged membrane photocatalysis reactor (SMPR) for fulvic acid removal using a nano-structured photocatalyst. J. Hazard Mater. 131 (1–3), 238–242.
Hornbeck, R.W., 1975. Numerial Methods. Quantum Publishers, Inc., New York.
Huang, X., Leal, M., Li, Q., 2008. Degradation of natural organic matter by TiO_2 photocatalytic oxidation and its effect on fouling of low-pressure membranes. Water Res. 42 (4–5), 1142–1150.
Iserles, A., NøRsett, S.P., 1990. On the theory of Parallel Runge—Kutta methods. IMA J. Numer. Anal. 10 (4), 463–488.
Jenson, V.G., Jeffreys, G.V., 1977. Mathematical Methods in Chemical Engineering. Elsevier.
Jiang, H., Zhang, G., Huang, T., Chen, J., Wang, Q., Meng, Q., 2010. Photocatalytic membrane reactor for degradation of acid red B wastewater. Chem. Eng. J. 156 (3), 571–577.
Jiang, L., Choo, K.-H., 2016. Photocatalytic mineralization of secondary effluent organic matter with mitigating fouling propensity in a submerged membrane photoreactor. Chem. Eng. J. 288, 798–805.
Kim, M.-J., Choo, K.-H., Park, H.-S., 2010. Photocatalytic degradation of seawater organic matter using a submerged membrane reactor. J. Photochem. Photobiol. A-Chem. 216 (2–3), 215–220.
Konstantinou, I.K., Albanis, T.A., 2004. TiO_2-assisted photocatalytic degradation of azo dyes in aqueous solution: kinetic and mechanistic investigations: a review. Appl. Catal. B Environ. 49 (1), 1–14.
Lee, K.-C., Beak, H.-J., Choo, K.-H., 2015. Membrane photoreactor treatment of 1,4-dioxane-containing textile wastewater effluent: performance, modeling, and fouling control. Water Res. 86, 58–65.
Lee, K.-C., Choo, K.-H., 2013. Hybridization of TiO2 photocatalysis with coagulation and flocculation for 1,4-dioxane removal in drinking water treatment. Chem. Eng. J. 231, 227–235.
Lee, S.-A., Choo, K.-H., Lee, C.-H., Lee, H.-I., Hyeon, T., Choi, W., Kwon, H.-H., 2001. Use of ultrafiltration membranes for the separation of TiO2 photocatalysts in drinking water treatment. Ind. Eng. Chem. Res. 40 (7), 1712–1719.
Martínez, F., López-Muñoz, M.J., Aguado, J., Melero, J.A., Arsuaga, J., Sotto, A., Molina, R., Segura, Y., Pariente, M.I., Revilla, A., Cerro, L., Carenas, G., 2013. Coupling membrane separation and photocatalytic oxidation processes for the degradation of pharmaceutical pollutants. Water Res. 47 (15), 5647–5658.
Molinari, R., Grande, C., Drioli, E., Palmisano, L., Schiavello, M., 2001. Photocatalytic membrane reactors for degradation of organic pollutants in water. Catal. Today 67 (1–3), 273–279.
Molinari, R., Mungari, M., Drioli, E., Di Paola, A., Loddo, V., Palmisano, L., Schiavello, M., 2000. Study on a photocatalytic membrane reactor for water purification. Catal. Today 55 (1–2), 71–78.
Molinari, R., Palmisano, L., Drioli, E., Schiavello, M., 2002. Studies on various reactor configurations for coupling photocatalysis and membrane processes in water purification. J. Membr. Sci. 206 (1–2), 399–415.
Molinari, R., Pirillo, F., Loddo, V., Palmisano, L., 2006. Heterogeneous photocatalytic degradation of pharmaceuticals in water by using polycrystalline TiO_2 and a nanofiltration membrane reactor. Catal. Today 118 (1–2), 205–213.
Mozia, S., 2010. Photocatalytic membrane reactors (PMRs) in water and wastewater treatment. A review. Sep. Purif. Technol. 73 (2), 71–91.
Mozia, S., Tomaszewska, M., Morawski, A.W., 2005. A new photocatalytic membrane reactor (PMR) for removal of azo-dye Acid Red 18 from water. Appl. Catal. B Environ. 59 (1–2), 131–137.
Mozia, S., Tomaszewska, M., Morawski, A.W., 2007. Photocatalytic membrane reactor (PMR) coupling

photocatalysis and membrane distillation—Effectiveness of removal of three azo dyes from water. Catal. Today 129 (1−2), 3−8.

Munthe-Kaas, H., 1999. High order Runge-Kutta methods on manifolds. Appl. Numer. Math. 29 (1), 115−127.

Qu, D., Qiang, Z., Xiao, S., Liu, Q., Lei, Y., Zhou, T., 2014. Degradation of Reactive Black 5 in a submerged photocatalytic membrane distillation reactor with microwave electrodeless lamps as light source. Sep. Purif. Technol. 122, 54−59.

Romanos, G.E., Athanasekou, C.P., Katsaros, F.K., Kanellopoulos, N.K., Dionysiou, D.D., Likodimos, V., Falaras, P., 2012. Double-side active TiO_2-modified nanofiltration membranes in continuous flow photocatalytic reactors for effective water purification. J. Hazard Mater. 211−212, 304−316.

Rota, F., Cavassi, M., Niego, D., Gorlani, R., Vianelli, L., Tatti, L., Bruzzi, P., Moroni, A., Bellobono, I.R., Bianchi, M., Muntau, H., 1996. Mathematical modelling of photomineralization of phenols in aqueous solution, by photocatalytic membranes immobilizing titanium dioxide. Chemosphere 33 (11), 2159−2173.

Ryu, J., Choi, W., Choo, K., 2005. A pilot-scale photocatalyst-membrane hybrid reactor: performance and characterization. Water Sci. Technol. 51 (6−7), 491−497.

Sabate, J., Anderson, M.A., Aguado, M.A., Giménez, J., Cervera-March, S., Hill, C.G., 1992. Comparison of TiO2 powder suspensions and TiO2 ceramic membranes supported on glass as photocatalytic systems in the reduction of chromium(VI). J. Mol. Catal. 71 (1), 57−68.

Sabate, J., Anderson, M.A., Kikkawa, H., Edwards, M., Hill, C.G., 1991. A kinetic study of the photocatalytic degradation of 3-chlorosalicylic acid over TiO2 membranes supported on glass. J. Catal. 127 (1), 167−177.

Shahrezaei, F., Mansouri, Y., Zinatizadeh, A.A.L., Akhbari, A., 2012. Process modeling and kinetic evaluation of petroleum refinery wastewater treatment in a photocatalytic reactor using TiO_2 nanoparticles. Powder Technol. 221, 203−212.

Sopajaree, K., Qasim, S.A., Basak, S., Rajeshwar, K., 1999. An integrated flow reactor-membrane filtration system for heterogeneous photocatalysis. Part I: Experiments and modelling of a batch-recirculated photoreactor. J. Appl. Electrochem. 29 (5), 533−539.

Tahiri Alaoui, O., Nguyen, Q.T., Mbareck, C., Rhlalou, T., 2009. Elaboration and study of poly(vinylidene fluoride)−anatase TiO_2 composite membranes in photocatalytic degradation of dyes. Appl. Catal. Gen. 358 (1), 13−20.

Turchi, C.S., Ollis, D.F., 1990. Photocatalytic degradation of organic water contaminants: mechanisms involving hydroxyl radical attack. J. Catal. 122 (1), 178−192.

Wang, W.-Y., Irawan, A., Ku, Y., 2008. Photocatalytic degradation of Acid Red 4 using a titanium dioxide membrane supported on a porous ceramic tube. Water Res. 42 (19), 4725−4732.

Yao, P., Choo, K.-H., Kim, M.-H., 2009. A hybridized photocatalysis−microfiltration system with iron oxide-coated membranes for the removal of natural organic matter in water treatment: effects of iron oxide layers and colloids. Water Res. 43 (17), 4238−4248.

Zhang, H., Quan, X., Chen, S., Zhao, H., Zhao, Y., 2006. Fabrication of photocatalytic membrane and evaluation its efficiency in removal of organic pollutants from water. Sep. Purif. Technol. 50 (2), 147−155.

Zhang, X., Wang, D.K., Lopez, D.R.S., Diniz da Costa, J.C., 2014. Fabrication of nanostructured TiO_2 hollow fiber photocatalytic membrane and application for wastewater treatment. Chem. Eng. J. 236, 314−322.

第11章 光催化膜反应器的经济性

Wolfgang M．Samhaber[1]，Minh Tan Nguyen[2]

[1] Johannes Kepler University Linz，Linz，Austria；[2] Hanoi University of Science and Technology，Hanoi，Vietnam

11.1 简介

2017 年，Molinari 等人全面总结了实验室规模下光催化膜反应器（PMR）的不同运行方式，各种出版物也广泛报道了光催化的应用，例如 Molinari 等人（2010）、Brunetti 等人（2017）和 Mozia（2010）。

该技术的主要应用领域可分为两类，第一类是水处理净化，第二类是化学合成。然而，为了提高反应效率，人们不断研究光催化和膜分离的集成作用。如图 11.1 和图 11.2 所示，说明了 PMR 的不同操作方式以及光催化和膜分离系统的组合。

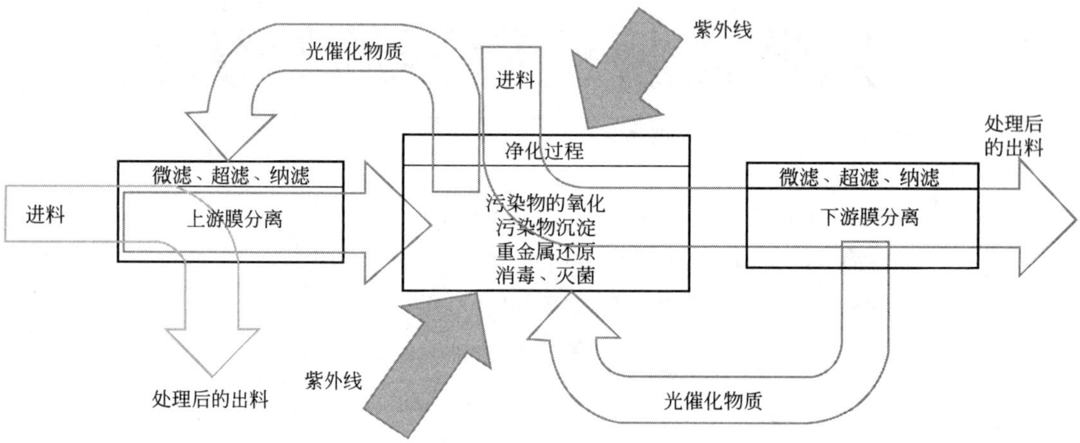

图 11.1　用于水净化的复合光催化膜工艺图示

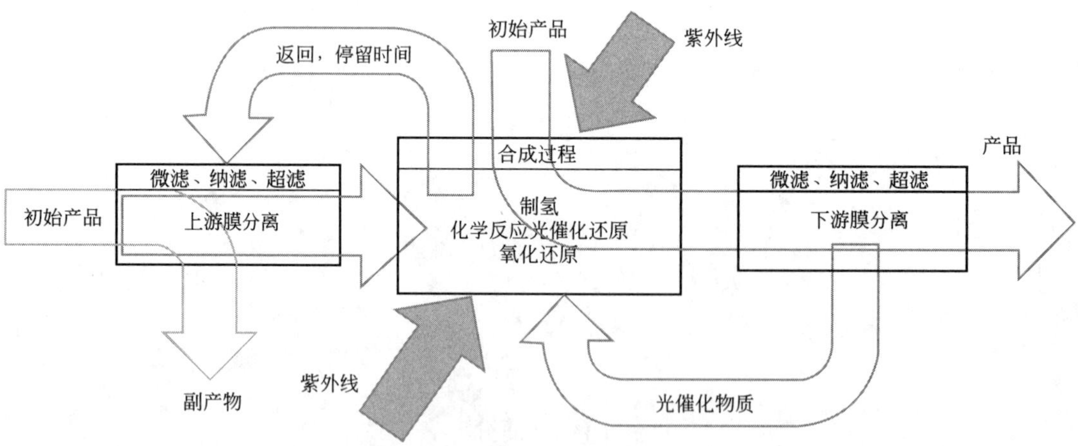

图 11.2　复合光催化膜系统的合成工艺集成示意图

然而，光催化系统与膜分离的集成存在不同的可能性，这些可能性是由特定工艺或反应要求确定的。从这个角度来看，膜单元可以设置在反应系统的入口或上游侧，如对进料的选择性预处理；也可以放置在下游侧，以使光催化剂保持在过程中和/或将尚未处理的溶解组分带回光催化反应器。

同样，图 11.2 所示的合成工艺，其上游或下游步骤是分离的，例如降解物的保持停留时间、回收进料产品、减少副产物，或仅将光催化剂颗粒留存在系统内。

迄今为止，人们讨论的热点是利用不同工艺处理废水和净化水，以及膜与光催化反应相结合的研究。光催化的基础知识可参考本书第 1 章。

膜与光催化反应器相结合的 PMR 系统可分为两种体系，分别是具有悬浮光催化剂的体系和光催化颗粒固定在膜上或膜内的体系。悬浮光催化颗粒可以通过错流或浸没式膜系统保留在反应体系中，该系统可实现部分或全部以间歇或连续模式运行，并且膜单元可以控制或辅助该过程。

用于 PMR 的膜通常有微滤膜（MF）（Damodar et al.，2010）、超滤膜（UF）（Grzechulska-Damszel et al.，2010；Damodar et al.，2010；Mozia et al.，2006）、纳滤膜（NF）（Grzechulska-Damszel et al.，2010；Zheng et al.，2013；Berberidou et al.，2009；Grzechulska-Damszel，Morawski，2009；Molinari et al.，2004），还有极少数情况下应用于压力驱动的反渗透（RO）膜（Berberidou et al.，2009），这些膜的进料、保留液和渗透相是液体。只有少数应用涉及处理气态或气相，如渗透汽化或膜蒸馏（MD）。最近，研究人员提出将 PMR 与膜蒸馏的集成（Grzechulska-Damszel et al.，2010；Mozia et al.，2006）用于处理印染废水。

关于膜的分离性能，在光催化过程中其本身应具备良好的机械和化学稳定性（Mozia et al.，2015）。

考虑到 PMR 的经济性和成本，重点要放在膜单元的部分，并考虑升级的可能性。

实验室应用的小规模设备其处理体积与膜面积成比例。按比例放大时，表面与长度的二次函数有关，体积与三次函数有关。一定时间内，在一定的膜面积下，处理体积所给出的数值在放大过程中或多或少地保持恒定。

由于所需的膜表面可以在反应系统外实现，错流和浸没式膜系统更易扩大规模。压力驱动的错流系统通过在滞留侧施加正压力来操作，而浸没式膜系统可通过在渗透侧施加负压来操作。

这两种分离系统之间的区别在于，跨膜压力控制错流系统的渗透流量，而浸没式单元的渗透流量则由适当的吸入压力进行调整。由于施加的压力会影响运营成本，所以与加压错流系统相比，浸没系统的低压运行具有一定的成本优势。

本文后面将讨论文献中描述的一些选定的示例尺寸、结构或设计的术语，以说明光催化膜反应器集成的不同想法和可能性。

光催化与膜的集成是基于光催化具有氧化的潜力，而膜分离特别是纳滤膜具有保留和去除污染物的选择性分离的潜力，文献中描述了不同的概念。颗粒光催化剂的应用要求光催化剂再循环，还需要将水力停留时间与有机化合物在光催化反应器系统中的停留时间分开，这可以通过选择性膜分离来实现（Chong et al.，2010；Grzechulska-Damszel et al.，2010；Chooa et al.，2008；Augugliaro et al.，2005；Martfinez et al.，2013）。

将膜分离单元集成到光催化工艺系统中时，必须选择最合适的膜类型（反渗透、纳滤、超滤或微滤）、膜材料（陶瓷、聚合物）和适当的工艺配置（管状、平板、螺旋、毛细管或中空纤维），这些选择都会影响性能和价格。

选择纳滤或超滤膜是为了去除或分离清澈进水溶液中的溶解成分。图 11.3 显示了光催化过程，光催化系统是净化过程的主体。在光催化反应器下游设置超滤或纳滤步骤，用于将尚未完全矿化的有机物再循环回反应室。光催化颗粒可以被截留并返回到原反应体系中。对于有机物的分离，多数情况下可以使用聚合膜，但是对于悬浮的光催化颗粒，耐磨膜的类型和结构的选择是非常必要的。另一种可能性是用两种不同的膜分离回收溶液中的颗粒。将微滤、超滤、纳滤和反渗透膜回收工艺和冲洗工艺与光催化集成时，反应系统的效率证明这些工艺扩展的成本较高。超滤或纳滤渗透液可通过更致密的纳滤或反渗透膜送入分离步骤，以去除多余盐分和可能残留的有机物，从而生产出高质量的水进行再利用，几乎没有污染风险。

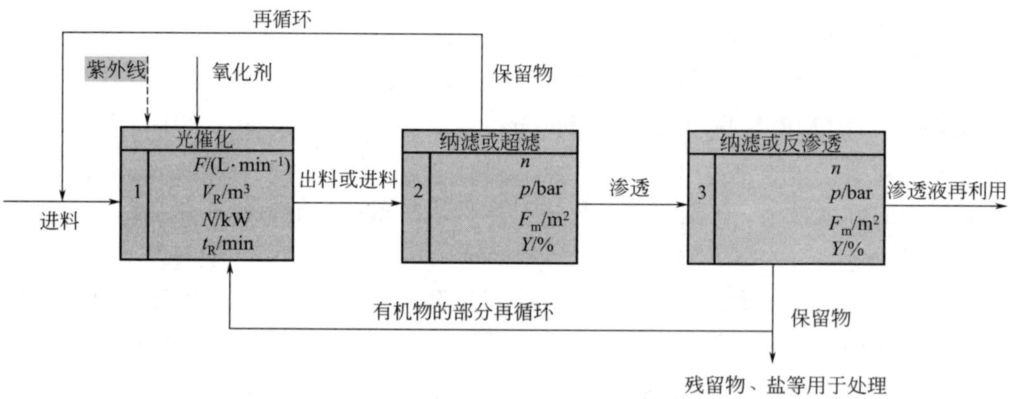

图 11.3　光催化作为主要工艺减少有机物和污染物质的示意图

用超滤或纳滤膜控制停留时间，并通过纳滤和反渗透膜回收有机物，渗透液再利用

n—浓度因子；p—工作压力，bar；F_m—膜面积，m^2；F—流速，L·min^{-1}；Y—保留率，%；V_R—光催化反应器体积，m^3；N—能量需求，kW；t_R—反应时间，min

如图 11.3 所示的关键参数，是规定设备尺寸和估算资本运营成本的必要条件。对于反应系统，需要定义反应体积（V_R）、流速或反应时间以及能量需求。同样，对于膜分离单元，需要指定膜面积，这是特定渗透通量每次产生渗透体积的结果，可通过对实际工艺施加一定的压力来实现。

渗透通量主要由膜类型、操作压力、浓度、渗透压、黏度和温度等因素决定。根据实际经验，可以预估初步的渗透通量，且这些通量必须在系统设计实现之前进行验证。

从这个意义上讲，我们可以估算出反渗透和纳滤的膜通量在 15~30L·m^{-2}·h^{-1} 之间，超滤在 25~50L·m^{-2}·h^{-1} 之间，微滤在 50~100L·m^{-2}·h^{-1} 之间。

渗透通量很大程度上受进水浊度、未溶解的细小分散有机固体的影响，由于紫外线辐射的透明度降低，浑浊液也会影响光催化反应。

具有较少复杂溶解化合物和高透光率的清澈进水是废水处理的理想选择。必须对进料中的悬浮微粒或胶体固体进行预处理，防止污垢产生。最后，须记住要通过操作的成本优势来证明额外增加纳滤和反渗透步骤（如图 11.3 所示）对反应工艺的合理性。

通常，在所有膜应用中，产生污染物会显著增加成本。膜污染是膜工艺的弱点之一，但无论如何，在进入与膜分离单元相连的反应系统之前，必须对污染物进行预处理。膜分离和非均相光催化过程，都必须避免产生膜污染。因此，开发一种适宜的预处理方法是一项具有挑战性的任务，但后期会获得可观的回报。

另一种膜和光催化集成的处理工艺如图 11.4 所示。该示意的基本原理图中，在第一步中使用有机截留膜如纳滤或超滤膜，以分离保留高浓度液体，产生少量低含量杂质的渗透液。该渗透液在第一步膜处理中已经实现了良好净化，通过光催化反应器，还能起到进一步的深度处理作用。

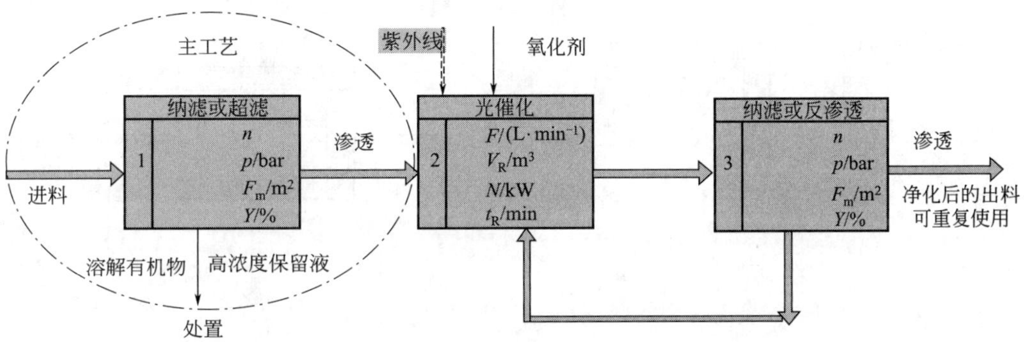

图 11.4　膜工艺作为主要工艺去除进水中的有机物，光催化作为深度处理步骤示意图

n—浓度因子；p—工作压力，bar；F_m—膜面积，m^2；F—流速，$L \cdot min^{-1}$；Y—回收率，%；
V_R—光催化反应器体积，m^3；N—能量需求，kW；t_R—反应时间，min

光催化反应器置于纳滤或反渗透膜处理工艺之后起辅助作用，即纳滤或反渗透膜分离起主要作用。光催化具有减轻膜污染作用，可以减少无孔亲水溶液/扩散膜无法完全排斥的残留化合物。传统做法是使用活性炭吸附完成，而光催化是实现该功能最具竞争力的替代工艺。

光催化在这一点上可与一般的纳滤处理概念相媲美，因此，如前所述，为了再次避免膜污染，必要时必须对进料进行预处理。

在第一步中，保留的溶解有机溶质分离浓缩在保留液中，这些保留液必须被热氧化或按照相关规定处理。将低有机物含量且透明的渗透液进行光催化后处理，也可以将其归类为膜预处理步骤。

图 11.5 显示了利用悬浮态光催化和浸没式超滤膜处理含有有机物和无机物的工艺流程。超滤将光催化尚未反应或氧化的物质，以及悬浮的光催化颗粒分离出来，返回到原反应体系中。利用超滤保留物的再循环率，一方面可以确定光催化反应器内的停留时间，

另一方面可以将光催化颗粒返回反应系统。超滤渗透液将作为进料引入下游纳滤分离步骤，该过程中有机化合物被截留返回到入口进料。通过纳滤的合理安排，增加难降解有机物在系统内的停留时间。在下游再用纳滤或反渗透深度处理无机物，从而获得高品质出水。

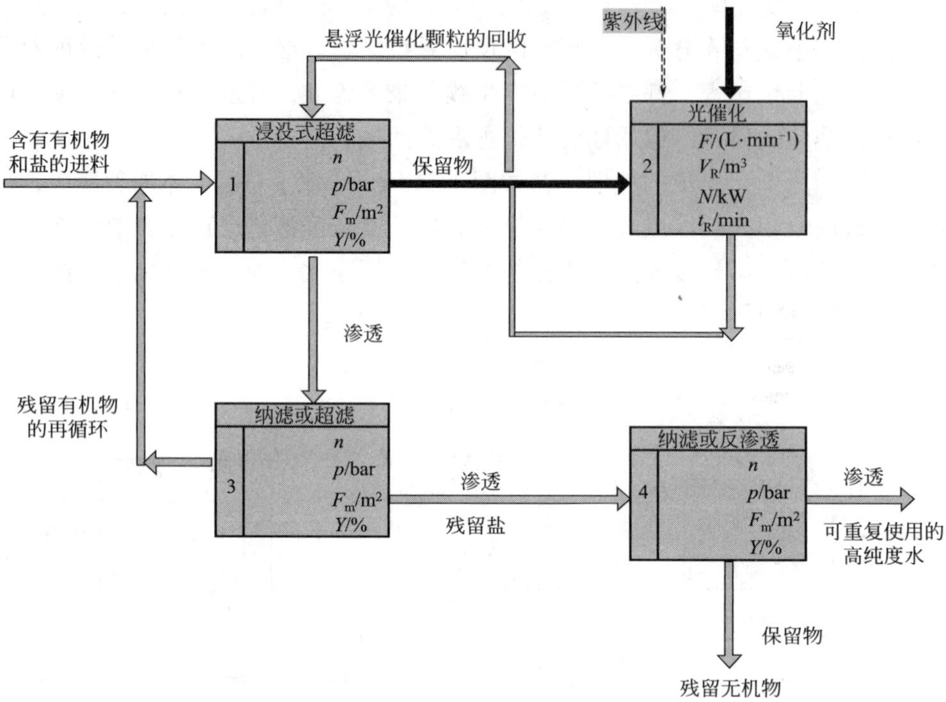

图 11.5　悬浮态光催化和浸没式超滤膜集成处理含有有机物和无机物的工艺流程图

n—浓度因子；p—操作压力，bar；F_m—膜面积，m^2；F—流速，$L \cdot min^{-1}$；Y—回收率，%；V_R—光催化反应器体积，m^3；N—能量需求，kW；t_R—反应时间，min

进料液需要进行各自相应的预处理，因此所选择的出水必须是透明的，以实现对有机成分适当光催化降解。最佳的进料是具有较少复杂成分和高光学透明度的清澈流出物。

11.2　光催化膜反应器系统的成本估算

由于 PMR 系统中光催化部分和膜部分的性质不同，在分别考虑光催化部分和膜部分成本的基础上，讨论 PMR 系统的成本估算。

11.2.1　光催化部分成本估算

光催化部分的成本估算可以通过 Kommineni 等人（2000）以及 Mahamuni 和 Adewuyi（2010）提出的高级氧化工艺（AOPs）的成本估算程序来实现。表 11.1 显示了这些作者所用的成本明细（Mahamuni and Adewuyi，2010；Kommineni et al.，2000）。

表 11.1 光催化单元的成本细目①

成本明细	成本/美元
资本支出（CAPEX）	1.2S
(投资成本包括整个处理系统及其设置)	
光催化反应器成本	P（由供应商提供）
管道、阀门、电气（30%）	0.3P
现场工作（10%）	0.1P
小计 1	1.4 $P = Q$
承包商 O & P（15%）	0.15 Q
小计 2	1.15 $Q = R$
工程（15%）	0.15 R
小计 3	1.15 $R = S$
应急（20%）	0.2S
运营支出（OPEX）	
更换零件	根据供应商的估计
实验室成本:	基于使用寿命
① 取水费用	
② 一般运维成本:	
a．常规系统监督	
b．维护：压力表，控制面板，泄漏，等	
③ 系统特定的运行维护成本:	
a．检查	
b．更新	
c．维修	
每周采样分析成本	
化学品成本:	根据供应商估计的剂量和价格
① 消耗品	
② 与 AOPs 有关的化学品（TiO_2 等）	
动力成本	根据供应商提供的消耗量估算
年度资本成本摊销	假设：30 年期限，折现率为 7%

① 百分比值取自 NWRI（美国国家水研究所）（Melin，1999）的 MTBE 报告中的供应商数据。

注：P 为光催化反应器成本；Q 为小计 1；R 为小计 2；S 为小计 3。

11.2.1.1 光催化部分资本支出的计算

大多数研究人员认为，光催化降解污染物的总体动力学要么是一级反应，要么是零级反应（Melin，1999；Bolton et al.，2001）。为了比较 AOPs 工艺制定标准的考核指标，Bolton 等人（2001）使用了一个简单的 AOPs 过程机制模型，具体如下:

$$\mathrm{B} \longrightarrow \mathrm{Z}\bullet \qquad r_1=cP_{\mathrm{elec}}/V \tag{11.1}$$

$$\mathrm{Z}\bullet+\mathrm{C} \longrightarrow \text{产品} \qquad r_2=k_{\mathrm{C}}[\mathrm{Z}\bullet][\mathrm{C}] \tag{11.2}$$

$$\mathrm{Z}\bullet+\mathrm{S}_1 \longrightarrow \text{产品} \qquad r_{3a}=k_{\mathrm{S1}}[\mathrm{Z}\bullet][\mathrm{S}_1] \tag{11.3a}$$

$$\mathrm{Z}\bullet+\mathrm{S}_2 \longrightarrow \text{产品} \qquad r_{3b}=k_{\mathrm{S2}}[\mathrm{Z}\bullet][\mathrm{S}_2] \tag{11.3b}$$

$$Z\bullet + S_i \longrightarrow \text{产品} \qquad r_{3i} = k_{Si}[Z\bullet][S_i] \tag{11.3c}$$

式中，c 为常数；P_{elec} 为输入系统的电功率，kW；V 为处理体积，L；B 为初始化合物，可以是水或某些添加的物质（例如 H_2O_2 或 O_3）；Z•为高活性中间体（例如，•OH、H•、水合电子等）；C 为特定的有机污染物；S_1，S_2，…，S_i 为 Z•自由基清除剂；r_1 为 Z•自由基的生成速率，$mol \cdot L^{-1} \cdot s^{-1}$；$k_C$ 为二阶速率常数；r_2 为 Z•与 C 的反应速率，$mol \cdot L^{-1} \cdot s^{-1}$，二阶速率常数为 k_C；r_{3a}，r_{3b}，…，r_{3i} 为 Z•与清除剂 S_1，S_2，…，S_i 的反应速率，二阶速率常数为 k_{S1}，k_{S2}，…，k_{Si}。

对光化学过程：

$$c = \frac{G\chi\phi_{Z\bullet}}{P_{elec}}$$

式中，G 为在有效波长范围内灯发射的所有方向绝对光子流的总和，$Einstein^{-1}$；χ 为在溶液中吸收的光子的分数；$\phi_{Z\bullet}$为生成 Z•量子产率。

因此，总处理速率 r（$mol \cdot L^{-1} \cdot s^{-1}$）可以利用式（11.4）计算得到：

$$r = \frac{\dfrac{cP_{elec}k_C \times [C]}{V}}{k_C \times [C] + \sum_i k_{S_i} \times [S_i]} \tag{11.4}$$

当[C]较高时，$k_C[C] \gg \sum_i k_{S_i}[S_i]$，或换言之，与污染物的反应 2 主导了反应 3 中 Z•的清除，则反应速率在 C（$r = \dfrac{cP_{elec}}{V}$）中为零级。

如果[C]很低，则 $k_C[C] \ll \sum_i k_{S_i}[S_i]$，则反应速率在 C 中为一级，其中：

$$k_1' = \frac{\dfrac{60cP_{elec}k_C}{V}}{\sum_i k_{S_i} \times [S_i]} \tag{11.5}$$

Hyman 等人（2001）指出，很大程度上[C]值的“低”和“高”浓度范围的区别取决于 AOPs 工艺特征。Herrmann（1999）定义了光催化过程中低浓度和高浓度范围，分别为 $c < 10^{-3} mol \cdot L^{-1}$ 和 $c > 5 \times 10^{-3} mol \cdot L^{-1}$。

低浓度时，一级降解可写如下：

$$\ln \frac{c_0}{c} = k_i'\tau \tag{11.6}$$

90%降解时间可通过以下公式计算：

$$\tau_{90} = \frac{2.3025851}{k_i'} \tag{11.7}$$

高浓度或零级降解：

$$c = c_0 - k_C\tau \tag{11.8}$$

90%降解时间可通过以下公式计算:

$$\tau_{90} = \frac{0.9c_0}{k_C} \tag{11.9}$$

光催化反应器的容量为:

$$V_{90} = U\tau_{90} \tag{11.10}$$

式中，k_i' 为准一级反应速率常数，min^{-1}；τ_{90} 为污染物降解 90%所需的时间，min；U 为光催化反应器的设计流速，$L\cdot min^{-1}$；V_{90} 为降解 90%时的处理体积，L。

能量密度 ε（$W\cdot L^{-1}$）可以从参考文献中得到，也可以根据文献中的数据计算得到。反应器的总能量需求为 $V_{90}\varepsilon$。

单反应器提供的能量 E（W）可从供应商报价中获取。

所需的光催化反应器数量 $N=U\tau_{90}\varepsilon$。

则以光催化反应器的单位成本为 C（美元）计算，该设备的资本成本为:

$$P = NC = C\frac{U\tau_{90}\varepsilon}{E}(\text{美元}) \tag{11.11}$$

因此，对于低浓度的有机污染物，可利用式（11.12）计算:

$$P = A\frac{U\dfrac{2.3025851}{k_i'}\varepsilon}{E} \tag{11.12}$$

对于高浓度的情况，可利用式（11.13）计算:

$$P = A\frac{U\dfrac{0.9c_0}{k_C}\varepsilon}{E} \tag{11.13}$$

式（11.12）和式（11.13）清楚地表明，通常 AOPs 过程的资本成本，特别是光催化的资本成本，主要受去除效率和流动速率的影响，而不是受进水浓度的影响。这与不同研究的实验结果有很好的相关性（Mahamuni and Adewuyi, 2010; Kommineni et al., 2000; Johne and Nguyen，2016）。

11.2.1.2　年度资本成本摊销的计算

资本成本 P 的摊销可按式（11.14）（Adewuyi，2001）计算:

$$A = \frac{Pr}{1-\left(\dfrac{1}{1+r}\right)^n} \tag{11.14}$$

式中，A 为定期分期付款；r 为定期利率除以 100（若按月分期付款，名义年利率也除以 12）；n 为总付款次数（对于按月付款的 30 年期贷款，$n=30\times12=360$）。

11.2.1.3 营业支出的计算

如表 11.1 所示，运营成本包括零部件更换、人工、分析、化学、电气和能源成本。对于 UV 系统，零部件更换成本可假设为年耗电成本的 45%（Yuan and Tol, 2004; Hyman and Dupont，2001）。

人工成本包括水采样成本以及一般和系统特定的运维成本。假设所有系统的一般 O & M 人工工作每年为 312h。根据 Melin（1999）的假设，所有 AOPs 系统的人工费率为 80 美元·h^{-1}。尽管如此，Mahamuni 和 Adewuyi（2010）并未考虑光催化剂系统的人工成本。

分析成本基于采样频率、样品分析所需的劳动力以及所用化学品的成本。Melin（1999）建议这些费用的费率为 200 美元·h^{-1}。

化学成本包括耗材（如过氧化氢）、AOPs 所涉及的化学品（如 TiO_2 光催化剂）的成本。H_2O_2 和 TiO_2 的价格来自标准工业供应商，如 ICIS 和 Inframat 先进材料（ICIS）定价：

H_2O_2（50%）：每加仑 4 美元。

TiO_2：每千克 300 美元。

电力成本是基于光催化的耗电量。假定电价为 0.08 美元·$(kW\cdot h)^{-1}$。用电量可以用每年消耗的电能乘以电价来计算。

Kommineni 等人（2000）根据不同制造商/供应商提供的成本估算，对几个 AOPs 过程进行了评估。

作者提出的甲基叔丁基醚（MTBE）降解成本估算依据如下（Kommineni et al., 2000）：

① 流量：600g·min^{-1}（2271L·min^{-1}）。

② 进水 MTBE：200μg·L^{-1}。

③ 出水 MTBE：5μg·L^{-1}。

从表 11.2 可以看到，所有 AOPs 系统中，总有机碳（TOC）浓度的变化对光催化反应器的大小（资本成本）没有影响。大多数情况下，摊销的运营成本（每处理 1000 加仑，相当于 378 m^3）也不取决于 TOC 浓度的变化。然而，TOC 浓度的增加往往会对 TiO_2/UV 体系的性能产生很大的影响，并使该技术的成本更高。因为对高浓度 TOC 废水的处理必然会导致光催化剂的使用寿命缩短，光催化反应器和灯的清洗也更为频繁。

Kommineni 等人（2000）指出，H_2O_2/O_3 和 H_2O_2/中压紫外是最有前景的处理工艺，因为它们在 MTBE 氧化方面具有很高的技术和经济可行性。紫外光照射下的 TiO_2 光催化是一种新兴光催化技术，该技术在处理低浓度污染水方面具有许多优点。然而，在大规模修复或饮用水处理应用之前，仍需对该工艺进行深入研究。

Mahamuni 和 Adewuyi（2010）根据上述算法对各种 AOPs 工艺进行了综合成本估算，评估了将超声波用于工业化废水处理的经济可行性。

表 11.2　成本估算概述（Kommineni et al.，2000）　　单位：美元

制造商/供应商	Calgon Carbon Corporation	Applied Process Technology，Inc.	Oxidation Systems，Inc.	Hydroxyl Systems，Inc.
AOPs 工艺	H_2O_2/中压 UV	H_2O_2/O_3	H_2O_2 水动力空化	紫外线下 TiO_2 光催化
TOC 浓度为 0.8mg·L^{-1}				
资本成本	488 800	1 777 400	461 200	1 730 800
年度运营和维护成本	264 000	136 800	185 500	391 000
总摊销运营成本（每处理 1000 加仑）	0.96	0.89	0.71	1.68
TOC 浓度为 2mg·L^{-1}				
资本成本	488 800	1 777 400	461 200	1 730 800
年度运营和维护成本	264 000	139 900	204 400	542 200
总摊销运营成本（每处理 1000 加仑）	0.96	0.90	0.77	2.16
TOC 浓度为 8mg·L^{-1}				
资本成本	488 800	1 777 400	461 200	1 730 800
年度运营和维护成本	316 900	149 300	229 600	831 300
总摊销运营成本（每处理 1000 加仑）	1.13	0.93	0.85	3.08

成本估算依据：

① 流速：1000L·min^{-1}（264g·min^{-1}）；

② 污染物：苯酚、三氯乙烯（TCE）和活性偶氮染料；

③ 90%降解。

处理成本（美元/1000 加仑）是假设处理厂全年（52 周）连续运行，并根据资本成本、运营成本和处理过程的运营参数计算得出。从已发表文献中获取的动力学数据和本文中给出的数据计算出的动力学数据可用于测定 90%降解时间的计算。然后，通过将停留时间（或 90%降解时间）乘以所需的流速（1000L·min^{-1}）计算光催化反应器容量。

表 11.3 显示了 Mahamuni 和 Adewuyi（2010）已建立的两种 AOPs 工艺和光催化的成本估算结果。显然，对于苯酚、TCE、活性偶氮染料等不同有机污染物的降解，光催化的处理成本远高于 O_3 和 H_2O_2/UV 工艺。

在这三种情况下，使用臭氧系统的处理成本最低。苯酚降解的成本从 0.32 美元·m^{-3}（使用臭氧）到 2285 美元·m^{-3}（使用 TiO_2/UV 系统）。活性偶氮染料降解的成本从使用 O_3 的 1.08 美元·m^{-3} 增加到使用 TiO_2/UV 系统的 195.5 美元·m^{-3}。在降解 TCE 时，TiO_2/UV 工艺更具优势，三种技术的处理成本的差距基本缩小，它从 TiO_2/UV 的 3.99 美元·m^{-3} 减少到 O_3 系统的 0.62 美元·m^{-3}。

Mahamuni 和 Adewuyi（2010）还计算了单位质量电能（EE/M）或单位体积电能（EE/O），以评估 AOPs 工艺的电效率。这是 Bolton 等人（2001）提出的基于两个不同现象动力学数据电能消耗的两个有用的数据。

表 11.3　Mahamuni 和 Adewuyi（2010）提取的计算结果

AOPs 工艺	k	P_{elec}/kW	τ_{90}/min	V/L	c_0/(μg·L^{-1})	c/(μg·L^{-1})	ε/(W·mL^{-1})	EE/O 或 EE/M	成本 /(美元·m^{-3})
苯酚降解									
O_3（2mg·L^{-1}）	0.0279min^{-1}	0.036	82.53	0.1	235.53	23.528	0.36	495.18	0.32
UV/H_2O_2	0.0524min^{-1}	0.15	90	0.75	1100	5.53	0.15	130.51	81.50
光催化	0.433mg·L^{-1}·min^{-1}	0.45	180	0.1	100	2.36	0.45	138263	2285.02
活性偶氮染料降解									
O_3 (12.4mg·L^{-1})	0.01108min^{-1}	0.036	207.814	1.2	20	2	0.03	103.91	1.08
UV/H_2O_2	0.0124min^{-1}	0.186	60	4.5	100	84.35	0.0147	559.2	19.71
光催化	0.0207mg·L^{-1}·min^{-1}	0.5	111.24	0.7	402.6	40.26	0.7143	3654.68	195.47
TCE 降解									
O_3（6mg·L^{-1}）	0.0209min^{-1}	0.036	25	0.1	2.2	1.3	0.36	656.51	0.62
UV/H_2O_2	0.4418min^{-1}	0.02	14.84	5	2.194	0.003	0.004	0.35	0.88
光催化	表观速率常数=49.57μg·L·s^{-1} 吸附平衡常数=0.000466L·μg	0.45	30	7.2	15	0.21	0.0625	2112914	3.99

11.2.1.4　单位质量的电能

定义：单位质量电量（EE/M）是指在污染水或空气中，降解 1kg 污染物（C）所需的电能，单位为千瓦时（kW·h）。

当[C]很高时（即 C 中的现象为零阶），最好使用 EE /M。

EE/M（kW·h·kg）通过公式（11.15）计算：

$$\text{EE/M}=\frac{P\tau 1000}{VM60(c_i-c_f)} \tag{11.15}$$

对于 0 阶速率的光化学过程：

$$\frac{60G\chi\phi_{Z\cdot}}{V}=\frac{c_i-c_\text{f}}{\tau}\ (\text{mol}\cdot\text{L}^{-1}\cdot\text{min}^{-1})$$

公式（11.15）可以用另一种方式写成：

$$\text{EE/M}=\frac{P1000}{M60G\chi\phi_{Z\cdot}} \tag{11.16}$$

EE/M 与 G、χ、ϕ_Z 等基本效率因子成反比。

11.2.1.5　单位体积的电能

定义：单位体积电能（EE/O）是指在 1m^3（1000L）的污染水或空气中，降解污染物（C）一个数量级所需的电能，单位为千瓦时（kW·h）。

当[C]低时，可使用 EE/M（即在 C 中是整体一阶的情况）。

EE/O 值（单位：kW·h·每订单$^{-1}$·m^{-3}）可使用公式（11.17）计算：

对批量操作：

$$\mathrm{EE/O}=\frac{P_{\mathrm{elec}}\tau\times 1000}{V\times 60\times \lg\left(\frac{c_i}{c_f}\right)} \tag{11.17a}$$

对连续操作：

$$\mathrm{EE/O}=\frac{P_{\mathrm{elec}}\tau\times 1000}{F\times 60\times \lg\left(\frac{c_i}{c_f}\right)} \tag{11.17b}$$

在一级动力学的情况下，我们有

$$\lg\left(\frac{c_i}{c_f}\right)=0.4343k_1'\tau \quad 和 \quad F=\frac{V_r P_{\mathrm{elec}}}{\tau}$$

因此，公式（11.17a）可以改写为：

$$\mathrm{EE/O}=\frac{38.4P}{V_r k_1'} \tag{11.18a}$$

根据公式（11.5），公式（11.18a）可以转换成公式（11.18b）：

$$\mathrm{EE/O}=\frac{0.640P\times \sum_i k_{\mathrm{S}_i}\times[\mathrm{S}_i]}{G\chi\phi_Z.k_C} \tag{11.18b}$$

与 EE/M 一样，EE/O 也与基本效率因子 G、χ、ϕ_Z.成反比。

EE/M 和 EE/O 与电效率直接相关。这些数值越低，系统能效越高。

表 11.3 包含 Mahamuni 和 Adewuyi（2010）的部分计算结果。光催化过程的单位质量电能（EE/M）或单位体积电能（EE/O）均远高于 O_3 和 UV/H_2O_2 过程。这意味着当前高耗能的情况下，光催化在 1000L·min^{-1}（264g·min^{-1}）的流速下对苯酚、TCE 和活性偶氮染料的 90%降解仍难以实现工业化规模应用。

光催化的 EE/M 或 EE/O 值与 UV/H_2O_2 的 EE/M 或 EE/O 值之间的巨大差异，部分可以用与光吸收率（χ）成反比来解释。在悬浮态光催化反应器中，光催化剂悬浮液的高浊度导致紫外线透过率的急剧下降，使得光吸收的比例（χ）降低，导致 EE/M 或 EE/O 值增高。除此之外，纳米胶体悬浮液中的吸光度和散射等现象会导致入射光束的能量损失（Le et al.，2015）。此外，还需要较高的能量密度以避免光催化剂悬浮液的大团聚现象产生。Le 等人（2015）在实验室规模的悬浮式光催化反应器中，研究了其团聚粒度对 AeroxideP 25（德固赛）光催化活性的影响，并指出当 AeroxideP 25 的粒度缩小一半所需的能量将增加 170 倍，当粒径从 380nm 减少到 250nm，1g·L^{-1}P 25 悬浮液反应速率常数增加 23%。

在过去的几年里，H_2O_2/UV 工艺已被广泛商业化应用。德国的 UV-EL GmbH & Co. KG 是一家为不同用途提供各种 H_2O_2/UV 系统的公司之一（Johne and Nguyen，2016）。

图 11.6~图 11.8 显示了 UV-EL GmbH & Co. KG 在最近几年安装的不同 H_2O_2 /UV 系统。

图 11.6 UXPM OX 系列的 AOPs（高级氧化工艺）处理微电子废水

俄罗斯 UV-EL & V3 有限公司项目，2017 年；紫外线设备：中压灯；功率：2×11.5kW
（使用来自 UV-EL GmbH & Co. KG 的许可）

图 11.7 UXPM OX 系列的 AOPs（高级氧化工艺）紫外线湿法氧化处理地下水（消除氰化物）

德国，2013 年；紫外线设备：中压灯；功率：2×7kW（使用来自 UV-EL GmbH & Co. KG 的许可）

图 11.8　UXPM OX 系列的 AOPs（高级氧化工艺）UV 湿法氧化处理电镀行业的废水（次磷酸盐/亚磷酸盐氧化）

来自德国 UV-EL 和 bibraAbwassertechnik GmbH 项目，2015 年；紫外线设备：中压灯；功率：7kW（使用来自 UV-EL GmbH & Co. KG 的许可）

根据公司项目实施过程中收集的数据，来自 UV-EL 股份有限公司的 Johne（Johne and Nguyen，2016）总结了 H_2O_2 / UV 系统在不同废水特征下用于各种应用的典型能耗。表 11.4 显示 H_2O_2/UV 的能量消耗很高。这是因为 H_2O_2/UV 工艺的运营成本中约有 80% 来自能耗。

表 11.4　H_2O_2/UV 系统的典型能耗（Johne and Nguyen，2016）

应用领域	P/(kW·h·m^{-3})
处理染料	1~3
处理地下水	0.5~3
处理废水（苯酚、PCE/PCB、二甲苯、氯仿、氰化物、亚磷酸酯等）	1~10
在化工和制药行业的具体应用	3~20

此外，对 UV-EL GmbH & Co. KG 关于 H_2O_2 / UV 与光催化集成的可行性研究表明，使用配备纳米 TiO_2 涂层内壁的 UV 反应器可以降低纺织废水处理的能源成本（Johne and Nguyen，2016）。这为光催化的商业化应用提供了新的思路，该应用目前处于中试规模的长期测试阶段。

能源成本在光催化的运行成本中占主导地位。因此，用固定化光催化剂代替悬浮态光催化反应器可以大大提高该工艺的经济可行性。在这种情况下，可以消除分散的能耗成本，还可以显著降低由低紫外线透过率而造成的能量损失。

同时，通过经验工作的积累和更大规模工艺的研究，才能实现光催化部分更可靠的成本估算。

11.2.2 膜分离部分成本估算

将膜分离单元与光催化集成使用，这些额外工艺步骤的协同效益必须得到补偿。

微滤、超滤或纳滤可作为提高光催化效率的预处理步骤，也可作为光催化后的后处理步骤，进一步净化残留有机物并使其返回反应系统。

在这两种工艺概念中，膜分离单元不仅对有机溶质的分离、去除或截留返回有显著的作用，从而提高反应效率，而且对处理成本的降低有显著贡献。Samhaber 和 Nguyen（2014）提供了膜和光催化集成处理染料厂废水中纳滤单元的详细成本计算。

对于额外膜分离步骤产生的成本估算，重要的是要知道系统容量范围大小影响，以及应用膜工艺的成本会受到什么影响。为了粗略和快速估计，下面将描述和演示一种简单的方法。

基于工业膜工厂生产不同产品以及水和废水处理的经验，膜单元的估算程序才能实现。根据这些经验，编制了成本参数，并将粗略估算的成本（范围为±30%）与膜更换成本（MRCs）的价值进行分配，它直接与所需的膜面积相连。膜面积同样是设计膜单元通量和可实现膜流量的重要参数。

在膜分离单元的应用中，通过减少更换膜的频率而保持较低的膜成本是一个挑战。工业应用中的 MRCs 的成本一般是工厂总投资成本的 10%~20%。

一般来说，废水处理中 MRCs 的成本不到设备费的 10%，当然这取决于工厂规模，也与图 11.1 中所示工厂的具体估算费用有关。

如表 11.5 中计算的年度运营成本是 MRCs 的 6.80 倍，在此假设在大规模处理厂使用的螺旋卷式膜为 30~60 美元$\cdot m^{-2}$时，对应具体的 MRCs，其年度运营成本为 204~408 美元不等。

固定成本和可变成本的估值是经验数据，这些数据一般会从膜面积为 100~500m^2的工厂收集，成本精度为±30%，通常根据设计压力、技术施工质量和系统自动化水平来决定。

根据表 11.5 中的数据，可以粗略估算膜单元的运行成本，必须根据指定的进料量或输出量达到设计的渗透量。如前所述，对于不同的膜应用类型，通常可以计算出可实现的渗透通量如下。

对于反渗透和纳滤，渗透通量可接近 10~30$L\cdot m^{-2}\cdot h^{-1}$，对于超滤，可接近 25~50$L\cdot m^{-2}\cdot h^{-1}$，对于微滤，可接近 50~100$L\cdot m^{-2}\cdot h^{-1}$。

为了说明这个成本估算过程，以纳滤单元为例进行简单说明如下。这种方法的第一步如表 11.6 所示。假设应用程序如图 11.4 所示，在第一步中，应进行 20$m^3\cdot d^{-1}$有机物废水处理，系统每年运行 200 天。预计每天 4h 的就地清洗（CIP），每天的净运行时间为 20h，假设每年 200 个运行日，可得到 200~600$L\cdot m^{-2}\cdot d^{-1}$之间的渗透通量，或以 1 年的数值 40~120$m^3\cdot m^{-2}\cdot a^{-1}$来计算。

表 11.5　根据膜更换成本的倍数编制成本（Samhaber and Nguyen，2014）

卷式膜元件的规格膜更换成本（sMRC）		30~60 美元·m^{-2}
渗透通量		10~30L·m^{-2}·h^{-1}
假设 1	膜寿命（MLT）	1a
固定成本	摊销	2.55×MRC
	维持摊销的 20%	0.50×MRC
	合计	3.05 MRC
可变成本	膜成本	1.00×MRC
	能源成本	0.50×MRC
	CIP 成本	0.25×MRC
	人工成本	2.00×MRC
	合计运行成本	3.75×MRC
总运营成本		6.80×MRC

注：MRC—膜更换成本；CIP—就地清洗。

表 11.6　每天处理 20m^3 染料废水的成本估算示例（Samhaber and Nguyen，2014）

示例	染料废水处理量 20m^3·d^{-1}
假设 2	渗透通量 10L·m^{-2}·h^{-1}
假设 3	每天运行 24h，每天 4h 就地清洗，每天渗透通量 200L·m^{-2}·d^{-1}
纳滤工厂的最终规模	膜面积 100m^2
计算基础	膜更换成本范围 30~60 美元·m^{-2}
	膜更换成本平均值 45.00 美元·m^{-2}
膜更换成本	基于表 11.5 中假设 1，即膜寿命 1a，可计算出总的膜更换成本范围 3.000~6.000 美元·a^{-1}，其中，每年天数 365 天，运行天数 200d·a^{-1}
总运营成本	基于表 11.5 中估算的总运营成本费用 6.80×MRC，可以估算出总的运营成本 15.314~ 30.629 美元·a^{-1}

因此，如果工厂不运行或可能不再使用，必须要求停止处理染料废水，其中将分别产生折旧和维护成本。而维护费用，包括膜装置不运行也需要的定期 CIP。

摊销期通常为 10 年，如果不适用，要因地制宜或参考财务规定。

图 11.9 是已实现的膜工厂的经验数据汇编，具有不同的组件配置，如管式、板式和框架式，或螺旋缠绕式。给定的特定设备成本是框架分离设备（包括 CIP 系统）的总成本，不包括本地安装缓冲罐的成本和分离厂的电池限制以外的所有外部成本，这些成本被视为出厂价。

由图 11.9 中可得出特定设备成本，然后将其乘以必要的工厂规模，即可得出设备的预计采购价格。

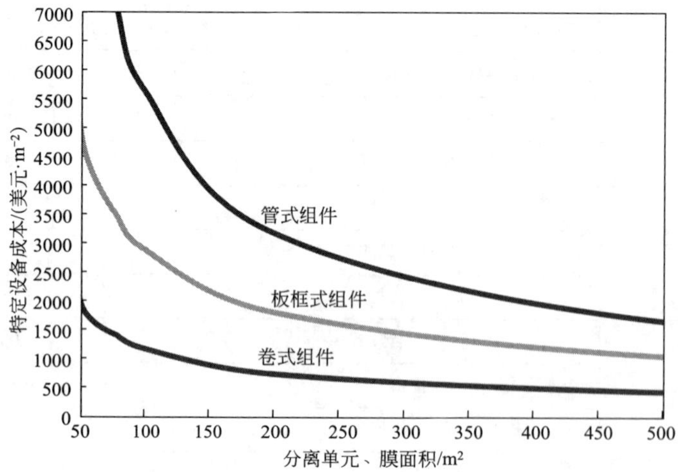

图 11.9 每平方米膜面积的专用设备成本（Samhaber and Nguyen，2014）

如表 11.6 所示，在我们的应用范例中工厂规模的所需膜面积是 $100m^2$。由于我们使用的是螺旋缠绕式结构，具体设备成本可从图 11.9 中得出，约为 1150 美元·m^{-2}，这使得所需设备购买价格为 $100m^2$ 膜面积的 1150 倍，即 115000 美元（±30%，根据材料质量、仪表、控制装置、过程自动化标准等）的设备采购价格作为资本投资。

根据表 11.6 计算，总运营成本将分别为 15314 美元（假设 MRCs 为 3000 美元）或 30629 美元（假设 MRCs 为 6000 美元）。

利用以上数据，可以计算出 $1m^3$ 的待处理污水的处理成本，其结果再次取决于相应的 MRCs，范围为 3.83~7.66 美元·m^{-3}。

对规模化的膜处理厂初步设计时，可以考虑每天所需的污水处理能力和膜清洗时间，以及平均特定可达到的渗透通量，本文未考虑对通量性能产生的影响。随着摊销成本的增加，工厂的投资资本可根据工厂规模估算，并且将在一定时期内付清，偿还资本支出的年限是成本敏感因素之一；另一个主要成本因素是年运营时间，这些因素很大程度上影响着由膜单元引起的总处理成本。

示例中总的平均处理成本可以用 5.74 美元的纳滤膜工厂（每天处理 $20m^3$ 的废水）来计算。假设膜通量为 $10L·m^{-2}·h^{-1}$，每年 200 个工作日，即在 1 年内处理 $4000m^3$ 废水，如果工厂全年运行，则处理成本可降低至 4.20 美元，年处理量为 $7300m^3$。

图 11.10 指出了每年的处理天数，这也是处理成本的一个重要影响因素。

一个好的工厂可以通过处理后的出水质量来评估。一个良好或有用的应用工厂，必须具备稳定的通量和适当的清洁条件。

图 11.11 显示了每处理 $1m^3$ 废水的总特定废水处理成本（美元）与在所考虑的处理过程中可以实现的平均工厂渗透通量的关系，在这种依赖关系和假定的 10 年摊销期下，针对假定的每年 365 天的运营以及 $20m^3·d^{-1}$ 和 $100m^3·d^{-1}$ 的工厂容量计算特定的总处理成本。在图 11.11 中，概述了废水处理成本（以美元·m^{-3} 为单位）与纳滤工艺可达到的平均渗透通量的关系。

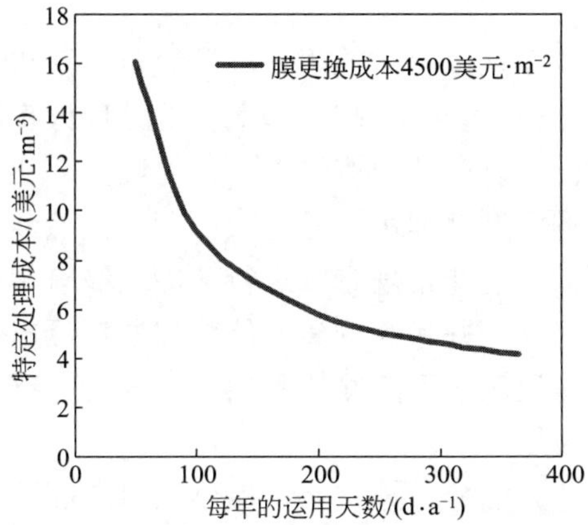

图 11.10　染料废水总特定处理成本与 d/a 运行时间的关系（平均 MRC 值为 45 美元）（Samhaber and Nguyen，2014）

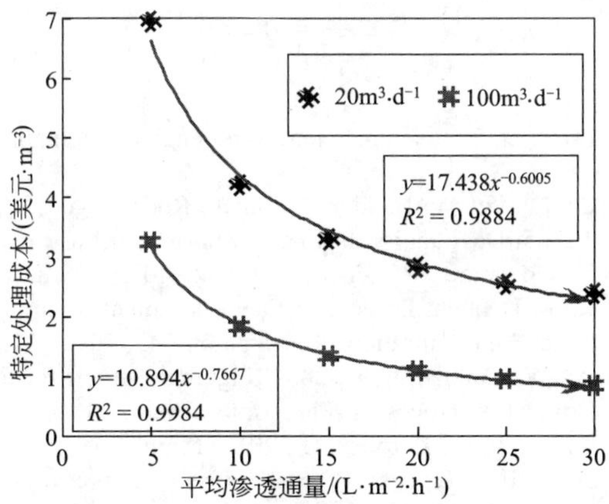

图 11.11　处理能力为 $20m^3 \cdot d^{-1}$ 和 $100m^3 \cdot d^{-1}$，每年运营 365 天的特定总运营成本（Samhaber and Nguyen，2014）

11.3　结论和未来趋势

膜与光催化的集成能够提高过程反应效率，从而以最佳方式利用反应和分离之间现有的协同作用。超滤和纳滤等膜具有排斥或选择性分离有机化合物的能力。膜的预处理一方面可以提高进料溶液的透明度，另一方面也可以在反应步骤之前分离出不需要或不必在光催化反应器中处理的组分，这些组分只会使其降解变得更加困难。

在光催化反应净化废水之前，利用膜单元选择性地去除或分离溶解物质，在系统放大过程中，有必要在纳滤单元之前设置微滤或超滤单元。

有前景的实验室成果并不容易规模化工业应用，必须记住，高选择性的膜工艺可能有额外的处理步骤，以实现反渗透、纳滤、超滤或微滤的良好长期运行，必要的预处理设备可能使工业厂房投资成本增加。以工业应用为重点，经验法则可以说明成本几乎与所涉及的工艺步骤数直接相关。

考虑到某些废水的有效净化，有可能将处理厂设置在源头，以避免待处理污染物被稀释的缺点。以前废水处理位于管道末端，因此需要处理大量的污水。如果在各种废水中有不同的有机物质来源，可以在源头首先进行预处理。

生物降解步骤后废水的深度处理可以通过大面积的天然紫外线辐射进行，也可以在光催化系统中以减少表面需求的非常规方式进行，即高级氧化过程。光催化体系表现出更高的效率和更短的停留时间，并且膜分离又能将那些在反应体系水力停留时间内不易降解的有机物返回。光催化反应器下游侧的膜用于回收悬浮物光催化颗粒，如前所述，它也可以使化合物进一步被处理。

由于缺少一种常规而适宜的分离技术，反应体系具有高选择性的膜单元是合理的。因此，膜分离单元将与光催化反应系统集成，成本因素至关重要，而高质量的处理工艺流程将证明膜与光催化反应器的集成在实际应用中具有显著的协同作用。

参考文献

Adewuyi, Y.G., 2001. Sonochemistry: environmental science and engineering applications. Ind. Eng. Chem. Res. 40, 4681−4715.

Augugliaro, V., GarcıÅa-LoÅLpez, E., Vittorio Loddo, V., Malato-RodrıÅLguez, S., Maldonado, I., Marcı‘, G., Molinari, R., Palmisano, L., 2005. Degradation of lincomycin in aqueous medium: coupling of solar photocatalysis and membrane separation. Sol. Energy 79, 402−408.

Berberidou, C., Avlonitis, S., Poulios, I., 2009. Dyestuff effluent treatment by integrated sequential photocatalytic oxidation and membrane filtration. Desalination 249, 1099−1106.

Bolton, J.R., Bircher, K.G., Tumas, W., Tolman, C.A., 2001. Figures-of-merit for the technical development and application of advanced oxidation processes. Pure Appl. Chem. 73 (4), 627−637.

Brunetti, A., Zito, P.F., Giorno, L., Drioli, E., Barbieri, G., 2017. Membrane reactors for low temperature applications: an overview. Chem. Eng. Process. Process Intensif. (in press).

Chong, M.N., Jin, B., Chow, C.W.K., Saint, C., 2010. Recent developments in photocatalytic water treatment technology: a review. Water Res. 44, 2997−3027.

Chooa, K.H., Changa, D., Park, K.W., Kim, M.H., 2008. Use of an integrated photocatalysis/hollow fiber microfiltration system for the removal of trichloroethylene in water. J. Hazard Mater. 152, 183−190.

Damodar, R.A., You, S.J., Ou, S.-H., 2010. Coupling of membrane separation with photocatalytic slurry reactor for advanced dye wastewater treatment. Separ. Purif. Technol. 76, 64−71.

Grzechulska-Damszel, J., Morawski, A.W., 2009. Removal of organic dyes in the hybrid photocatalysis/nanofiltration system. Asia Pac. J. Chem. Eng. 4, 239−245.

Grzechulska-Damszel, J., Mozia, S., Morawski, W.A., 2010. Integration of photocatalysis with membrane processes for purification of water contaminated with organic dyes. Catal. Today 156, 295−300.

Herrmann, J., 1999. Heterogeneous photocatalysis: fundamentals and applications to the removal of various types of aqueous pollutants. Catal. Today 53 (1), 115−129.

Hyman, M., Dupont, R.R., 2001. Groundwater and Soil Remediation: Process Design and Cost Estimating of Proven Technologies. American Society of Civil Engineers, ASCE Press, ISBN 0784404275.

http://www.icispricing.com and http://www.advancedmaterials.us/.

Johne, S., Nguyen, M.T., 2016. NaViTex from research to applications implementation of scientific results for textile Industry. In: Closing Workshop - "Concept Development for Textile Wastewater Treatment in Vietnam Using Photocatalytic Oxidation with Titanium Dioxide Nanoparticles (NaViTex)" 18.03.2016, Danang, Vietnam.

Kommineni, S., Zoeckler, J., Stocking, A., Liang, P.S., Flores, A., Rodriguez, R., Browne, T., Roberts PE, R., Brown, A., 2000. 3.0 Advanced Oxidation Processes. Center for Groundwater Restoration and Protection

National Water Research Institute.
Le, H.N., Babick, F., Kühn, K., Nguyen, M.T., Stintz, M., Cuniberti, G., 2015. Impact of ultrasonic dispersion on the photocatalytic activity of titania aggregates. Beilstein J. Nanotechnol. 6, 2423–2430. https://doi.org/10.3762/bjnano.6.250.
Mahamuni, N.N., Adewuyi, Y.G., 2010. Advanced oxidation processes (AOPs) involving ultrasound for waste water treatment: a review with emphasis on cost estimation. Ultrason. Sonochem. 17, 990–1003.
Martınez, F., et al., 2013. Coupling membrane separation and photocatalytic oxidation processes for the degradation of pharmaceutical pollutants. Water Res. 47 (15), 5647–5658.
Melin, G. (Ed.), 1999. Treatment Technologies for Removal of Methyl Tertiary Butyl Ether (MTBE) from Drinking Water: Air Stripping, Advanced Oxidation Processes, Granular Activated Carbon and Synthetic Resin Sorbents. Center for Groundwater Restoration and Protection, National Water Research Institute, CA.
Molinari, R., Pirillo, F., Falco, M., Loddob, V., Palmisano, L., 2004. Photocatalytic degradation of dyes by using a membrane reactor. Chem. Eng. Process 43, 1103–1114.
Molinari, R., Caruso, A., Palmisano, L., 2010. Photocatalytic processes in membrane reactors. Compr. Membr. Sci. Eng. 3, 165–193.
Molinari, R., Lavorato, C., Argurio, P., 2017. Recent progress of photocatalytic membrane reactors in water treatment and synthesis of organic compounds. A review. Catal. Today 281, 144–164.
Mozia, S., 2010. Photocatalytic MRs in water and wastewater treatment. A review. Sep. Purif. Technol 73, 71–91.
Mozia, S., Tomaszewska, M., Morawski, A.W., 2006. Removal of azo-dye Acid Red 18 in two hybrid membrane systems employing a photodegradation process. Desalination 198, 183–190.
Mozia, S., Szymański, K., Michalkiewicz, B., Tryba, B., Toyoda, M., Morawski, A.W., 2015. Effect of process parameters on fouling and stability of MF/UF TiO_2 membranes in a photocatalytic membrane reactor. Separ. Purif. Technol. 142, 137–148.
Samhaber, W.M., Nguyen, M.T., 2014. Applicability and costs of nanofiltration in combination with photocatalysis for the treatment of dye house effluents. Beilstein J. Nanotechnol. 5, 476–484.
Yuan, Z., Tol, R.S.J., 2004. Evaluating the costs of desalination and water transport. Water Resour. Res. 41 (3), 1–16.
Zheng, Y., Yu, S., Shuai, S., Zhou, Q., Cheng, Q., 2013. Color removal and COD reduction of biologically treated textile effluent through submerged filtration using hollow fiber nanofiltration membrane. Desalination 314, 89–95.